“十二五”国家科技重大专项（2011ZX05032）
国家 863 重点项目（2007AA0605）
国家自然科学基金项目（50874091，50474042）
联合资助

储层建模与油气田开发

王家华　黄文松　陈和平　等编著

石油工业出版社

内 容 提 要

本书从井间砂体预测、地震约束建模、地质统计学历史拟合和决策分析与风险分析四个方面入手，初步论述了储层建模在油气田开发中的应用。本书总结涵盖了“十二五”国家科技重大专项、国家863重点项目以及国家自然科学基金项目的成果，也涵盖了油气田现场的协作成果。

本书可供从事储层建模专业技术人员阅读，也可供石油地质与油气田开发等相关专业技术人员及大专院校师生参考使用。

图书在版编目（CIP）数据

储层建模与油气田开发 / 王家华 黄文松 陈和平 等编著 . 北京：石油工业出版社，2018.10

ISBN 978-7-5183-2836-9

Ⅰ . ①储… Ⅱ . ①王… Ⅲ . ①油气藏 - 储集层 - 建立模型 - 研究②油气田开发 - 研究 Ⅳ . ① P618.130.2 ② TE3

中国版本图书馆 CIP 数据核字（2018）第 199282 号

出版发行：石油工业出版社
（北京安定门外安华里 2 区 1 号 100011）
网 址：www.petropub.com
编辑部：（010）64222430
图书营销中心：（010）64523633
经 销：全国新华书店
印 刷：北京中石油彩色印刷有限责任公司

2018 年 10 月第 1 版 2018 年 10 月第 1 次印刷
787 × 1092 毫米 开本：1/16 印张：17
字数：410 千字

定价：140.00 元
（如出现印装质量问题，我社图书营销中心负责调换）

本书编著人员

王家华 黄文松 陈和平 陈军斌 韩家新 吴少波

前　　言

在储层建模技术发展的初期，人们已经明确地认识到这门技术和油藏数值模拟的密切关系。经过几十年的发展，从储层建模的发展现状可以看出，把油气田开发作为其应用目的和应用对象是一条正确道路。国内外许多文献报道，储层地质建模不仅已经在井间砂体预测、隔夹层建模、储量估算、裂缝油藏建模、水平井建模以及地质统计学历史拟合等领域取得了进展，而且在流动单元划分、不同尺度的数字岩心制作与油气田开发方案编写等传统领域上，也正在取得重要的成果。在决策分析与风险分析技术的参与和推动下，储层建模和经济数据结合，已经直接进入了油田经济管理中的各种不确定性评价。

在总结储层建模的各种算法和应用时，不应该忽视以地质统计学为代表的各种概率统计的概念、算法的参与和推动。四十年前，地质统计学作为一种概率统计方法，在矿业工程中的应用才开始，而在油藏工程方面的应用研究根本没有涉及。那时，儒耳奈尔教授（A. Journel）在其著作《矿业地质统计学》（中译本，冶金工业出版社，1982 年，侯景儒，黄竞先译）中就提出了旋转带法，利用蒙特卡罗抽样方法解决矿业工程中的预测问题。四十年后的今天，经过国内外各位同行的共同努力，地质统计学及其各种概率统计方法在油气储层建模、油气藏开发等领域均取得了巨大的成绩，得到了普遍的承认，进而极大地推动了油气生产的发展。

本书叙述内容可以归纳为一个中心，就是减低储层建模的不确定性。这种不确定性严重妨碍储层建模在油田开发中的应用效果，伴随着各种地质统计学算法的运用，它是一种始终存在的关键问题。储层建模方法和技术所出现的任何一种新模型、新方法，一定会在某一角度、某一方面，存在着降低不确定性的必要。反过来说，凡是对于降低不确定性有明显价值的算法和模型，也一定意味着对油气田开发有明显的积极意义。

早在 2001 年，国际上有影响的储层建模专家 O. Dubrule 等学者在一篇论文中提出，储层地质建模具有三个方面的任务：

(1) 地质统计学和地质学的深入研究。

(2) 多学科的方法交叉和数据融合。

(3) 建模不确定性的分析和研究。

这三点认识不仅全面地概括了建模研究内容和发展方向，而且深入地分析了这些研究内容之间的辩证关系。十多年以来，储层地质建模理论和应用的发展验证了这些专家论断的正确性。其中，(1)、(2) 两个研究任务的目的就是为了降低储层地质建模的各种不确定性。这三个任务的划分为地质建模的发展揭示了一条科学的途径，使其成为油气田开发服务的技术关键。

储层地质建模从诞生开始，就将油气田开发作为应用目标，而且在为油气田开发服务中不断产生新的建模方法和新的应用课题。各种储层建模新方法的出现，都有着油气田开发需要的背景。

本书以储层建模的不确定性研究的概述作为第 1 章的内容。这是因为人们发现不确定性研究对于储层地质建模具有越来越重要的特殊意义。本书的各个研究方面的撰写都可以视为从降低建模不确定性的角度出发的。用一句话来表达本书的宗旨就是：减少建模的不确定性。本书的其余各章从各个不同的角度，叙述了减少不确定性的具体过程。储层建模只有在减少不确定性方面不断地取得进展，才能解决油气田开发的一个个实际问题，才能在油气田开发中赢得宝贵的一席之地。

在第 2 章中，叙述了多点统计建模的原理及其在河流相储层建模中的应用。多点统计建模方法已经出现十多年了。该方法经历了一个不断完善的过程，它的一个特点就是适用于河流相储层的建模。它利用地质知识库生成的三维训练图像作为一种地质约束，其建模结果能够体现在训练图像所包含的各种地质信息中，诸如河道砂体宽度、厚度、砂泥比等。多点统计建模方法利用训练图像作为一种地质约束，可以借助于地质研究的成果，达到消除不确定性的目的。

第 3 章的叙述表明，地震约束的多点统计建模为利用测井数据和地震数据结合实现建模提供了一种可行的途径，这对于减少井间砂体预测的不确定性具有明显的效果。其中，岩石物理学方法的应用和井震影响比的选定是两个关键。地震约束建模在胜利油田和委内瑞拉的两个区块中已经取得了初步成果。

第 4 章叙述了利用地质约束减少油气储量估算中的不确定性。其中一个关键是在地质建模的过程中，通过对研究区域各项地质参数的空间分布进行深入、细致分析，形成一定的地质认识，最后再对计算的油气储量进行约束，以减少其不确定性。

第 5 章针对河流相储层的具体地质特点，叙述了随机游走的原理以及利用随机游走方法解决辫状河储层建模的过程。

第 6 章叙述了地质统计学历史拟合的两个具体的方法：逐步形变法（Gradual Deformation）和概率扰动法（Probability Perturbation Method），并分析了各自的特点。这两种方法都可以利用动态数据作为约束，把储层地质建模的结果进行适当的改变，从而达到历史拟合的要求。

本书最后一章“决策分析与风险分析的应用”，是在承认储层地质建模存在着各种不确定性的前提之下，解决如何在油气田开发中运用地质建模的成果的问题。其意义在于引导储层建模的结果和经济数据结合，以直接进行油气田经济管理中的各种不确定性评价。

本书中有的内容已经发表在国内外的学术刊物上，有的内容则是第一次发表。关于逐步形变法、概率扰动法、风险分析、决策分析的内容则是根据国内外发表的多篇文献编写而成。

储层地质建模的发展历史，可以说是一部不断克服、降低不确定性的各种算法的发展历史，也是一部不断为油气田开发作出贡献的历史。储层地质建模就是在不断克服、降低不确定性的过程中，一步一步地发展、完善，从而一点一点地接近储层的真相，并为油气田开发作出贡献。

储层地质建模不可知论的观点，肯定是具有片面性的。历史和实践已经雄辩地证明，经过三十多年的不懈努力，通过不仅有地质统计学专家教授的参与，而且有开发地质学家、地球物理学家与油气藏开发工程专家的参与，各学科的学者和专家凭借各自的专业特长，在地质统计学与不确定性分析的共同平台上，促进了油气田经济、高效地开发。

本书同时也是对“十二五”国家科技重大专项课题“委内瑞拉 MPE3 区块超重油油藏多点地质统计学建模方法研究”（2011ZX05032−001）成果的一个总结。在五年的课题研究过程中，根据研究方案的需要，笔者深入阅读、分析了国内外的有关文献，运用各种储层建模方法，处理、分析了大量的数据，取得了如期的研究成果。这些成果已经为油田实现经济、高效开发提供了有力的保证。

在顺利完成“十二五”国家科技重大专项关于多点统计建模的研究任务后，我们抱着十分喜悦的心情，对以往的工作进行了细致的总结，对储层地质建模的最新发展及其在油气田开发中的应用进行了深入、系统地探讨和阐述，同时我们期待着各位学者和专家对本书的批评、指正。另外，为保留书中某些引用文献的图、文原貌并照顾现场使用习惯，本书部分地方保留了非法定计量单位，请读者阅读时注意。

2018 年 7 月

目　　录

1 储层建模不确定性研究

三十多年的理论发展和实际应用证明，利用地质统计学基本理论和基本方法进行储层地质建模这一随机方法，已经成为油气田开发中经常采用的有效方法之一。

随着油气资源需求的增加和油气田开发技术日趋成熟，在储层评价和优化油田开发方案方面，油藏描述和不确定性分析变得极为重要，油气储层的不确定性研究已成为油藏建模的核心问题（Elgsaeter，2008）。由于二次采油和三次采油工程非常复杂，以及投资决策对不确定性的依赖，地质学家和工程师们正努力降低和量化油藏模型中的不确定性（Massonnat，1999）。

储层模型常被用于地下资源评价和油气田开发规划。而要对油气田进行最优评价和开发，要求对储层进行逼真的描述。也就是说需要综合地描述油藏并利用所有可用的、有效的数据建模，并对模型中的不确定性进行必要的量化，以此来构建逼真的储层模型，减少并量化油藏描述中存在的不确定性。然而，由于地下储层的复杂性，加上非常有限的基础数据，使得建立的储层模型往往存在大量的不确定性，因此研究和降低油藏建模中的不确定性并对其进行分析，是储层建模技术所面临的必然趋势。

储层建模的不确定性分析是为了适应建模方法本身的特点而提出来的，也是对整个建模方法的一种完善和实用化。不确定性分析通常涉及随机模拟的算法特点分析和各类不同数据的整合，其动力是对地质认识的运用和各种数据的约束作用。进行储层不确定性分析的目的是为了更好地认识和研究不确定性，进而寻求更好的油藏建模技术与方法来降低建模过程中的不确定性（Ma，2011）。地下储层是复杂地质作用的结果，是确定的、唯一的。然而，对储层资料不完整的层位而言，对比如对沉积微相、孔隙度、渗透率、含油或含水饱和度等属性的推测则可以看成是不确定的；同时，由于地质研究、地球物理和油藏工程观察手段以及各种解释方法的局限性，使得对地下储层性质和储层物性参数的认识也都带有各种不确定性。

地下储层的非均质性导致了地质认识上存在不确定性。非均质性可以看成是地下储层构造在一定尺度上的剧烈变异。正由于存在这些剧烈变异，使得借助有限的基础地质资料来预测储层的性质就存在很大的不确定性。因此，对研究区域进行详细的、深入的储层地质研究，是降低储层建模不确定性、提高建模结果精确程度的重要手段之一（Ettehad，and others，2011；Idrobo，and others，2004）。

随机建模技术的出现和应用，实现了定量评价储层非均质性。随机建模算法所生成的建模结果具有多解性，是不确定性的一种具体体现，也是研究不确定性的一个具体的切入点。随机建模技术能够在一定的控制条件下，给出储层的各种等概率的展布，这些等概率的展布反映了储层的非均质性和不确定性（李少华等，2004）。当可用的基础地质资料有限或储层地下地质情况很复杂时，使用某一个随机种子的方法所得到的储层模型是难以准确地描述真实地质体的，更不能精确地反映实际地质体认识过程中的不确定性（霍春亮等，2007）。将所在研究地区的地质研究作为基础，采用随机建模技术，选择合理的数学算法，借助多组等概率地下储层地质模拟实现，反映地下储层模型的不确定性等，是目前储层数字化过程中亟待解决的问题。

由于地质统计学的快速发展，储层物性建模技术可以融合诸如地质、测井、地震、油气藏动态等多尺度数据，建立测井解释、地震解释、储层沉积学、储层建模、油气藏数值模拟等方法和技术的综合技术平台，这顺应了实际应用的需要（尤少燕等，2005）。随着地震解释技术的发展，以及三维地震技术与高分辨率地震技术的出现，使得利用地震技术对油气藏进行解释开始出现。地震记录的资料丰富，在横向上能够反映大范围的地质构造和砂体变化等特征，并能够进行大面积追踪。地震解释后的区域地层、岩相和储层特征都是有价值可供利用的资料。测井资料在垂向上具有很高的分辨率，可以提供局部的储层资料，但是在缺少井或井数很少的区域，很难对油气藏进行精确的评价。但如果采用某种方法，把地震观测得到的资料与测井数据综合起来，发挥各自的长处，就能建立高精度的地质模型，大大地降低所建模型的不确定性，改善所建立的沉积微相、孔隙度、渗透率和饱和度的建模结果。

本书所述的不确定性分析主要是指，通过参考国内外相关文献中关于储层建模的不确定性研究方法，分析建模过程中引起不确定性的主要来源，进而找到降低不确定性的方法——即井震结合建模降低不确定性，并将该方法模拟结果与测井资料建模模拟结果的不确定性进行对比。这些研究的根本目的和意义就是要寻求更好、更先进的建模技术，降低油藏建模中的不确定性，减少油气藏开发的各种风险，更好地指导油气田开发工作。

储层地质建模使用的地质统计学算法是随机算法，但是所用的数据却都是确定的。在储层的一个三维区域内，一个建模结果又是完全确定的，完全作为油藏数值模拟的输入。这说明储层建模的算法是在完全确定的数据之下，如何运用随机算法，如何产生不确定性的问题，也是如下关于随机函数、蒙特卡罗算法的叙述的主要目的。

1.1 随机变量和随机函数

利用随机变量和随机函数描述储层建模的原理是储层地质建模的一个特点。

随机变量是一个实值函数，其定义域为样本空间上的试验结果。它的取值是由试验结果决定的，对于随机函数的各种取值可以赋予不同的概率。例如，空间以点（x，y，z）为中心的网格块的孔隙度就是一个随机函数，可以具有均值、方差等统计量。随机变量 X 代表着一种对应关系。按照这个关系，对于一个随机试验的每个结果 ζ，都可以赋予一个数值 X（ζ），而且可以给一个随机变量的各个可能值给定相应的概率。

随机函数是储层地质建模中最基本的概念之一，对空间的模拟问题和预测问题的全部讨论都可视为对随机函数的讨论，因此有必要在这里对随机函数理论进行简要叙述，以下的叙述参考了 Papoulis（1984）的专著中的提法（王家华，1999）。

三维空间中定义的一个随机函数 S（x，y，z，ζ）是指，给定三维空间中的一个点（x，y，z），对于每个 ζ 赋予一个函数 S（x，y，x，ζ）的对应关系。所以，随机函数是依赖于参量 ζ 的一族空间函数，即它同时是空间变量 x，y，z 和参量 ζ 的函数。ζ 的定义域是全部试验结果的集合，x，y，z 的定义域则是一个三维空间中一个区域内各个点的一个集合。

如果用符号 S（x，y，z）表示一个随机函数，以省略其对 ζ 的依赖关系，因而 S（x，y，z）将具有如下四种含义：

（1）它是一族自变量为 x，y，z 和 ζ 的函数 S（x，y，z，ζ）。

（2）当 ζ 固定时，S（x，y，z，ζ）表示的是该函数的一个实现，仅是三维空间中点（x，y，z）的函数。

（3）当（x，y，z）固定，而 ζ 是变量时，那么 S（x，y，z）则是一个随机变量，代表着该过程在时刻 t 时的状态。

（4）当（x，y，z）和 ζ 都固定时，那么 S（x，y，z）就是一个确定的数值。

统计特性、二阶矩特性、平稳性和各态历经性等是随机函数的基本特征。

随机函数的统计特性可表述为：随机函数是由可数的无穷多个、以（x，y，z）为自变量的随机变量所组成的，其中的每一个随机变量对应于一个（x，y，z）。对一个特定的（x，y，z），S（x，y，z）是一个随机变量，其分布函数为：F（s，x，y，z）$=P\{S$（x，y，z）$\leqslant s\}$。此分布函数依赖于 x，y，z，它等于事件 $\{S$（x，y，z）$\leqslant s\}$ 的概率。该事件是在特定的位置（x，y，z），由该函数的样本 X（x，y，z，ζ）中不超过数值 s 的全部结果 S（x，y，z，ζ）所组成。F（s，x，y，z）称为随机过程 S（x，y，z）的一阶分布函数。它对 s 的导数：$f(s,x,y,z)=\partial F(s,x,y,z)/\partial s$ 是 S（x，y，z）的一阶密度。

1.2 蒙特卡罗抽样模拟

蒙特卡罗（Monte Carlo）模拟方法，又称随机抽样或统计试验方法，属于计算数学的一个分支。它于 20 世纪 40 年代提出，是以概率统计理论为基础的、一个非常重要的数值计算研究领域。蒙特卡罗方法又称计算机模拟方法、随机实验技巧或统计实验方法。半个多世纪以来，随着科学技术的发展和计算机技术的出现和发展，这种方法作为一种独立的方法被提出来。

蒙特卡罗模拟方法的基本原理可以叙述如下：当所要求解的问题是某种事件出现的概率，或者是某个随机变量的期望值时，它们可以通过某种“试验”的方法，得到这种事件出现的频率，或者这个随机变量的平均值，并用它们作为问题的解。这就是蒙特卡罗方法的基本思想。

蒙特卡罗方法通过抓住事物运动的几何数量和几何特征，利用数学方法来加以模拟，即进行一种数字模拟实验。它以一个概率模型为基础，按照这个模型所描绘的过程，通过模拟实验的结果，作为问题的近似解。可以把蒙特卡罗解题归结为三个主要步骤：

（1）构造或描述概率过程。

（2）实现从已知概率分布抽样。

（3）建立各种估计量。

由具有已知分布的随机变量总体中抽取简单子样，也就是在一个确定的分布函数中进行抽样，在蒙特卡罗方法中占有非常重要地位。而判断一个储层地质建模算法是否为随机的，只要看它是否采用了抽样方法。如采用了抽样方法的储层地质建模，即可判定为采用了随机算法。

下面叙述如何对一个随机函数的分布函数进行抽样。

有时，在已知一个随机变量的概率分布的条件下，可获得这个随机变量的一个现实的值，也就是获得随机变量的一个“实现”；通过给定的随机种子的改变，又可以获取一个实现；对于任意多个随机种子，就可以相应获得多个实现。这就是蒙特卡罗抽样的过程。反过来也可利用这些多个实现，获得这个随机变量的概率分布。

下面利用蒙特卡罗模拟方法计算 π 值的过程，可以展示蒙特卡罗模拟方法应用的一个例子。首先在一个长宽各为 1 的正方形 A 内，画一个以坐标原点为圆心，半径为 1 的圆形的 1/4 为 B，如图 1–1 所示。显然，B 的面积为$\frac{1}{4}$（半径 × 半径 × π）= $\pi/4$。利用随机数发生器产生 [0，1] 区间内的均匀概率分布函数连续抽取两个数，就可以看成在 [X，Y] 平面上的一个点。这样，就可以利用计算机程序，在区域 A 中生成一系列均匀分布的点，而且这些点分别在区域 B 和区域（A–B）中的均匀程度是大致一致的。这些点可能落在图 1–1 的 B 中，但也可能不落在 B 中，但还在 A 的区域中。从点分布的均匀性可以认定，在 B 中的点数目是和 B 的面积成正比的，而且在 A 中点的数目和 A 的面积也是成正比的。所以，就有下式成立：

$$\frac{B\text{的面积}}{B\text{中点的数目}}=\frac{A\text{的面积}}{A\text{中点的数目}}$$

又由于 A 的面积显然为 1，因此 B 的面积等于：

$$B\text{ 的面积}=\frac{B\text{中点的数目}}{A\text{中点的数目}}$$

由于 B 的面积为 $\frac{\pi}{4}$，所以 $\pi=4\times$（B 中点的数目 /A 中点的数目）。这样，就利用蒙特卡罗模拟计算获得了圆周率 π。当然，所取点的数目越多，计算所得的圆周率值的有效数字就越多，精度也就越高。

在图 1−1 中，区域 A 和区域 B 中所具有点的数目的比值，可以视为随机变量。

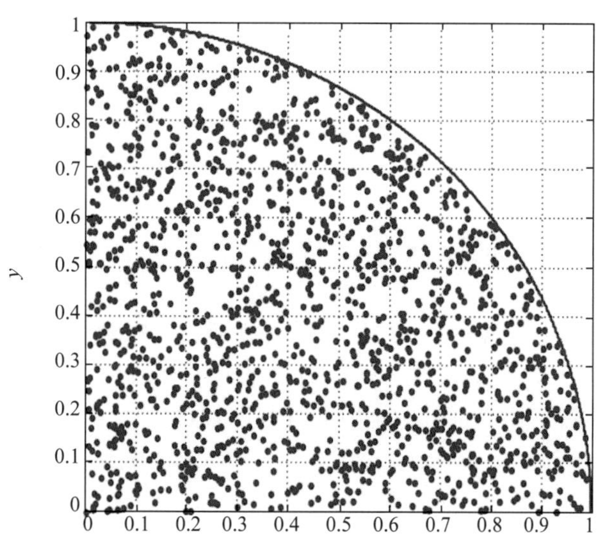

图 1−1　利用蒙特卡罗模拟计算圆周率 π

前述利用蒙特卡罗模拟计算圆周率 π 的例子，是通过在边长为 1 的一个正方形 A 中随机地产生若干个点，统计落入区域 A 中的点的个数和落入区域 B 中点的个数，最后两者相除则可获得圆周率 π 的一个近似值。这种通过随机数求得一个确定的数值的方法，看起来好像有点不好理解，但这恰好是蒙特卡罗方法的魅力所在，也正是这种方法应用范围如此之广的根本原因。实际计算结果说明，当落入 A 的点数达到 1000 时，所获得的 π 的有效数字会达到 3 位。不容怀疑，当落入 A 的点数达到 10000 或 100000 时，π 的有效数字会更多。

以下有关章节中，将对蒙特卡罗方法进行进一步的叙述。

1.3　建模的不确定性研究的进展

在 2011 年出版的由 Y. Zee Ma 主编的 AAPG 论文集“不确定性分析与储层建模”（Maand other，2011）中对不确定性做了详细的研究。

在有关文献中，不确定性有好几个含义。它可能指的是有关一个变量的知识欠缺，或

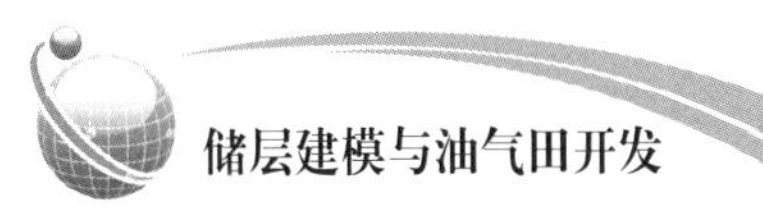

者是数据的不准确或不明确，或者是变量的不确定、不定或不可预测。概率理论是对不确定性进行描述的一个自然语言，因为它可以对不确定性进行定量表示和分析。

一般来说，可以将不确定性分为偶然发生的不确定性和认识方面的不确定性。

偶然发生的不确定性是数据或过程中固有的不确定性，通常被称为随机不确定性。一个偶然不确定性的例子是预测一枚硬币出现正面还是反面——即使再多的额外数据或认识都不会改变这一不确定性。

斯坦福大学著名地质统计建模专家 Jef Cares 在 2011 年出版的《在地球科学中不确定性建模》的专著中，利用科学的语言论证了什么是不确定性、不确定性的来源、确定性建模、不确定性模型、模型与数据关系、从贝叶斯定理的角度看不确定性、模型的证实与证伪以及模型的复杂性等问题。他的研究视野从储层地质建模范畴，已经延伸扩大到地球科学的领域。

近几年来，国外在储层地质建模有关的不确定性研究方面，不仅方法上有了不少创新，在研究内容方面更是向着油田开发的纵深方向发展。

在 2010 年以后发表的文献中，一些题目值得详细加以列举。例如："油藏预测优化－地质统计学、油藏建模、非均质性和不确定性的影响"（2011，SPE 145721），"不确定的产量预测因子：3D 油藏建模的远景"（2014，IPTC 18196），"利用特征选取的油藏建模：核心学习方法"（Demyanov and others，2011），"在静态油藏建模和开发加密井部井中降低不确定性的新技术"（Mahmoud，2015），"致密气藏的建模和不确定性评价"（Khoury and others 2015），"复杂油藏的综合建模和不确定性估计"（Anyanwu，2015）。

在这些文献中，把产量预测的不确定性和储层地质建模联系起来了，把油藏预测优化和油藏建模以及不确定性影响联系起来了，把静态油藏建模和加密开发井的不确定性分析联系起来了。它们所提出的进行不确定性分析的概念、思路和方法如下：

Meddaugh（2014）在综合研究地质统计学、油藏建模、非均质性和不确定性的基础上，提出了油气产量预测的一个方案。提出产量最优预测的一种主要来源是地层内原始的氢烃体积估计的偏差，另外一个偏差是由于数目有限的数据采样。可以通过统计学方法，通过使用合适的基于不确定性的流程，同时通过合理的不确定性估计降低这些偏差。油气体积的显著偏差的一种附加来源是随机油藏参数模型的运用。

Yemez 等人（2014）认为，基于油藏建模研究项目所提供的经验，公开发表的文献和石油工业界的经验，影响产量预测的若干关键要素是：稀疏又缺乏代表性的数据，原始油气的带有偏差的估计以及油藏模型中缺乏代表性的输入数据的概率分布。产生这些要素的原因是缺乏地质模型的概念、不合格的静态和动态模型、地震数据的错误运用、不恰当模拟的使用、历史拟合校正过程的不唯一性以及不适合地使用不确定性分析流程和工具。

Demyanov（2011）认为，很多算法能够自动产生多个历史拟合的油藏模型，然而，不能保证对油藏描述作出的变化，以取得一个历史拟合所匹配的地质特征。该文献提出了一个新颖的数据驱动的油藏物性参数空间分布的建模方法。它应用一个先进的多核学习方法（Multiple Kernel Learning，MKL），并对多尺度的地质特性进行整合，测量获得的油藏属性和先验知识融入一个智能化的方法，以便改善油藏模型的实现。

参考文献

霍春亮，刘松，古莉 等.2007. 一种定量评价储集层地质模型不确定的方法 [J]. 石油勘探与开发，Vol.34，No.5：574–578.

李少华，张昌民，彭裕林 等.2004. 储层不确定性评价 [J]. 西安石油大学学报（自然科学版），19（5）：16–19.

尤少燕，时应敏，乔玉雷.2005. 利用多尺度资料进行油藏地质建模 [J]. 油气地质与采收率，12（3）：15–17.

王家华 等.1999. 克里金地质绘图技术. 北京：石油工业出版社.

Ma Y.Zee and other（Edit.）.2011. Uncertainty analysis and reservoir modeling：development and managing assets in an uncertainty world. AAPG Memoir 96.

Massonnat G.J.1999. Can we sample the complete geological uncertainty space in reservoir–modeling uncertainty estimates? SPE 59801.

Mahmoud，Salah El Din Ragab.2015. A Novel technique for reducing uncertainties in static reservoir modeling and development infill well placement. SPE–175331–MS.

Yemez，I. and others.2014. Factors contributing to uncertain production forecasts：3D reservoir modelling perspectives. IPTC–18196–MS.

Meddaugh，W. Scott.2011. Reservoir forecast optimism–impact of geostatistics，reservoir modeling，heterogeneity，and uncertainty. SPE 145721.

Demyanov V. and others.2011. Reservoir modelling with feature selection：A kernel learning approach. SPE 141510.

Khoury Philippe Al and others.2015. Reservoir modeling and uncertainties evaluation of a tight carbonate reservoir in offshore Abu Dhabi. SPE–177823–MS.

Meddaugh W. Scott and others.2011. Reservoir forecast optimism–impact of geostatistics，reservoir modeling，heterogeneity，and uncertainty. SPE 145721.

Anyanwu Chinedu and others.2015. Integrated reservoir modeling and uncertainty assessment of a Reservoir Complex in the Niger Delta. SPE–178277–MS.

Yemez I. and others.2014. Factors contributing to uncertain production forecasts：3D reservoir modelling perspectives. IPTC–18196–MS.

Demyanov V. and others.2011. Reservoir modelling with feature selection：A kernel learning approach. SPE 141510.

2 多点地质统计学算法原理及其河流相储层建模

本章的内容以委内瑞拉 MPE3 地区的辫状河储层的建模过程为例，在回顾两点地质统计学建模发展的基础上，论述了多点地质统计学建模算法的原理以及在 MPE3 地区辫状河储层建模的应用。为此，针对辫状河储层的地质知识库构成及其训练图像的制作进行了阐述，为全面理解多点地质统计学建模的原理作了必要的铺垫。

2.1 两点建模到多点建模

人们已经熟知，变异函数是以空间变量在每两点的数值为基础的一种统计量。这两个点的数值，即是空间变量 z 在点 u 和 $u+h$ 处的两个值 $z(u)$ 和 $z(u+h)$。与多点地质统计学建模不一样，两点地质统计学是指利用变异函数作为基础的地质统计学，也即利用变差函数描述空间变量的相关性和变异性，通过建立在某个方向上两点之间的空间变量的变化关系来描述空间的变化特性。其中，包括了序贯指示模拟、序贯高斯模拟、截断高斯模拟和各种克里金估计方法。从两点地质统计学向多点地质统计学的演化，显示出地质统计学的理论体系有了很大的发展，其应用效果有了明显改善。

利用各井测井数据，以地质统计学为基本原理进行油藏描述和储层建模的方法一出现，便受到业内人士的一致欢迎，形成了一股巨大的潮流，极大地推动了油气田开发。整个储层空间中，只有测井数据可以视为是准确的，而全部网格块处的建模结果，都是根据各种统计算法和建模算法推断出来的，其测井数据所在网格块的数目只占储层空间全部网格块的十分之一或百分之一，显得远远不足，是一种十分粗糙的估算。为此，人们提出利用随机函数的方法、局部估计的概念以及最佳线性无偏预测，以增加可用的信息量。在地质统计学发展的初期，为了对空间变量的分布进行建模或模拟，人们的注意力集中在如何对有限的测井数据进行深入细致的分析，以抽取所研究的空间变量的相关性和各种空间变异性。实际上，初期的地质统计学的根本目的就是估计出储层空间中各网格块的相关性和变异性，以弥补空间变量有关信息的缺失。

两点地质统计学经过多年的发展，其变异函数概念和相应的统计分析已经相当成熟，主要包括：变异函数和协方差函数的关系、变异函数的理论模型、套合结构、实验变异函数、理论变异函数以及空间变异性的结构分析等。经过多年的研究，变异函数的理论基础不断完善，不断深化，从统计学的角度对变异函数及其确定过程做了深入的分析。变异函数估算的细节包括：有关变异函数在原点附近的性状、变异函数的影响范围、各向异性、变异函数的正定条件，变异函数的理论模型、尺度不同的理论模型的套合、不同方向的理论模型的套合等。从统计学的角度研究变异函数的途径包括：从二阶矩的统计推断的角度，对于协方差函数估计的偏倚性、变异函数估计量的无偏性及其误差、传统的变异函数估计量为最优的条件、变异函数估计值对于理想情况的偏离等，进行深入广泛的研究。另一方面，人们对稳健的变异函数的计算也做了深入的研究。

在储层地质建模中，两点地质统计学在多点地质统计学建模出现以前，曾经在沉积微相建模中发挥过重要的作用，而且目前在孔隙度、渗透率、含油饱和度等物性参数的空间分布建模中仍然发挥着不可替代的作用。作为指示模拟的一个基础，离散变异函数分析在序贯指示模拟中起着关键的作用。在物性参数空间分布的建模过程中，连续变异函数的求取和分析，是序贯高斯模拟和其他克里金估计的一个必要前提。

传统的两点地质统计学在储层建模中的应用方法，主要是以变差函数为工具的。然而，变差函数反映的仅仅是空间两点之间的相关性，不能充分描述具有复杂几何形状的砂体，如河道砂体和冲积扇砂体空间的连续性和变异性。当井资料较少时，用于计算实验变差函数的点对很少，就不能正确反应空间两点之间的相关性。而多点地质统计学着重表达多点之间的相关性，弥补了传统地质统计学方法的不足。

2.1.1 两点统计量与两点模拟算法

大多数以统计学预测算法为主的传统地质统计学的主要工具是变异函数和协方差函数。一个平稳的随机函数 Z（u）以及它对应的以向量 h 分隔的空间中两个点 u 和 $u+h$，其任意两个随机变量为 z（u） 和 z（$u+h$）。这两个随机变量之间的关系可以用以分隔向量 h 为自变量的两点统计量所表征。该两点统计量可以是协方差 C（h） 和变异函数 2γ（h）。

传统的两点模拟算法在于重现一个先验的协方差模型 C（h） 或者一个等价的变异函数模型。这两者就是任意两个随机变量 z（u） 和 z（$u+h$） 的统计关系。与多点统计量所提供的信息相比，两点模拟算法失去的信息就是空间中三个或三个以上的随机变量之间的关系。然后，多点模拟算法能够提供两点模拟算法所失去的这些信息，就形成了明显的优点。

如果所研究的多点模拟产生的实现能够反映除了两点相关性以外的特殊的结构和模式，随后，这些结构就能够输入到一个随机算法中去。这样，多点模拟优于两点模拟的事实，就会清晰地展开在人们的面前了。

在实际中广泛应用的基于协方差的两点模拟算法基本上可以划分为两类。第一类是利用多元高斯随机函数模型的算法，其第二类则是基于指示期望值作为条件概率的认识的算法。

2.1.2 多点统计量与训练图像

Remy 等学者在他们的著作（2009）中解释了多点统计建模方法中的多点统计量和训练图像之间的关系，其要点如下：

对于定义在属性 Z_1：$\{z_1\ (u+h_\alpha)$；$\alpha=1,\ \cdots,\ n_1\}$ 上的 n_1 个数据，属性 Z_2：$\{z_2\ (u'+h'_\beta)$；$\beta=1,\ \cdots,\ n_2\}$，为了表征两个数据模式之间的关系，交叉协方差或交叉变异函数就显得远远不够，而需要更多的信息，即需要所有区域内的（n_1+n_2）个随机变量的联合分布。而要产生如此大量的实验数据，充分推断出这样多个变量的多点统计量肯定是不可能的，更不可能对其进行建模。对于这种情况，存在着两个途径以逃避这场噩梦。

（1）采用单一协方差函数表征的、具有低阶统计量的多元正态模型进行简化处理。

（2）建立能够描述两个随机变量 $z_1\ (u)$ 和 $z_2\ (u')$ 空间关系的训练图像。这种训练图像能够反映地球物理学或沉积学得到的储层特征，并用于控制这些变量对的联合空间分布函数。

在以上两种情况中，利用在未采样处的数值的预测值或模拟值，获得的大部分的多点统计量的信息不可能来自于数据，而只能来自于多元高斯模型或训练图像。

基本上可以说，训练图像可以提供所有必须的多点协方差的值。可以假定平稳性是训练图像应该具有的性质，从而可利用单一的多点条件数据事件，对一个专门的训练图像扫描。这个多点的过程和利用成对的随机变量扫描一个训练图像，并进行两点协方差 / 变异函数建模，是没有任何不同的。一个公认的事实是，不含有完全多点模型的任何随机模拟，是不存在的。人们应该相信训练图像所具有特征性的结构，相信多点模式，运用这些结构以进行估计或者模拟。而且这些点是不能利用变异函数为工具的两点统计量来完成的。

2.1.3 多点模拟算法

在井数据过多的情况下，基于目标的建模出现了严重的困难，从而催生了多点建模。利用基于目标的建模算法时，“目标”意味着所模拟的砂体形状。目标的形状参数，包括尺寸、各向异性与弯曲性都是具有随机性质的，因此对它们的模拟都是随机的。在目标建模的迭代过程中，目标被移动、变换、删去以及置换，直至取得对于地质体的合理匹配。目标建模对于建立一个具有一定的空间结构和空间模式的训练图像的效果是比较理想的，因此对于多点建模的实施仍是十分重要的。

但是，利用大量数据进行条件化以进行基于目标的建模的算法，实施起来是相当困难的，相反地，基于网格块的建模算法则是容易实现条件化的过程。基于网格块的建模过程在一个时刻仅模拟一个网格块处的数值，而和围绕着那个点的区域的网格块无关。但这种传统的基于网格块的建模算法，仅仅能够实现基于变异函数的建模过程，而不能产生一定形状和一定模式的建模结果。

利用多点序贯模拟算法获得的以周围各个网格块微相为条件的、某一网格块微相的条件概率，就是从训练图像读出的、相应的一个未经模拟的网格块处的微相的概率，或称比例。多点序贯模拟算法之所以称为 SNESIM（Single Normal Equetion Simulation），是因为任何这样的微相比例在指示模拟中是求解单一指示克里金（正则）方程［Single Indicator Kriging（Normal）Equetion］的结果，这个方程可以获得条件概率的精确表达式。

单一正则方程算法（Single Normal Equation Simulation，SNESIM）（Caers，2005），具备了基于网格块算法的数据条件化的灵活性，是克服变异函数局限性的一种方法。运用这个变异函数的目的，仅仅出自于对于局部概率分布的克里金估计的求取，所以从能够展示所需空间模式的训练图像直接收集这些局部概率分布的思路是可取的。如果能够这样做，就可以回避变异函数建模，也可以回避克里金算法。这个概率分布函数当精确或近似地匹配于训练图像的一部分时，就意味着从训练图像中被选中。更精确地说，当训练图像被扫描时，扫描的主体是条件数据事件，扫描的结果是条件数据事件在训练图像中出现的次数。这种条件数据事件也许和训练图像的某一个部分重合；当扫描继续进行时，同样的条件数据事件也许会与训练图像的另外一部分重合。这样，当整个扫描结束时，同一个条件数据事件在训练图像中出现可能不止一次，也许是 n 次。

SNESIM 算法的主要要求和困难在于，在扫描的过程中条件数据事件的出现次数是否是足够多。

2.1.4 序贯指示建模方法

序贯指示模拟是一种基于像元的随机建模方法，可以用在离散型变量的随机模拟中，是一种典型的两点建模方法。该方法无须对原始样本是否服从正态分布进行假设，而是通过给定的一系列门槛值，来估计某一类型变量或离散化连续变量低于某一门槛值的概率，以此来确定随机变量的分布。该模拟是通过指示克里金方法来获得累积条件概率的序贯模拟方法，主要特点是指示克里金、变量的指示变换和序贯模拟算法。

序贯模拟算法的优点是：该模拟方法的模拟结果最能体现空间变量的不确定性和非均质性，其模拟条件可以不要求有任何确定的描述性变量，几乎用来约束模拟的参数都完全来自于数理统计，当然也可以加入趋势条件约束控制。由于该算法具有较强的灵活性和适用性，成为多年来使用最广泛的一种离散型变量模拟。

序贯模拟算法的缺点是：正是由于其广泛的适用性，因而缺乏明确的针对性，其结果不能很形象地反映出沉积微相的理想模式。这对于习惯了传统沉积相模式认知的专家来说，就是一头雾水，甚至认为不可理喻。另外这种算法的数据分析理论尤其是变差函数，要求建模人员有较强的理论基础和多年的工作经验，同时变差函数分析也是一项烦琐、费时费力的工作。

该算法的适用性最广，它的正确运用要求地质统计学概念清晰，经验丰富。

2.2 地质知识库和训练图像

为了更好地在 MPE 3 地区利用多点地质统计建模方法，需要构建适合该地区地质特点的训练图像。为此，需要利用地质类比技术，借用其他油田和地区的地质数据和资料，以建立辫状河储层的地质知识库，从而构建出适当的训练图像。

2.2.1 地质知识库与地质类比

为了制作适合多点统计建模的训练图像，张团锋等学者（Zhang and others，2011）于2011 年发表了一篇题为《由定量综合类比数据库驱动的多点统计建模的流程》的论文。该文从构建多点统计建模的训练图像方面的需要出发，提出了利用全球范围内多个不同类型油田的沉积数据，以构建出一个综合类比数据库。从这篇论文得到的启发，构建地质知识库的关键是要求正确地运用地质类比技术（geological analogues techniques）。

石油地质条件类比是石油地质综合研究的一种常用方法。例如，从北美克拉通中陆地区来类比分析鄂尔多斯、塔里木等克拉通盆地；从北非、波斯湾、东南亚等特提斯构造带中的富油气盆地来类比分析塔里木、四川等含油气盆地。它既可考虑相似的大地构造背景，也可根据同一盆地类型或相似的盆地地质结构，还可以从某一石油地质要素（例如侏罗系烃源岩、白垩系储层或古近系封盖层）出发来比较所研究的两个对象或条件之间的相似性或差异性，从而更加清晰地剖析油气成藏的关键控制因素（何登发等，2013）。

至于在油藏建模中如何运用地质类比技术，在国外已经发表过不少论文。油田开发过程中的决策过程对油气勘探开发至关重要，而在整个进程中却存在着诸多不确定性。在对新油田进行开发时，任何可以缩小不确定性的额外数据都显得十分重要。在进行决策时，这些数据能够使风险降低，同时还可以让决策者获得更准确的洞察力，以确保所做决策更加稳定可靠。油藏类比技术（reservoir analogue techniques）则为决策过程提供了重要信息。油藏类比方法将油田历史数据与描述性统计及案例推理一并作为油田开发的指南和工具，进而使油田开发团队在认识到别的油田真实作业的局限性时也能做出相应的决策。由于开发团队拥有采收率方面的参考以及其他一些指示参数，所以他们可以在优化参数及油田开发过程中做出更有根据的决策。随着技术的进步及数据驱动技术的不断发展，数据已经变得容易存取了，然而如何将数据转换为认识也随之成为新的挑战。油藏类比虽不是一个新的概念，但目前为止寻找类比对象的基本原理并没有得到研究，同时也不存在这方面的出版物。油藏类比技术涉及对沉积微相属性及参量属性的精妙应用、属性的分类以及对个案强有力的工程判断，因此，要想获取满意的结果就要为算法的正确使用做出说明。本书提供了两种从案例推理系统中选出的途径来寻找油藏类比对象，其中每一油藏都由数值属性及类别属性共同表征，对每种途径中的数值属性及类别属性而言，都有几种不同的距离度量及相似性度量。对此本书分别进行了研究。

张吉光等专门研究了地质类比法的内容及意义。他们指出地质类比的关键是划分好层次，在同一层次和标准下进行类比，在较高层次下做比较，结论才符合客观实际。类比中，要注意多因素分析和比较，防止以偏概全，克服类比法中的局限性所带来的不利因素（张吉光等，1994）。

2.2.2 野外露头验证

2.2.2.1 延 10 段与 MPE3 区块主力油层的对比

野外露头的精细描述是建立储层地质知识库的重要方法之一。为了准确地模拟 MPE3 区块主力油层的砂体规模及隔夹层发育特征，有必要寻找一个相似露头对其进行详细的沉积学观测、描述，以获取第一手的各种地质参数。相似露头区是指无论在岩性、构造背景、沉积背景，还是在沉积环境上与所研究的地区具有可比性的野外露头剖面。野外露头描述具有直观性、完整性、精确性和便于大比例尺研究的优点，使得建立的地质知识库系统精确且定量化程度高。

通过对国内多个辫状河沉积露头的考察，确定鄂尔多斯盆地侏罗系延 10 段与委内瑞拉 MPE3 区块主力油层具有较强的可对比性，两者间的相似性见表 2–1。

表2–1 鄂尔多斯盆地延10段与MPE3区O12小层沉积特征对比表

地区	MPE3 区块 k	鄂尔多斯盆地
对比层位	Morichal 段 O11，O12 层	延安组延 10 段
层序地层背景	低位体系域背景	低位体系域背景
构造特征	构造稳定，地层近于水平	构造稳定，地层近于水平
沉积相类型	砂质辫状河	砂质辫状河
岩相组成	主要由中—细砂岩、含砾砂岩组成	主要由中—细砂岩、含砾砂岩组成
砂体规模	单河道砂体厚度一般为 3 ～ 6m，最大可达 8m 以上，砂体沉积呈正韵律。心滩砂体为多期叠置砂体，厚度一般为 3 ～ 10m，可达 15m 以上	单河道砂体厚度一般为 3 ～ 5m，横向上呈透镜状。心滩砂体表现为多期叠加，叠加厚度一般为 4 ～ 8m，最大可达 20m 以上

2.2.2.2 延 10 段露头砂体特征

中侏罗统延安组在鄂尔多斯盆地广泛发育，是盆地内最重要的含煤、含油层位之一，前人对其进行了大量的研究。长庆油田在 1992 年将延安组划分为四个岩性段，10 个油层组，其中延 10 段位于延安组的最底部。延 10 段在陕西省延安市及周边出露较好，本次研究在延安市区的清凉山及延安市东北的 210 国道旁实测 2 条，在杨家岭村及杨家湾村观察野外露头 2 条（如图 2–1 所示）。

清凉山剖面：该剖面位于延安市区的清凉山风景区，延 10 段连续出露厚度在 40m 以上，垂向上可见 5 个略呈正韵律的沉积旋回，旋回底部为规模不等的冲刷面［如图 2–2（a）所示］。

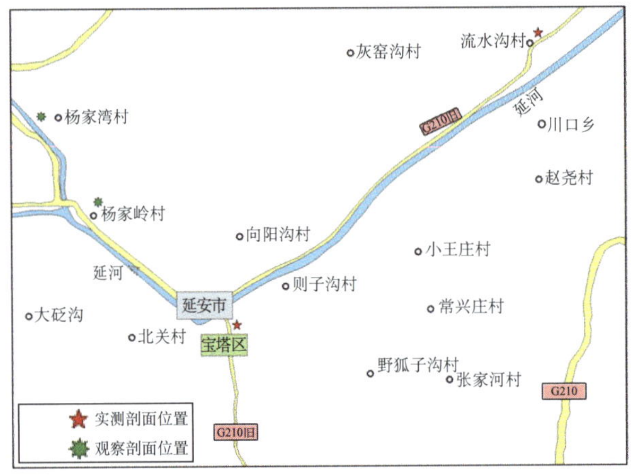

图 2–1　野外剖面位置图

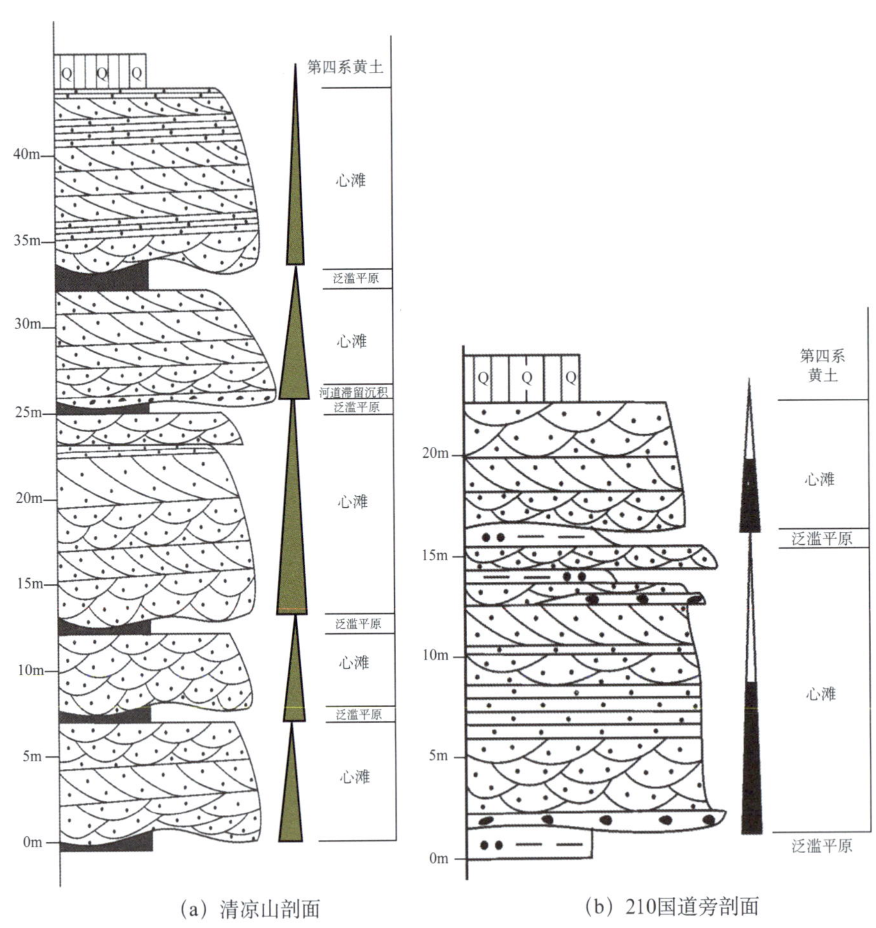

（a）清凉山剖面　　（b）210国道旁剖面

图 2–2　实测剖面柱状图

210 国道旁剖面：该剖面位于延安市东北 15km 处的一个采石场内，延 10 段出露厚度在 20m 左右，垂向上由 3 个略呈正韵律的沉积旋回构成，每个旋回底部均为规模不等的冲刷面［如图 2–2（b）所示］。

2.2.2.3 野外露头反映的砂体分布特征

1）岩相组成

根据对野外露头的观测、描述，延 10 段辫状河沉积发育的岩相类型主要有：

（1）块状层理中—细砾岩相（Gm）：岩性为颗粒支撑的中—细砾岩，砾径一般为 0.5 ～ 3cm，以次棱角状为主，砾石长轴略显定向排列，有时可见叠瓦状排列现象，内部不显层理，底部为规模不等的冲刷面［如图 2–3（a）所示］。

（2）大—中型板状交错层理中—细砂岩相（Sp）：岩性为中—细砂岩，发育大—中型板状交错层理，纹层倾角 15° ～ 20°，层系厚度 10 ～ 40cm［如图 2–3（b）］。

（a）块状层理中砾岩相（Gm）

（b）大型板状交错层理中砂岩相（Sp）

（c）大型槽状交错层理中砂岩相（St）

（d）平行层理中砂岩相（Sh）

（e）板状交错层理中砂岩相（Sp）及平行层理中砂岩相（Sh）

图 2–3 延 10 段辫状河沉积的岩相组成

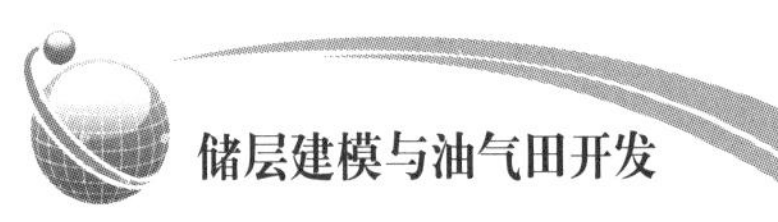

（3）大—中型槽状交错层理中—细砂岩相（St）：为延 10 段露头剖面上最常见的一种岩相类型，主要为中—细砂岩，层系厚度一般在 0.3 ～ 0.6m，横向延伸长度一般在 5 ～ 30m，多出现在各韵律旋回的中、下部［如图 2–3（c）所示］。

（4）平行层理细—中砂岩相（Sh）：岩性多以细砂岩为主，可见中砂岩，厚度一般不大，常在 1m 之内，横向延伸长度最大可达 15m，多出现在各韵律旋回的中、上部。河道砂体的顶部是比较容易产生水浅急流的高流态部位，易产生平坦床沙底形，形成平行层理岩相［如图 2–3（d）所示］。

（5）水平层理粉砂质泥岩相（Fl）：岩性以粉砂质泥岩、泥质粉砂岩、泥岩为主，局部夹粉砂条带，发育水平层理。

（6）块状层理泥岩相（Fm）：岩性以粉砂质泥岩为主，含炭屑，内部不显层理，呈块状，厚度一般为 10 ～ 30cm，位于韵律层顶部，常被后期河道冲刷而保存不好。

野外露头观察表明，延安周边地区延 10 段主要以砂质沉积为主，细粒沉积厚度较小，其垂向沉积层序相当于 Miall（1985）提出的南萨斯喀彻温型砂质辫状河沉积，以发育复合河道沙坝沉积为主（如图 2–4 所示）。

2）砂体规模

根据对延 10 段露头剖面的观察与测量，单砂体多呈透镜状，宽度一般为 80 ～ 150m，厚度为 2 ～ 5m，底部为规模不等的冲刷面，砂体宽 / 厚比为 30 ～ 50 左右。心滩砂体表现为多期叠加，叠加厚度一般为 4 ～ 8m，最大可达 20m 以上，宽度为 800 ～ 1500m，宽 / 厚比为 50 ～ 100。砂体宽度与厚度之间存在较好的正相关关系（如图 2–5 所示）。

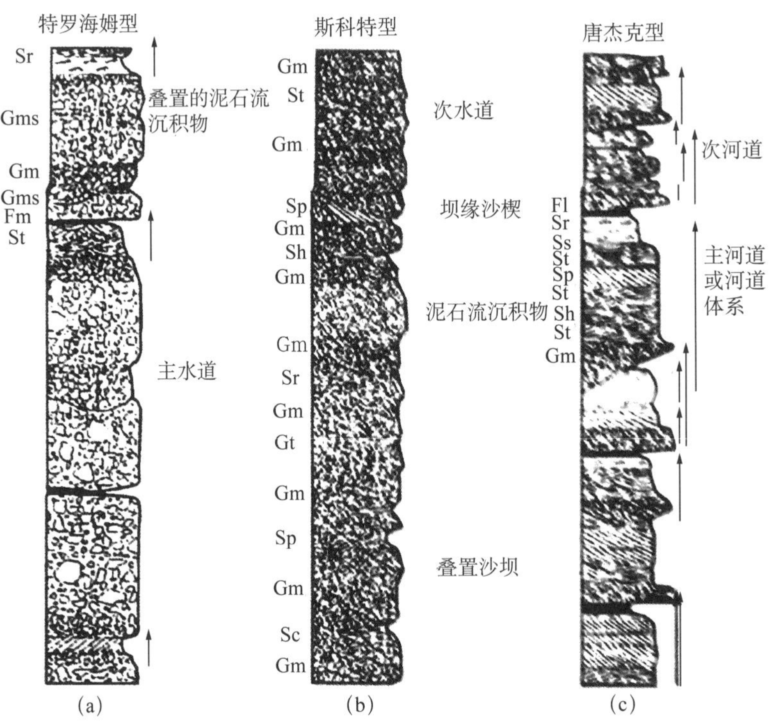

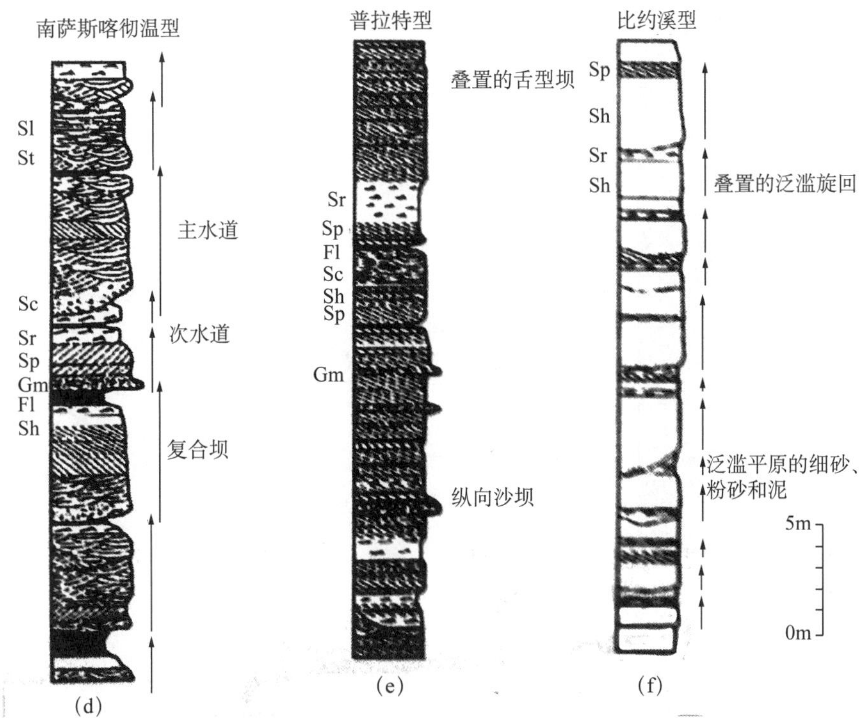

图 2–4 砂质辫状河沉积模式（据 Miall，1985）

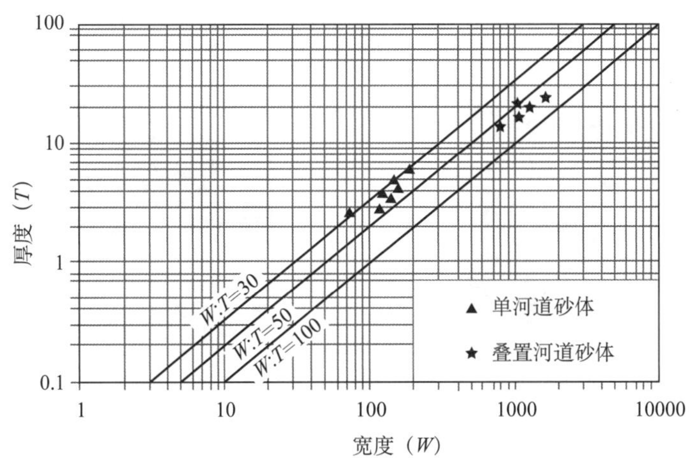

图 2–5 延 10 段单层砂体与叠置多层砂体宽度—厚度关系图

3）野外露头反映的隔、夹层分布特征

根据野外剖面的观察，延 10 段辫状河沉积中发育 7 种成因类型的隔夹层，分别是：洪泛期形成的泛滥泥岩隔夹层；废弃河道充填泥岩；河道底部滞留泥砾隔挡层；心滩坝内部的落淤层；洪泛事件间歇期形成的坝间泥岩；坝顶“串沟”充填泥岩；成岩作用形成的致密砂岩（如图 2–6 所示）。

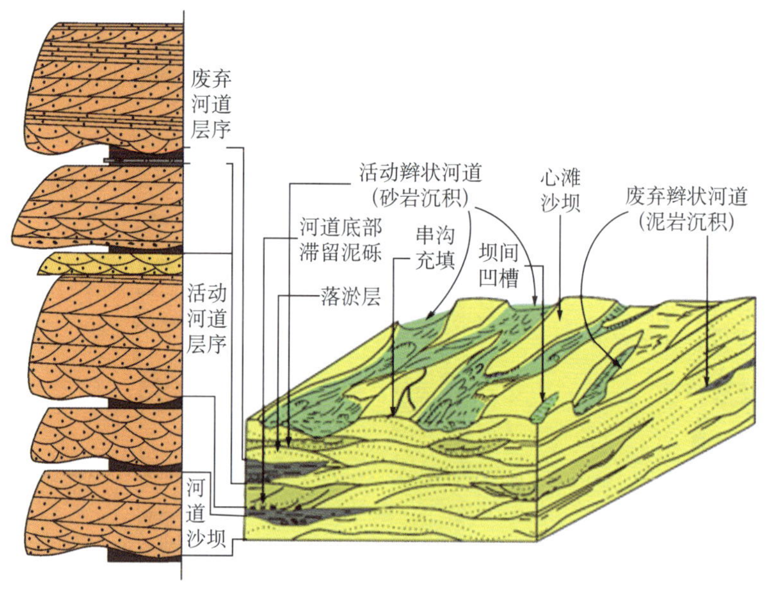

图 2–6　延 10 段辫状河沉积隔夹层成因模式图

洪泛期形成的泛滥泥岩隔层位于两期河道砂体之间的界面处，厚度较大，一般在 0.5m 以上；平面上分布较稳定，延伸距离长，可达数百米至数千米，在地震反射剖面上可以识别，常呈隔层的形式出现。

其他成因的的隔夹层厚度较小，一般小于 50cm，平面上分布不稳定，横向延伸一般小于 50m（如图 2–7 所示）。

（a）心滩顶部的"落淤层"，厚 30cm 左右，长 35m

（b）心滩顶部的"落淤层"，厚 40cm 左右，长 45m

（c）河道底部滞留泥砾层，厚 35cm 左右，长 40m

（d）坝间泥岩夹层，厚 50cm 左右，长 45m

图 2–7　延 10 段辫状河沉积中隔夹层

2.2.3　马岭油田密井网储层沉积学研究

密井网区解剖是建立储层地质知识库的另一种重要方法。通过密井网区解剖，建立整个区块（油田）的地质知识库是当前研究的一个热点。以下选取马岭油田 BS 区延 10 段油藏作为研究对象，通过密井网解剖，分析辫状河沉积储层的砂体及隔夹层分布特征。

2.2.3.1　马岭油田 BS 区延 10 段油藏概况

马岭油田 BS 区位于鄂尔多斯盆地一级构造单元陕北斜坡的西南部，现今构造表现为一低幅度鼻状隆起，含油层系为侏罗系延安组延 10 段油层组，储层岩性主要为中砂岩、中—粗砂岩，含油面积 6.5km^2，油藏平均有效孔隙度 14.5%，有效渗透率 $50\times10^{-3}\,\mu m^2$。该区于 1998 年投入开发，初期井网密度为 250m × 250m，2011 年新钻 24 口加密井，加密部位井距为 150m 左右，局部可达 80 ~ 100m。工区范围内有 3 口检查井在目的层段进行了系统取心，并进行了常规物性分析。

2.2.3.2　BS 区延 10 段的岩相类型

通过对区内 3 口检查井所取岩心的详细观察，该区延 10 段的岩相类型如下（如图 2–8 所示）：

槽状交错层理砂岩相，木检 H5–3 井，1539.06m

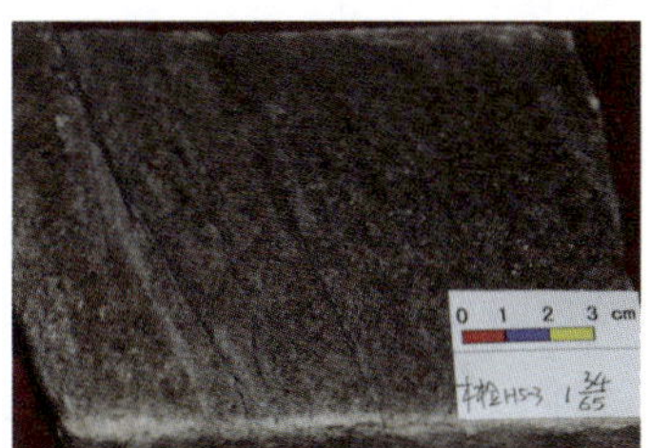

板状交错层理砂岩相，木检 H5–3 井，1538.15m

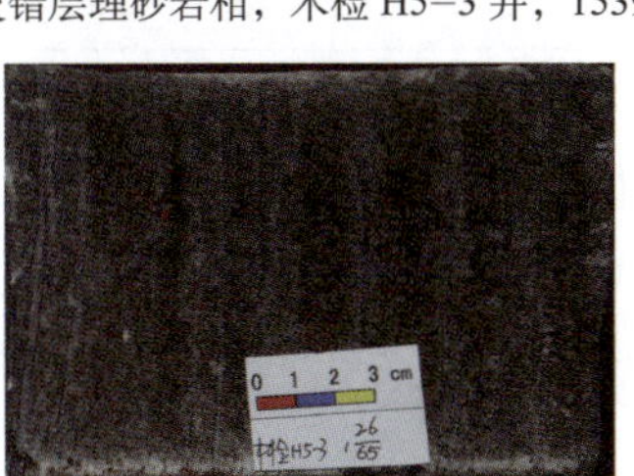

平行层理砂岩相，木检 H5–3 井，1535.33m

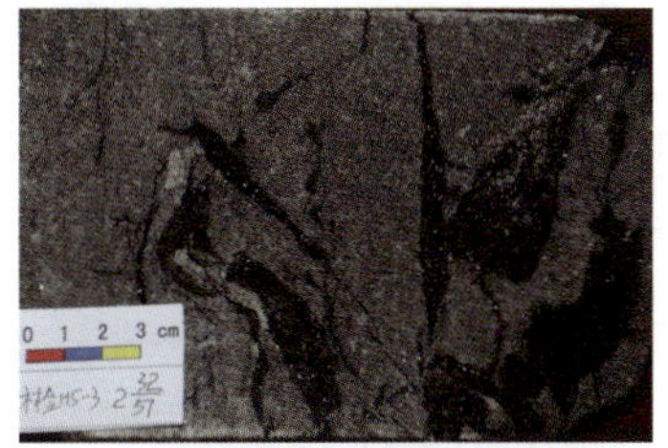

块状层理砂岩相，木检 H5–3 井，1545.12m

水平层理泥岩相，木检 H5–3 井，1530.5m

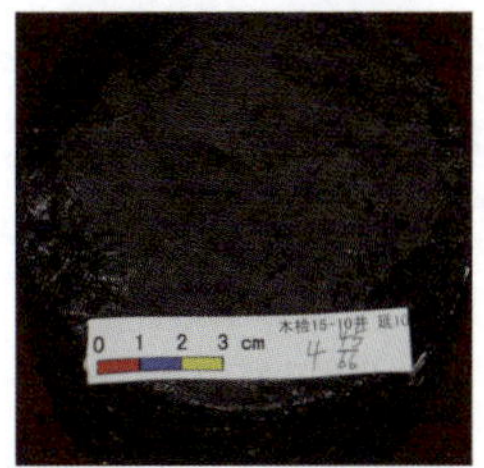

薄煤层，木检 15–10 井，1556.69m

图 2–8　BS 区延 10 段的主要岩相类型

（1）块状层理含砾砂岩相：由含泥砾或炭屑的中—粗砂岩构成，含油性较差，内部不显层理，位于河道沉积的最底部冲刷面之上。

（2）板状交错层理砂岩相：灰色中砂岩，常因饱含油而呈褐色，发育大—中型板状交错层理，层系厚 20 ~ 40cm，发育在河道沉积的中下部。

（3）槽状交错层理砂岩相：灰色中砂岩，常因饱含油而呈褐色，发育大—中型槽状交错层理，发育在河道沉积的中下部。

（4）平行层理砂岩相：灰色中—细砂岩，因含油而呈褐色，发育平行层理，位于河道沉积的中上部。

（5）波状层理细—粉砂岩相：岩性为灰色细—粉砂岩，含油性较差，内部显波状层理，位于河道沉积的中上部。

（6）水平层理泥岩相：岩性为灰黑色、黑色粉砂质泥岩、碳质泥岩，发育水平层理，位于河道沉积的上部。

（7）薄煤层：厚度 10 ~ 30cm，位于河道沉积的最顶部。

2.2.3.3 延 10 储层沉积微相及砂体分布特征

1）沉积微相类型

根据岩石类型及其组合、原生沉积构造、砂岩的粒度分布特征、垂向沉积韵律、砂体的平面及剖面形态以及古生物化石等沉积相标志，结合侏罗系延安组沉积期的区域沉积背景，研究区延 10 油层组为一套辫状河沉积，与 MPE3 区块 Morichal 段沉积特征相似（如图 2–9 所示）。垂向上发育多期下粗上细的正韵律沉积旋回，识别出的主要沉积微相见表 2–2。

表2–2　马岭油田BS区侏罗系延10段的主要沉积微相类型

相	亚相	微相	垂向层序
辫状河相	河床	河道底部滞留	正韵律
		河道沙坝（心滩）	正韵律为主
	堤岸	溢岸沉积	反韵律
	河漫	泛滥平原	均质韵律

2）砂体分布特征

根据精细的地层及砂体对比，该区钻井揭示的延 10 段发育 3 期辫状河沉积。其中延 10_1 砂层组发育 2 期，延 10_2 砂层组发育 1 期。河道砂体在垂向上大致呈粒度向上变细的正韵律，剖面上呈顶平底凸的透镜状，平面上呈较宽的条带状。延 10_1^{2-1} 小层单期河道砂体的最大厚度为 15 ~ 25m，宽度为 1.2 ~ 1.8km，宽 / 厚比：95 ~ 145。延 10_1^{2-2} 小层单期河道砂体的最大厚度为 30 ~ 35m，宽度为 2.0 ~ 2.5km，宽 / 厚比：75 ~ 105（如图 2–10 和图 2–11 所示）。

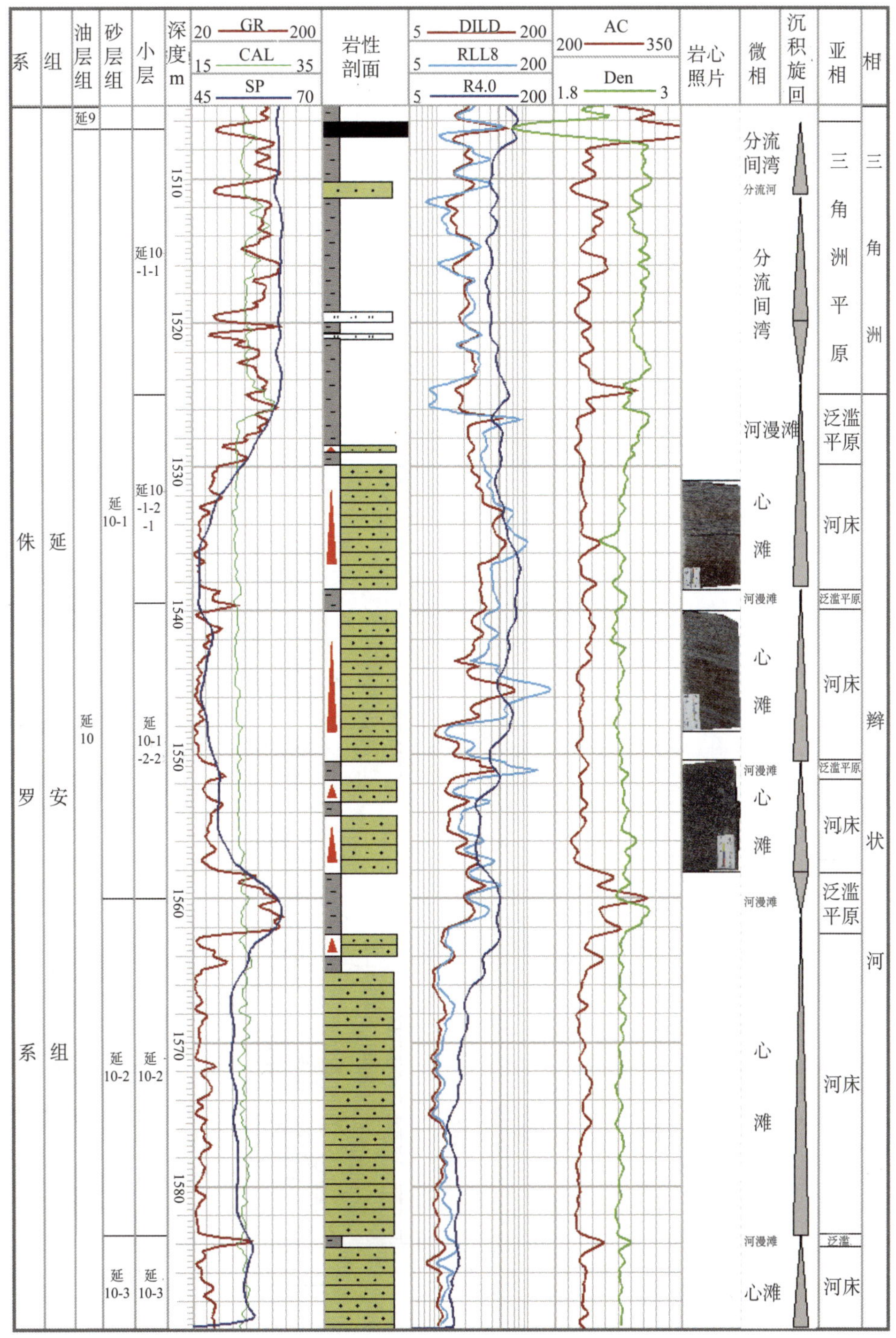

(a) BS区木检H5-3井侏罗系延10段沉积相柱状图

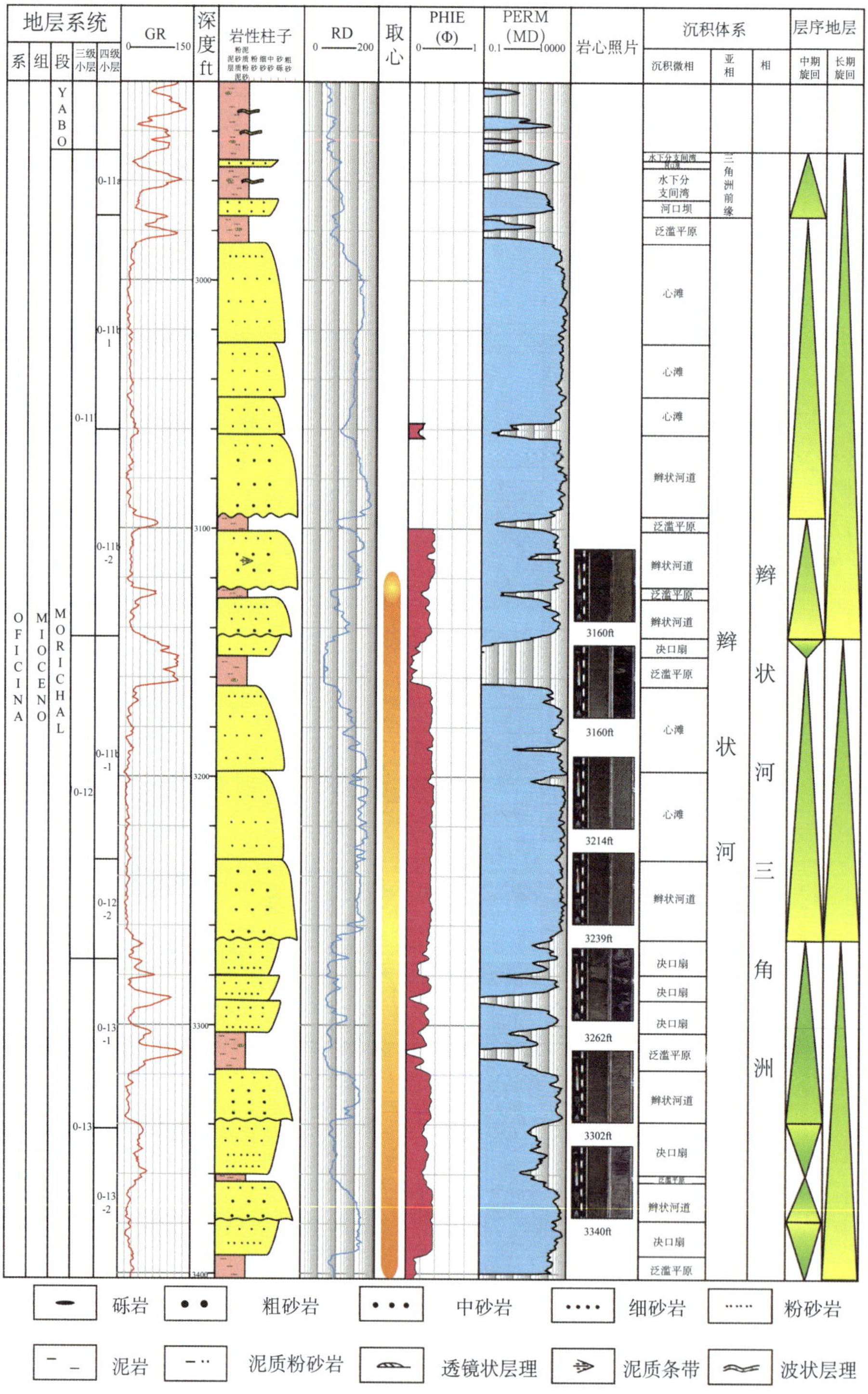

砾岩 粗砂岩 中砂岩 细砂岩 粉砂岩

泥岩 泥质粉砂岩 透镜状层理 泥质条带 波状层理

（b）MPE3区CES–2–0井沉积相柱状图

图 2–9　BS 区延 10 段与 MPE3 区块 Morichal 段单井沉积相对比图

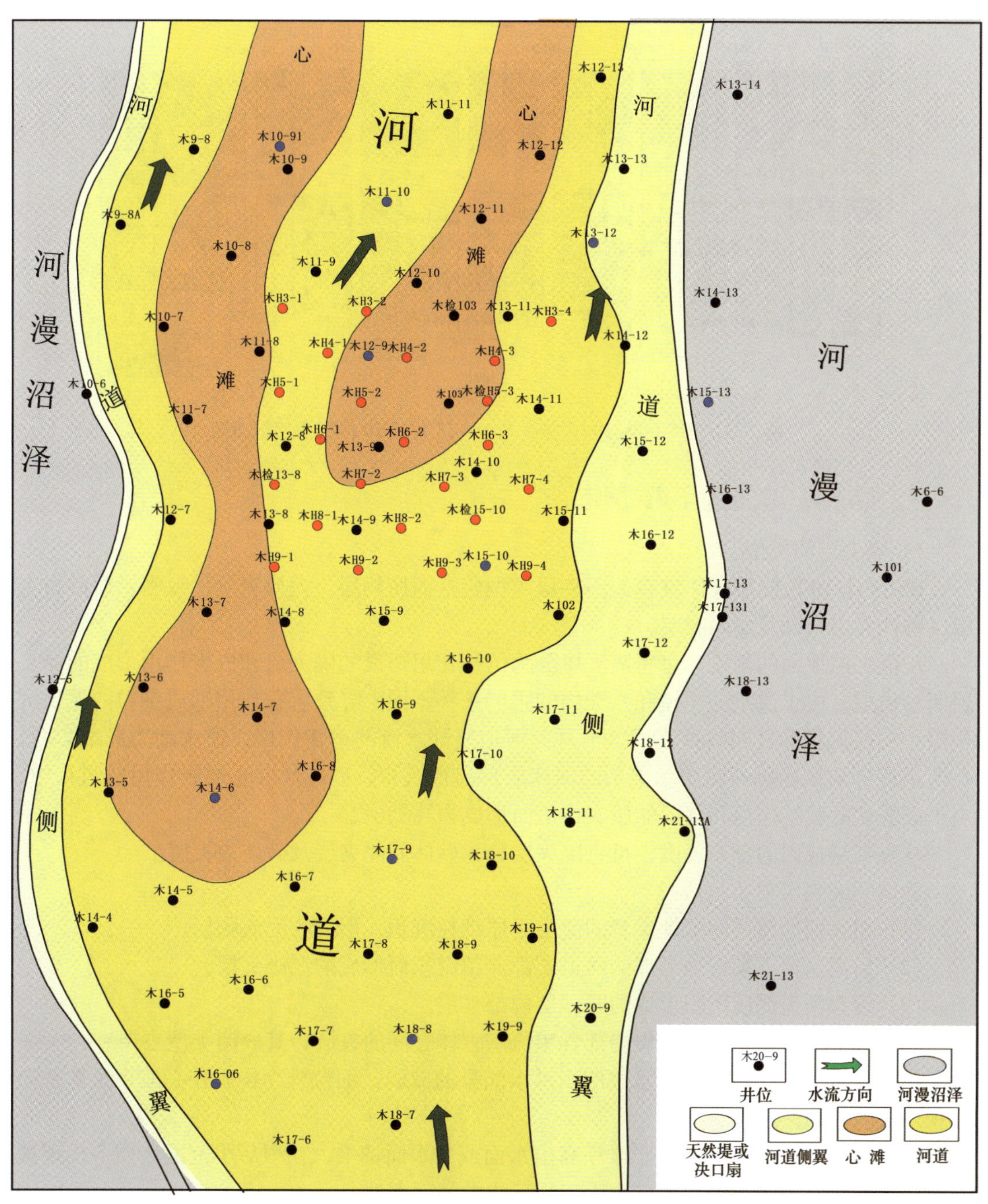

图 2–10 BS 区延 10 段延 10_1^{2-1} 小层沉积微相平面图

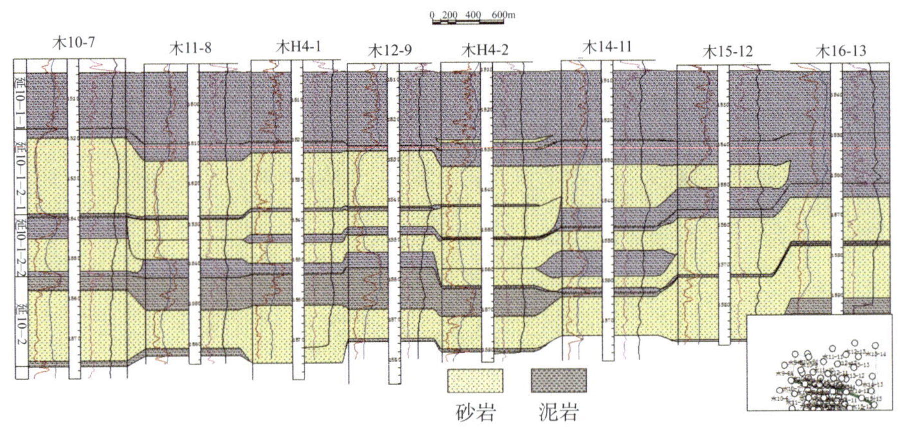

图 2 11 BS 区木 10—7 井—木 16—13 井延 10 段沉积相剖面图

2.2.3.4 延 10 段储层隔夹层特征

1）隔夹层的类型

BS 区延 10 段储层砂体发育的隔夹层类型包括泥质隔层、泥质夹层、致密钙质砂岩夹层（物性夹层）以及泥砾夹层。

从隔夹层成因的角度，可将隔夹层分为沉积作用形成的隔夹层和成岩作用形成的隔夹层两种类型。由于洪水的规模和水动力的强弱条件不同，导致沉积作用形成细粒的泥质沉积隔、夹层规模和分布特征不同。另外，河道底部水流的剪切作用，使水动力局部减弱，在河道底部形成粗砾与泥质物混杂的河床底部滞留沉积。砂体储层在成岩作用的过程中，由于碳酸盐的胶结作用和储层的压实作用而形成物性夹层。

从隔夹层成因的分布角度，可将隔夹层分为砂体间隔夹层及砂体内夹层。

砂体间隔夹层主要包括：

(1）相邻两期河道间歇期发育的泛滥平原细粒沉积，形成的泥质隔层。

(2）后期河道下切侵蚀形成的河道底部滞留沉积而形成的泥砾夹层。

(3）废弃河道泥质沉积形成的厚砂层内部夹层。

砂体内夹层主要是指心滩坝内部各顺流增生体之间的夹层，其成因类型主要有：

(1）发育于洪泛事件的高水位期，洪水能量的减弱，细粒悬浮物质在心滩坝顶部垂向加积形成的“落淤层”。

(2）在洪泛事件间歇期，心滩坝高出水面或与水面持平，在坝后小范围区域会出现被心滩坝保护的静水区，细粒悬浮物质沉积形成的坝间泥岩。

(3）心滩坝露出水面时，坝顶冲出的小型坝上“串沟”，后期若充填悬浮的细粒物质并得以保存形成的坝内夹层。

(4）砂体内部由于成岩作用形成的物性夹层。

落淤层、坝间泥岩或串沟充填成因夹层均发育于两次洪泛事件的水动力相对低能期，规模一般较小，厚度一般也较小。成岩作用形成的物性夹层在砂体内部无一定的分布规律。

2）隔夹层的识别

这里利用自然伽马（GR）与自然电位（SP）的幅度差和微电极（ML）的幅度差为主，并结合声波时差、井径及其他测井曲线响应特征综合识别延 10 段储层内的隔、夹层。由于测井曲线的分辨率为 8 点 /m，所以小于 20cm 的夹层一般难于识别。

延 10 段储层内隔夹层的岩性特征及测井响应特征如下：

泥质隔层、泥质夹层岩性以泥岩、粉砂质泥岩为主，在测井曲线上具体表现为自然伽马呈高值，自然电位靠近基线，微电极曲线值低，并且微电位和微梯度基本重合，声波时差明显增大，井径曲线有扩径现象。

物性夹层导电性差、渗透率低、密度大，故其在测井曲线上表现为自然电位、微电极曲线处于泥质隔、夹层和砂岩储层之间，有一定的幅度差；深侧向电阻率较低；声波时差明显降低，井径曲线无扩径（如图 2–12 和图 2–13 所示）。物性隔夹层是因岩性、成岩作用的变化使得储集体物性变差的层，分布随机性较强，纵向和横向上出现频率都比较小。

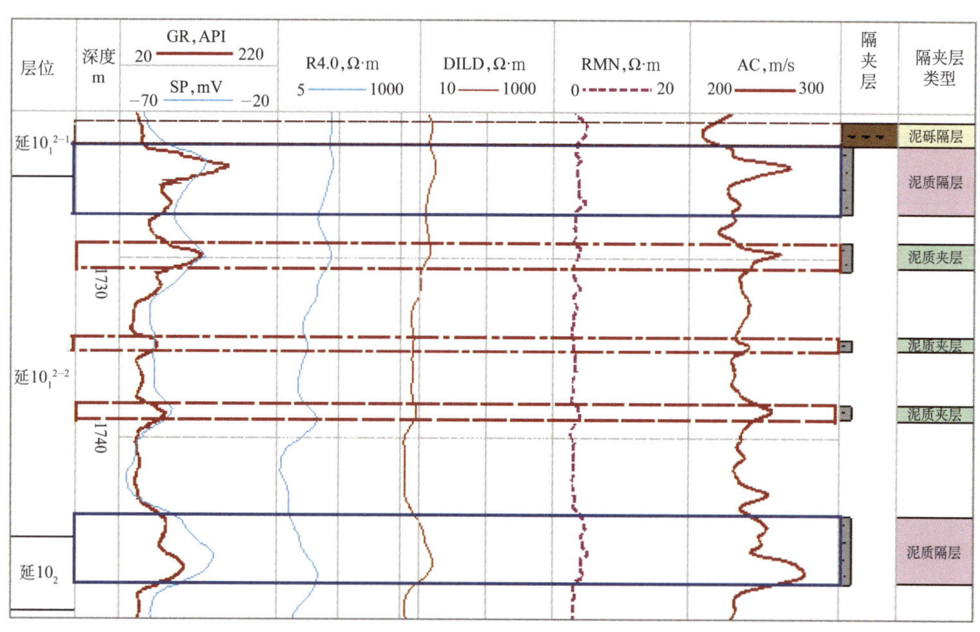

图 2–12 木 14–4 井隔夹层测井曲线响应特征图

泥砾夹层是后期河道下切侵蚀形成的河道底部滞留泥砾层，岩性为中—细砾岩、含泥砾中—粗砂岩。在测井曲线上表现为声波时差明显降低；自然伽马、自然电位接近储层砂岩（如图 2–12 和图 2–13 所示）。

泥质隔、夹层、物性夹层和泥砾夹层这三种隔夹层具有不同的测井曲线响应特征。将这些特征或者模式综合起来判断，可以作为定性识别和划分隔、夹层类型的依据。

3）单井隔夹层分布特征

从研究区内 7 口取心井的岩心观察入手，结合测井曲线，对延 10 段储层的隔夹层进行分析与标定，综合测井曲线、岩相组合、粒度特征等资料，对研究区所有井进行了隔、夹层单井相分析。

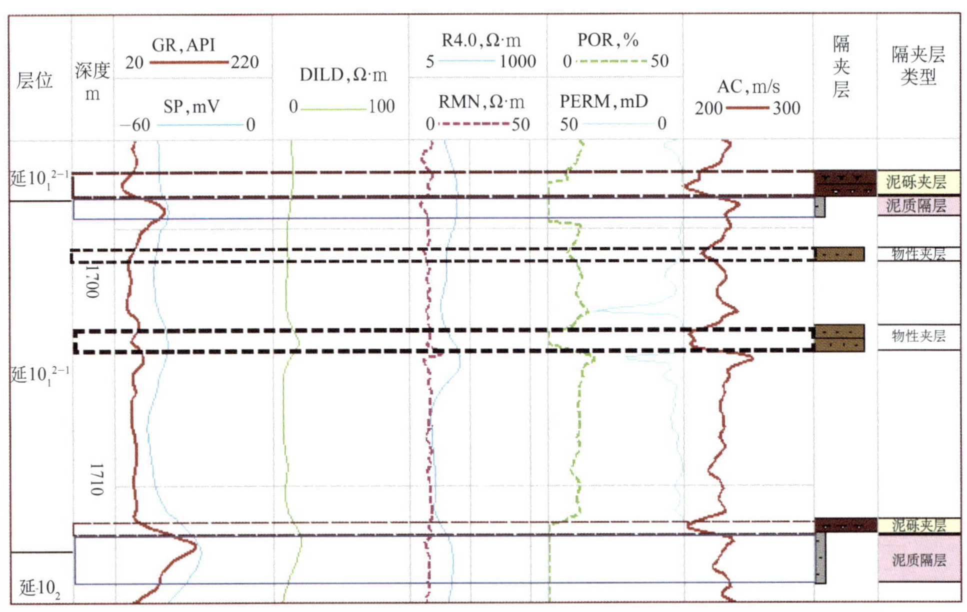

图 2−13　木 16−5 井隔夹层测井曲线响应特征图

(1) 隔层分布。

在延 10_1 与延 10_2 砂层组之间（隔层Ⅰ），延 10_1^{2-1} 与延 10_1^{2-2} 小层之间（隔层Ⅱ）、延 10_1^1 与延 10_1^2 小层之间（隔层Ⅲ），均发育有泥质隔层。在研究区范围内，由于延 10_1^{2-1} 顶部至延 10_1^1 泥岩发育，故本次研究的重点是隔层Ⅰ和隔层Ⅱ，单井显示隔层Ⅰ和隔层Ⅱ厚度均比较大，这是洪水溢出河道，流速骤减，细粒悬浮沉积物大量堆积，形成连续的泛滥平原沉积。岩性以泥岩、粉砂质泥岩为主（如图 2−14 所示）。

从连井剖面图（如图 2−15 和图 2−16 所示）可以看出，隔层Ⅰ呈条带状、发育稳定，且厚度较大，横向延续性好，连通性好。这可能与该时期较强的水动力有关，强水动力条件使河道频繁迁移，形成宽而浅的辫状河道，泛洪期大范围的泛滥平原泥岩沉积而形成平面上分布较广，且厚度较厚的泥质隔层。

隔层Ⅱ厚度相对较薄，横向连通性较差，易造成两个小层砂体上下连通，发生窜流，增强储层的层间非均质性。局部地区，砂体发育程度差，出现隔层Ⅱ与隔层Ⅲ联通的现象，这是由于洪泛期水动力条件减弱，大量细粒物质沉积而形成。

延 10_1^1 小层泥岩特别发育，导致隔层Ⅲ在全区内联通，对延 10_1^2 储层砂体油气起到很好的封盖作用。

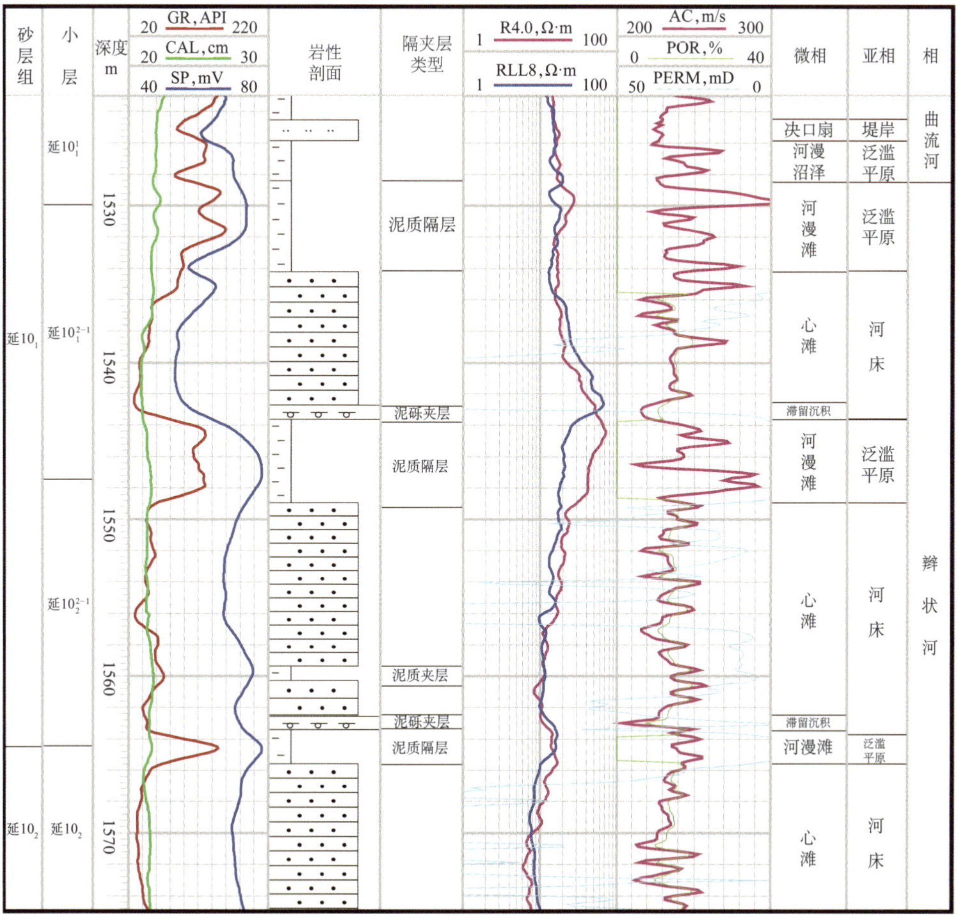

砂层组　小层　深度 m　GR, API 20–220　CAL, cm 20–30　SP, mV 40–80　岩性剖面　隔夹层类型　R4.0, Ω·m 1–100　RLL8, Ω·m 1–100　AC, m/s 200–300　POR, % 0–40　PERM, mD 50–0　微相　亚相　相

延10$_1$　延10$_1^1$　延10$_1^{2-1}$　延10$_2^{2-1}$　延10$_2$　延10$_2$

1530　1540　1550　1560　1570

泥质隔层　泥砾夹层　泥质隔层　泥质夹层　泥砾夹层　泥质隔层

决口扇　河漫沼泽　河漫滩　心滩　滞留沉积　河漫滩　心滩　滞留沉积　河漫滩　心滩

堤岸　泛滥平原　泛滥平原　河床　泛滥平原　河床　泛滥平原　河床

曲流河　辫状河

图 2-14　木 102 井隔夹层分布图

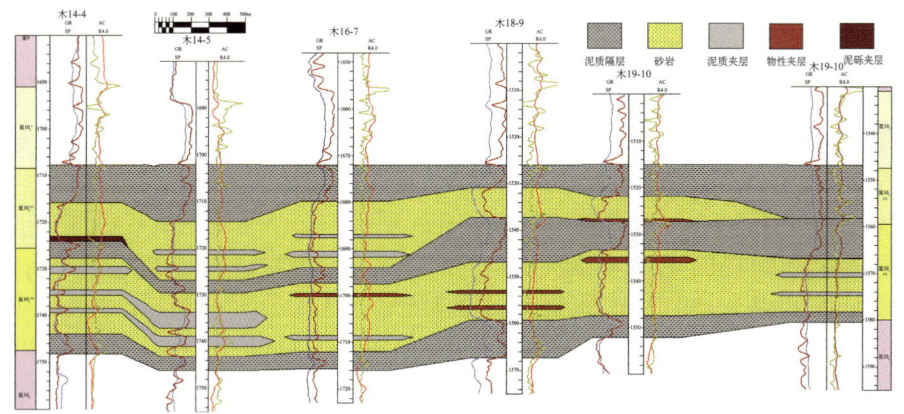

图 2-15　木 14-4 井—木 21-13 井延 10_1^2 小层隔夹层对比剖面图

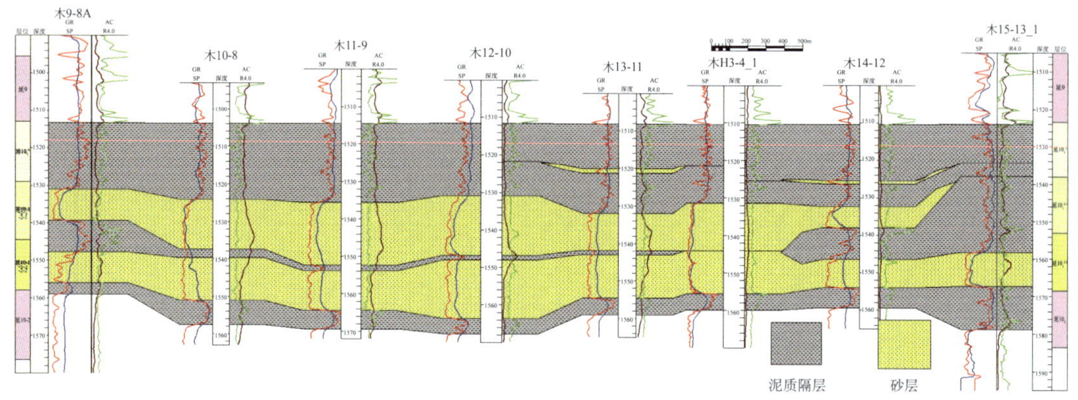

图 2–16　木 9–8A 井—木 15–31 井延 10 段隔夹层对比剖面图

由于泥质隔层粒细、致密、孔渗差、分布稳定，垂向上有效地阻止了油气向上逸散，往往也是划分小层的有利标志层。

(2) 夹层分布。泥质夹层不稳定且厚度一般较薄，平均每口井可见 1 ~ 2 个泥质夹层，最多单井可识别 4 个泥质夹层。横向延续性较差，一般延伸长度在 0.5 ~ 2.0 个井距，即 80 ~ 300m（如图 2–15 和图 2–16 所示）。

物性夹层在层内分布无规律，其厚度一般为 0.5 ~ 1.5m，延伸长度一般小于 150m。这给储层的非均质性带来了不确定性，同时也给储层评价带来了困难。

河床底部发育的泥砾夹层，规模较小，厚度一般在 0.5 ~ 2m，延伸长度一般不超过 1 个井距，即小于 150m。常见泥砾夹层与隔层 I 或隔层 II 联通，实际起到了隔层的作用。

总体上说，研究区延 10 段储层砂体内部夹层发育，夹层厚度与延伸范围存在正相关关系，泥砾夹层一般分布于部分井的砂体底部，而物性夹层的分布无明显规律。泥砾夹层与物性夹层的发育，对储层砂体垂向、水平渗透率影响极大。

2.2.4　现代沉积研究

“将今论古”是地质学研究的一项基本原则。通过对现代河流的研究，可以建立河流体系的沉积模式（Miall，1985）并获得一系列针对地下辫状河储层建模所需要的参数，如单河道宽度、厚度、宽 / 厚比值，复合河道带宽度、厚度、宽 / 厚比值，心滩的长度、宽度，隔、夹层的类型、分布及规模等。

20 世纪 60 年代以来，国内外学者对大量的现代河流，尤其是辫状河进行了卓有成效的沉积学解剖，获取了极为丰富的辫状河沉积参数。本次研究通过文献调研，并借助 Google Earth 软件筛选与本区沉积条件相似的数十条现代砂质辫状河，包括长江上游、赣江上游、永定河北京段、布拉马普特拉河、Yukon River，Jamuna River，Rakaia River，奥里诺科河、Calamus River，Allt Dubhaig River，Arolla River，Babbage River，Ganges River 等（如图 2–17 所示），对其心滩规模及河道宽度数据进行测量，经统计后得到心滩长度主要介于 350 ~ 1000 m ，平均约为 800 m；心滩宽度主要介于 100 ~ 600 m，平均约为

280m；活动河道的宽度一般介于 120 ~ 380 m，平均为 220 m 左右。活动河道的深度一般介于 1.5 ~ 30 m，平均为 5 m 左右。

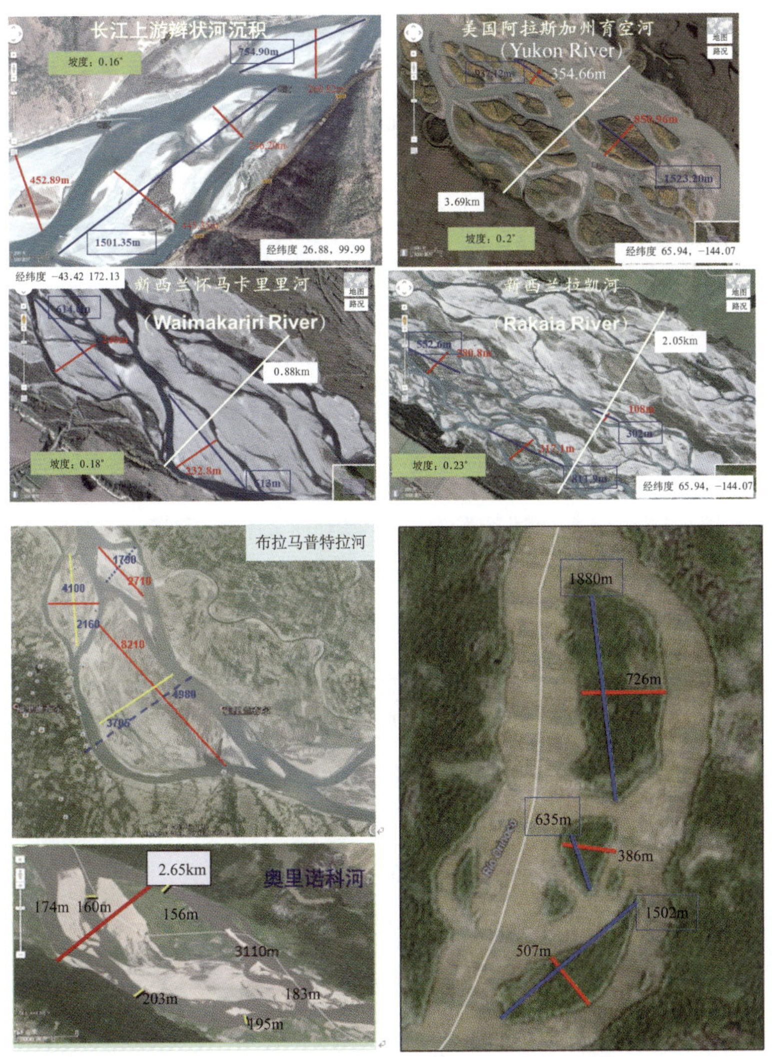

图 2-17　现代砂质辫状河心滩及活动河道规模测量

2.2.4.1　定量分布模式的归纳

1）砂体特征

除现代沉积类比外，还可以通过经验公式来求取心滩与河道沉积单元的相关参数。沉积学家从砂质辫状河的长期研究中逐渐认识到，河流的各种参数之间存在一定的内在关系，并总结出了一系列的经验公式，常见的有：

（1）河道深度、河道宽度经验公式。

Allen（1968）的研究表明：河道砂体交错层理系的厚度与河道深度之间具有如下

关系：

$$H=0.086\left(d_m\right)^{1.19}$$

式中 H——交错层理系厚度；

d_m——平均水流深度（河道深度）。

Schumm（1968）总结的河道宽深比与沉积负载变量之间有如下关系：

$$F=225M^{-1.08}$$

式中 F——河道宽深比；

M——沉积负载变量（粉砂黏土质百分比含量）。

平均河道宽度与河道深度之间有如下关系：

$$W=F\cdot d_m$$

式中 W——平均河道宽度；

d_m——平均水流深度（河道深度）。

将研究区的相关参数代入上述经验公式，得到平均河道宽度为 240m，平均河道深度为 4.9 ～ 8m，平均宽 / 深比值为 30 ～ 50。

（2）满岸河道深度、满岸河道宽度经验公式。

根据 Schumm（1969）的研究，平均满岸河道深度与沉积负载变量之间有如下关系：

$$d_b=0.6\cdot M^{0.34}\cdot Q_m^{0.29}$$

式中 d_b——平均满岸河道深度；

M——沉积负载变量（辫状河取 4 ～ 5）；

Q_m——年均流量（参考值取 720），m^3/s。

Leeder（1973）的研究认为，平均满岸河道宽度与平均满岸河道深度之间具有如下关系：

$$W_b=21.5d_b^{1.40}$$

式中 W_b——平均满岸河道宽度；

d_b——平均满岸河道深度。

将研究区的相关参数代入上述经验公式，得到平均满岸河道宽度为 310m，平均满岸河道深度为 6.0 ～ 7m。

（3）河道带宽度经验公式。

据 Bridge & Mackey（1993）的研究，河道带宽度与平均满岸河道深度间有以下关系：

$$C_{bw}=192d_b^{1.37}$$

式中　C_{bw}——河道带宽度；

d_b——平均满岸河道深度。

代入研究区的相关参数，得到的河道带宽度为 1500 ～ 3000m。

2）夹层特征

Kelly（2006）利用 22 个现代辫状河（或水槽实验数据）和 34 个古代露头数据建立了砂质辫状河心滩砂坝宽度 W_b 与单河道深度 d_m、单一心滩长度 L_b 与其宽度 W_b 之间的关系式（孙天建等，2014）。

利用 MPE3 区块水平井资料，结合野外露头、密井网与现代河流资料，建立了单一心滩宽度（W_b）与其长度（L_b）、单河道宽度（W_e）、单一坝间泥岩宽度（W_d）数据之间的相关关系（如图 2–18 所示），其关系式如下：

L_b=4.6245$W_b^{0.9542}$，R^2=0.8724

W_b=0.3135$W_e^{1.0292}$，R^2=0.7634

W_d=0.3642$W_b^{0.8104}$，R^2=0.7848

利用上述关系式对心滩、单河道和单一沟道等河流参数进行计算，进而确定废弃河道泥岩、残余废弃河道泥岩和沟道泥岩的横向规模。计算结果表明，MPE3 区块 O11 至 O13 层的废弃河道泥岩和残余废弃河道泥岩的宽度为 100 ～ 250m，沟道泥岩宽度为 50 ～ 100m。

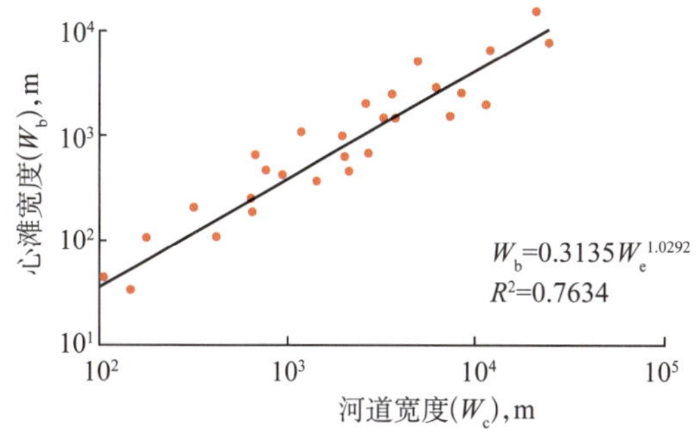

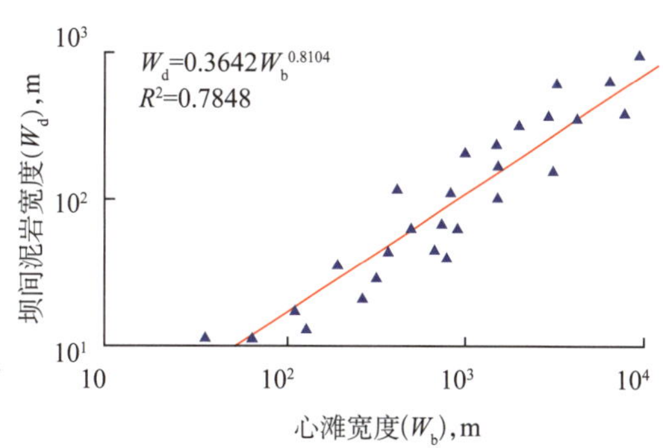

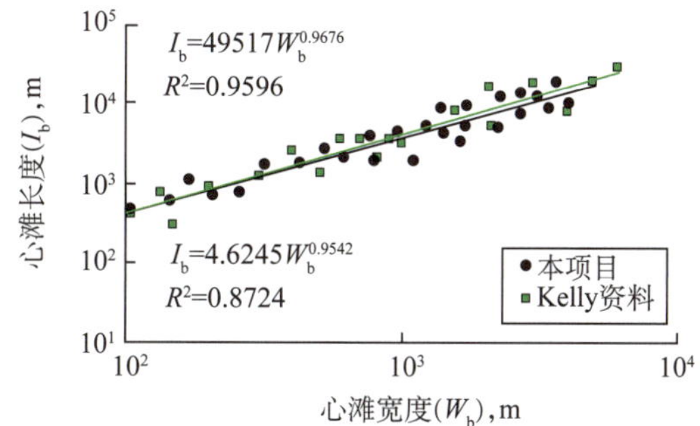

图 2–18　现河流参数关系图

2.2.5 地质知识库的构建

通过对相似区野外露头、密井网解剖及现代辫状河沉积类比研究，结合研究区水平井及地震资料应用，可以对 MPE3 区块主力油层 O11 至 O13 的砂体及层内夹层进行恢复，为多点地质统计建模提供约束条件。

砂体类型及发育规模见表 2–3，层内夹层及发育规模见表 2–4。

表2–3 MPE3区块O11至O13层砂体类型及发育规模总结

砂体成因类型	平面形态	垂向形态	宽度 m	厚度 m	宽度 / 厚度比值	垂直河道连续性
单河道	条带状	顶平底凸透镜状	100 ~ 250	2 ~ 5	20 ~ 50	好
复合河道带	席状	顶平底凸	1500 ~ 3000	10 ~ 25	60 ~ 150	好
心滩	条带状	顶平底凸 顶凸底凸	120 ~ 250	2.5 ~ 6	30 ~ 50	中等

表2–4 MPE3区块O11至O13层层内夹层类型及发育规模总结

砂体成因类型	平面形态	垂向形态	长度 m	宽度 m	厚度 m	顺河道连续性	垂直河道连续性
废弃河道泥质充填心	低弯度蛇曲	顶平底凸透镜状	500 ~ 1500	100 ~ 250	1 ~ 5	好	一般
滩顶部落淤层	椭圆或长条状	薄层状	200 ~ 300	150 ~ 250	0.2 ~ 0.5	较差	差
坝间泥岩	椭圆或长条	透镜状、楔状	150 ~ 500	50 ~ 100	0.5 ~ 1.5	差	差
河道底部滞留泥砾	分散或连片	薄层状	500 ~ 2000	30 ~ 200	0.2 ~ 0.8	较好	差

2.2.6 训练图像制作

2.2.6.1 地质概念模型转换成训练图像

多点地质统计学中引入了训练图像的概念，训练图像是一种结合了各种类型数据（如井位、测井、地震等）的数字化图像，是对先验地质概念模型的一种量化。它包含了所研究的真实储层中确信存在的沉积相空间结构、几何形态及其分布模式。

地质工作人员擅于根据自己的先验认识、专业知识或现有的露头类比数据库来建立储层的沉积模式。一个典型的例子就是根据河流沉积几何形态的不同（如平直河、曲流河和辫状河），对河流相储层进行细分。当地质工作人员认为某些特定的概念模型可以反映实际储层的沉积微相接触关系时，这些概念模型就可以转换或直接作为训练图像来使用。利用训练图像整合先验地质认识，并在储层建模过程中引导井间相的预测，是多点地质统计学建模方法的一个突破性贡献。

图 2–19 是储层训练图像的两个典型示例，左侧是一个包含河道横向迁移和垂向加积模式的高弯曲度曲流河的三维训练图像，右侧是一个连通程度较高的大型辫状河的二维训练图像。

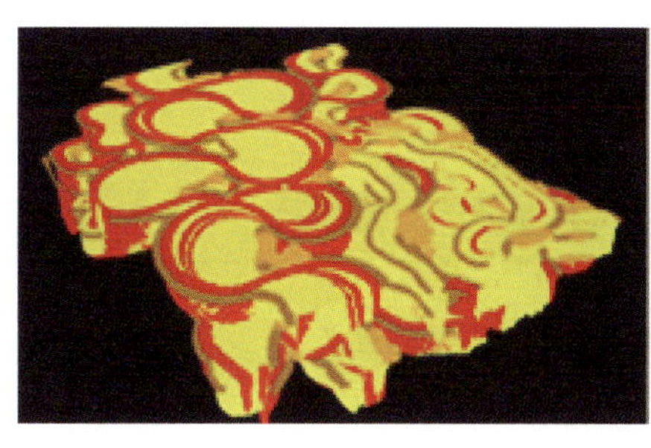

图 2–19　训练图像示例

前人制作储层训练图像时，经常使用的资料和工具包括：

（1）地质类比资料。例如岩石露头、现代沉积环境等可以反映储层沉积模式的地质知识库资料。

（2）层序地层学。不同的沉积体系域，训练图像也不相同。例如在一个河流系统中，沉积于高位体系域的河道与沉积于低位体系域的河道的几何形态是不同的。

（3）基于目标的模拟。基于目标的算法能够逼真地生成地质体的形状及其空间分布，得到的模拟结果可以作为训练图像来使用。

（4）基于过程的模型。基于过程的模型是按照搬运、沉积、压实、剥蚀、再沉积等地质作用规律对沉积活动进行正演模拟所产生的。与基于目标的模拟类似，基于过程的模型可以作为一个初始模型，以微调的方式建立储层沉积相的概念模型。

（5）岩心分析、测井解释、地震成像、地质解释成果图、遥感数据或手绘草图等资料。

在实际制作训练图像的过程中，为反映储层沉积的侧向迁移和垂向加积模式，训练图像必须是三维的。通常，露头类比和测井解释资料可以帮助确定垂向加积模式，而高分辨率地震则可以用于确定侧向迁移模式。理想状态下，应当建立一个训练图像库，这样一来地质工作人员就可以直接从库中选取和使用那些包含目标储层典型沉积模式的训练图像，而不需要每次都重新制作训练图像。

2.2.6.2　基于目标模拟制作训练图像

利用基于目标模拟方法制作训练图像的可行性是：

（1）多点统计模拟所需的训练图像是要求三维定量的。领域目标建模，采用基于已知地质体的几何参数实现约束关于地质体建模，这样模拟出的地质体就具有三维定量特征，符合训练图像三维定量的要求。

（2）多点统计模拟所需的训练图像要求平稳性，训练图像中地质体出现的模式要求重

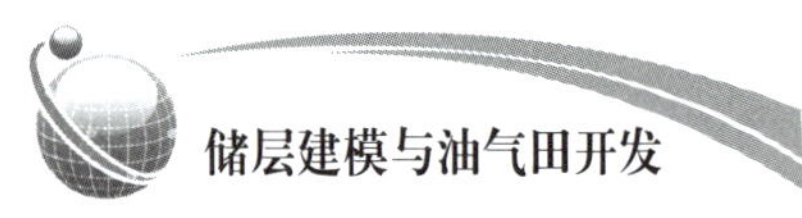

复出现较多的次数，利用基于目标模拟得出的地质体具有较好的重复性，符合训练图像对平稳性的要求。

利用目标模拟制作训练图像的实际意义如图 2–20 所示。

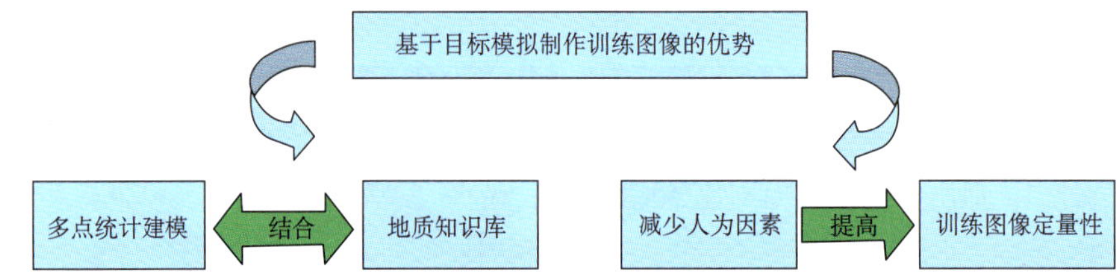

图 2–20　基于目标模拟制作训练图像的意义

利用基于目标模拟制作训练图像的意义和优点在于：

(1) 目标模拟可以充分利用地质知识库中地质体的几何参数约束建模地质体，将地质知识库中的定量参数在训练图像中进行体现，从而使得多点统计建模能够体现研究地区的地质特征。这样就实现了地质知识库与地质建模相结合，不仅提高了地质知识库的可用性，并且提高了地质建模精确性。

(2) 目标模拟可以实现训练图像的计算机制作，保证了质量和时效。与之前的手绘训练图像相比，不仅提高了工作效率，而且提高了训练图像的可用性，减少了人为因素。

2.2.6.3　训练图像制作过程

根据示性点过程建模的算法，需要估计出关于河道的以下 6 个参数。根据测井数据统计，可以得到如下 O–11，O–12，O–13 等层的砂泥比（见表 2–5）。

表2–5　O–11，O–12，O13等层的砂泥比

小层	砂泥比，%
O–11	67%
O–12	75%
O–13	84%

从测井数据粗略地估计出如图 2–21 和图 2–22 所示的单期河道的水平方向的摆动振幅和波长、宽度与厚度。具体数据见表 2–6 和表 2–7。

表2–6　O–11，O–12，O–13各层的方向、振幅、波长

参数		方向，(°)	振幅，m	波长，m
O–11	偏差	0.2	0.2	0.2
	最小值	0	1000	6000
	均值	28	1500	8000
	最大值	30	2000	10000

续表

参数		方向，（°）	振幅，m	波长，m
O–12	偏差	0.2	0.2	0.2
	最小值	0	2000	8000
	均值	28	2500	10000
	最大值	30	3000	12000
O–13	偏差	0.2	0.2	0.2
	最小值	0	3000	10000
	均值	28	3500	12000
	最大值	30	4000	14000

表2–7　O–11，O–12，O–13各层的宽度和厚度

参数		宽度，m	厚度，m
O–11	偏差	0.2	0.2
	最小值	200	3
	均值	250	4
	最大值	300	5
O–12	偏差	0.2	0.2
	最小值	250	4
	均值	300	7
	最大值	350	10
O–13	偏差	0.2	0.2
	最小值	300	10
	均值	350	12
	最大值	400	14

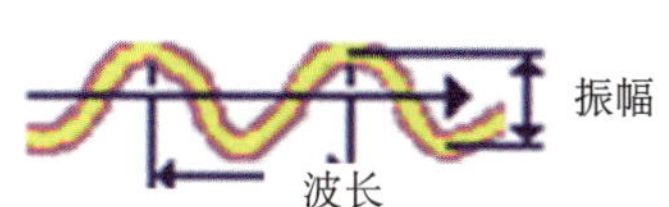

图 2–21　单期河道摆动的振幅和波长（俯视图）

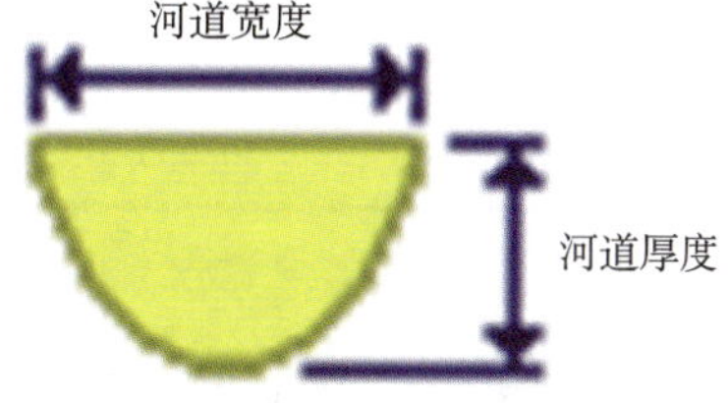

图 2–22　河道宽度和厚度示意

获得表 2–6 和表 2–7 中的方向、振幅、波长、宽度与厚度五个参数后，可以输入到目标建模中生成物性的训练图像。图 2–23 就是目标建模结果的平面切片图（从左至右分别是 O–11，O–12，O–13 等层）。可以大致看出，从上至下，砂泥比逐步增大。

这个趋势也可以从图 2–24 的（a），（b），（c）剖面图，及其合层的剖面图上明显地看出。这样形成的训练图像就可以被用于多点统计建模。

图 2–23　O–11，O–12，O–13 等层的目标建模的结果

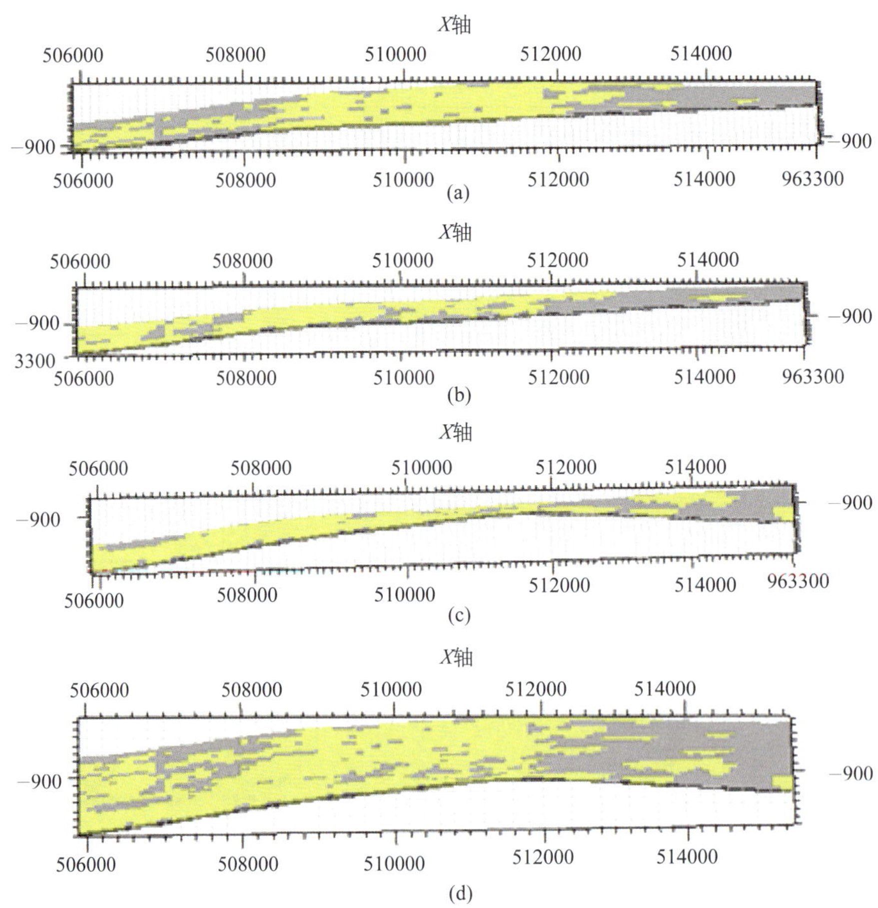

图 2–24　从上至下 O–11，O–12，O–13 各层，以及合层的目标模拟河道心滩复合体垂向切片

2.3　多点建模的基本原理

2.3.1　基本概念

2.3.1.1　搜索模版和数据事件

搜索模版（也称局部模板）和数据事件是多点统计建模中的两个基本的概念，需要对此有一个清晰的认识。

鉴于两点统计学存在只能考虑空间两点之间相关性的局限性，因此，多点统计学重在表达空间多点之间的相关性。它需要研究的问题是，在一个待模拟的模块周围，已经有了井中数据或其周围的若干个模块由于完成模拟微相已知的前提下，可以模拟出待模拟的模块的微相。这就完成了将这个模拟的问题抽象成为多点模拟的模式。选用一个新的概念来表述“多点”的集合，即搜索模板。

选取一种属性 S（如沉积微相），可取 N 个状态（如不同沉积微相类型），即 $\{S_n$，n=1，2，…，$N\}$，因此，一个以 u 为中心，大小为 k 的“局部模板” d_k 由下面两部分构成：

(1) 通过 k 个向量 $\{h_a$，a=1，2，…，$k\}$ 来确定的几何形态（数据构形），将之称为数据样板，并记为 τ_k；

(2) k 个向量的终点处的 k 个数据值。图 2–25 为一个五点构形的数据事件，k=4。它是由一个中心点 u 和邻近四个向量构成，其中 u_2 和 u_4 代表砂岩，u_1 和 u_3 代表泥岩，多点统计可以表述为一个局部模板 d_k=$\{S$（u_a）=s_{na}，a=1，2，…，$k\}$ 所出现的概率，即局部模板中 k 个数据点 S（u_1），S（u_2），…，S（u_k）分别处于 $S_{n1,}$ $S_{n2,}$ …，S_{nk} 状态时的概率，记为：

$$P\{d_k\}=P\{S(u_a)=s_{na},\ a=1,\ 2,\ \cdots,\ k\}$$

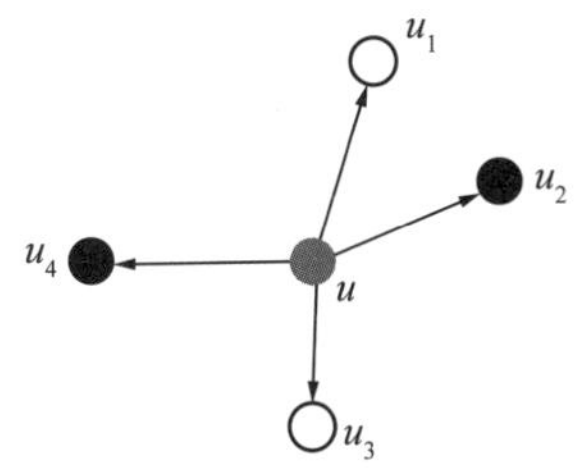

图 2–25　局部模板

图 2–25 是一个五点构型的数据事件，也称为局部模板，或称为搜索模板。它由一个中心点 u（灰色表示）和相邻的四个向量组成。其中两个是砂岩位置（黑色表示），两个是泥岩背景（白色表示）。

搜索模板和待建模的储层内部的测井数据（或由模拟获得的结果）的空间分布有关，同时也和这个模板的几何尺寸等条件有着密切的关系。在对空间各个待模拟的网格块进行模拟时，所涉及的搜索模板是不一样的，因为待模拟的网格块不同，它们周围的已知数据所在的位置也不同。

其实，搜索模版和数据事件所表达的是同一个概念。搜索模板强调的是它在多点建模中的应用，而数据事件则强调了它的组成内容。搜索模板与实际储层中的数据有关。

2.3.1.2 对训练图像的扫描

在实际建模过程中，上述多点统计量或概率不可能只通过稀疏的井数据来获取，必须要借助于训练图像。训练图像是一种能够表述几何形态、实际的储层结构及分布模式的数字化图像，是结合了各种类型（井位、测井、地震等）的变体。利用各种数据，能够揭示架构性的、模型的、真实的空间模式及其与视觉直观上的差别。对沉积微相建模而言，训练图像的作用相当于定量的微相模式，它不必忠实于待储层内部的井信息，而只是反映一种先验的地质概念。

在不同资料及方法条件下，可以由多种方法获取训练图像。地质家手工勾画是其中的一种。区域的沉积模式可以作为训练图像使用，由砂体等厚图也可以转换成训练图像，地震反演数据体也可以经过一定的数学地质处理转化为三维训练图像，井间地震反演剖面体也可以作为局部训练图像等。需要研究是如何使用适宜的数学地质方法（定性的地质方法或科学的数学算法）与具体的实施流程来获取这些训练图像，并评价这些训练图像的有效性。

训练图像可以从地质模拟，岩心数据，或相似的成熟油藏得到，可以从层序地层学得到或从非条件化的基于目标的建模方法（如示性点过程建模方法）获得。此外，模仿沉积过程的、基于过程的模型也可以提供相应的训练图像。

训练图像是多点地质统计学的基本工具，通过训练图像将先验知识和概念模型引入到储层建模中，是多点模拟的一个突破性贡献（Zhang，2006）。它相当于传统地质统计学中的变差函数，是一个包含相接触关系的数字化的先验地质模型，而这里的相接触关系是认为一定存在于实际储层中的。训练图像是纯粹概念性质的，它是结合了各种类型数据及资料（井位、测井、地震等）的概念模型，是一种能够表述几何形态、实际的储层结构及空间分布模式的数字化图像，如图 2–26 中的（b）。对沉积微相建模而言，训练图像相当于定量的相模式，它不需要忠实于储层内部的井信息，而只是一种先验的地质概念模型。

图 2–26 对多点模拟进行了形象地说明，同时叙述了如何通过扫描训练图像得到沉积微相条件分布的过程。在模拟之前，首先指定一个局部模板（利用红色圆圈标示），对训练图像进行扫描。图 2–26（a）是被模拟的储层一个局部，假设其中的红点 u 是当前将被模拟的节点。

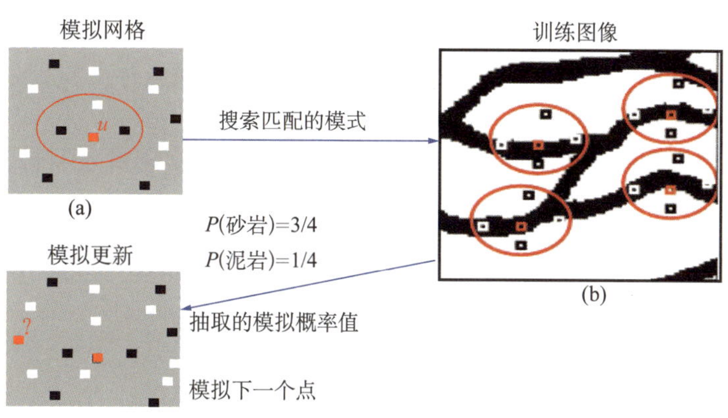

图 2–26 多点算法模拟示意图

节点 u 的周围有四个数据节点：两个黑色节点表示的砂岩，两个白色节点表示的泥岩。这四个数据以及其几何构型构成了一个数据事件。利用局部模板对训练图像进行逐一比对后，再利用该数据事件对训练图像进行扫描，确定在训练图像有多少个上述的四个数据节点其在空间位置和所对应微相两个方面都和局部模板相一致，以此结果来推断出这些局部模板的中心（即被估节点 u）处的砂岩概率。假设扫描训练图像（b）后得到四个数据事件的重复，其中三个数据事件的模板中心 u 处是砂岩，u 处是泥岩的有一个。那么，在位置 u 处是砂岩的概率是 3/4=0.75，是泥岩的概率为 1/4=0.25。

通过以上的分析，以上的过程产生的是在三维空间的待模拟的一个点沉积相属性的一个条件概率分布：P（砂岩）=3/4，P（泥岩）=1/4。

2.3.1.3 蒙特卡罗方法的应用

已经获得的待模拟的一个点 u 沉积相属性的条件概率分布可表示为图 2–27：该微相是砂岩的概率为 0.75，是泥岩的概率为 0.25；泥岩对应的随机变量为 0，砂岩对应的随机变量为 1。利用蒙特卡罗模拟对这个分布函数进行抽样，就可以最后获得该点 u 处的模拟结果。从这个概率分布图上可以看出，抽样结果为砂岩的可能性是 3/4，为泥岩的可能性是 1/4。显然，抽样结果为砂岩的可能性明显大于泥岩。

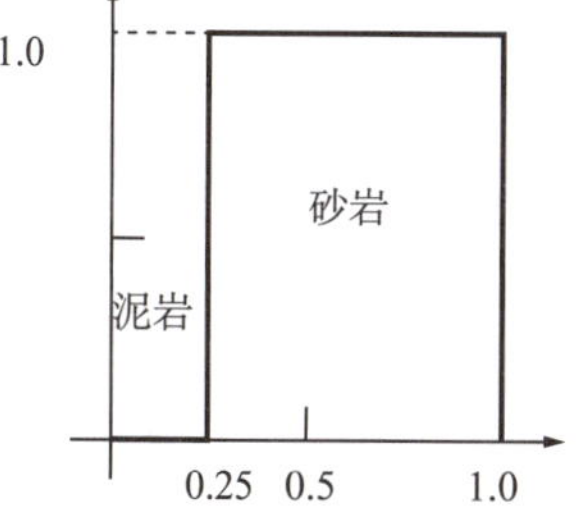

图 2–27 微相的条件概率分布

注意，在蒙特卡罗方法应用之前，已经获得的并不是进行模拟的那个点处的一个确定微相，而是该点对应的随机函数的一个微相概率分布（图 2–27）。

现在，需要根据这一概率分布给出一个节点 u 处的模拟实现。具体的实现过程是采用蒙特卡罗抽样方法，叙述如下：

（1）给定一个正整数作为随机种子，输入到一个随机数发生器中，可以产生一个 [0，1] 之间的一个实数，同时还产生可以作为下一个随机种子的另外一个正整数；所产生的 [1，0] 之间的实数均匀分布于 [1，0] 之间，也即这个实数取为 [0，1] 之间任何数的可能性都是一样的。

（2）根据所得到的 [0，1] 之间的这个实数，在上图中横坐标上找到以该实数对应的点，并作一条平行于纵轴的直线。

（3）这条直线如果和图中的泥岩柱体相交，那么确定的实现就是泥岩。如果是和砂岩柱体相交，那么实现就是砂岩。

以上所述的随机发生器实际上是由某一种语言写成的子程序。如果利用 FORTRAN 语言，该发生器可用如下两条语句表示：

```
N1=123
R1=RANDOM（N1，N2）
```

子程序 RANDOM 是随机数发生器的主体。N1 和 N2 是两个随机种子，都为正整数。其中，随机种子 N1 是需要预先给定的，现在给的是 123。而随机种子 N2 则是由随机数发生器产生的另外一个随机种子。当实施蒙特卡罗抽样方法时，需要一系列的随机种子。当第一个随机种子由人工指定后，以后需要的随机种子则由随机数发生器自动产生，并且一个随机数和一个随机种子是同时产生的。如此设计的随机数发生器保证了蒙特卡罗抽样方法具有以下性质：

（1）初始给定了一个随机种子，就决定了以后所产生一系列的随机种子，也就保证了以后能够产生一系列的随机数。

（2）初始的随机种子不变，所产生相应的随机数也是不变的。

（3）由于以上性质的存在，保证了蒙特卡罗模拟是可以重复的，从而具有应用价值。

（4）利用不同的初始随机种子，可以获得相同概率的模拟实现。

以上过程就是利用蒙特卡罗抽样方法，从一个随机变量的概率分布函数来获取这个随机变量的一个实现。这里这个实现的值就是 0 或 1，0 表示微相为泥岩，1 表示微相为砂岩。

这里的模拟结果可以是砂岩也可以是泥岩，但是出现砂岩的几率更大，因为砂岩的概率比泥岩大（0.75>0.25）。

根据图 2–27，可分析如下：如果连续抽样 10 次，随机数发生器产生的 10 个数是均匀分布在 [0，1] 区间的。按照图上所示的分布函数的形态，有大约 1/4 的点所作出的平行线是穿过泥岩对应的柱体上，而大约有 3/4 的平行线是穿过砂岩对应的柱体。因此，这样抽样获得的微相的实现是合理的。

在建模的实践中，如果只求取一个点处的微相分布，那么在油气田开发中是无法使用的。只有利用抽样方法获得了一个数值，能够表示该点是砂岩还是泥岩，才是建模需要的。

假定节点 u 处最后确定为砂岩，那么这个结果将被加入条件数据集，可以继续对其他网格点的模拟进行约束作用；之后，再进行另外一个网格位置模拟，直到所有网格中所有节点都被模拟并赋予结果，就产生了河道相储层的一个多点模拟实现。

2.3.2　基本方法的具体细节

2.3.2.1　多点序贯模拟算法（SNESIM）方法

人们通常把多点序贯模拟算法称为 SNESIM 算法（Single normal equation simulation），这种称谓是为了保留多点序贯模拟算法和以前大量应用的序贯指示模拟算法的历史联系。

Remy 等学者在 2009 年发表的专著中论述了 SNESIM 算法的特点。由于基于目标建模方法在大量的井数据存在的情况下，建模出现了严重的困难，这就为多点建模方法的催生创造了必要性和可能性。利用基于目标建模算法时，目标即为所模拟的砂体形状。目标的形状参数，包括尺寸、各向异性与弯曲性都是具有随机性质的，因此它们的模拟都是随机的。对于目标建模的一个迭代过程，在运用局部数据进行条件化时，河道将被移动、被变换、被删去以及被置换，直至取得对于一个合理的河道。在多点统计建模时，目标建模对于建立一个具有一定的空间结构和空间模式的训练图像的效果是比较理想的。但是，对于大量数据的条件化，这种算法是相当困难的。相反地，基于网格块的建模算法则是比较容易实现条件化的。这种建模过程在一个时刻仅模拟一个网格块处的数值，而和围绕着那个点区域的其他网格块无关。这种传统的基于网格块的建模算法，仅仅能够实现基于变异函数的建模过程，而不能产生一定形状和一定模式的建模结果。

多点序贯模拟算法（single normal equation simulation，SNESIM）则保留了基于网格块算法的数据条件化的灵活性，是一种可以克服变异函数局限性的方法。运用这个变异函数的目的，仅仅是为了通过克里金估计产生局部概率分布，所以从能够展示所需要的空间模式的训练图像直接求取这些分布的思路是可取的。如果能够这样做，就可以回避变异函数建模，也可以回避克里金算法。

在多点建模中，当图 2–28 中的训练图像的一个部分或几个部分匹配于搜索模板中的条件数据，那么微相的条件概率分布就可以被确定。更精确地说，训练图像被扫描并通过检索，以发现其中存在有模板中的一个或多个条件化的数据事件。

利用多点序贯模拟算法获得的以周围各个网格块的微相为条件的、在一个网格块处微相条件概率，就是从训练图像读出的相应微相比例。多点序贯模拟算法之所以称为 SNESIM（single normal equetion simulation），是因为任何这样的微相比例在指示模拟中是求解单一指示克里金（正则）方程［single indicator kriging（normal）equetion］的结果，这个等式可以识别出条件概率的精确表达式。

1993 年，Guardiano and Srivastava 提出了一种直接的非迭代算法，从训练图像中直接提取局部条件概率，并应用序贯指示模拟方法产生模拟实现。由于该算法为非迭代算法，不存在收敛的问题，因而算法简单。但由于每模拟一个网格节点均需重新扫描训练图像，以获取特定网格的局部条件概率，因此严重影响计算速度，难以实际应用。 在 Strebelle 等学者于 2001 年发表的文献中，提出对于一个给定的局部模板 T_n，一个搜索树就是由搜索模板所确定的动态的数据结构，如果该局部模板改变了，相应的搜索树的内容就会有所

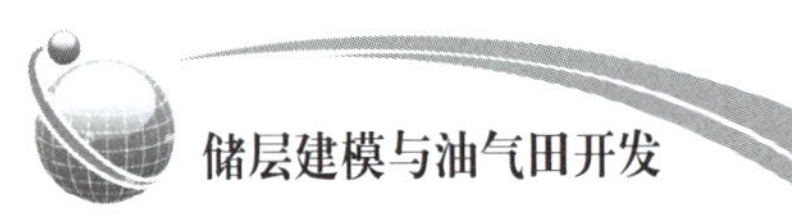

变动。这个搜索树所存储的内容，就是从训练图像推断出的待模拟的网格块的微相条件概率分布，即中央网格块处的有关微相的比例。此外，搜索树的结构应是有利于快速查找的，因为在对该网格块的微相进行模拟之前，需对训练图像扫描一次。

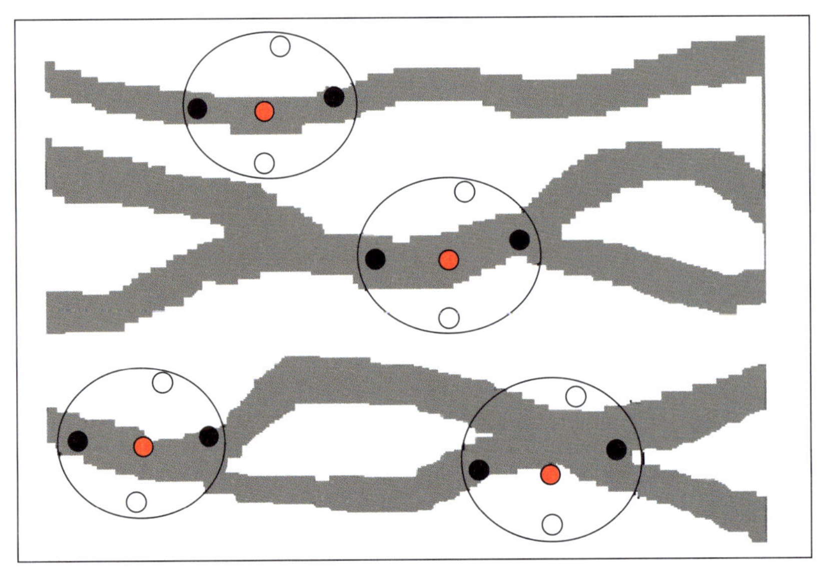

图 2-28　训练图像

将算法加以改进，应用一种动态数据结构即“搜索树”一次性存储训练图像的条件概率分布，并保证在模拟过程中快速提取条件概率分布函数，从而大大减少了机时。基于此提出了多点统计随机模拟的 SNESIM 算法。

2.3.2.2　搜索树方法

1）搜索树方法的应用和原理

Maharaja 和 Journel 在 2005 年发表的论文对搜索树方法作了详细的叙述。

利用 SNESIM 的多点模拟算法大致可以包括两个步骤：

第一步利用储层内部一个待模拟的网格块为中心的局部模板对训练图像进行扫描，然后各个微相对应的条件概率分布被推断出来，并存储在被称为搜索树的动态的数据结构中。

第二步则是序贯模拟。在模拟的过程中，所有的储层区域内的网格块被随机访问，对于确定的数据结构，中心网格块的微相条件分布可以从这个搜索树中相应位置处获取。然后可以对该条件分布进行蒙特卡罗随机抽样以获得一个实现，成为该中心网格块处的微相模拟值。

如果一个给定的数据模式在训练图像中没有得到匹配，那么在这个模板中离中心网格块较远的数据就会一个接着一个地被淘汰，直至一个被匹配的数据模式被发现。这种数据的淘汰意味着于失去一定的信息。所以，以上情况是应该尽量避免出现的。

对于一个给定的搜索模板，搜索树方法是对在训练图像中出现的所有局部模板进行存储和分类的一种专门的方法（图 2–29）。只要搜索树一次性的生成，就等同于利用各个以待模拟网格块为中心的局部模板在训练图像中进行扫描的全部过程。这样，对于训练图像的搜索比原来要快许多倍。利用多点统计建模时，需要从搜索树中读取关于待估点为各种微相的概率。

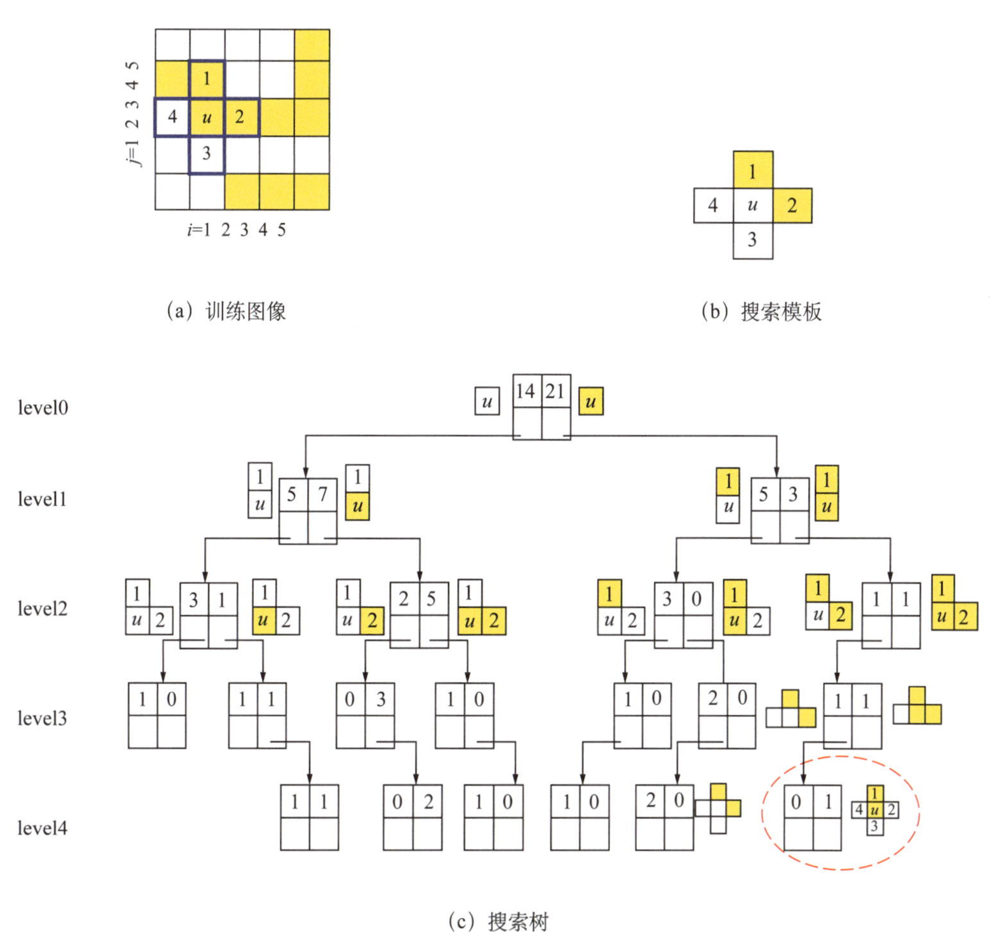

图 2–29　搜索树的原理和训练图像、搜索模板

为了叙述的简便，针对仅含两种微相的情况进行研究。在图 2–29 表示的搜索树中，针对只有两种微相的训练图像，各个节点以二叉树的形式组成。当沉积微相有 3 种或 4 种的情况时，那么所用的搜索树就需要采用 3 叉树或 4 叉树的结构。实际上，搜索树作为计算机科学的一个概念，就是一种多叉树。

最上面一级称为根节点，也称父节点。从根节点往下，二叉树的各个子节点，按其在根节点的左侧和右侧，分为左子树和右子树。

在图 2–29 中的“(a) 训练图像”是由黄色和白色的网格块组成，黄色代表该网格块是河道，白色代表的则是泥岩。图 2–29 （b）中，“搜索模板”（也就是“局部模板”）含有用 1，2，3，4 所标识的四个网格块及网格块 u，并按照图中所示的拓扑结构构成。这里研究的搜索模板的具体情况为，u 表示待模拟的一个网格块，1 表示在 u 的北面的网格块，且是黄色，代表的是河道微相；2 表示在 u 的东面的网格块，且是黄色，代表的也是河道；3 表示在 u 的南面的网格块，且是白色，代表的是泥岩：4 表示在 u 的西面的网格块，也是白色，代表的也是泥岩。如此定义的模板有待于在训练图像中进行逐个移动的逐步搜索，来确定网格块 u 处的沉积微相。

图 2–29 的左上角是一个训练图像，被划分为 25 个网格块。对于这个训练图像，利用搜索模板进行搜索、对比、统计所得的第一个结果是，由 25 个网格块组成的整个训练图像中，共有 11 个网格块（黄色）是河道的，有 14 个（白色）是泥岩。这个信息放在最顶部的根节点中。作为下一级的子节点，出现了 4 个结果，分别放在根节点的下一级的 2 个节点中。它们分别是当搜索模板中的网格块 1 中分别是泥岩和河道时，网格块 u 可以为泥岩或砂岩。如此，会出现以下可能发生的四种情况：

（1）当网格块 1 是泥岩时，u 是泥岩。

（2）网格块 1 是泥岩时，u 是河道。

（3）当网格块 1 是河道时，u 是泥岩。

（4）当网格块 1 是河道时，u 是河道。

如图 2–29 中所示的那样，四种情况所出现的次数分别是：5，7，5，3。再一直搜索进行下去，可以出最后的结果。在这个过程中，希望搜索到的搜索模板具有如下性质：网格块 1 为黄色，网格块 2 为黄色，网格块 3 为白色，网格块 4 是白色，u 是河道。这一模板位于图 2–29 的右下角，图中用红色的圆圈表示，而且出现的次数为 1。这个模板的左侧表示的 u 为泥岩的搜索模板，次数为 0。

这样，最后可以算出，在搜索模板中网格块 1 为黄色、网格块 2 为黄色、网格块 3 为白色和网格块 4 是白色的前提下，网格块 u 出现河道的概率是 1/（1+0）=1，出现泥岩的概率是 0/（1+0）=0。对于一个特定的搜索模板而言，这就是最后的结果，也就是以周围 4 个网格块处的微相为条件的网格块 u 处微相概率分布。接着利用蒙特卡罗抽样，便可获取网格块 u 处的建模结果。

下面再对搜索树的组成部分进行解释。详细地观察图 2–29 中的搜索树，一共有 5 级节点，根节点为第 1 层节点。每一层节点包含着若干个大正方形，每一个大正方形又包含着 4 个小的正方形。其中，上面的两个小正方形分布写着一个数字，它们是有着一定的有意义的，同时下面两个小正方形都是空的。每一个大的正方形的两侧都有一个图形，代表着搜索模板具有的拓扑结构的一个局部或整体。到第 5 层，大正方形两侧的图形就成为具有搜索模板的完整的拓扑结构。

在同一级中，同时存在着若干个大正方形，它们有着相同的拓扑结构。它们填充着不同的微相。这些所填充的微相，主要取决于训练图像上的微相分布。各级节点处的拓扑结构是在上一级节点的基础上生成的。

整个搜索过程所获得的有用信息就是第 5 级节点提供的，显然，也是和前面所有各级都有直接关系。以上的过程就是搜索模板的匹配过程。这个过程是由简到繁，由局部到整体进行的。

以上关于搜索树方法的解释只是原理性的，真正的多点统计方法涉及的搜索树要复杂得多。

图 2–30 显示的一个搜索模板是更为实用的。搜索模板用于扫描训练图像，由基于搜索椭球和各向异性距离的一套排序的节点组成。搜索模板尺寸决定了搜索树的深度，因此影响到存储成本，以致最后影响多点统计建模算法的实际费用。另外，训练图像的尺寸和训练图像的模式复杂程度是影响内存消耗的主要因素。

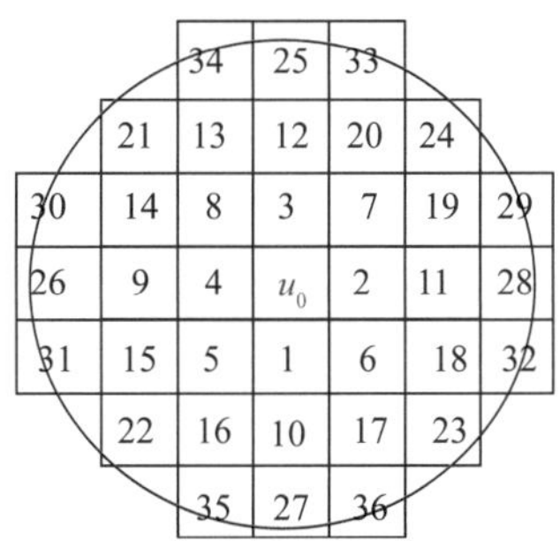

图 2–30　实用化的二维搜索模板

2）搜索树方法的特点与匹配

搜索树方法极大地提高了多点建模方法的运行效率，使得这种方法在当前计算机运算速度的环境下能够合理地完成。

以图 2–30 所示的搜索模板为例，需要而且只需要建立具有 36+1=37 级的节点的一个搜索树。对于一个实际的三维储层而言，需要模拟的网格块一般有几十万至几百万之多。这个 37 级的节点的搜索树只需要建立一次就足够了。对于不同的搜索模板，只需要在相应的存储地点把微相对应的条件概率读出来，这样不需要重复计算，大大地节省了机器运算时间。

为了更清晰地理解 SNESIM 方法和搜索树方法，需要对搜索模板的匹配做必要的补充说明。

首先，局部模板是来自于储层空间建模所利用的已知数据及其需要逐个网格块进行序贯建模的那些网格块的位置。这里，建模所利用的数据包括两种：一种是原始的测井数据，另外一种是已经完成各次序贯模拟所产生的模拟值。

在图 2–29 的搜索模板中，网格块 1，2 处已经被置为河道，3，4 处被置为泥岩，它们是已知数据。网格块 u 是待模拟的网格块，也即其上的微相是未知的，需要通过模拟进行确定。结合图像可以归纳出关于搜索模板的如下三条信息：

（1）建模所利用数据的空间相对位置，也就是它们的空间构型。

（2）建模所利用的数据在空间各位置处的微相种类：是砂岩还是泥岩。

（3）需要获取模拟值的网格块的位置，即为 u。

局部模板中的数据位置及其微相信息，以及待模拟网格块的位置构成了一个建模的基本模型，或者是一个建模的基本架构。利用地质统计学的语言，这个模拟可以转换为以数据为条件的在待估网格块处的微相信息的概率分布。换言之，局部模板的架构就是利用已知网格块信息，模拟在一个网格块处的微相信息，达到寻找待估网格块的信息的目的。但是，仅仅是局部模板的概念，并不构成多点统计算法的全部。

剩下的问题就是如何确定所涉及的待估网格块的条件概率分布。其途径就是利用训练图像的概念，利用局部模板在训练图像中的扫描，寻求局部模板和训练图像的各个局部的匹配。

训练图像中包含的砂岩与泥岩相对分布的信息，是在一定的网格系统下，以网格块为承受体的微相信息。这些图像反映了地质学家经过地质研究获得的对该地区的认识，比如河道宽度、厚度、弯曲度、河道流动方向等信息。

局部模板在训练图像中的扫描或搜索，就意味着在训练图像中寻找这样的数据事件。这个数据事件准确地具备了这个局部模板所包含的三个要素：

（1）建模所利用的数据的空间相对位置（如图 2–25 所示的搜索模板中网格块 u_1，u_2，u_3，u_4）。

（2）它们各自相应的微相数据（如图 2–25 中所示的砂岩和泥岩）。

（3）需要获取模拟值的中心网格块的空间位置（图 2–25 中的搜索模板所示的网格块 u）。在图 2–26 多点算法模拟示意图中，搜索的结果是在训练图像中存在有 4 个局部模板所确定的数据事件。

2.4 训练图像的制作和多点建模实例分析

2.4.1 曲流河储层的实例

本节研究的垦 71 断块馆 4 段为曲流河沉积，其微相分为如下的 4 类：Ⅰ类砂岩是边滩和河道；Ⅱ类砂岩包括天然岸，Ⅲ类砂岩是决口扇；Ⅳ类是泛滥平原，为泥岩。如果把边滩和河道、天然堤和决口扇都归为砂岩，油藏建模的问题就归纳为砂岩与泥岩两种岩相的空间分布问题了。

2.4.1.1 训练图像的实际制作过程

在储层建模过程中，为了保证数据条件化的灵活性，以便再现弯曲复杂的沉积相结构，多点地质统计学建模能够从训练图像中捕获沉积相结构，并把它们条件化到特定油藏的观测数据，或称为“锚定”到特定油藏的观测数据。训练图像是对先验地质模型的一种量化。它包含了真实储层中所存在的沉积相空间结构及其相互关系。从本质上讲，训练图像纯粹是概念性的，简单的手工绘画或计算机工具都可以用来生成不同的训练图像。通过训练图像把地质先验认识和概念模型引入到储层建模中来，是多点统计建模方法对储层建模的一个突出贡献。借助于露头类比，岩心分析，测井解释和地震图像等，地质学家和储层建模人员可以得到储层沉积相结构和空间相关性的先验认识，然后以训练图像的形式指导井间沉积相预测。与二点统计建模方法中的变异函数类似，多点统计建模方法的训练图像是地质概念模型的数值表达，是根据研究区的地质特点而生成的二维或三维沉积相的空间分布图。它能够提供关于油藏架构的先验信息。

训练图像是地质建模人员综合各种类型数据（井位、测井、地震等）的解释并结合自己的经验、认识得到的。多点统计模拟将建模人员大脑中想要得到的相带空间分布样式直观地通过训练图像表达出来。这种“所见即所得”的建模原则是两点统计和基于目标的建模方法所没有的，也是多点模拟受到广泛欢迎的主要原因。

为了绘制馆 4 段的三维训练图像，综合参考了相应小层砂体厚度分布图，沉积微相分布图和砂体纵向比例曲线。前两种图能够反映出小层中砂体分布在横向上的变化，第三种图可以反映纵向的变化。根据对砂体横向、纵向的粗略描述，可以由上至下地逐片绘制砂体分布图。把按此获得的 30 片合并在一起，就构成了与馆 4 段砂体分布对应的三维空间中的一个训练图像。其中，砂体厚度分布图是根据测井数据加以统计后，绘出的等值线图；而沉积微相分布图是根据沉积学认识，手工绘出的平面图。

砂体纵向比例曲线是根据每一个沿层切面的砂体占的百分比绘成的以砂体百分比为纵坐标的一条曲线。图 2–31 是研究区馆 4 段由 120 口井测井数据算得的纵向比例曲线。此图中，红色代表砂岩的比例，蓝色代表的是泥岩的比例。可见，在馆 4 段中，其上部的砂岩比较少，而其下部的砂岩比较多。

鉴于馆 4 段的平均层厚约为 60 m，它含的 10 个小层平均厚度为 4 m。2 m 以上储层占到区块储层的 90% 以上。综合三维地震分辨率及地质需求，确定每 1 片的厚度为 2 m，训练图像数据体也要相应地分为 30 片，这样就可以基本反映纵向上的储层非均质性（如图 2–32 所示）。

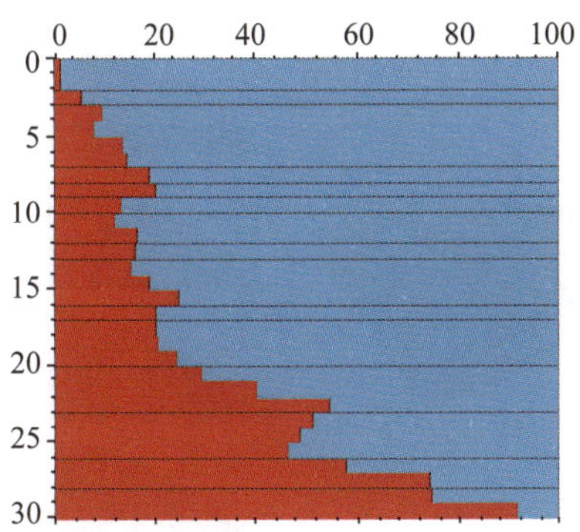

图 2–31 由测井数据计算得到的纵向比例曲线

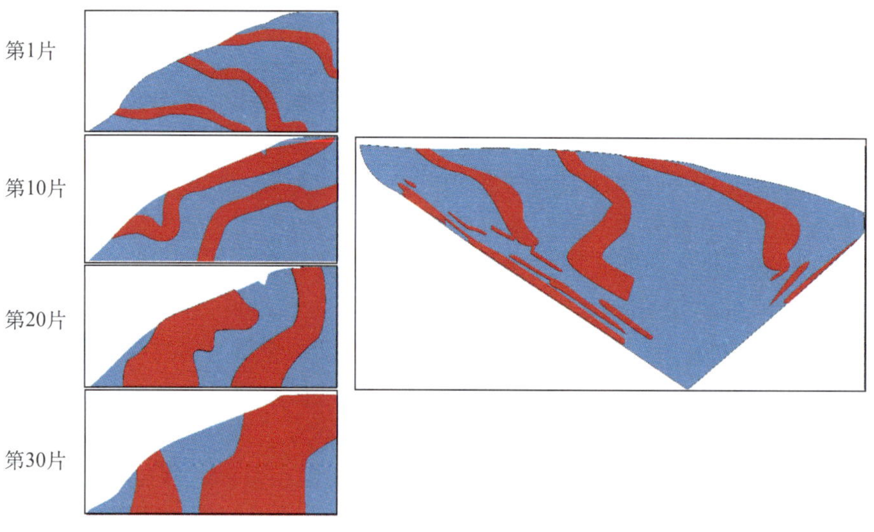

图 2–32　训练图像的三维显示（右侧）及其分片显示（左侧）

2.4.1.2　二维训练图像转化为三维训练图像

当进行三维地震数据建模时，三维训练图像的制作就显得十分必要。从常理来说，要制作三维训练图像，先要从比较简单的二维训练图像开始。先利用计算机图形制作的刷笔，做出含有二值的二维的训练图像。这可参考二维沉积微相图、二维地层等厚图或者三维地震反演数据的各个沿层切片的图像。

图 2–33 是利用成熟油田数据制作的一个二维训练图像（100 × 100 的网格数）。然后，30 次重复地用它，就成为一个 100 × 100 × 30 的三维数据体。这就得到了一个三维训练图像。但是它在纵向上没有变化，所以称为假三维的训练图像。这样的训练图像与实际可能还有一定差距，但却比较简单、容易构建。构建假三维训练图像的做法，是将二维训练图像转化为三维训练图像的方法中最简单的一种。

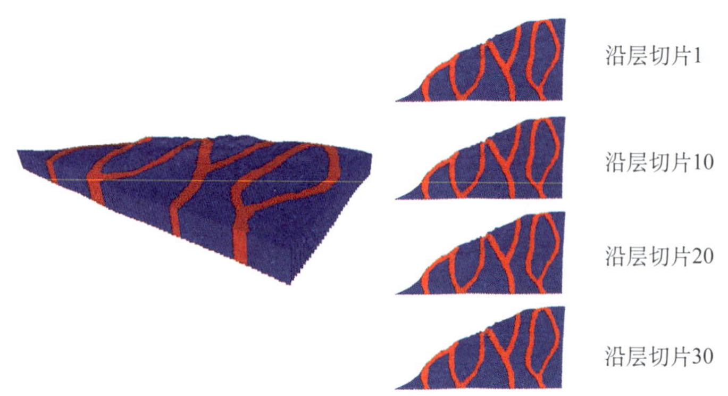

图 2–33　假三维的训练图像

由于该地区中含有三维地震数据和丰富的地质认识，所以在制作训练图像时，应该充分利用这些信息和数据。此处的研究区域是曲流河沉积，砂体大都集中在底部，顶部的砂体较少，规模也较小。三维地震数据清晰地显示出河道的形态，宽度，流向主要是从东北到西南。

首先，研究馆 4^4 小层的训练图像的制作过程。由于该小层的层厚的平均值在 6m 左右，该小层的三维地震数据只能分为 3 个沿层切片。所以，由 3 个平面的二维训练图像顺序叠在一起，可以构成一个 $100\times100\times3$ 的三维数据体，形成了馆 4^4 小层的训练图像。在制作的过程中，该小层的小层平面图和沉积微相分布图是由地质家们提供的，是他们长期工作的经验和认识的总结，是制作训练图像的很好的依据。利用这些地质图件提供的信息，就可以制作出馆 4^4 的三维训练图像（图 2–34）。由于整个小层的厚度不大，于是其第 1 片，第 2 片，第 3 片之间的差异不大，只是河道宽度有逐步加宽的趋势。这是符合纵向砂岩的概率分布图的变化特点的。

接着，研究对整个馆 4 的训练图像的制作。根据对馆 4 的地质认识，和它的纵向砂岩的概率分布图，可以先手工绘出 10 片二维训练图像（图 2–35 的左边），再按照图中所表示的途径，把原始的 3 片图进行复制，扩充成 30 片图，以形成实用的训练图像。最后得到的训练图像就是一个 $100\times100\times30$ 的三维数据体。

这里，共构建了两类训练图像。第一类训练图像（图 2–35）构建时，主要是借鉴了前人的研究成果，同时兼顾了研究区曲流河的平面发育特征而做成的三维训练图像。在它的制作过程中没有考虑纵向的变化，这也就是一个假三维的训练图像。构建第二类训练图像时，依据沉积微相分布图中的河道延伸形态和砂体分布特征，参考小层平面图中的油水分布情况，并考虑了河道砂体在纵向上的递增趋势和其他的地质认识，因此这是一个实用的三维训练图像（图 2–35）。

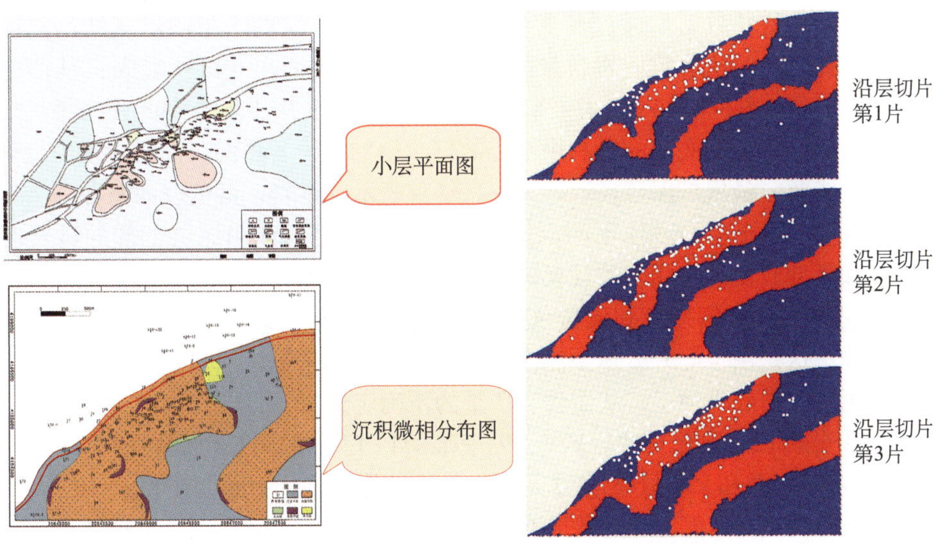

图 2–34　馆 4^4 层的训练图像

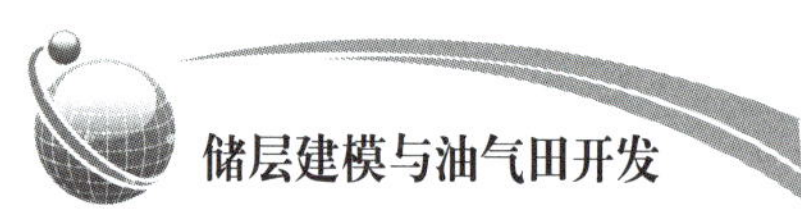

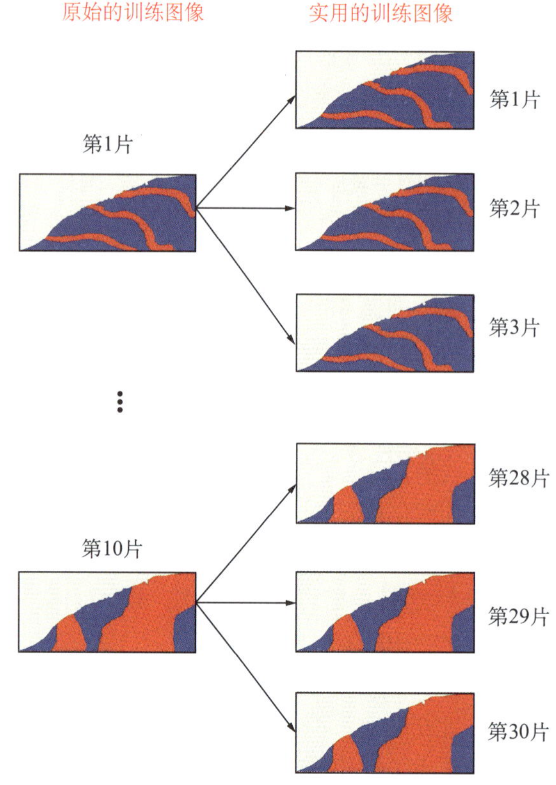

图 2–35 实用的训练图像的构成

2.4.1.3 多点建模结果分析

图 2–36 利用测井数据，通过多点统计建模做出馆 5 段的 5 张砂岩（红色）和泥岩（蓝色）的剖面图，以及地震泥岩含量的剖面图。这个剖面由 6 口井组成：从西向东为 k71–19 井、k71–14 井、k21–107 井、k71–53 井、k81–11 井和 k71–108 井。每一口井标有自然电位曲线。该图最底部的是利用地震数据求得的泥岩含量图，泥岩含量由低到高用黄色、绿色、浅蓝、最后是深蓝表示。其中，红色表示纯砂岩，蓝色表示泥岩。

首先，图 2–36 显示的砂体预测剖面的 5 个实现，可以证明储层上部的砂岩明显存在，其厚度和延伸长度都有相当的规模，包括在靠近顶界的局部。相比之下，地震泥岩含量图的上部基本上都是深蓝色和浅蓝色所代表的泥岩。这个砂体预测剖面出现了不少不该出现的砂体。这是由于测井砂体预测图是以测井数据为依据，通过多点统计建模所产生的，由于采用了不同随机种子，从而含有严重的不确定性。

再进一步分析，在这张图中，k71–19 井和 k71–14 井的附近，储层的上部呈现了较厚的砂体。k71–14 井和 k71–108 井之间所出现的砂体厚度达 10m，在 k21–107 井两侧的砂体厚度达 3 ~ 4 m。然而，在这些局部，对于地震泥质含量剖面图，呈现的都是蓝色和浅蓝色，也就是泥岩。对于 k71–107 井的附近，对比的结果也是类似的。因此说，测井砂体预测剖面图和泥质含量剖面图的差别是比较明显的。

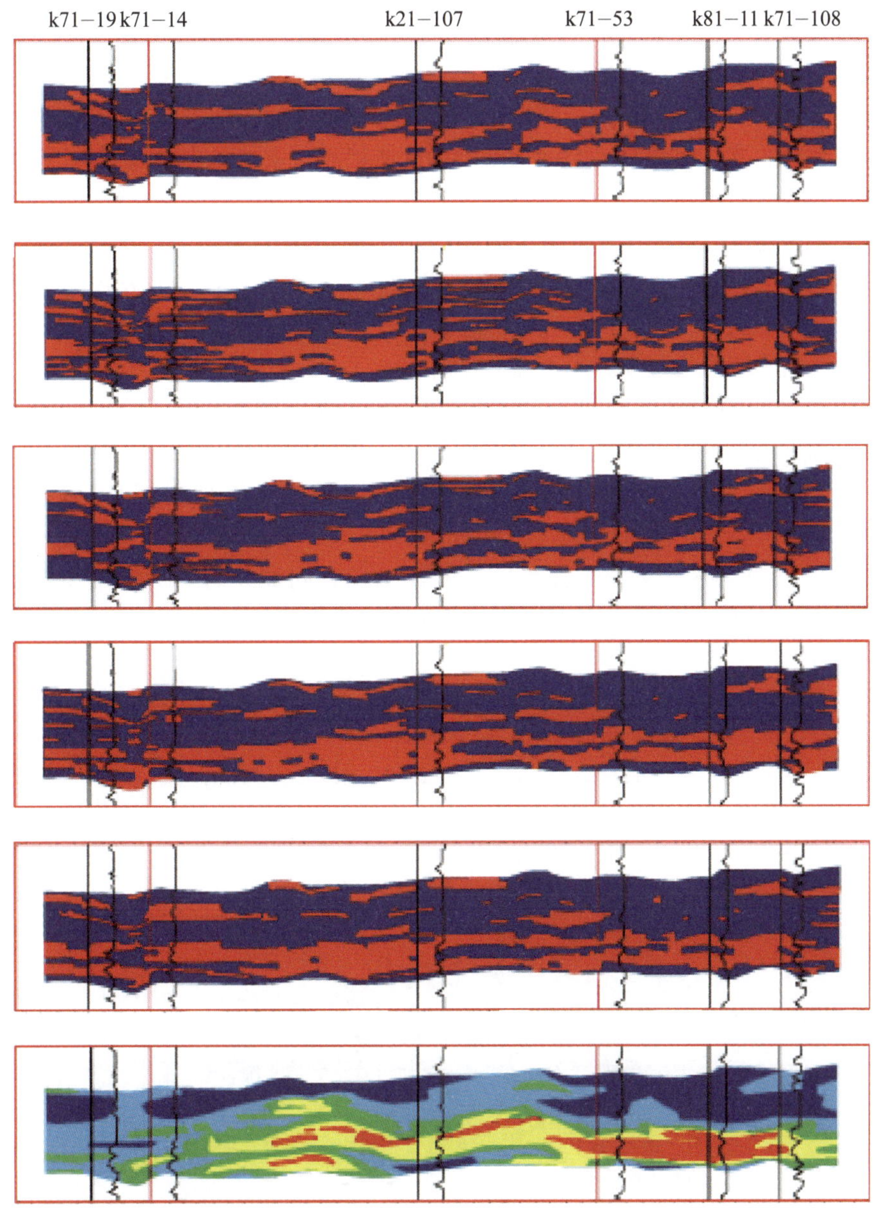

图 2-36　利用测井数据做出的预测图和地震泥质含量图的对比

2.4.2　密井网储层的实例

以下研究利用多点统计学模拟方法，对大庆杏北油田进行三维地质建模，并且在相控的地质约束条件下对物性参数，如孔隙度、渗透率和饱和度等进行储层参数模拟。最后通过对建模结果的分析，总结出多点统计方法的优势以及采取这种模拟方法的局限性。

目前，我国油田开发正面临着从易开发区向难开发区、从部分高含水向全面高含水、从储采基本平衡向不平衡过渡的严峻形势。当前，地下油水的分布呈现出高度分散、局部集中的特点，剩余油多分布在差、薄、边部位，开采难度明显增大。井间砂体预测已经明显成为有待解决的核心问题之一。油田开发的这些特点，主要是由于储层内部的各种非均质性及复杂的构造断层切割所造成的。传统的地质研究往往进行定性描述、或用二维资料描述地下三维储层及储层变化，掩盖了储层的空间非均质性。

大庆油田是我国目前发现的最大油田，也是目前陆相沉积盆地中发现的最大的油田。它的发现引起了国内外石油地质专家的大力关注。它的勘探与开发对于我国石油工业的发展和世界石油地质理论的进步起了重要的作用。

杏北地区区域面积约 6.65km^2，井数目 290 口，井网密度 43.6 口 /km^2，该区块共有 65 个小层，细分每个小层，共有 103 个层位。

根据储层非均质性的刻画要求同时保证建模精度，本次建立的研究区为葡 I 2_2 储层的三维地质模型，其网格尺寸为 15m × 15m，$I \times J$ 方向上网格数目共 186 × 159=29574 个（I 方向有 186 个网格，J 方向有 159 个网格），K 方向细分为 10 个小层，网格尺寸为 0.40m，因此模型的网格总数为 295740 个（如图 2–37 所示）。

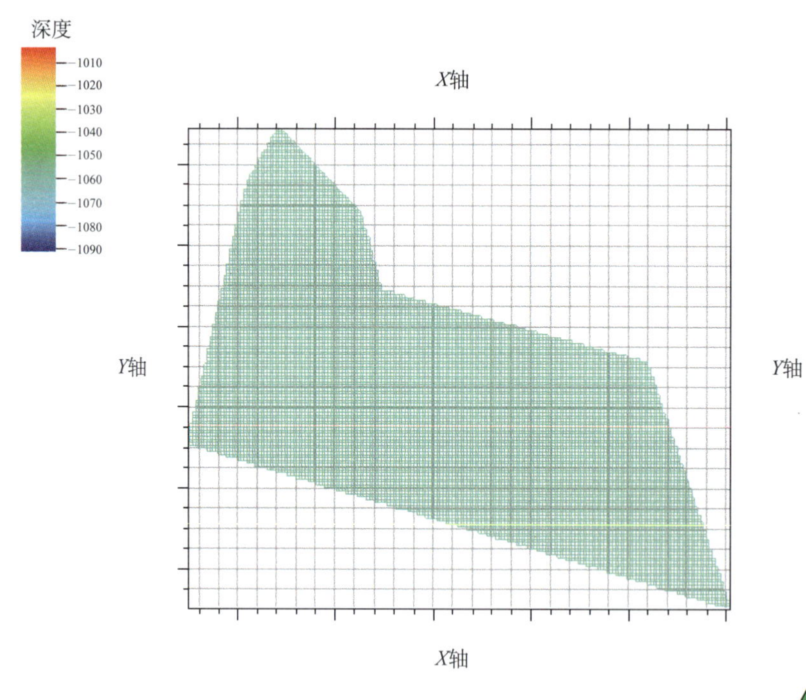

（a）$I \times J$方向上网格的划分

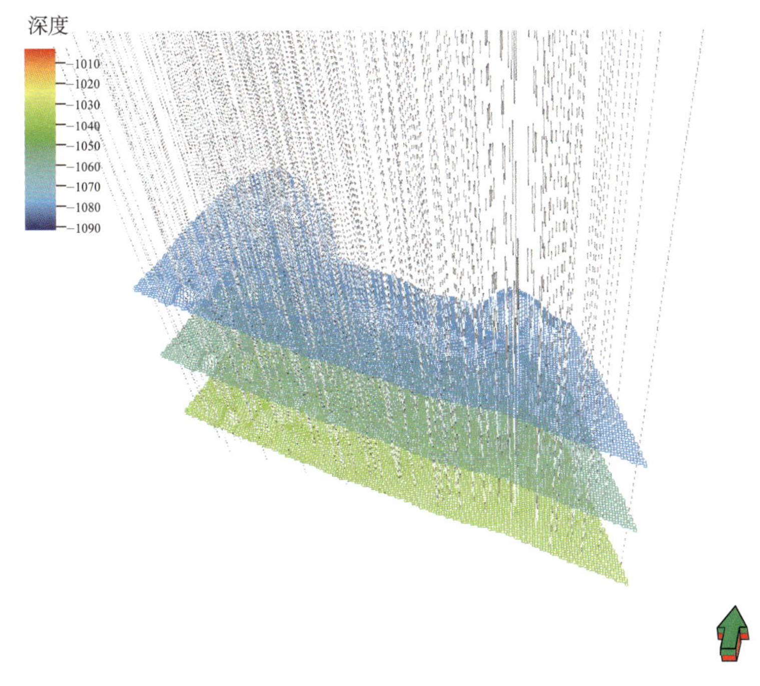

(b) 网格划分三维空间展布

图 2–37 研究区网格剖分图

2.4.2.1 训练图像的生成

针对这个研究区的特点，以下叙述训练图像产生的五种方法：(1) 砂体等厚图方法。(2) 地质认识方法。(3) 人工划相方法。(4) 示性点过程方法。(5) 砂泥岩比例曲线方法。

1) 砂体等厚图方法

(1) 纵向上没有变化的训练图像。葡Ⅰ 1_1 砂体等厚图（如图 2–38 所示）可以清楚地体现出河道与泥岩的分布形态，为训练图像的获取提供了很好的模板。以葡Ⅰ 1_1 的砂体等厚图为依据，将砂体比较厚的地方看作砂岩，比较薄的地方看作泥岩，做出在纵向上没有变化的训练图像，如图 2–39 所示。

(2) 纵向上存在变化的训练图像。为了得出更加符合地质研究的建模结果，结合葡Ⅰ 1_1 砂体等厚图和砂泥岩比例曲线（图 2–40），做出葡Ⅰ 1_1 的纵向上有变化的三维训练图像，如图 2–41 所示。

2) 地质认识方法

(1) 纵向上没有变化的训练图像。训练图像可从已有的地质认识中来获取。

葡Ⅰ 2_2 层属三角洲低弯曲分流河道砂，其沉积物主要受河流作用的控制，形成以分流河道砂体为主，两侧依次为分流河间薄层砂和分流间洼地沉积。呈现的特点是：

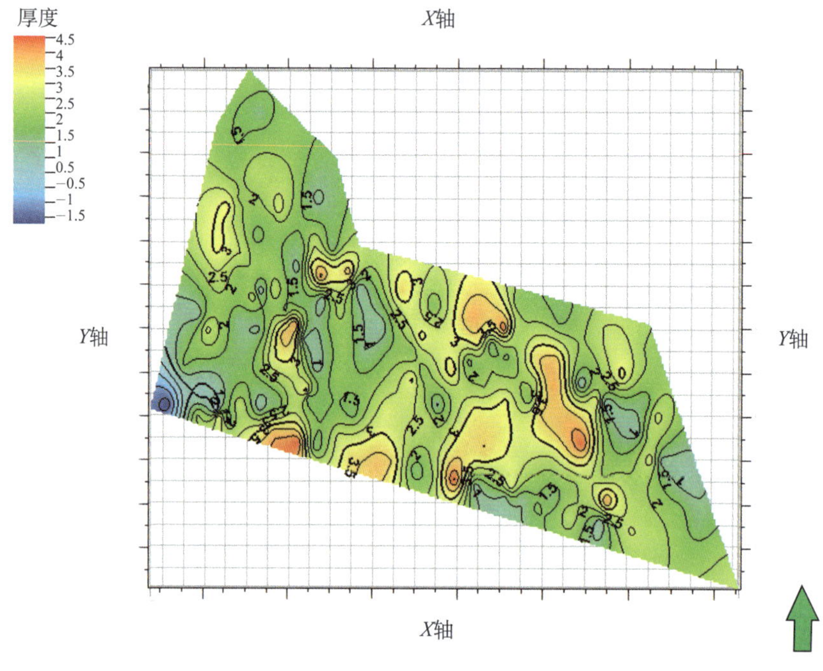

图 2–38　葡Ⅰ 1_1 砂体等厚图

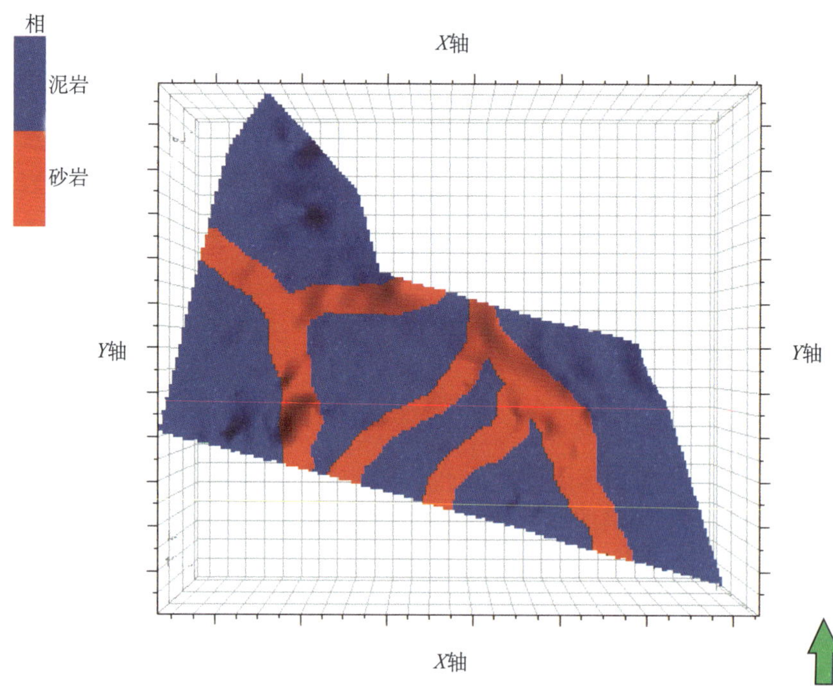

图 2–39　葡Ⅰ 1_1 纵向上没有变化的训练图像

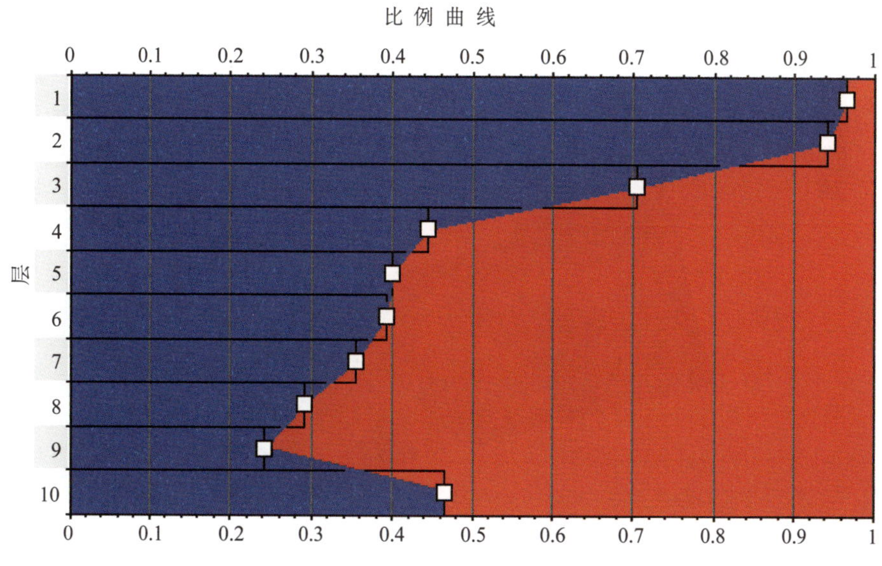

图 2-40　葡Ⅰ 1_1 砂泥岩比例曲线

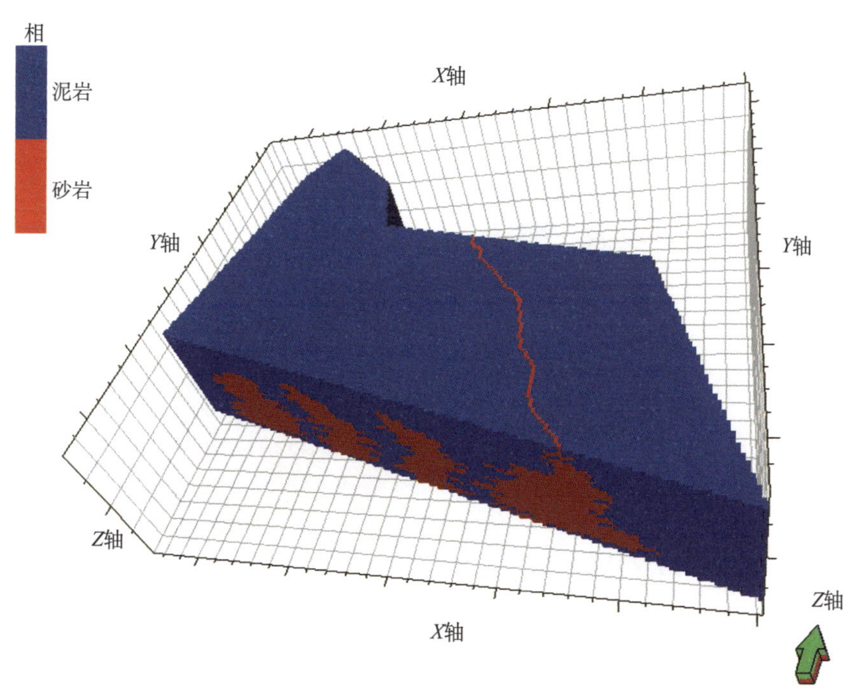

(a) 训练图像三维显示

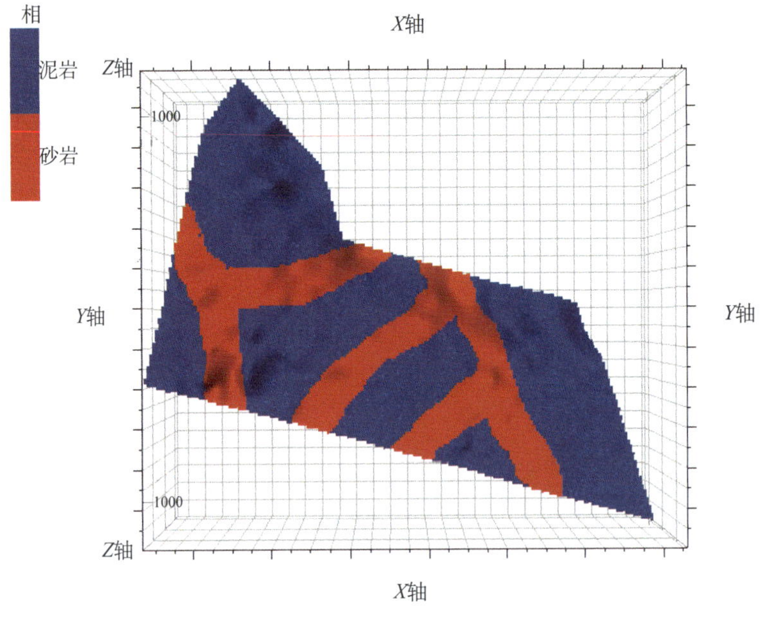

（b）训练图像第 10 片

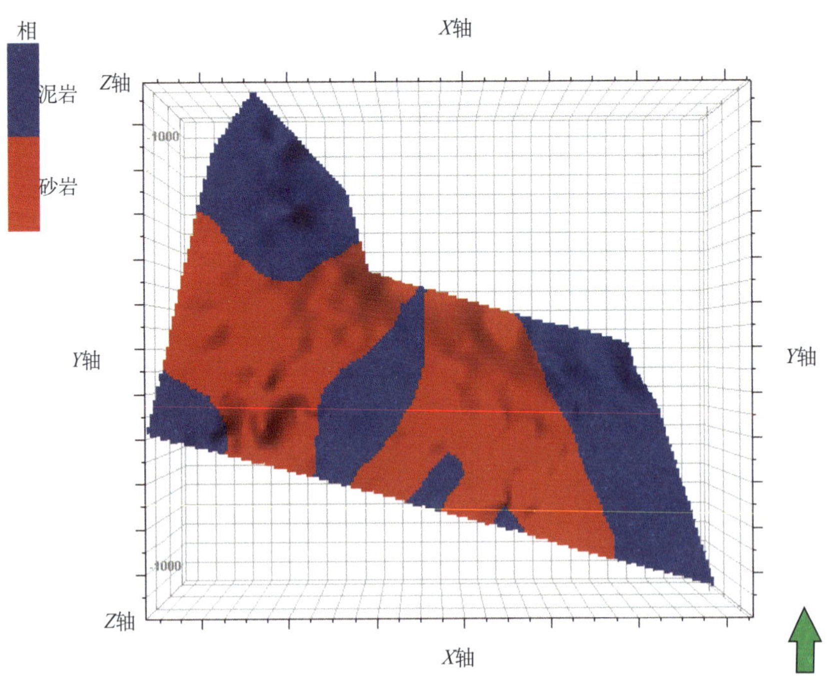

（c）训练图像第 20 片

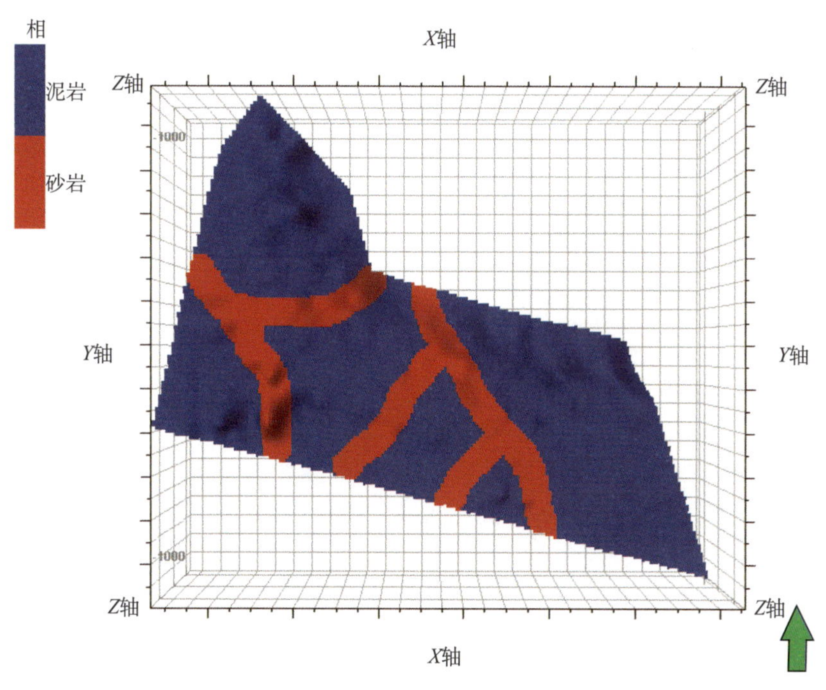

（d）训练图像第 30 片

图 2–41　葡Ⅰ 1_1 三维训练图像

①从西向东，可划分为东部、中部和西部三条河流系统，之间为窄小顺直的决口水道连接。中部河流系统为主体部分，分流河道砂体的规模较大。

②低弯曲分流河道侧向迁移现象比较明显，平面上条带状的分流河道由北向南呈离散状分布。单一河道的规模逐渐减少，一般单一河道砂体宽度 200 ～ 400m，河道砂岩厚度 3 ～ 5m，宽厚比 50 ～ 130。

③砂体平面相带分布比较复杂，不同分流河道砂体侧向连片、分叉、呈网状交织分布。分流河道沉积物比较粗，以中—细砂岩为主，中砂含量 22% 左右，细砂含量 56% 左右，泥质含量较低，一般小于 7.2%。单层平均空气渗透率在 $670\times10^{-3}\mu m^2$ 以上，中高渗透层所占有效厚度的比例在 45% ～ 70%，是一套以中高渗透率为主的厚层砂岩。

根据葡Ⅰ 2_2 单元河道呈现的特点可以做出葡Ⅰ 2_2 纵向上没有变化的训练图像，从特点 ①和② 中可以得出，葡Ⅰ 2_2 砂体可以分为三部分，其中东部和西部的主干河道有两条，而中部为主体部分，主干河道有四条，三部分的主干河道宽度均为 200m，厚度为 3.97m。根据特点③，砂体平面相带分布比较复杂，不同分流河道砂体呈网状交织分布。因此，葡Ⅰ 2_2 纵向上没有变化的训练图像如图 2–42 所示。

（2）纵向上存在变化的训练图像。葡Ⅰ 2_2 纵向上有变化的训练图像即三维训练图像，是在纵向上没有变化的训练图像的基础上得出的，不同之处在于每一片上河道砂体宽度不同，这主要取决于葡Ⅰ 2_2 的砂泥岩比例曲线（如图 2–43 所示），每一片的训练图像的河道砂体宽度是根据这片的砂岩百分比含量决定的。这样，三维训练图像（如图 2–44 所示）不仅体现了葡Ⅰ 2_2 的地质情况，也充分体现了葡Ⅰ 2_2 纵向上的砂泥岩比例。

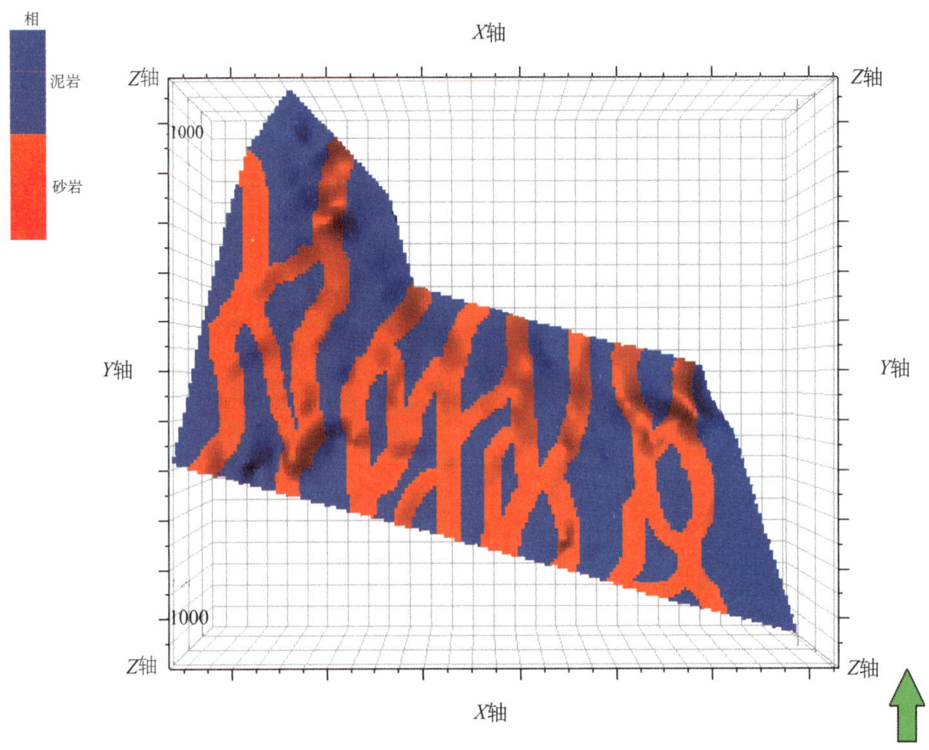

图 2–42　葡Ⅰ 2_2 纵向上没有变化的训练图像

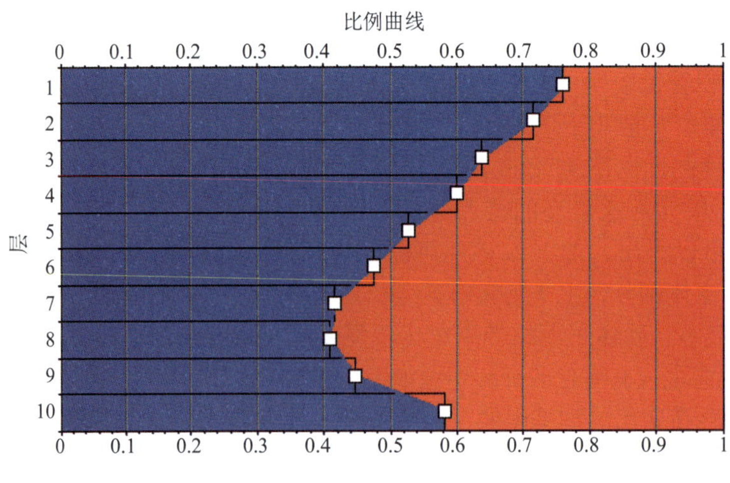

图 2–43　葡Ⅰ 2_2 的砂泥岩

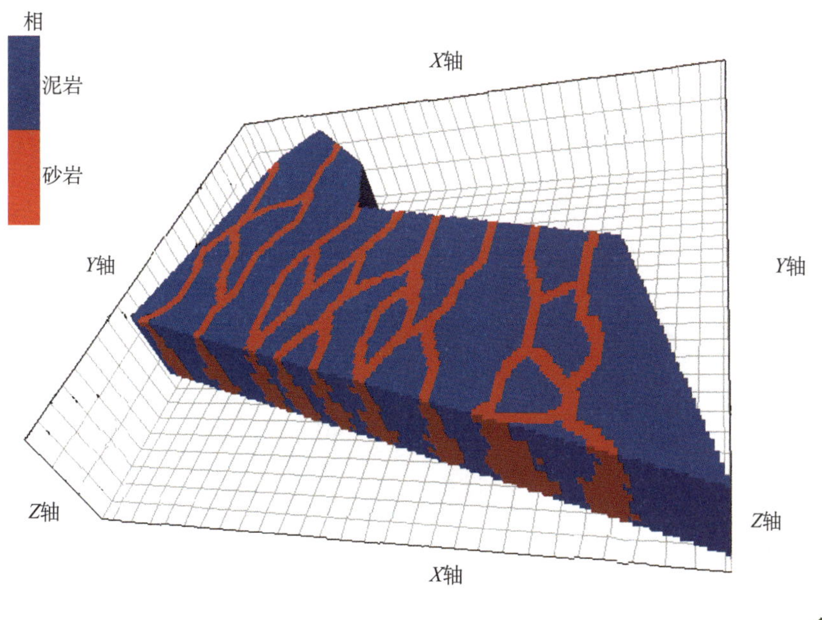

(a) 训练图像三维显示

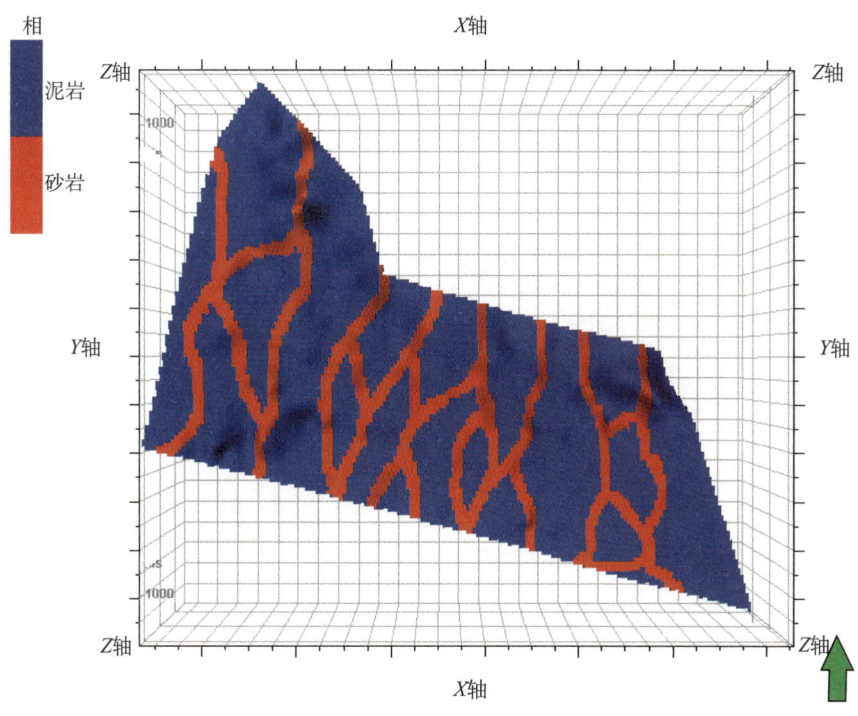

(b) 训练图像第 1 片

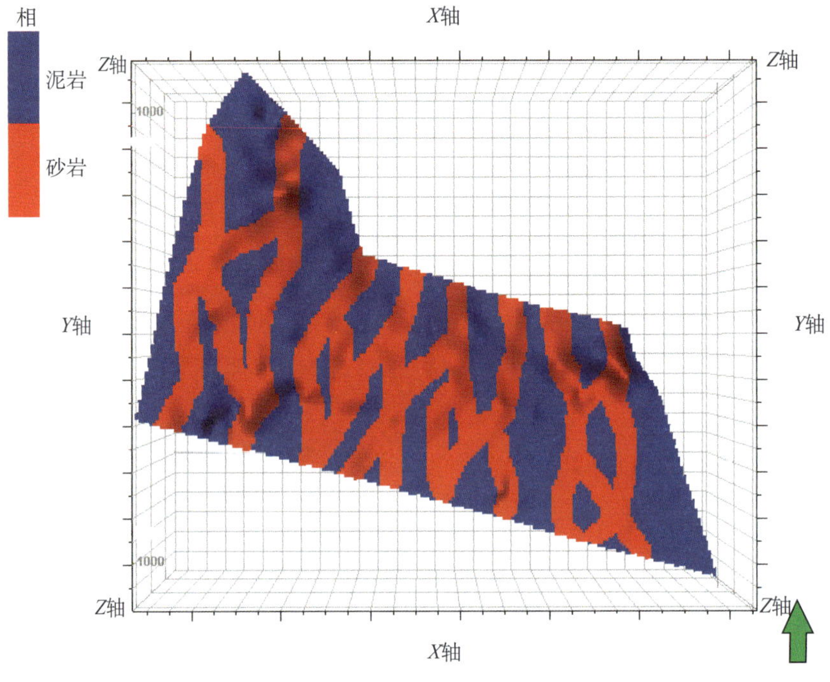

（c）训练图像第 5 片

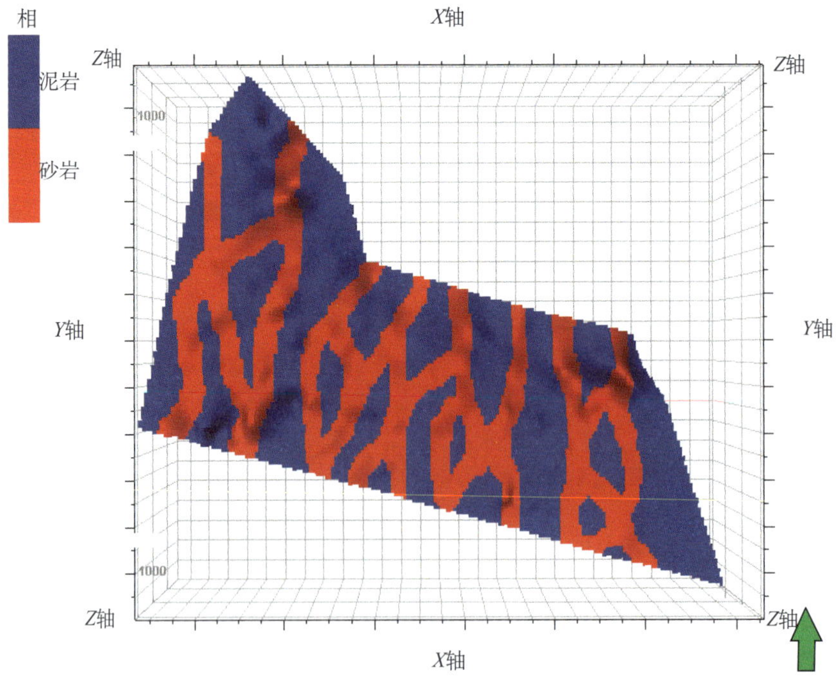

（d）训练图像第 10 片

图 2-44　葡Ⅰ2_2三维训练图像

(3) 手工划相方法。手工划相的方法是大庆油田根据油田开发特点而实施的一项技术。几乎每个油田、每个小层都已经绘制出了相应的沉积微相分布图，并已经在生产中广泛使用。

根据葡Ⅰ 4_2−1 人工划相（如图 2−45 所示），做出该区块葡Ⅰ 4_2−1 的手工划相，如图 2−46 所示。利用图 2−45 中手工划相做出葡Ⅰ 4_2−1 纵向上没有变化的训练图像，如图 2−47 所示。

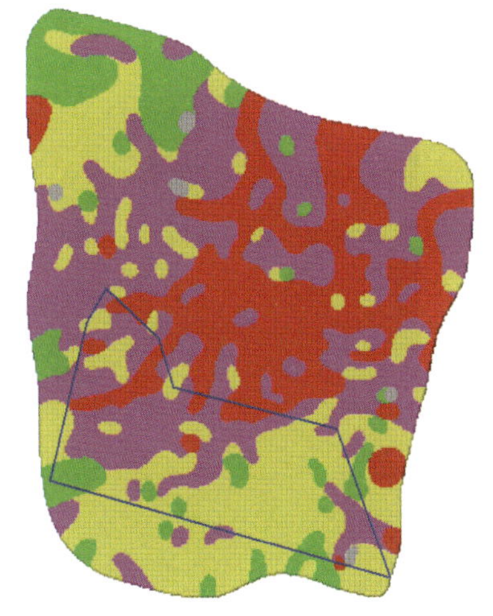

图 2−45　葡Ⅰ 4_2−1 手工划相结果

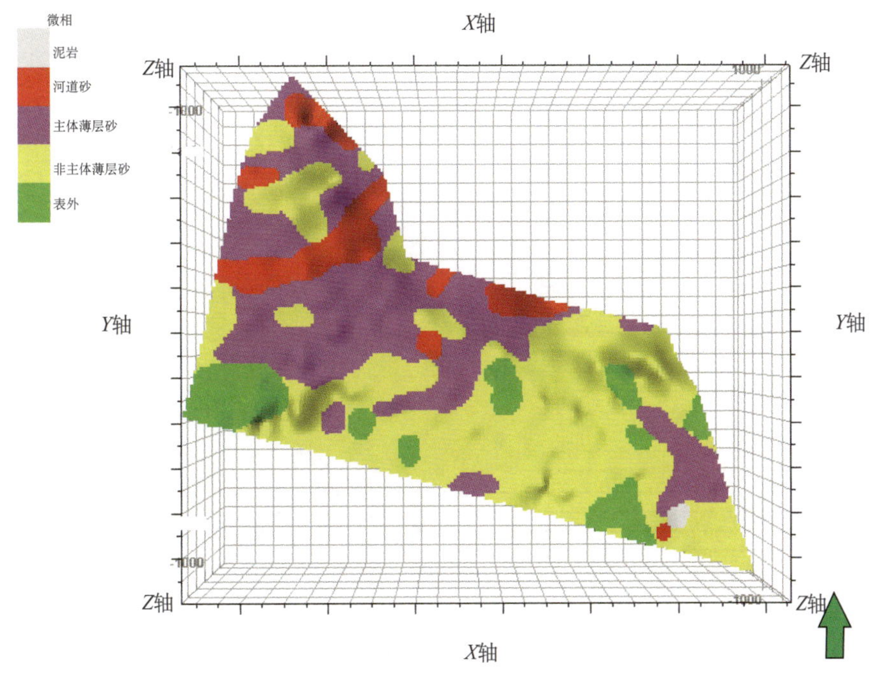

图 2−46　该区块葡Ⅰ 4_2−1 人工划相

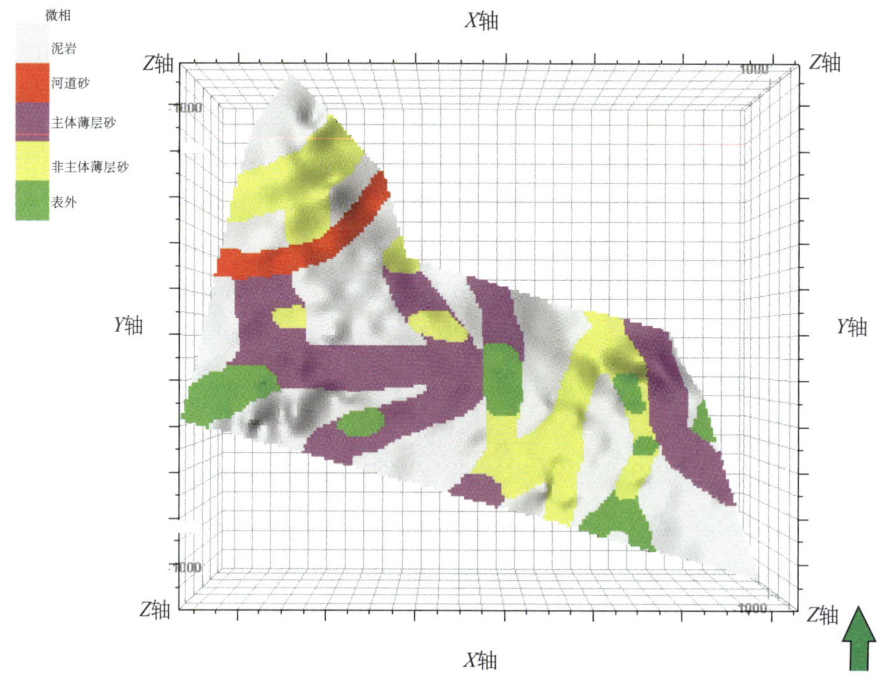

图 2–47 纵向上没有变化的训练图像

将葡Ⅰ 4_2–1 沿层分为 20 片，利用图 2–45 中的葡Ⅰ 4_2–1 人工划相，结合原始测井数据的比例曲线（如图 2–48 所示），做出葡Ⅰ 4_2–1 的三维训练图像，其中，训练图像每两片相同，共有 10 片，如图 2–49 所示。

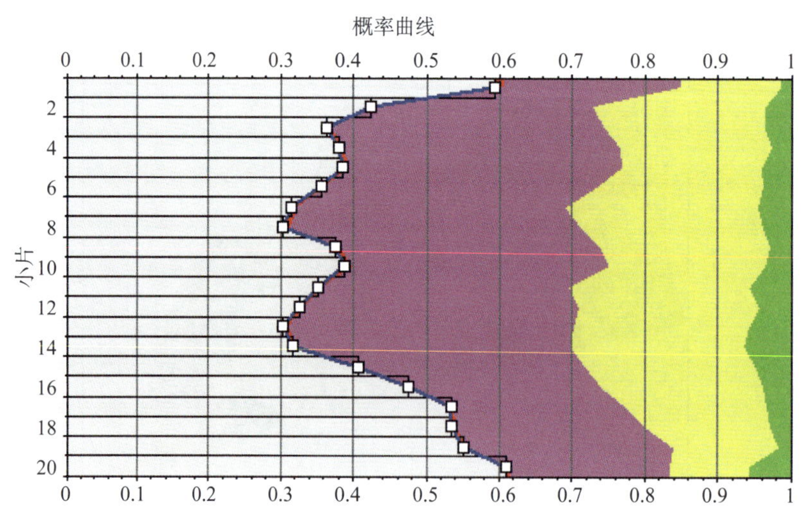

图 2–48 葡Ⅰ 4_2–1 原始测井数据

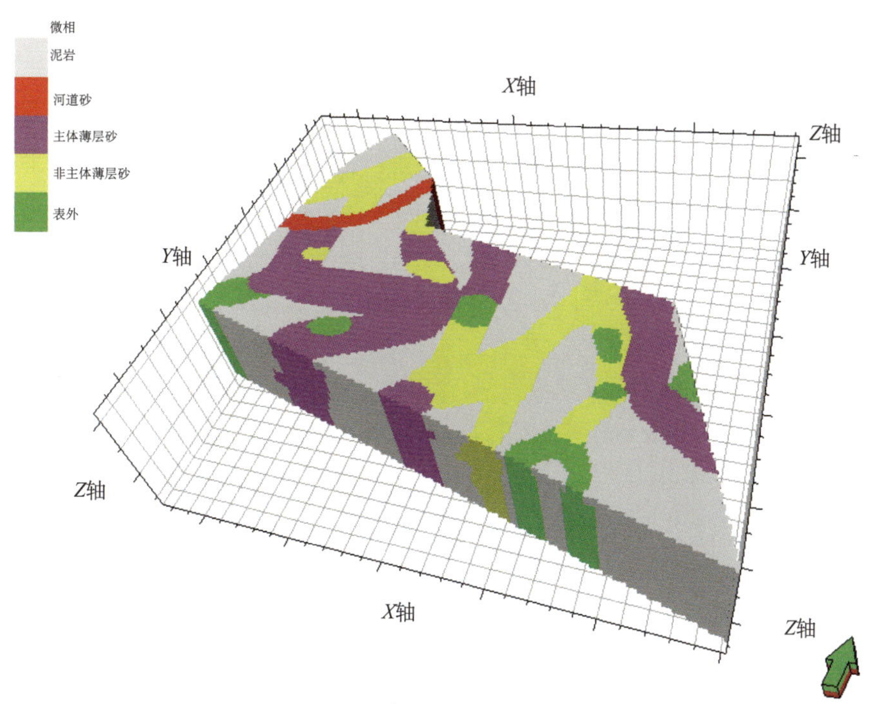

(a) 训练图像三维显示

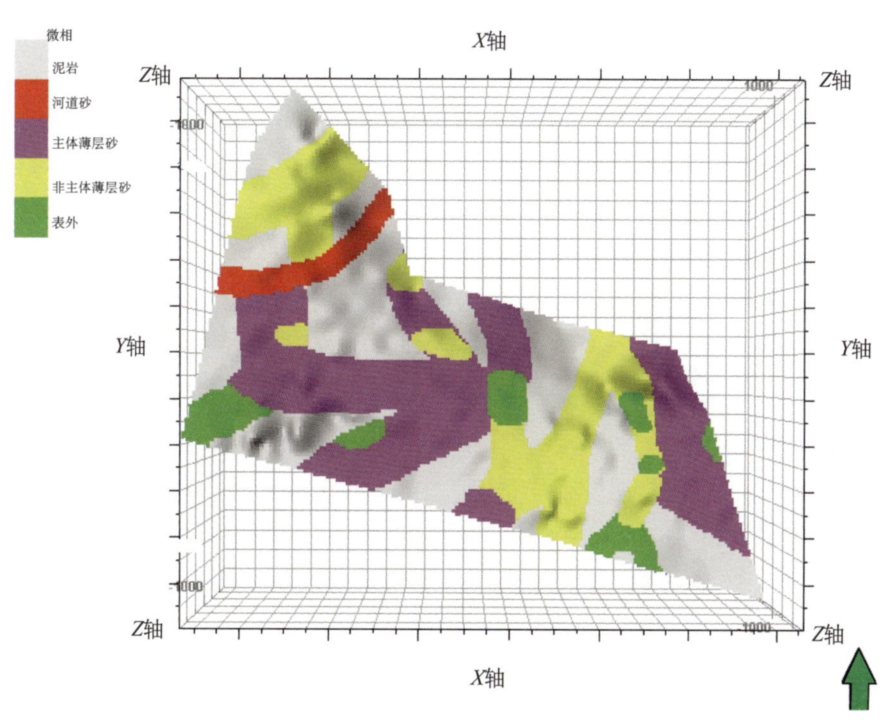

(b) 训练图像第 5 片

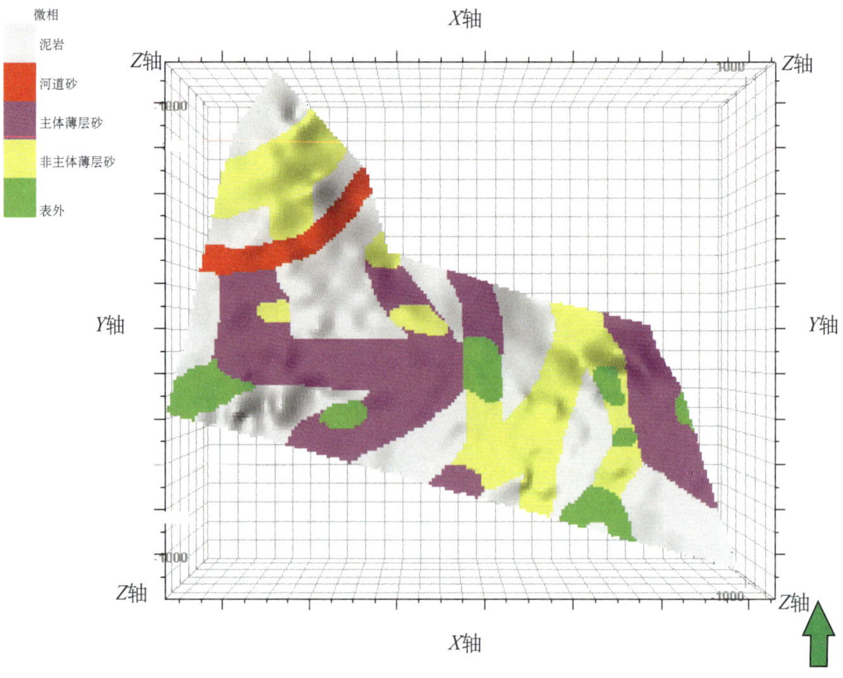

（c）训练图像第 10 片

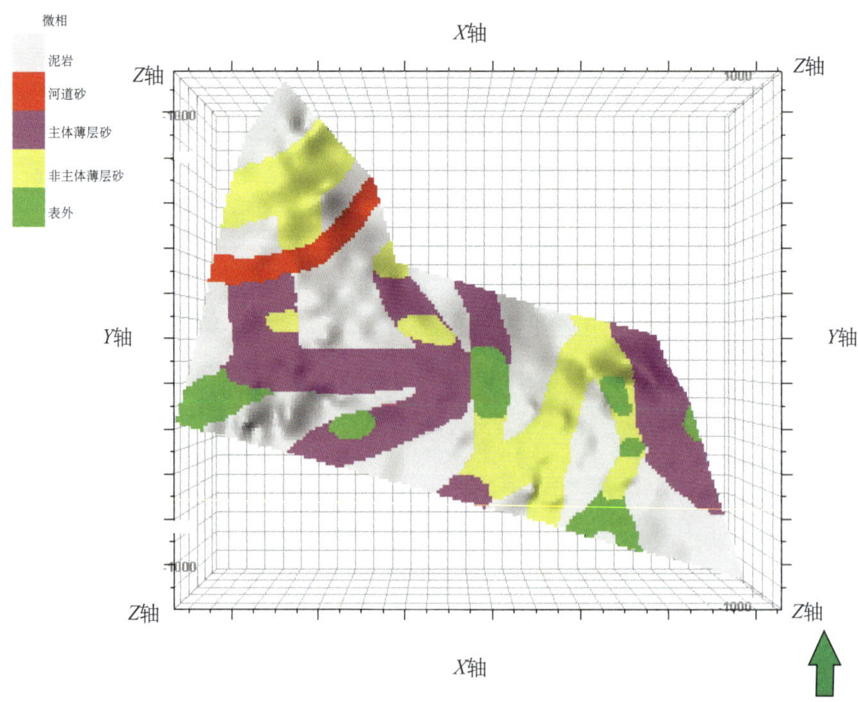

（d）训练图像第 15 片

图 2-49　葡Ⅰ 4_2-1 三维训练图像

（4）示性点过程建模方法。为了体现砂泥岩纵向上的非均质性，在绘制训练图像时，结合示性点模拟结果（如图 2-50），做出葡Ⅰ 1_1 每一片的训练图像，如图 2-51 所示。

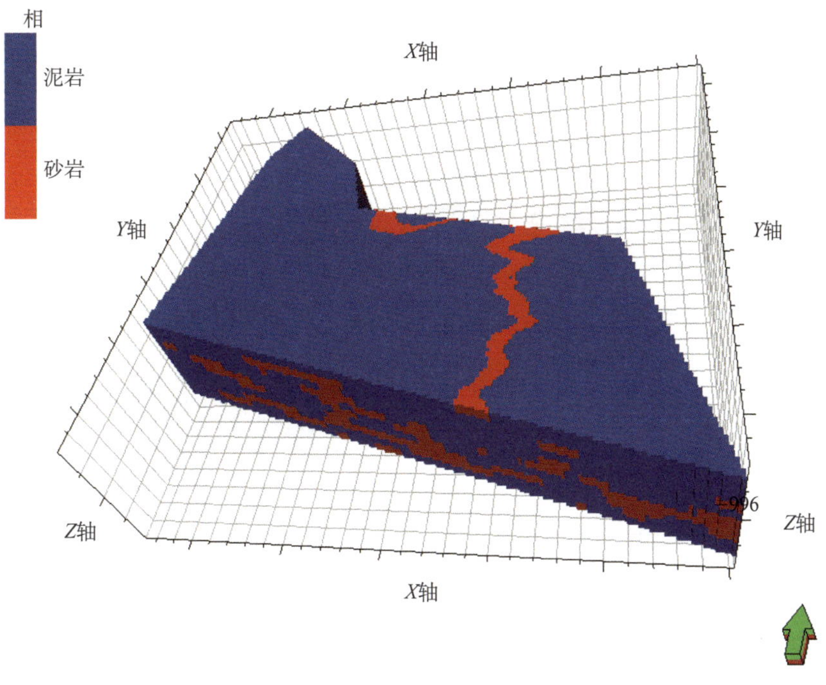

(a) 模拟结果三维显示

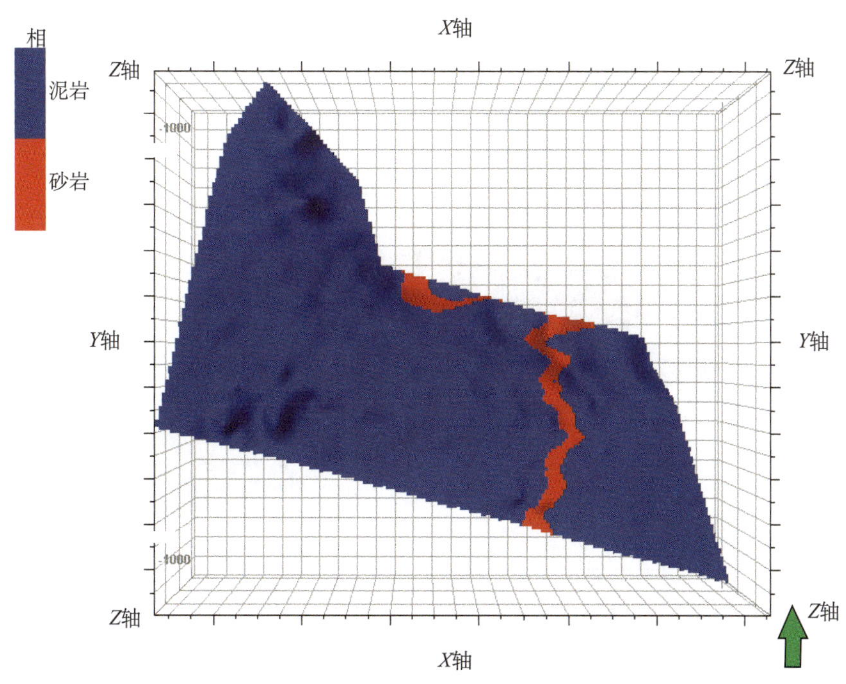

(b) 模拟结果第 1 片

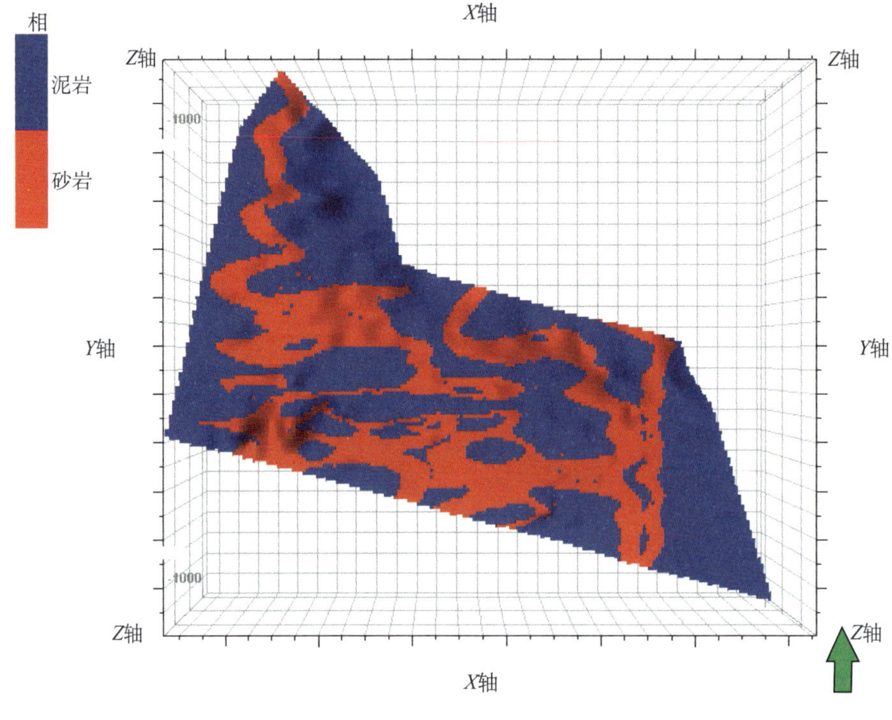

(c) 模拟结果第 5 片

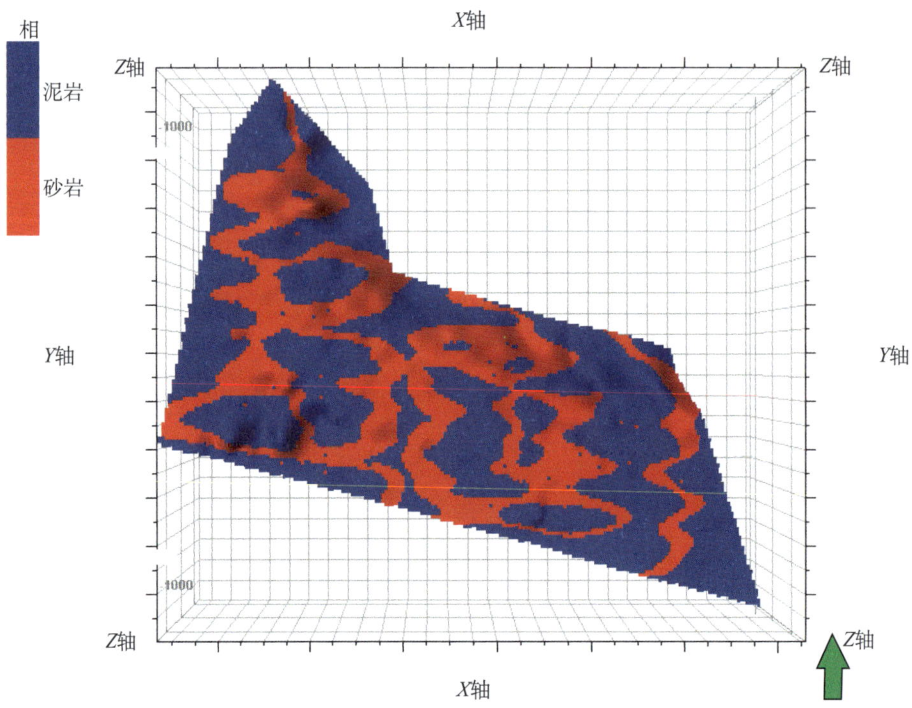

(d) 模拟结果第 10 片

图 2-50　葡Ⅰ 1_1 示性点过程模拟结果

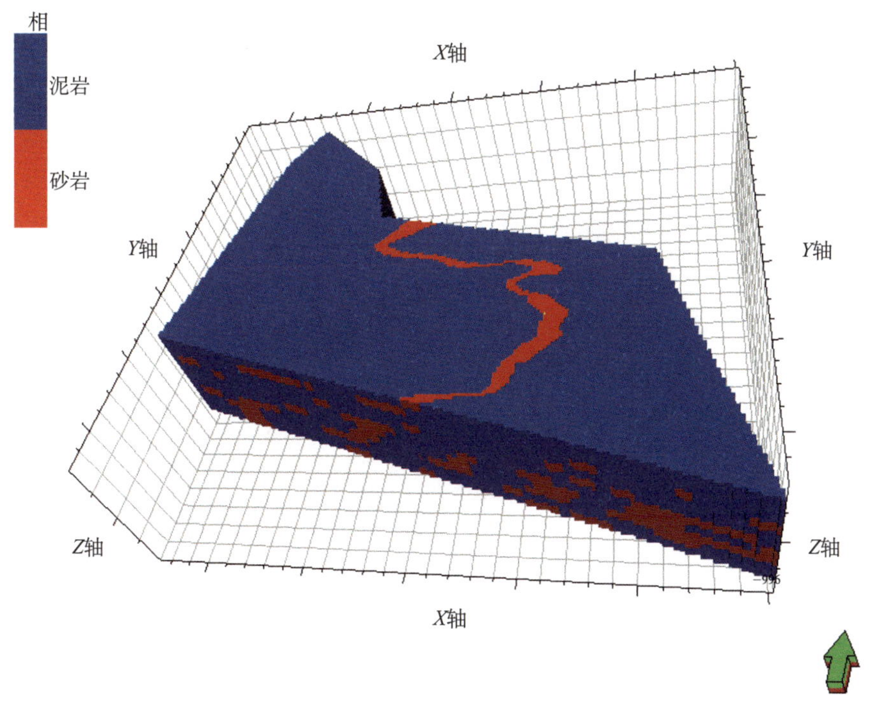

(a) 训练图像三维显示

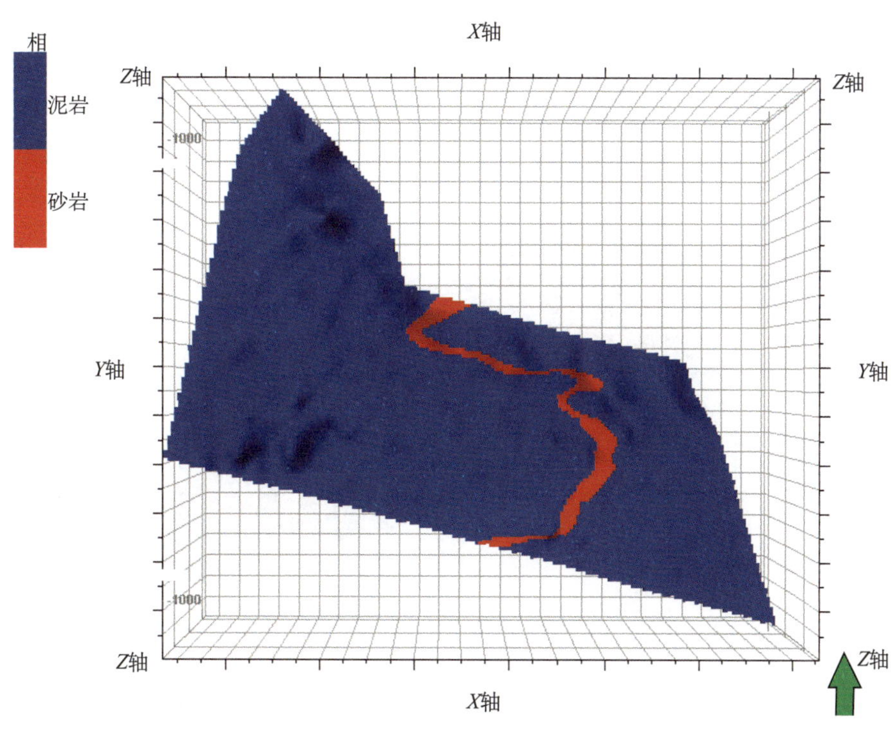

(b) 训练图像第1片

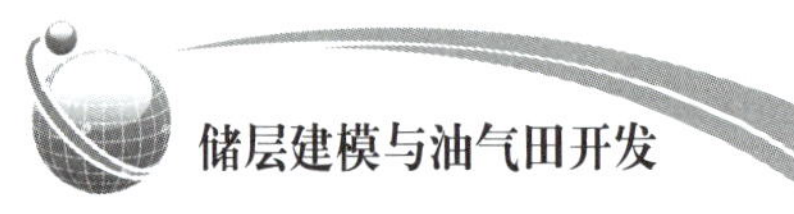

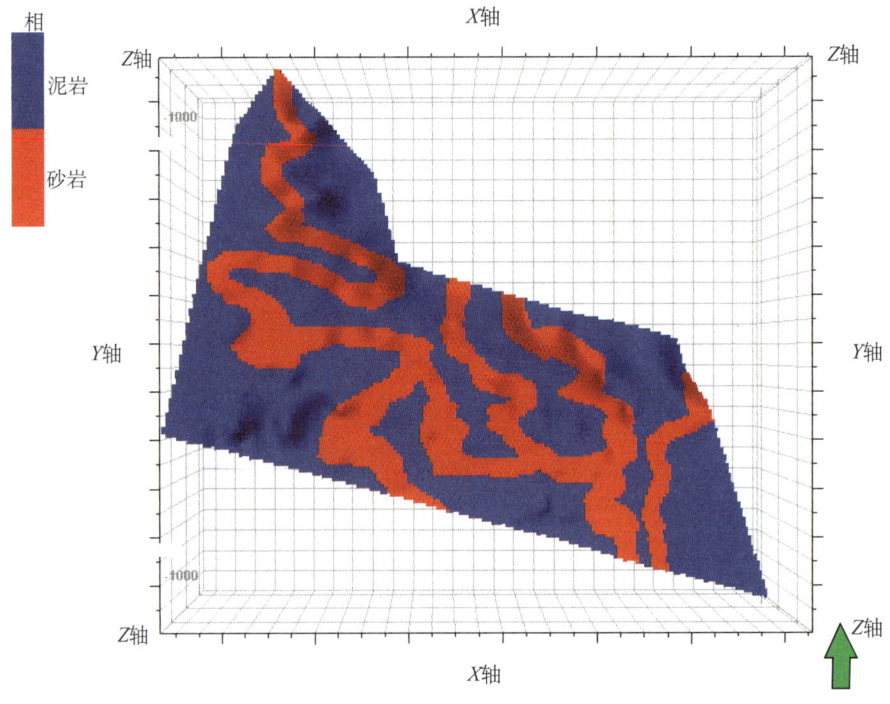

（c）训练图像第 5 片

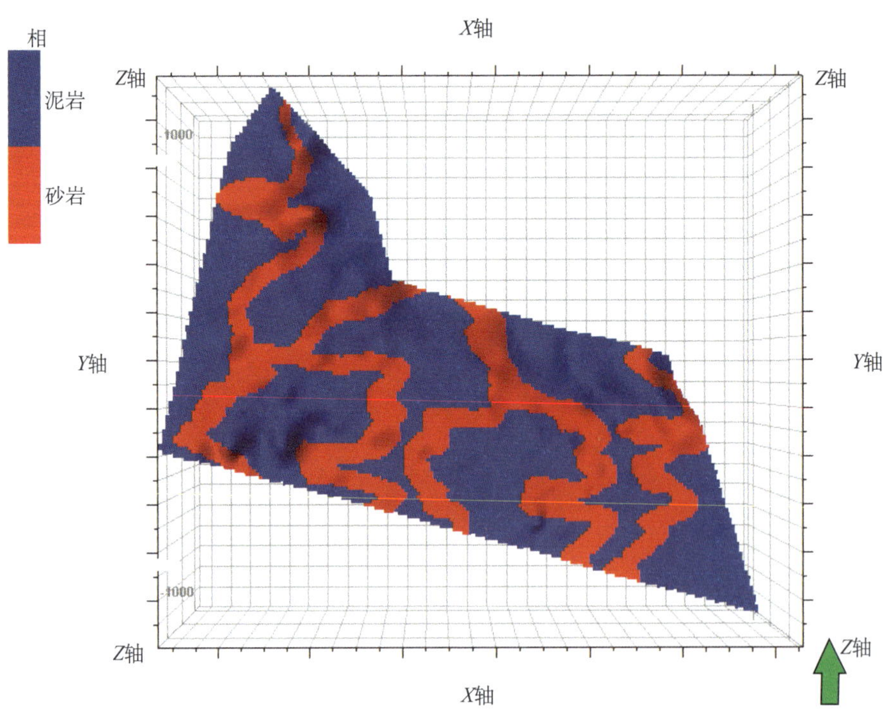

（d）训练图像第 10 片

图 2−51　葡Ⅰ 1_1 三维训练图像

2.4.2.2 多点建模的实施和结果分析

1）网格参数的确定

多点建模方法使用一个搜索模板对训练图像进行扫描，同时统计出被模拟点的沉积微相的条件概率，一般说来搜索模板越大，那么模拟结果越接近于合理（张伟等，2008）。但是，由于计算量的关系，搜索模板又不能无限地大，一般它所含的网格数目取为区块总网格数目的 1/3 即可。

当所建模型的网格（$I \times J \times K$）为 186×159×10（单位：网格）时，在建立多点相模式时，将搜索模板设置为 100×100×2 和 60×50×10，分别进行多点统计模拟，将模拟结果进行对比，如图 2−52 所示。

从图 2−52 可以看出，搜索模板为 100×100×2 的模拟结果，其砂体呈现比较连续的形态；搜索模板为 60×50×10 的模拟结果，其砂体呈现不连续的形态。因此，将搜索模板设置为 100×100×2 时，所得的模拟结果比较符合已有的地质研究。

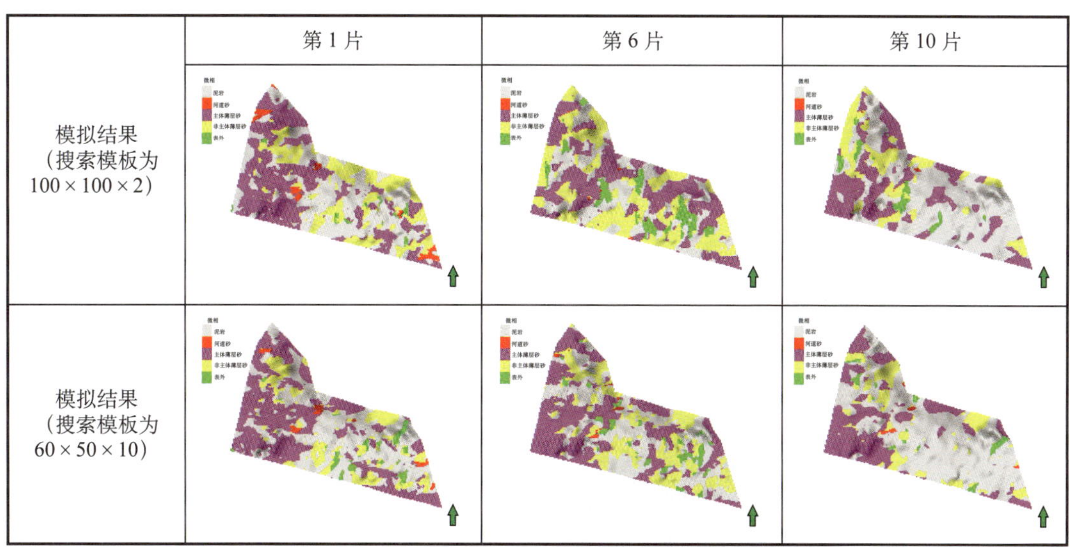

图 2−52 葡Ⅰ 4_2−1 模拟结果对比

2）多点建模结果分析

以葡Ⅰ 2_2 储层为例，根据上述对储层以葡Ⅰ 2_2 的地质认识，做出葡Ⅰ 2_2 的训练图像。其中，河道宽度为 400m，灰色表示泥岩，红色表示河道，然后利用多点统计方法建立葡Ⅰ 2_2 的沉积微相模型。

图 2−53（a）与（b）分别为葡Ⅰ 2_2 顶部训练图像和底部训练图像，从图中可以看出，葡Ⅰ 2_2 的训练图像很准确地反映了葡Ⅰ 2_2 的地质情况。图 2−53（c）与（d）分别为葡Ⅰ 2_2 模拟结果的顶和底，图 2−53（e）与（f）分别为葡Ⅰ 2_2 原始测井数据的比例曲线和模拟后的比例曲线。从图 2−53（c）和（d）可以看出，模拟后河道的大致走向与训练图像中的物源方向基本一致，并且从图 2−53（e）与（f）可以看出模拟后的河道的百分比与原始测井数据中河道的百分比相差不大。

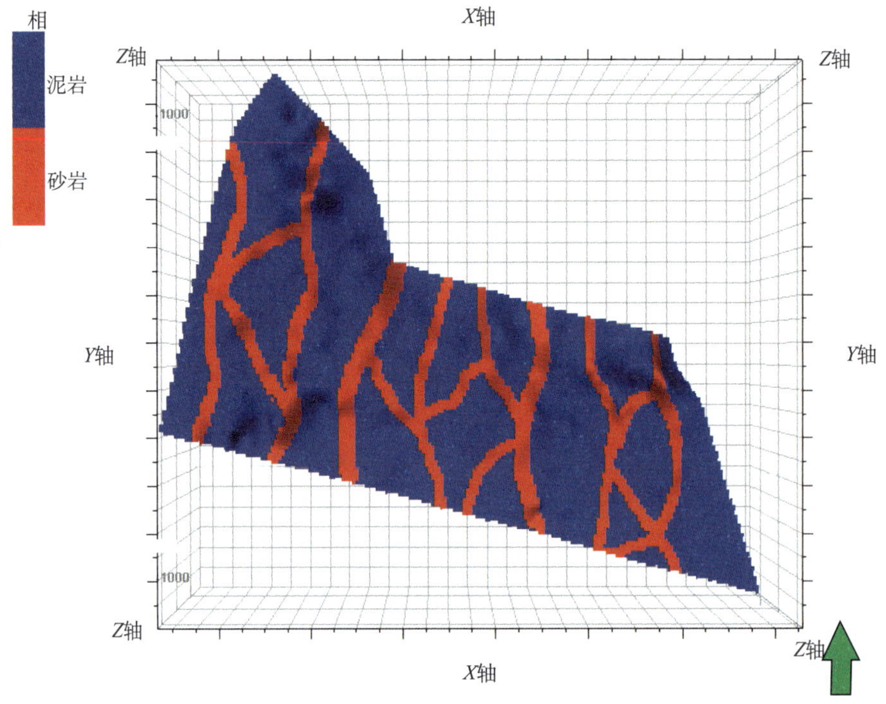

(a) 葡Ⅰ2_2训练图像（顶）

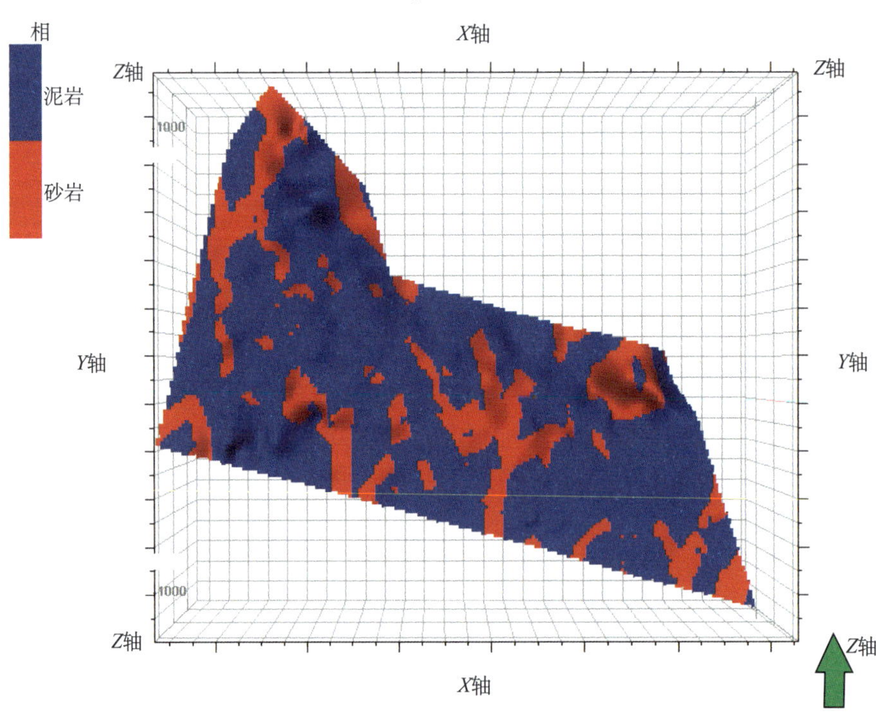

(b) 葡Ⅰ2_2训练图像（底）

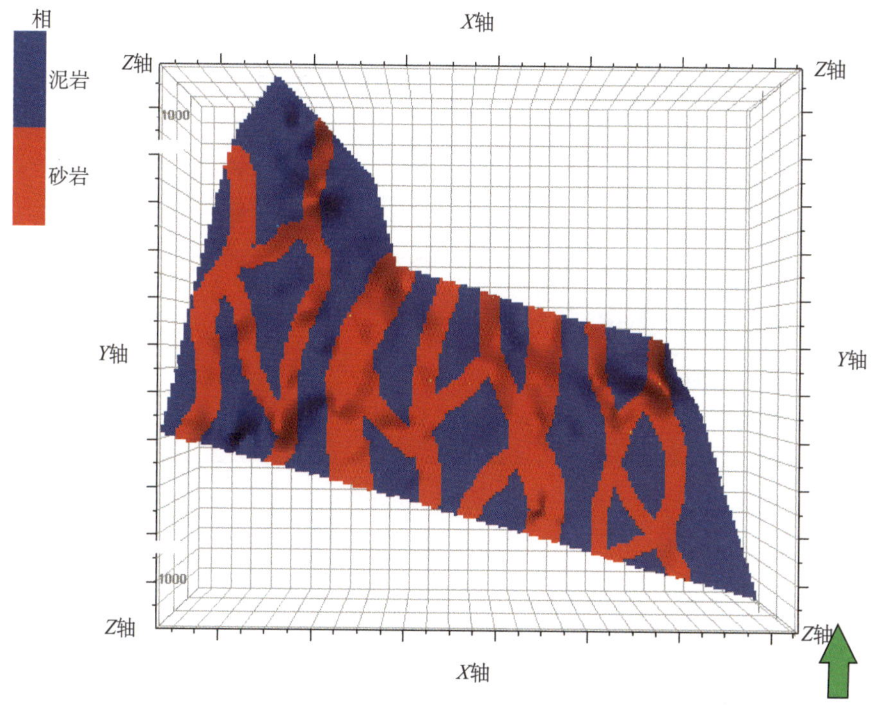

(c) 葡Ⅰ 2_2 模拟结果（顶）

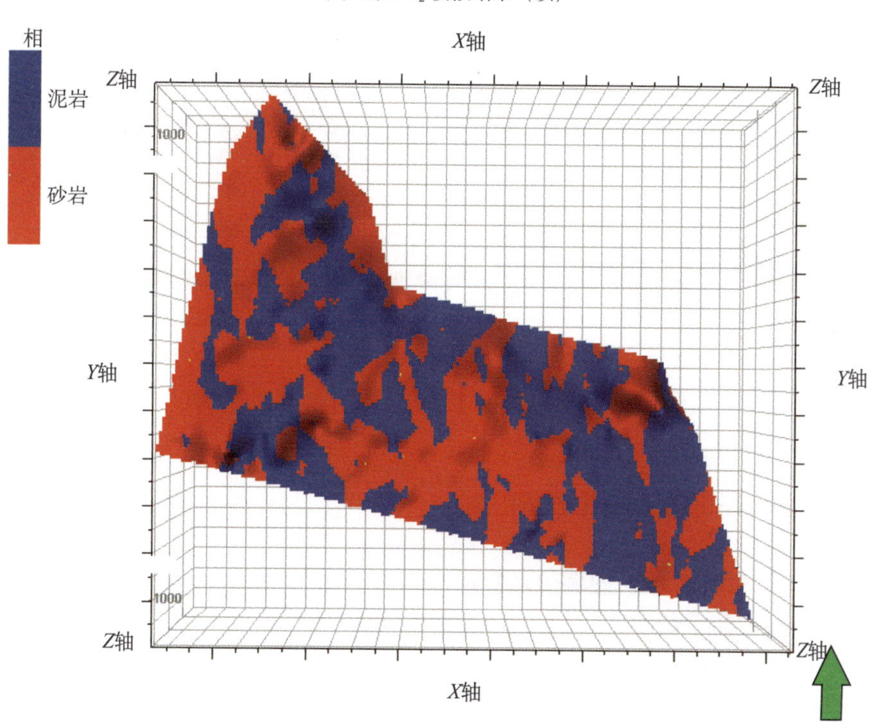

(d) 葡Ⅰ 2_2 模拟结果（底）

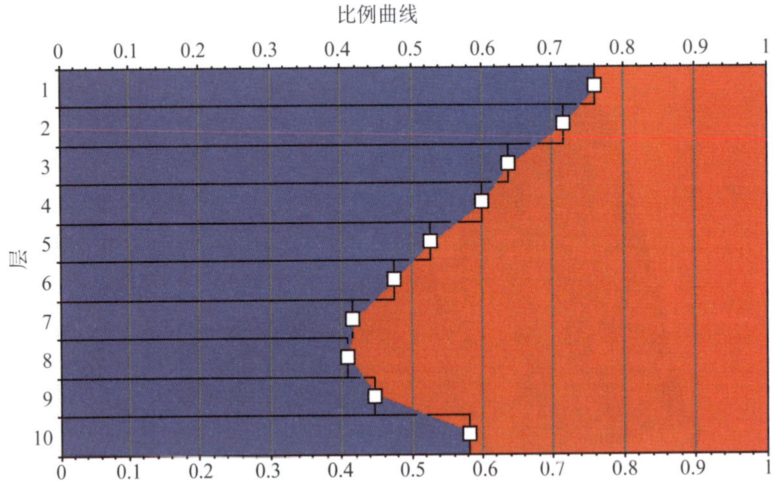

(e) 葡Ⅰ 2_2 原始数据比例曲线

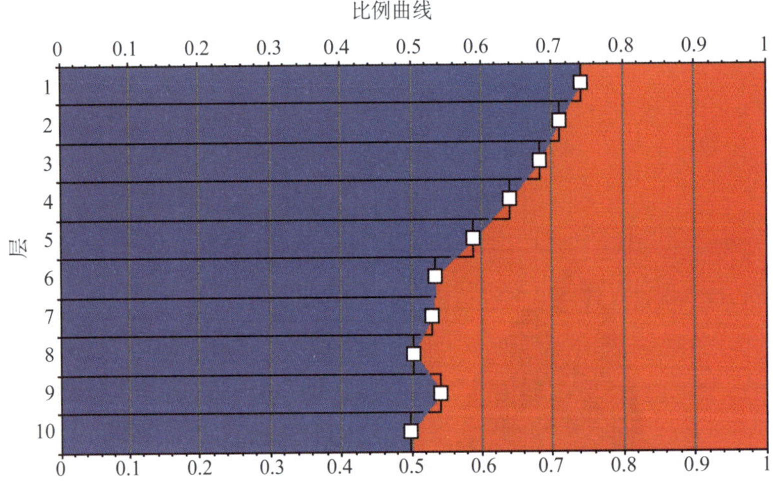

(f) 葡Ⅰ 2_2 模拟结果比例曲线

图 2–53 葡Ⅰ 2_2 多点统计模拟

2.4.3 辫状河储层的实例

奥里诺科重油带位于东委内瑞拉盆地南缘，奥里诺科河以北，是目前世界上唯一基本未开发的大规模重油富集带，面积为 54000km²（长 460 ~ 560km，宽 40 ~ 100km）。它所在的行政区域属于 MONGAS 州境内。该区属于奥里诺科河三角洲平原，地形平坦，是一片一望无际的草原与人工松树林。

M 区块位于奥里诺科重油带的东端。研究区南北长约 16km，东西宽约 10km，其中有直井探井 24 口。

2.4.3.1　井位分布与测井数据分析

Morichal 段是油藏建模的主要研究层段，这里，主要研究的层位为 Morichal 段的顶层，即 O–11a 小层。O–11a 小层泛滥平原微相较多，河道微相与心滩微相分布较少，而下面层位则河道微相开始大量发育，平均高达 80%，泛滥平原发育较少。

通过论证，能够参与沉积相建模的直井探井为 20 口，均包括完整的岩相数据。这 20 口直井探井在研究区分布密度平均，建模结果对研究区具有参考意义。图 2–54 和图 2–55 为 20 口直井探井在研究区的二维与三维井位分布图：

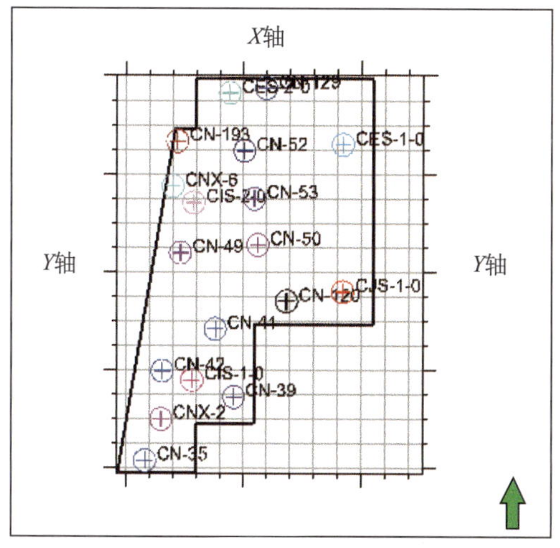

图 2–54　二维井位分布图

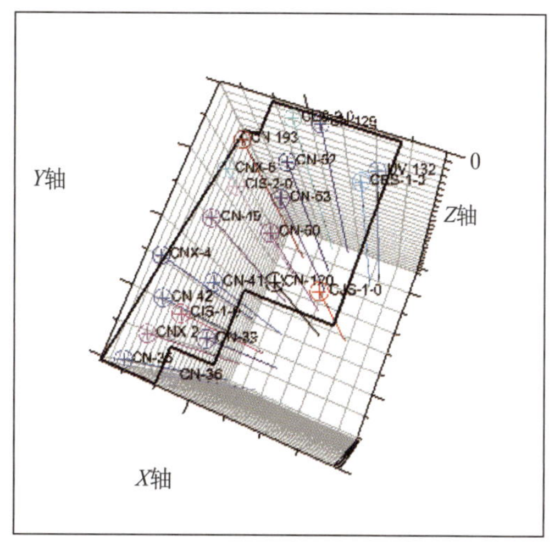

图 2–55　三维井位分布图

在建模过程中，为了更好地分析目标层，可以对目标层进行细分，O–11a 小层在建模过程中被细分为 10 小片。数据分析的作用，就是为了在纵向上确定每一个小片微相的分布以及含量（如图 2–56 所示）。

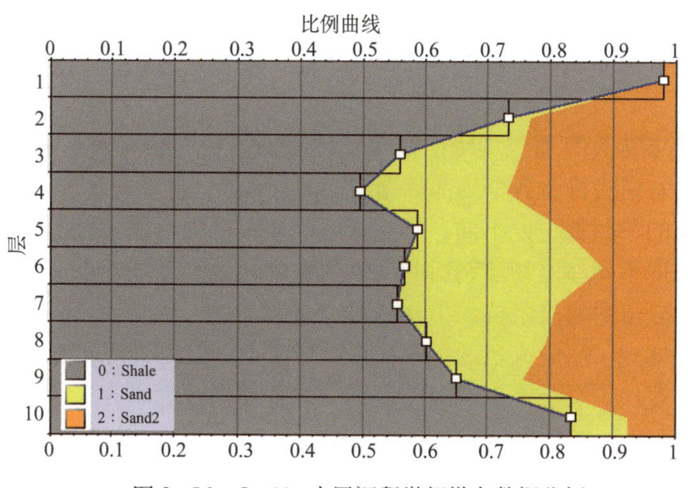

图 2–56　O–11a 小层沉积微相纵向数据分析

在图 2–56 中，Shale（代码 0）代表泛滥平原微相，Sand（代码 1）代表河道微相，

Sand2（代码 2）代表心滩微相。通过对 O–11a 小层的纵向数据分析可知，由于该层是 Morichal 段的顶层，因此泛滥平原微相较多，但河道微相与心滩微相都开始发育。通过观察纵向曲线可知：O–11a 小层第 1 片不含有河道微相，泛滥平原微相呈现顶底多，中间少的变化趋势，而河道微相与心滩微相在中间的变化相对平稳。

需要说明的是，随着 Morichal 段水平井（50 口左右）的不断打入，统计出的河道与心滩比例介于 3 ∶ 1 至 5 ∶ 1 之间。本文由于只采用 20 口直井探井作方法研究，因此数据分析得到的比例可能与实际情况有所不同。

目标层的纵向数据分析，可以很好地指导训练图像的绘制。纵向上将 O–11a 小层细分为 k 小层（k=1 到 10），那么相对应的训练图像就有 k 小片。每 1 片的训练图像上沉积微相的含量必须与相对应的小层一致。

2.4.3.2 训练图像的制作过程

训练图像是地质概念模型的数值表示，是结合了各种类型数据（井位、测井、地震等）的变体。在油藏建模中，训练图像作为三维概念模型或模式，可以描述空间属性变化的基本规律。训练图像的作用相当于变差函数，但后者只能反映两点间的结构性。

由于储层具有不同尺度的非均质性，可以产生不同分辨率的训练图像。针对研究变量的类型（离散或连续）也可以对训练图像进行分类，例如沉积相是离散型的，而物性参数，如孔隙度、渗透率或其他的岩石物性是连续型的。在实际应用中，训练图像必须是三维的，这样才可以全面反映出沉积在横向上的迁移和垂向上的加积模式。

训练图像一般有以下要求：

（1）定义在一个三维空间中。

（2）稳定性，即贯穿整个研究区域，训练图像的统计参数是不变的。

（3）重复性，即可以用相同的构建元素反复重建。

（4）非周期性，即训练图像的一个部分都不是其他部分的相同的复制；在覆盖所有可能的变体的不同的综合中，这些元素必须是变化的。

（5）相对的简单，即训练图像的构建形式不能太复杂，这些构建形式在各个实现中不会重复出现。

多点统计建模方法具有通过训练图像把各种数据的变化合并到有条件模拟里的能力，而且使得训练图像的模式符合各个局部数据的空间分布。

绘制训练图像的参照物可以不同，可以依据砂体厚度图，波阻抗值大小分布图，泥质含量分布图等。依据不同参照物绘制出的训练图像之间会有差别，本文绘制训练图像的依据分别是泥质含量分布图与波阻抗大小分布图。

绘制训练图像体现了研究人员的主观认识，但是由于绘制训练图像可以依据不同的参照物，因此这种主观认识又会产生一定的差别。这种差别，为研究二者之间模拟结果的不确定性提供了可能。

1）训练图像 A

根据 20 口直井的泥质含量数据，可得到 M 区块 O–11a 小层的泥质含量分布，这可以为绘制训练图像提供依据。由于 O–11a 小层被细分为 10 小片，因此可以得到每 1 小片的泥质含量分布图。鉴于篇幅限制，选取第 3，5，7 小片的泥质含量分布图，如图 2–57 所示。

观察泥质含量的分布可知，研究区在南北方向泥质含量较低（如图中蓝色区域），并且具有良好的连续性，这可以为河道的走向提供参考。

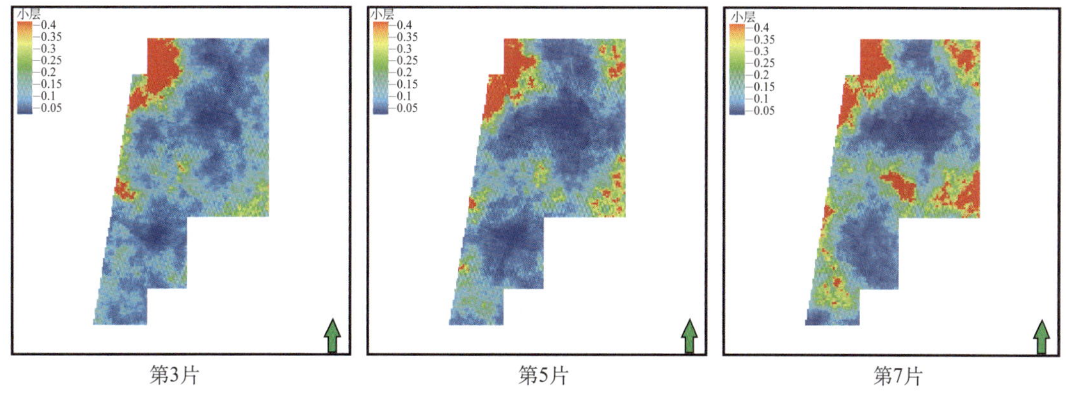

图 2–57　O–11a 小层泥质含量分布示意图

绘制训练图像需要考虑河道的连续性以及各种微相的分布关系。根据 O–11a 小层的泥质含量分布，可以对三种沉积微相进行初步划分，即泥质含量大于 0.25 的为泛滥平原微相，泥质含量小于 0.25 的为心滩微相与河道微相，并且心滩发育在河道当中。绘制训练图像的过程中，每 1 片训练图像纵向上要严格依据 O–11a 小层沉积微相纵向数据分析（图 2–56），横向上则要依据 O–11a 小层泥质含量分布图（图 2–57）。

由于将 O–11a 小层分为了 10 小片，因此训练图像应该有 10 小片，如图 2–58 所示。

观察这 10 小片训练图像可知，训练图像在纵向上具有较好的连续性，相似度较高。第 1，2，10 小片变化较大，这是因为三种微相在 O–11a 小层的顶底的含量分布变化很大，这也可以由 O–11a 小层沉积微相纵向数据分析（图 2–56）看出。

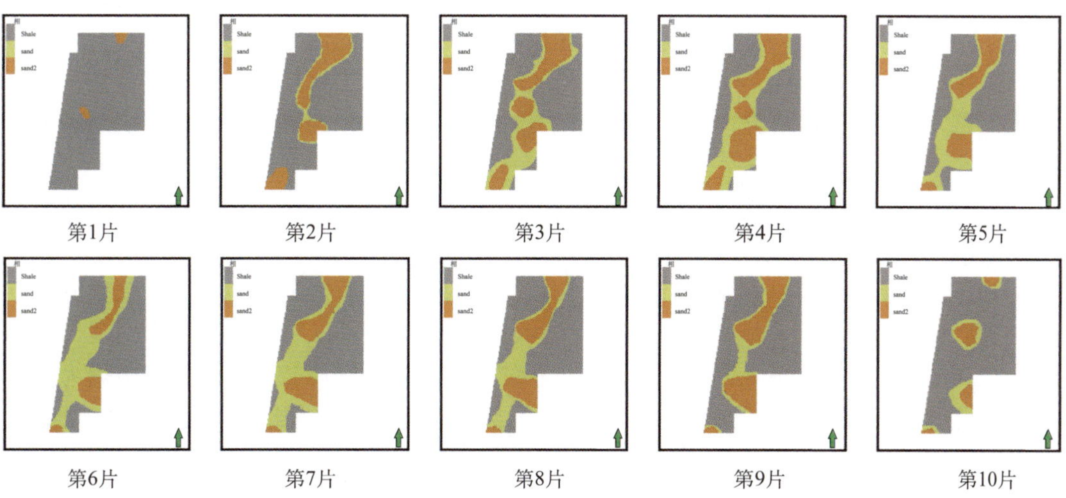

图 2–58　训练图像 A

此外，训练图像作为一个具有先验性的概念（吴胜和，2003），针对每 1 小片来说，纵向上含量是确定的，横向上则可能与实际情况相差较大。因此，结合地质知识分析训练图像时，需将 10 小片作为一个整体进行分析。图 2–58 绘制的训练图像可以清晰看到河道的走向分布，心滩发育在河道中也符合对辫状河沉积环境的认识，因此是一组合理的训练图像。

2）训练图像 B

通过地震资料反演的波阻抗数据，也可以用来指导绘制训练图像。图 2–59 为 O–11a 小层的波阻抗分布图，同样选取第 3，5，7 小片。由于地震资料的分辨率限制，以及 O–11a 小层较薄的原因，3 小片波阻抗分布的差别非常细微，比如在研究区边界的右下角有微小变化。

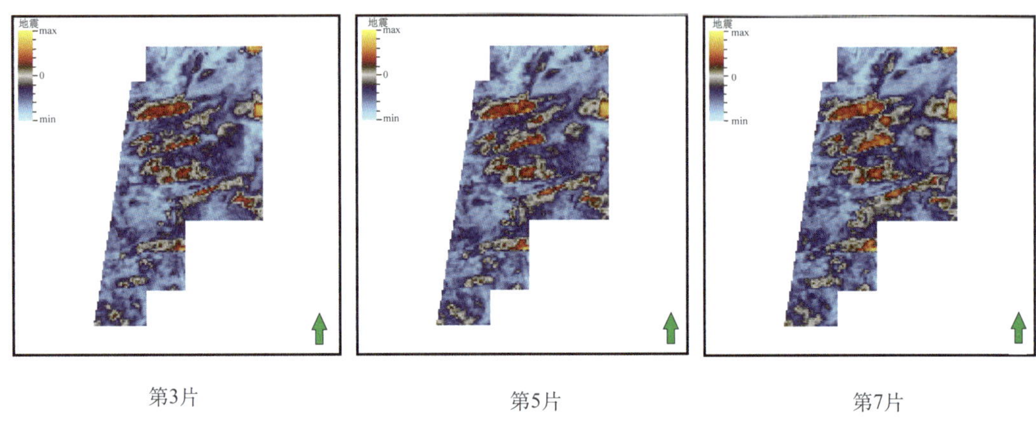

图 2–59　O–11a 小层波阻抗分布图

波阻抗数据与岩性的关系具有很强的区域特性，与地层的厚度也有密切关系（李少华等，2011）。一般来说，泥岩的波阻抗数值较小，砂岩的波阻抗数值较大。根据波阻抗值数据与岩性的对应关系，可以为绘制训练图像提供一种可能的依据。

观察图 2–59 的波阻抗数据可知，研究区的外围波阻抗主要显示的是低值，在中央则出现高值。波阻抗的高值分布集中且具有较强的连续性，低值与高值之间出现明确的中间过渡区域（图中的灰褐色部分）。

为了直观地观察波阻抗值与沉积微相的关系，选取合适剖面观察波阻抗数据与井上沉积微相数据的对应关系，如图 2–60 所示。

观察图 2–60 可知：三种微相在波阻抗数据上的分布具有明显的差异性，依据波阻抗分布图绘制训练图像时，利用的就是波阻抗数据在 M 区块可以较好地指示三种沉积微相的特性。波阻抗数据为浅蓝色的低值时，指示的可能是泛滥平原微相；波阻抗数据为灰褐色时，指示的可能是河道微相；波阻抗数据为红色与黄色的高值时，指示的可能是心滩微相。

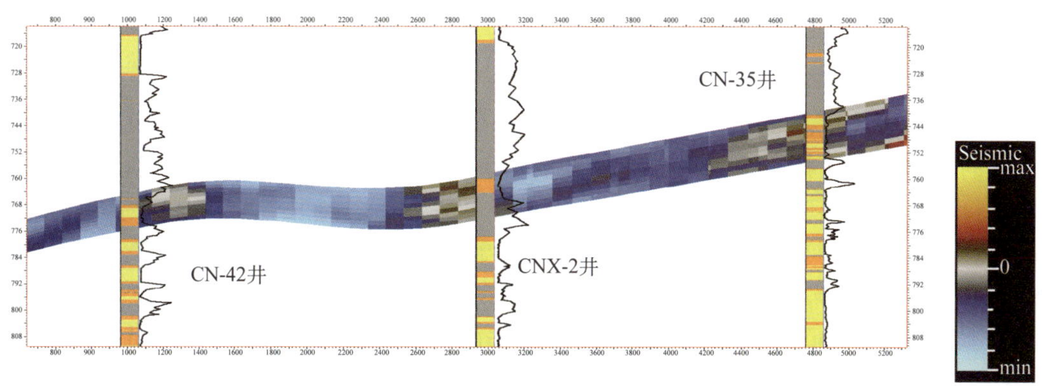

图 2–60　波阻抗数据剖面示意图

根据对波阻抗数据的认识可知，由于心滩微相（高值区）主要分布在东西向且较为连续，因此可以认为连续河道的分布是沿着东西方向分布的。据此绘制的训练图像如图 2–61 所示。

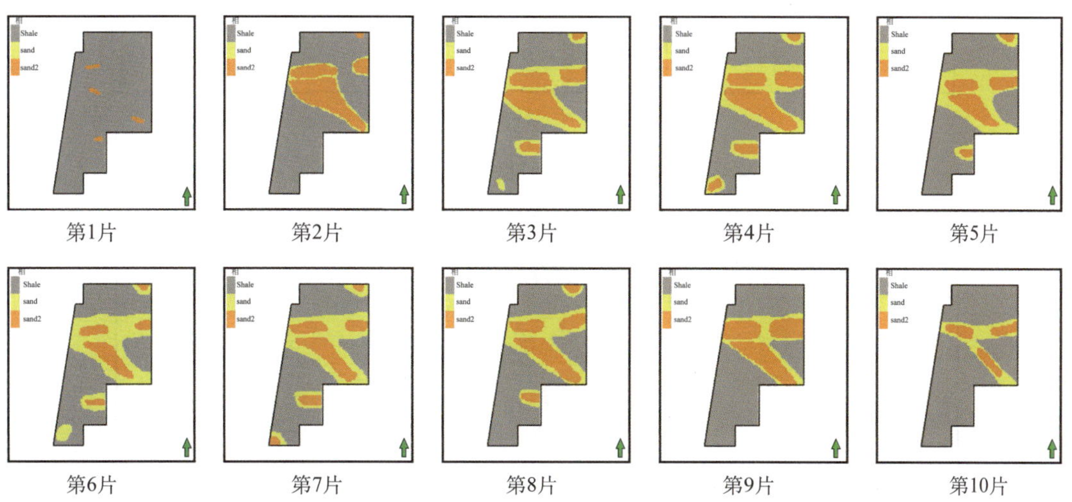

图 2–61　训练图像 B

对比两组训练图像，纵向上两者都是参照 O–11a 小层沉积微相数据分析（图 2–56），因此可以保证两组训练图像第 k 片（k=1，2，…，10）的沉积微相含量都是相同的。

但是由于两组训练图像的参照物不同，因此两组训练图像第 k 片（k=1，2，…，10）横向上沉积微相的分布具有较大的差异。训练图像 A（图 2–58）的河道分布主要是南北向，而训练图像 B（图 2–59）的河道分布则是东西向。

单组训练图像的建模结果，可以用来分析仅用测井数据建模时模拟结果的不确定性，以及这种不确定性是否普遍。两组训练图像的建模结果，则可以用来分析由于人们对研究区的主观认识所带来的不确定性。

2.4.3.3 训练图像 A 建模

1）不同随机种子对于建模结果的影响

随机种子在油藏随机建模中是一个非常关键的参数，可以通过改变随机种子获得等概率的多个随机模拟实现（冯璐佳，2006）。这里，选取的随机种子数分别为 15000，20000，25000。每个随机种子都会产生一组模拟结果，每组模拟结果又细分为 10 小片。鉴于篇幅原因，选择每组结果的第 3，5，7 片进行分析比较。

通过比较图 2–62，图 2–63 和图 2–64 所示的不同随机种子条件下各小片的模拟结果可知：随着模拟种子的改变，模拟结果出现了差异，而这种差异则是随机建模不确定性的表现。

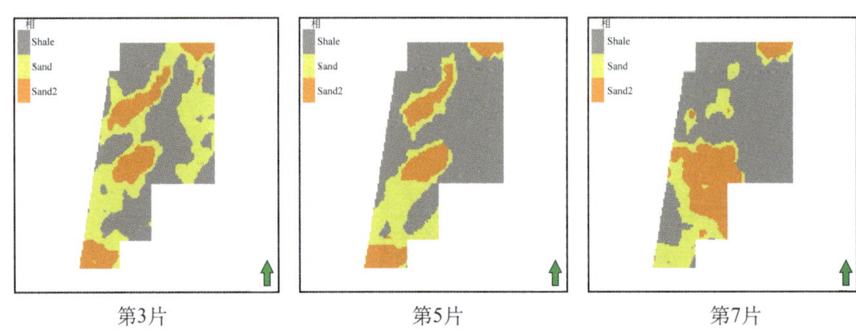

图 2–62　训练图像 A 随机种子 15000 模拟结果

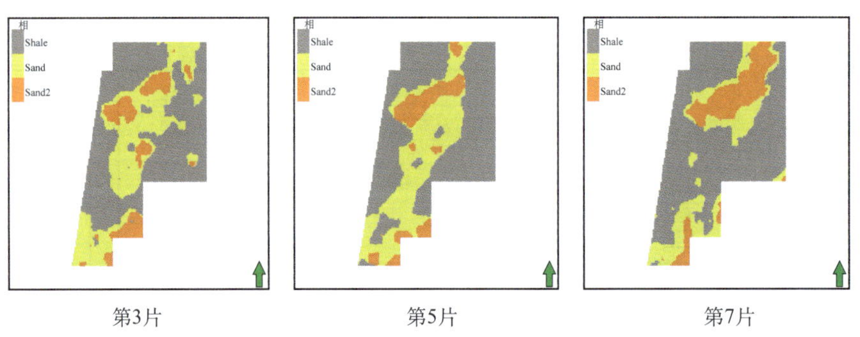

图 2–63　训练图像 A 随机种子 20000 模拟结果

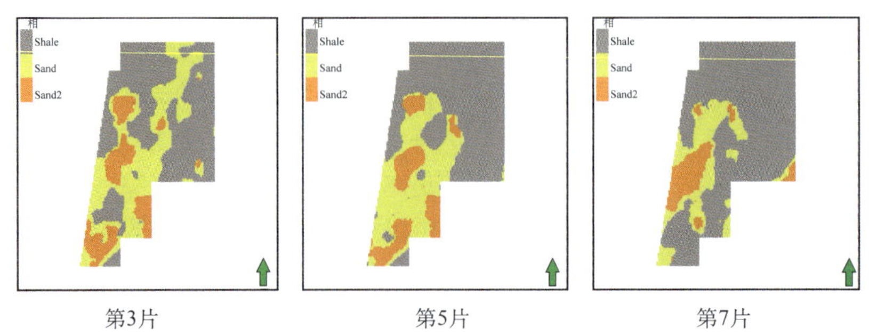

图 2–64　训练图像 A 随机种子 25000 模拟结果

观察上述3图的第5小片可知，当随机种子为20000时河道在南北方向是具有连续性的，但是随机种子为15000时与25000时第5小片的河道已经不具有连续性。这说明随着随机种子的改变，同一小片的河道在连续性上会发生改变，从而产生较大的不确定性。

此外，随机种子为15000与25000时，第7小片的心滩主要发育在研究区的西南方向，而随机种子为20000时第7小片的心滩则发育在研究区的东北方向。这说明随着随机种子的改变，同一小片的心滩在分布位置上也会产生较大的差别。在不同随机种子条件下，模拟结果的沉积微相分布也是具有不确定性的。

2）建模结果剖面对比

选取合适的井剖面，将模拟结果放在井剖面上与单井进行对比，比较井周的沉积微相与井上的沉积微相是否相似，这也是评价模拟结果的一个重要途径。

这里选取的井剖面单井分布从左至右依次为CN–42井—CIS–1–0井—CN–39井，可做出如图2–65所示的模拟结果与该条剖面上单井的沉积微相对比图，其中参考的测井曲线为自然伽马曲线。

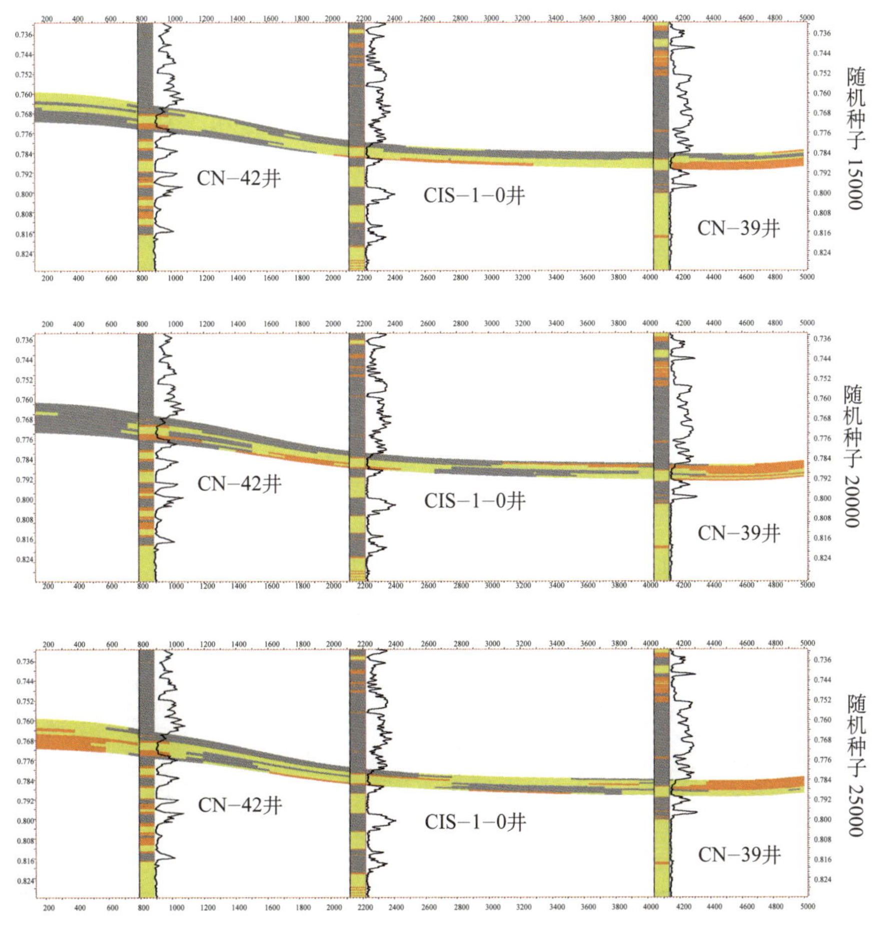

图2–65　训练图像A及不同随机种子模拟结果剖面对比图

根据图 2–65 可知，随机种子发生了改变，模拟结果中的沉积微相在剖面上的分布也会发生改变。但是对比井上数据与井周数据可知，二者之间是相一致的，这说明随机种子的不同确实可以反映模拟结果的不确定性，但是这些模拟结果又并不与客观相矛盾。

值得注意的是，当随机种子为 20000 时 CN–42 井的左侧主要是泛滥平原，随机种子为 15000 时 CN–42 井的左侧主要为河道，含少量泛滥平原，而当随机种子为 25000 时，CN–42 井左侧基本没有泛滥平原。通过分析可知，CN–42 井左侧建模结果不确定性较大是因为该井位于研究区边缘，左侧没有其他直井来控制建模结果。

2.4.3.4 训练图像 B 的建模

1）不同随机种子对建模结果的影响

依据波阻抗数据绘制的训练图像为模板，用多点地质统计算法进行模拟时，随机种子也选取 15000，20000，25000。同样地，每个随机种子都会产生一组模拟结果，而每个模拟结果又分为 10 小片。鉴于篇幅原因，选取每组结果的第 3，5，7 片进行比较。

观察图 2–66、图 2–67 与图 2–68 可知，在随机种子不同的条件下，产生的模拟结果不同。三组模拟结果表明，河道微相与心滩微相在研究区下部的位置分布较为稳定，而上部则出现较大不确定性。当随机种子为 20000 时，第 3 小片研究区的上部基本没有出现心滩微相，而随机种子为 15000 与 25000 时，模拟结果显示在研究区上部会出现大量的心滩微相。

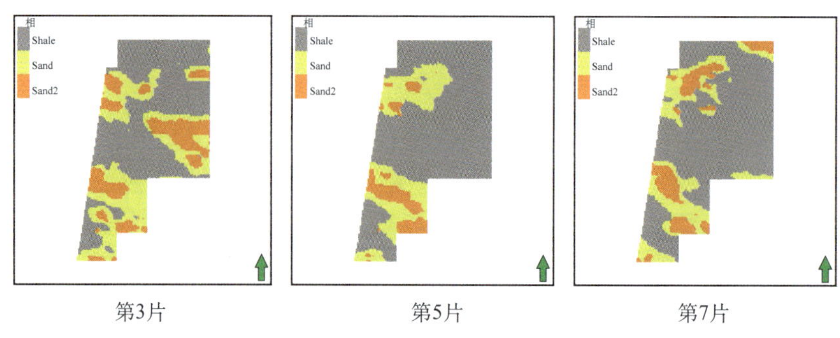

图 2–66 训练图像 B 随机种子 15000 模拟结果

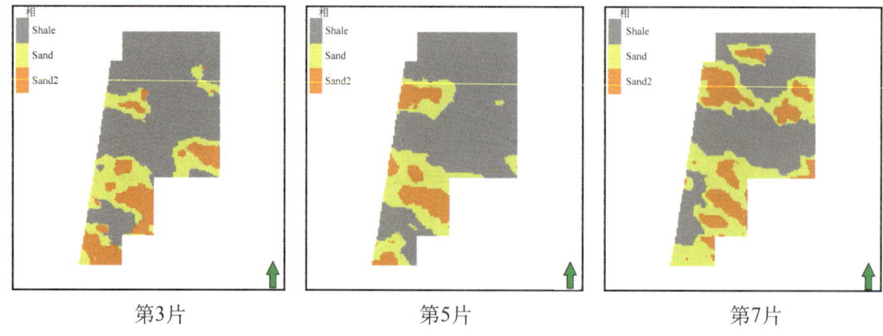

图 2–67 训练图像 B 随机种子 20000 模拟结果

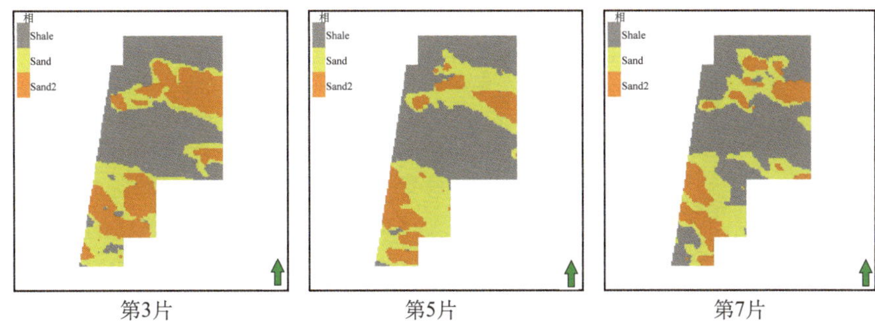

第3片　　第5片　　第7片

图 2–68　训练图像 2 随机种子 25000 模拟结果

此外，当随机种子为 15000 时，第 7 小片研究区的上部河道是不连续的，而随机种子分别为 20000 与 25000 时，模拟结果第 7 小片研究区的上部河道开始表现出了一定的连续性。

以上证明，当训练模板使用参考波阻抗数据绘制的训练图像进行多点地质统计模拟时，不同随机种子条件下模拟结果的沉积微相分布以及河道连续性还是会出现较大的不确定性。

2）两个训练图像对应的建模结果对比

训练图像不同，模拟结果在剖面上的显示可能不同。在不同随机种子条件下，将模拟结果与剖面上单井的沉积微相做对比，可分析模拟结果的不确定性。

这里，图 2–69 选取的井剖面与 2.4.3.3 小节图 2–65 选取的剖面相同，单井分布从左至右依次为 CN–42 井—CIS–1–0 井—CN–39 井，可做出如图 2–69 所示的模拟结果与该条剖面上单井的沉积微相对比图，其中参考的测井曲线为自然伽马曲线。随机种子的选取也依次为 15000，20000，25000。

通过图 2–69 可知，不同随机种子条件下，井周的模拟结果与井上的微相数据是基本相似的，但是井间的模拟结果有较大不确定性。

当随机种子为 15000 与 20000 时，模拟结果的顶部在 CN–42 井与 CIS–1–0 井之间是存在泛滥平原微相的，并且这跟 CN–42 井与 CIS–1–0 井在 O–11a 小层顶部的微相数据是一致的。但是当随机种子为 25000 时，模拟结果的顶部在 CN–42 井与 CIS–1–0 井之间出现了大量心滩微相，这不仅与随机种子为 15000 与 20000 的模拟结果有较大差别，并且也很可能不符合真实地质环境，这是因为 CN–42 井并不含有大量的心滩微相。

此外，CN–42 井的左侧 3 种沉积微相的纵向分布很不稳定，含量差别也较大，这是因为 CN–42 井处于研究区的边缘，左侧没有其他井来约束建模结果。

2.4.3.5　两组模拟结果对比

训练图像 A 与训练图像 B 分别依据泥质含量与波阻抗数据绘制，由于依据的参照物不一样，训练图像也会产生较大差别。O–11a 小层细分为 10 小片，分别选取第 3，5，7 小片的模拟结果（随机种子均为 15000）进行分析，如图 2–70 和图 2–71 所示：

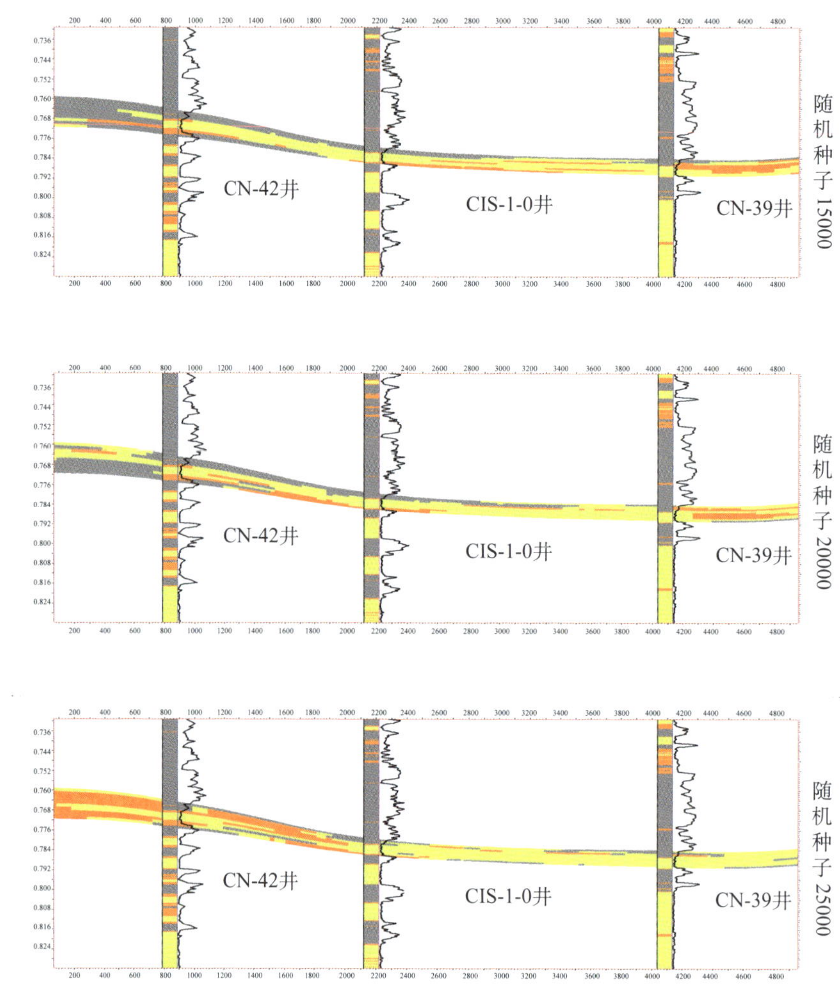

图 2-69　训练图像 B 不同随机种子模拟结果剖面对比图

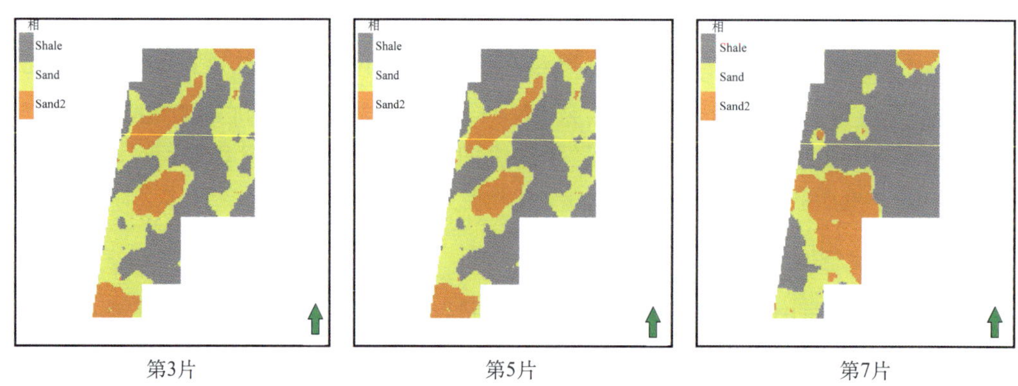

图 2-70　训练图像 A 随机种子 15000 模拟结果

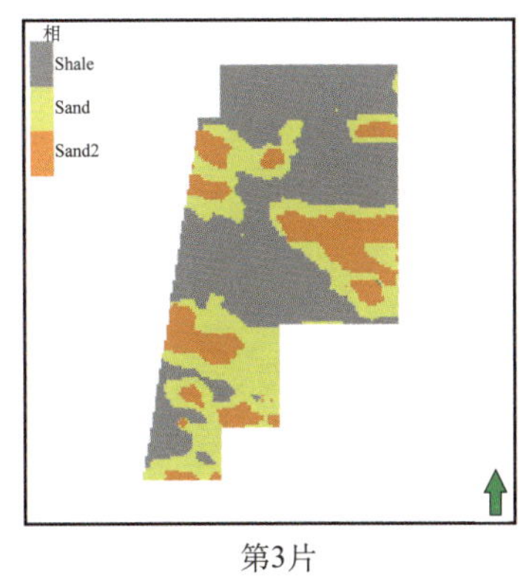

第3片

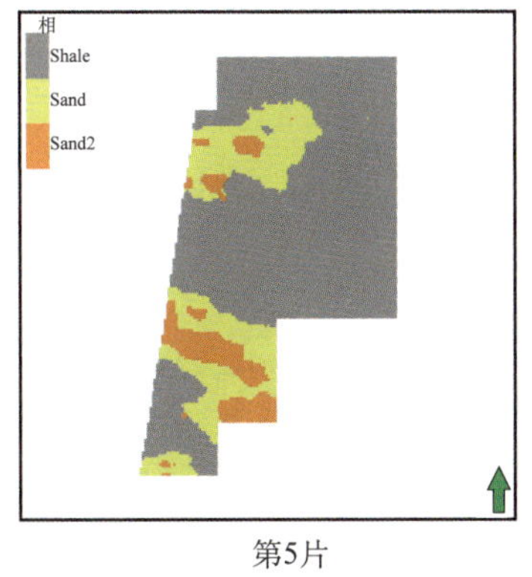

第5片

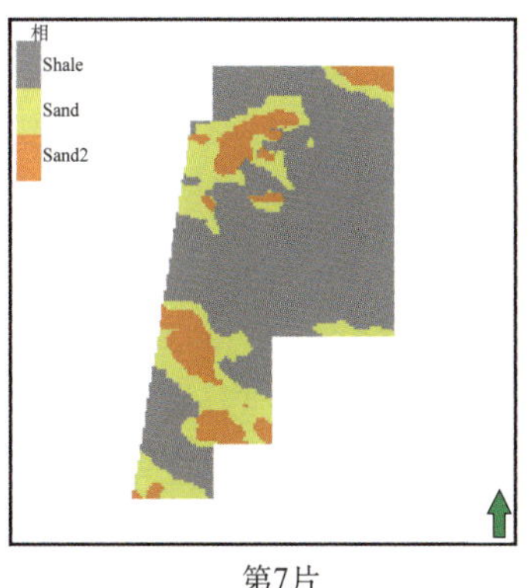

第7片

图 2–71　训练图像 B 随机种子 15000 模拟结果

根据图 2–70 和图 2–71 可知，当使用训练图像 A 建模，模拟结果的河道分布主要为南北方向；而使用训练图像 2 建模，模拟结果的河道分布出现了东西方向。这说明模拟结果与训练图像的河道分布是一致的。当训练图像不相同时，采用多点地质统计建模方法所得到的模拟结果差别很大。

由于绘制训练图像依赖人的主观认识，因此每个人对该地区的认识与依据不同，绘制的训练图像差别会很大。这是多点地质统计建模产生不确定性的重要原因。

图 2–72 中蓝色表示模拟结果中的沉积微相含量，红色表示原始沉积微相含量；代码 0 表示泛滥平原微相，代码 1 代表河道微相，代码 2 代表心滩微相。通过分析可知，两组模拟结果的各个沉积微相含量与原始沉积微相含量有一定误差，但是误差的绝对值不超过 5.5%，这在油藏建模中是合理的。

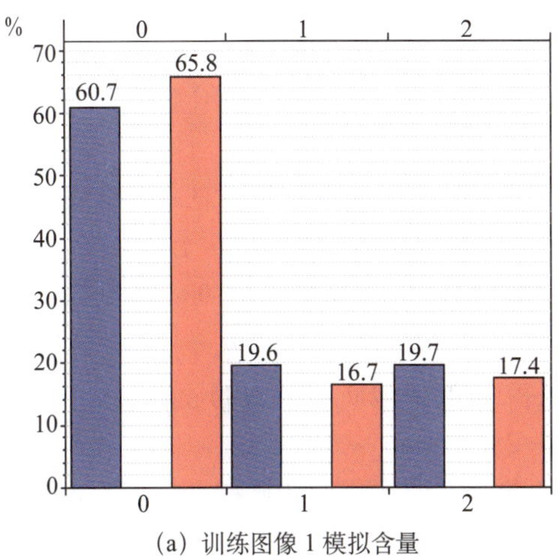

(a) 训练图像 1 模拟含量

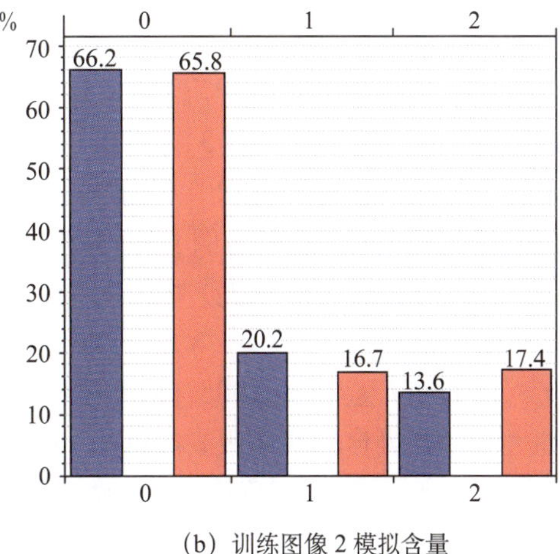

(b) 训练图像 2 模拟含量

图 2–72　两组训练图像模拟含量比较

2.5 小结

本章主要研究了油藏建模中采用多点地质统计算法，并以两组训练图像为模板得到的模拟结果，并通过不同随机种子数与剖面对比分析了模拟结果的不确定性。

通过分析单组训练图像的模拟结果与不确定性，再将两组训练图像的模拟结果放在一起对比，可得到以下结论：

（1）训练图像 A 与训练图像 B 的模拟结果都具有较强不确定性，随机种子不同，模拟结果可能出现较大差别。这说明仅用测井数据建模，会产生较大的不确定性。

（2）训练图像不同，模拟结果中沉积微相的百分比含量是可靠的，但其空间分布会出现很大的不确定性。这说明训练图像作为一个先验性的概念，由于地质学家对研究区主观认识不同，导致绘制的训练图像不同，会给模拟结果带来很大不确定性。

（3）模拟结果忠于井的原始数据，但是井间的微相控制不理想，导致沉积微相横向分布不确定性较大。为了降低这种不确定性，需要用合适的条件约束来对模拟结果中的沉积微相横向分布进行控制。

参考文献

冯璐佳 .2006. 储层物性参数测井解释模型的建立 [D]. 浙江大学，2006：9 ~ 60.

何登发，李德生，何金有，吴晓智 .2013. 塔里木盆地库车坳陷和西南坳陷油气地质特征类比及勘探启示 . 石油学报，第 34 卷第 2 期：P.201–218.

李少华，卢文涛 .2011. 基于沉积过程的储集层随机建模方法——以河流相储集层为例 [J]. 古地理学报，2011，13（3）：325–333.

孙天建，穆龙新，赵国良 .2014. 砂质辫状河储集层隔夹层类型及其表征方法——以苏丹穆格莱特盆地 Hegli 油田为例 [J]，石油勘探与开发，第 41 卷第 1 期：112–120.

张吉光，杨明杰 .1994. 地质类比的层次与条件 . 电子科技大学学报，1994 年 05 期：P 32–35.

张伟，林承焰，董春梅 .2008. 多点地质统计学在秘鲁 D 油田地质建模中的应用 [J]. 中国石油大学学报（自然科学版），2008，32（4）：24–28.

吴胜和，刘英，范峥等 .2003. 应用地质和地震信息进行三维沉积微相随机建模 [J]. 古地理学报，2003，5（4）：439–448.

Allen，P.M.1968.The geology of part of an orogenic belt in western Sierra Leone.West Africa，Geologische Rundschau，Volume 58，Issue 2：588–620.

Bridge，J.S and Mackey，S.D.1993，A theoretical study of fluvial sandstone body dimensions.

The Geological Modelling of Hydrocarbon Reservoirs and Outcrop Analogues（Eds S.Flint and I.D.Bryant），Special Publication 15，International Association of Sedimentologists. Oxford：Blackwell Scientific.

Caers，J.2005.Petroleum geostatistics. society of Petroleum Engineering.

Guardiano F. and Srivastava R. M.1993. Mlultivariate geostatistics；beyond bivariate moments. Geostatistics Troia 1992，volume 1：133–144.

Kelly S.2006.Scaling and hierarchy in braided rivers and their deposits：Examples and implications for reservoir modeling[M].Sambrook Smith G H，Best J L，Bristow C S，et al.Braided rivers：Process，deposits，ecology and management.Oxford，UK：Blackwell Publishing，2006：75–106.

Leeder，M.R.1973.Fluviatile fining–upwrds cycle and the magnitude of paleochannels.Geol. Mag.，Vol.110：265–276.

Maharaja A. and Journel A.2005. Hierarchical simulation of multiple–facies reservoirs using multiple–point geostatistics. SPE 95574.

Miall A. D.1985. Architectural element analysis：a new method of facies analysis applied to fluvial deposits. Earth Science Review，1985，22（2）：261–308.

Remy N. and others.2009. Applied geostatistics with SgeMS. New York：Cambridge University Press.

Schumm，S.A.1969.River metamorphosis.Journal of the Hydraulics Division，Vol.95，Issue 1：255–274.

Strebelle S. B. and Journel A. G.2001. Reservoir modeling using multiple–point statistics. SPE 71324.

Schumm S. A.1968. Specilations concerning paleohydrologic controls of terrestrial sedimentation. Geol. Social. Am.，Bull.，1968 v79：1573–1588.

Kelly S.2006. Scalling and hierarchy in braided rivers and their deposits：Examples and implications for reservoir modeling[M].Oxford，UK：Black well Publishing.

Smith G. S. H，Best J. L，Bristow and others.2006. Braided rivers：Process，deposits，ecology and management. Oxford，UK：Blackwell Publishing.

Zhang T. and others.2011. An Integrated multi–point statistics modeling workflow driven by quantification of comprehensive analogue database. 73rd Eage Conference & Exhibition Incorporating SPE EUROPEC，Vienna，Austria：23–26.

Zhang T.，Switzer P. and Journel A.2006.Filter–based classification of training image patterns for spatial simulation [J]. Mathematical Geology，38（1）：63–80.

3 地震约束建模与井间砂体预测

3.1 井间砂体建模的不确定性

大庆油田是目前我国发现的最大油田，也是目前最大的陆相沉积盆地油田。它的发现引起了国内外石油地质专家的大力关注。它的勘探与开发对于我国石油工业的发展和世界石油地质理论的进步起了重要作用。大庆石油管理局的勘探范围包括黑龙江省全部和内蒙古自治区呼伦贝尔市共 $73 \times 10^4 km^2$ 的广大地区，占据中国陆地总面积的 1/13。

大庆油田位于松辽盆地北部中央坳陷区内，该盆地北部的油气勘探由大庆石油管理局负责。

松辽盆地是我国东北部最大的沉积盆地，其地理位置为东经 119°40′ ~ 128°24′，北纬 42°25′ ~ 49°23′。盆地呈北北东向展布，宽 330 ~ 370km，长 750 km，面积达 $26 \times 10^4 km^2$。在行政区划上，松辽盆地大部分在黑龙江省和吉林省境内，西部、西南部和南部的部分地区属内蒙古自治区和辽宁省。目前，盆地被吉林省和黑龙江省的分界线划分为南部和北部。其具体的区域界限是：从泰来与镇赉之间的省界向东直达嫩江，并沿嫩江向东南方向顺流而下，与第二松花江的相交汇，再折向东部沿松花江到拉林河口，溯拉林河向南东方向上行直到盆地东部的边界。盆地北部面积约为 $11.95 \times 10^4 km^2$，南部面积约为 $13.6 \times 10^4 km^2$。在地质史上，松辽盆地是一个大型内陆湖盆，属中生代侏罗纪和白垩纪，其内部沉积了丰富的生油物质，盆地中心的沉积岩储层厚度为 7000 ~ 9000 m。据《大庆市志》记载，在该区域经科学预测至少含有（100 ~ 150）$\times 10^8 t$ 的石油储量，其中可供开采的石油储量达（80 ~ 100）$\times 10^8 t$，天然气总储量为（8580 ~ 42900）$\times 10^8 m^3$（大庆油田石油地质志编写组，1993）。

大庆油田为大型背斜构造油藏，自北而南有喇嘛甸、萨尔图、杏树岗等高点，于 1960 年投入开发建设，由萨尔图、杏树岗、喇嘛甸、朝阳沟等 48 个规模不等的油气田组成。其中，杏北区块面积约 $6.65 km^2$，所钻井的数目为 290 口，井网密度为 43.61 口 $/km^2$，折算每口井所占有的平均面积为 $151 m \times 151 m$。杏北地区如此高度稠密的井网密度是典型的油田开发后期生产所需要的。这种井网密度是大庆油田经过五十多年的开发所形成的，在国内实属少见。

杏北区块共 65 个小层，细分每个小层共 103 个层位（如图 3–1 所示）。

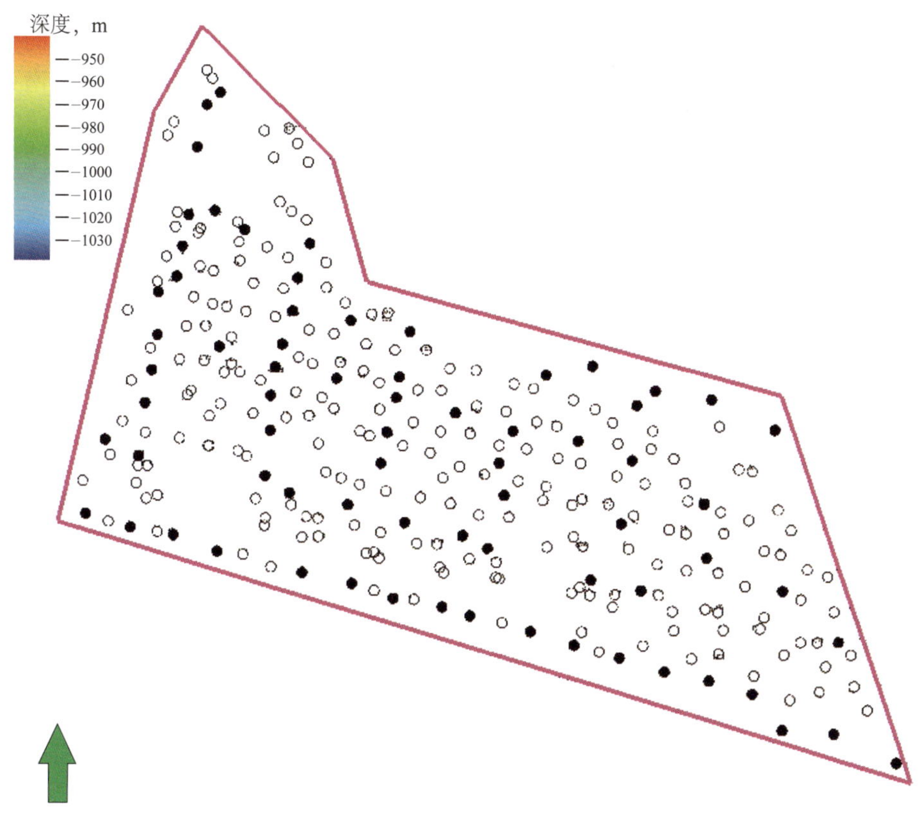

图 3–1　杏北地区井位图

杏北地区储集层沉积于早白垩世青山口组反旋回的晚期和姚家组复合旋回的早期，在油层形成过程中，主要经历了青二、三段晚期，相当于高Ⅰ组、葡Ⅰ 4 ~ 葡Ⅱ组油层沉积时期，处于三角洲外前缘相沉积；姚一段时期，相当于葡Ⅰ 1 ~ 3 油层的沉积时期，葡Ⅰ 1 属于三角洲内前缘相沉积；姚二、三段时期，相当于萨Ⅱ、萨Ⅲ组及萨、葡夹层的沉积时期，主要沉积了一套外前缘席状砂及少量的内前缘席状砂；嫩一段时期，相当于萨Ⅰ、萨零组油层的沉积时期，属三角洲前缘相沉积，其中萨零组夹有少量的三角洲前缘相远端浊积现象。

青二、三段沉积时期，盆地的沉积中心和沉降中心都是位于齐家—古龙和三肇地区。相带的展布特点基本上继承了青一段的状况。但由于气候变化以及地壳沉降速度的减缓等因素，大量陆源碎屑物充填入湖，且沉积速度大于或等于沉降速度，使湖水的覆盖面积逐渐缩小。所以，青二、三段沉积时期是一个明显的湖退期。在湖退的总背景上，还发生了多次不同规模的湖侵，使得河流和湖泊沉积互相穿插、交织在一起，构成了复杂的沉积体。相带继承了青一段环状展布的特点，平面分异更为明显，由盆地边缘至沉积中心依次为：洪积相—河流相—三角洲相或滨浅湖相—半深湖相—深湖相四个环带。顺盆地长轴方向发育的三角洲体呈多分枝状向湖中延伸。北部三角洲向南推进至杏树岗地区，其主体部位在黑鱼泡地区，面积近 $1\times10^4km^2$。砂岩最厚达 280m，一般厚 150 ~ 250m。

三角洲呈三个分支向南伸展，中支受孙吴—双辽壳断裂控制，顺大庆长垣伸向杏树岗地区；西支沿齐家凹陷西部的小林克断裂带向南延伸；东支可能伸向安达凹陷。南部保康三角洲体也较青一段时期发育，面积达 $3500km^2$，砂岩厚度 180m。这两个三角洲的沉积条件是古地形坡度小，聚水面积大，古河流源远流长，河流能量大于湖泊能量，碎屑物质供给充足。垂直盆地长轴方向发育了英台扇三角洲体，其规模较青一段有所扩大，扇三角洲前缘又向东推进 20km，在扇三角洲前缘脚下常发育有浊流相沉积。其沉积条件和沉积特征与北部、南部两个正常三角洲体有较大的差别，主要区别是古坡度陡，距离物源近，河流相不发育，因此，具有沉积颗粒粗，相带狭窄，发育规模小等特点。在三角洲体和扇三角洲体之间为滨浅湖相沉积，特别是泰康地区，由于水下沙坝的分隔作用，使得该区与开阔湖泊分隔，处于半封闭状态，碳酸盐的饱和度较开阔湖泊高，水体浅而清澈，水动力条件弱，有利于生物的繁殖和碳酸盐沉淀。因此，广泛发育了钙藻灰岩和生物灰岩等碳酸盐岩相沉积。此时的半深湖、深湖区的面积比青一段沉积时小，青二、三段沉积末期缩至 $1600km^2$，分布在三肇—葡萄花—古龙一带。青二、三段后期在湖盆的东部发育了滨浅湖淤积相的杂色、红色及灰绿色泥岩沉积。外环的洪积相、河流相较青一段沉积时更为发育。此时，在盆地的北边缘均有洪积相发育，河流相的环带也较为宽展。

在上述沉积环境中，杏北开发区沉积了一套河、湖相碎屑岩。埋藏深度 790 ~ 1500m，含油井段 300m 左右，含油层平均砂岩厚度为 75.6m，平均有效厚度为 26.4m，共分三套油层（萨尔图、葡萄花、高台子），六个油层组（萨Ⅰ、萨Ⅱ、萨Ⅲ、葡Ⅰ、葡Ⅱ、高Ⅰ），65 个小层。

3.1.1 200m 井距的建模结果

3.1.1.1 多点统计建模结果

对于葡Ⅰ 4_2–1 小层，利用多点统计建模做出 5 个实现。对这些实现，沿东西方向选取井距约为 200m 的 X6–31–657 井、X6–31–658 井和 X6–31–659 井做剖面图，如图 3–2 所示。

从图 3–2 中，可以看出从东到西的 X6–31–659 井、X6–31–658 井和 X31–65–657 井。其中，X6–31–659 井处的该层是表外储层（绿色）为主，X6–31–658 井处是非主体薄层砂（黄色）为主，X31–65–657 井处则为主体薄层砂（紫色）为主。观察 X6–31–659 井和 X6–31–658 井之间的剖面图，基本是显示出由绿色向黄色的过渡。但是，这 5 个实现中，这种变化却有程度上的不同。有的剖面显示的绿色多一点，黄色少一点，有的剖面则是黄色多一点，而绿色少一点。另外，有的实现显示的泥岩（灰色）多一点，有的则比较少。对于 X31–65–657 井和 X6–31–658 井之间的剖面，基本变化是从紫色到黄色。然而，紫色的部分在 X31–65–657 井的一个很小的范围内存在，也有在该井周围的一个较大范围内存在。

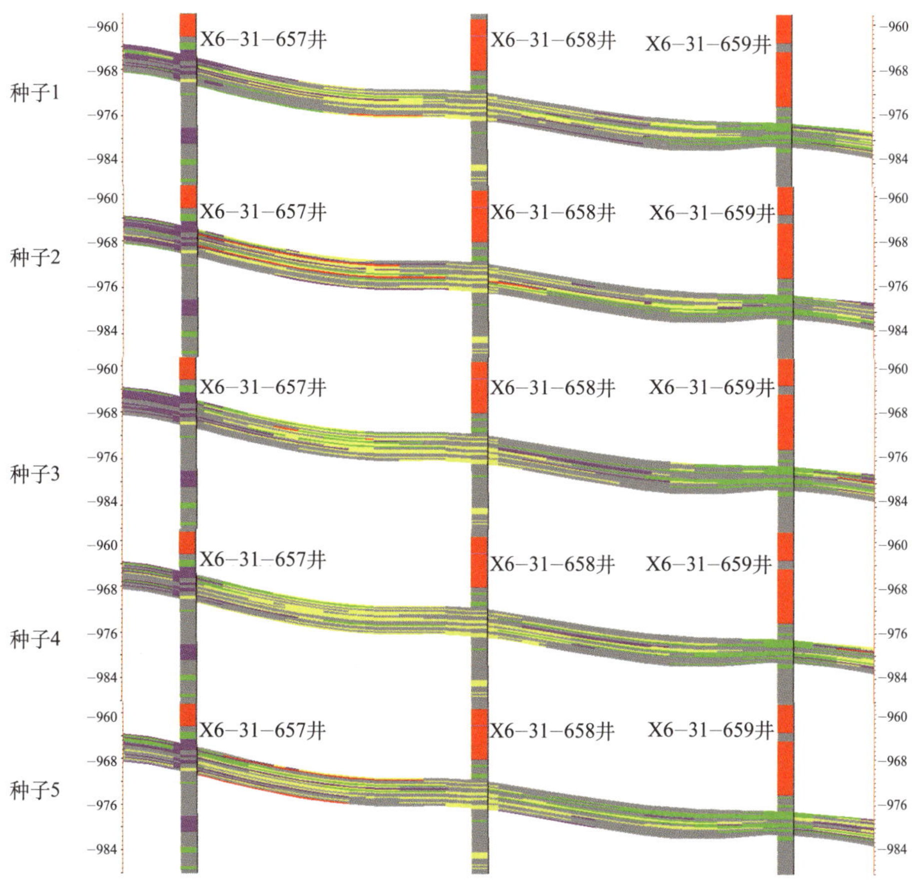

图 3–2 X6–31–657 井，X6–31–658 井和 X6–31–659 井处剖面对比图

3.1.1.2 序贯指示建模结果的分析

对于葡Ⅰ 4_2–1 小层，利用序贯指示建模做出 5 个实现。对这些实现，沿东西方向选取井距约为 200m 的 X6–31–657 井、X6–31–658 井和 X6–31–659 井做剖面图，如图 3–3 所示。

从图 3–3 中，可以看出从东到西的 X6–31–659 井、X6–31–658 井和 X31–65–657 井。其中，X6–31–659 井处的该层是表外储层（绿色），X6–31–658 井处是非主体薄层砂（黄色），X31–65–657 井处则为主体薄层砂（紫色）。观察 X6–31–659 井和 X6–31–658 井之间的剖面图，基本是显示出由绿色向黄色的过渡。但是它们之间却存在着大量的主体薄层砂（紫色），各个实现之间的差别相当明显。对于 X6–31–658 井和 X31–65–657 井之间的剖面，各个实现之间的差别也是相当明显。

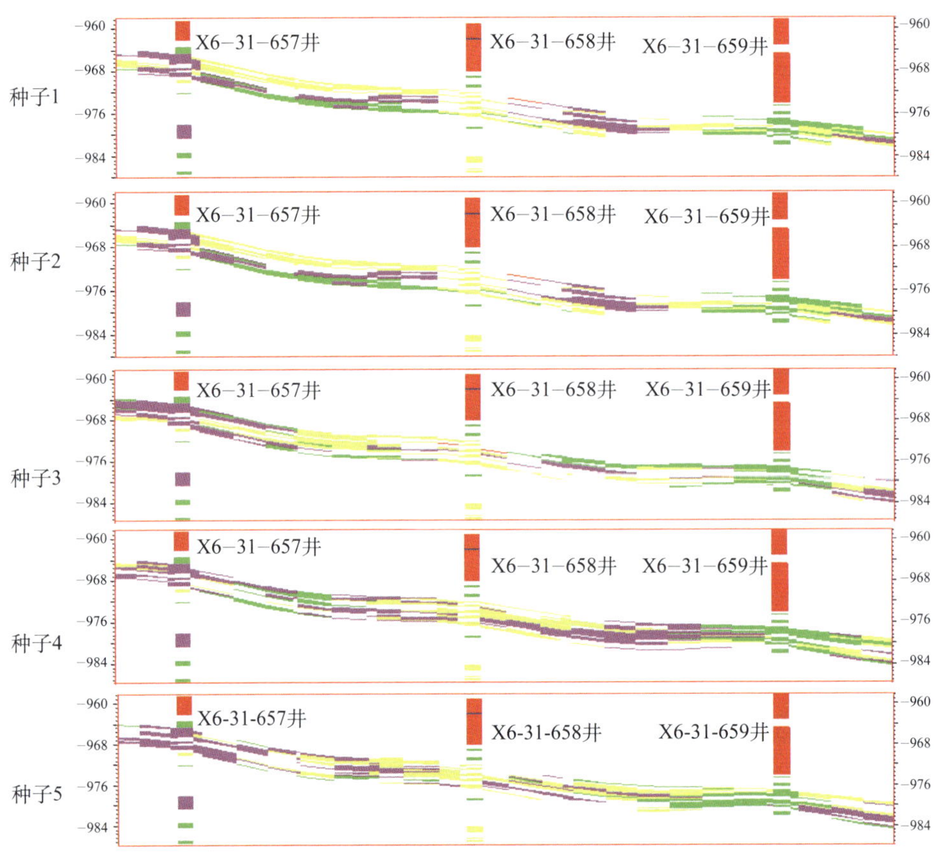

图 3–3　X6–31–657 井、X6–31–658 井和 X6–31–659 井处剖面对比图

3.1.1.3　示性点过程建模结果的分析

对于葡Ⅰ 4_2–1 小层，利用示性点过程建模做出 5 个实现。对这些实现，沿东西方向选取井距约为 200m 的 X6–31–657 井、X6–31–658 井和 X6–31–659 井做剖面图，如图 3–4 所示。

从图 3–4 中，可以看出从东到西的 X6–31–659 井、X6–31–658 井和 X6–31–657 井。其中，X6–31–659 井处是表外储层（绿色），X6–31–658 井处是非主体薄层砂（黄色），X6–31–657 井处则为主体薄层砂（紫色）。观察 X6–31–659 井和 X6–31–658 井之间的剖面图，基本是显示出由绿色向黄色的过渡。但是，这种变化却有程度上的不同：有的剖面显示的绿色多一点，黄色少一点，有的剖面则是黄色多一点，而绿色少一点。另外，有的实现的剖面图显示的泥岩（灰色）多一点，有的则比较少。对于 X6–31–658 井和 X6–31–657 井之间的剖面，前面三个实现与后面两个实现井间的差别比较明显，前面三个实现中，井间只出现了非主体薄层砂（黄色）和泥岩（灰色），但在后面两个实现中，井间除了有非主体薄层砂（黄色）和泥岩（灰色）外，还出现了少许的河道砂（红色）和主体薄层砂（紫色）。

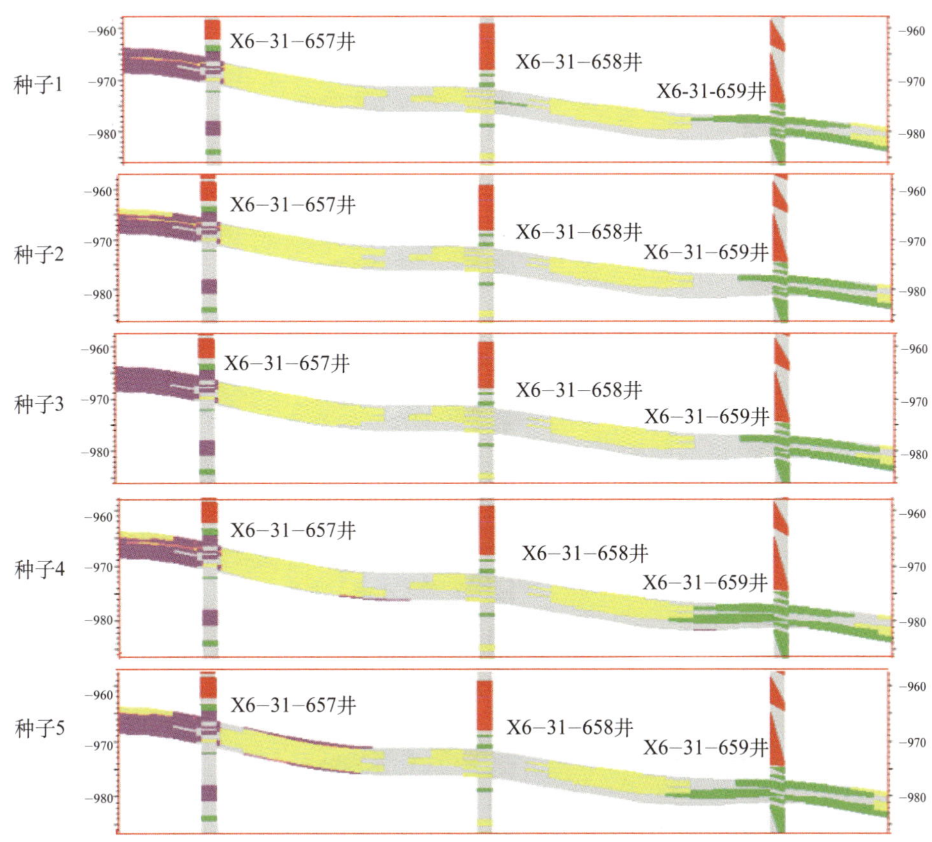

图 3-4 X6-31-657 井、X6-31-658 井和 X6-31-659 井处剖面对比图

3.1.2 100m 井距建模结果

3.1.2.1 多点统计建模方法

选取分布在南北走向的 X6-2-43 井、X6-30-658 井和 X6-D3-158 井做剖面图。三口井的井距约为 100m。将 5 个实现的剖面图进行对比，如图 3-5 所示。分析这 5 张剖面图，可以发现，这三口井处都是非主体薄层砂（黄色），而且它们的井间也是以非主体薄层砂为主，但是它们之间却存在着数量不等的表外（绿色）、主体薄层砂（紫色）、主河道（红色）和泥岩（灰色）。

对比图 3-2 和图 3-5 中的两个剖面，发现后一个剖面，由于井距只有 100m，井间的不确定性明显比井距为 200m 的前一个剖面要弱一些。这一现象说明，即使在大庆油田这样开发程度相当高的地区，甚至在井间只有 100~200m 的剖面上，还是存在着程度不同的不确定性。

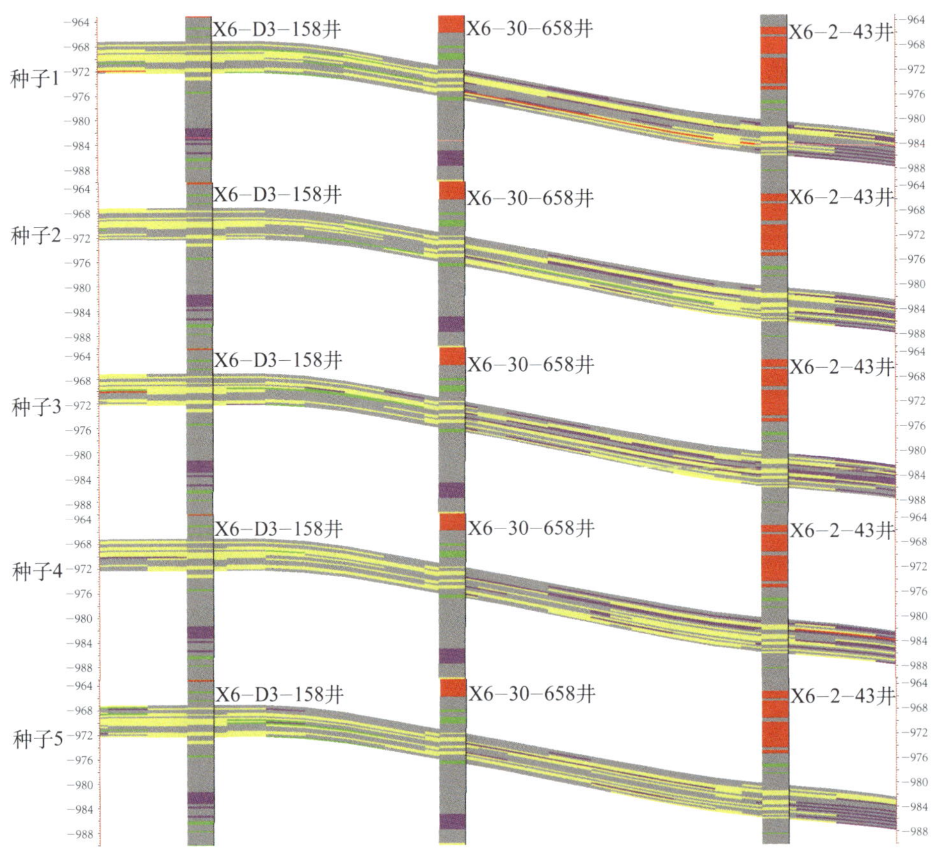

图 3−5　X6−2−43 井、X6−30−658 井和 X6−D3−158 井处剖面对比图

3.1.2.2　序贯指示建模方法

选取分布在南北走向的 X6−2−43 井、X6−30−658 井和 X6−D3−158 井做剖面图。三口井的井距约为 100m。将 5 个实现的剖面图进行对比，如图 3−6 所示。分析这 5 张剖面图，可以发现，这三口井处都是非主体薄层砂（黄色），而且它们的井间也是以非主体薄层砂为主，但是它们之间却存在着数量不等的表外（绿色），主体薄层砂（紫色）和泥岩（灰色）。

对比图 3−2 和图 3−6 中的两个剖面，发现后一个剖面由于井距只有 100m，井间的不确定性明显比井距为 200m 的前一个剖面要弱一些。这一现象说明，即使在大庆油田这样开发程度相当高的地区，甚至在井间只有 100m 到 200m 的剖面上，还是存在着程度不同的不确定性。

3.1.2.3　示性点过程建模方法

选取分布在南北走向的 X6−2−43 井、X6−30−658 井和 X6−D3−158 井做剖面图。三口井的井距约为 100m。将 5 个实现的剖面图进行对比，如图 3−7 所示。可以发现，这三口井处均为非主体薄层砂（黄色）。观察 X6–2–43 井和 X6–30–658 井之间的剖面图，井间几乎全部是泥岩（灰色）。对于 X6–30–658 井和 X6–D3–158 井之间的剖面，井间出现少许的表外（绿色），其余全部是泥岩（灰色）。

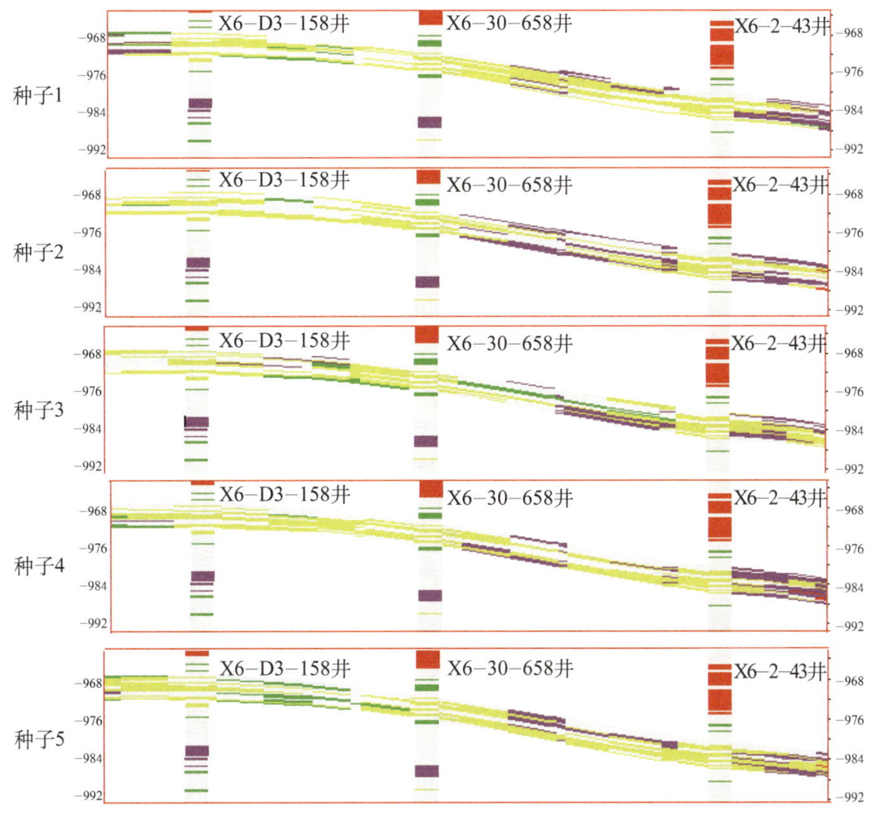

图 3–6　X6–2–43 井、X6–30–658 井和 X6–D3–158 井处剖面对比图

对比图 3–3 和图 3–7 中的两个剖面，发现图 3–7 中的剖面，由于井距只有 100m，井间的不确定性明显比井距为 200m 的图 3–3 中的剖面要弱一些。这一现象说明，即使在大庆油田这样开发程度相当高的地区，甚至在井间只有 100m 到 200m 的剖面上，还是存在着程度不同的不确定性。

综上所述，在井距分别为 100m 和 200m 的两个剖面上，利用多点地质统计、序贯指示和示性点过程三种建模方法，对葡 I 4_2–1 小层分别做出了 5 个建模结果，进而分析和研究其结果的不确定性。三种方法下的建模结果在井距为 200m 处的剖面和井距为 100m 处的剖面，均存在着程度不同的不确定性。其中，井距为 200m 处的剖面的不确定性更为严重。甚至在井距为 80m 时，还是存在着明显的不确定性。但是，多点地质统计建模结果显示出的不确定性，比其他两种建模方法所产生的不确定性要明显地弱。这是由于多点统计建模利用了训练图像整合了更多的地质信息。

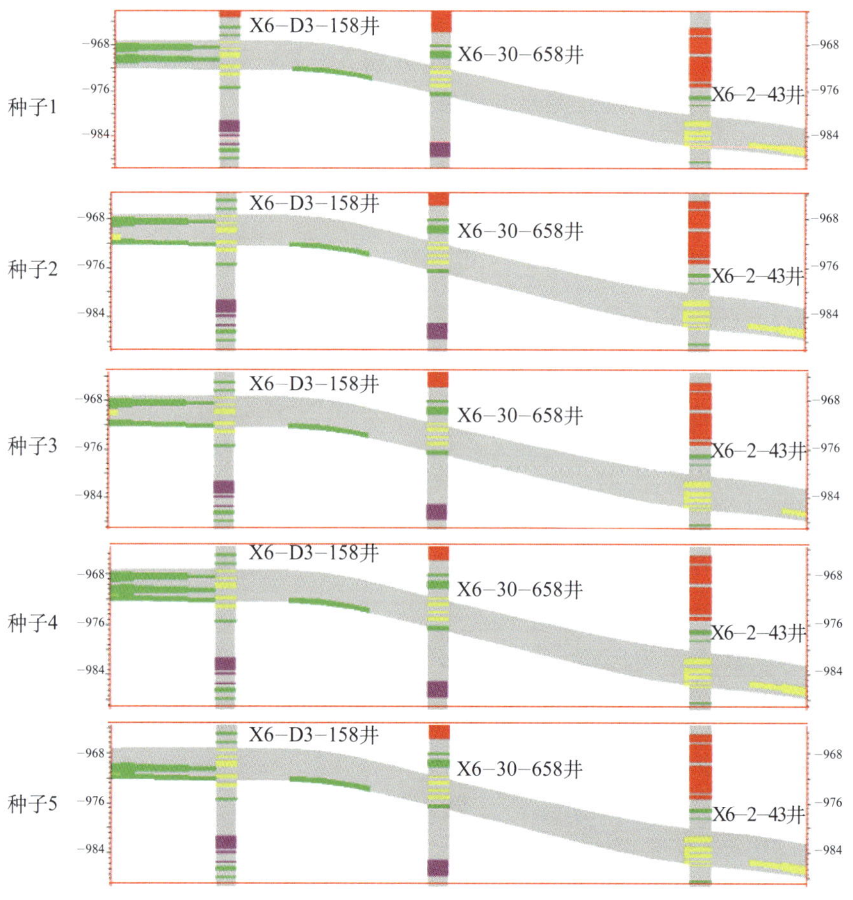

图 3–7　X6–2–43 井、X6–30–658 井和 X6–D3–158 井处剖面对比图

3.2　地质约束建模的原理与发展

井震结合，或称地震约束的概念，作为油藏描述方法的一个主要特点，早在油藏描述研究期间就有出现，而地震约束建模的概念则早在储层建模的初期就存在了。

3.2.1　井间砂体预测

Pyrcz，和 Deutsch 在他们的专著中总结了井震结合建模的应用（Pyrcz，2014）。他们指出。在储层地质建模中，地震数据约束的应用可以归纳为如下四个方面：

（1）地震数据驱动的构造建模。

（2）储层沉积环境和构型的建模。

（3）地震数据驱动的储层参数建模。

（4）解决次生裂缝和流体流动的微地震检测技术。

其中的第二方面的应用，利用国内同行所用的术语，大致地说就是井间砂体预测。而这是储层地质建模中最关切、最基本的一项课题，和开发井的部署、确保油气田的稳产有着直接而密切的关系。而且，就储层地质建模应用效果的期望而言，井间砂体预测应该是最直接，最容易入手的一项成果。

近年来，国内的地质学家和地球物理学家在利用地震数据进行井间砂体预测方面已经做了不少出色的工作。有的文献（郭智等，2015）依据井震关系（*GR* 场反演比常规的波阻抗反演区分砂、泥岩效果好），增强了井间砂体的可预测性，使建立的模型符合已有的沉积特征和地质认识，提高了三维地质模型的精度。有的文献（李鹏等，2011）利用谱分解方法得到的调谐厚度图，与地震纯波振幅属性的结果具有较高的一致性，通过地震资料预测的储层厚度可作为后期不同反演方法实现井间砂体预测的重要地质监控手段。有的文献（石莉莉，2016）在岩相建模时，将地质统计反演得到的波阻抗数据作为约束，建立的岩相模型既符合井数据的高纵向分辨率特征，又真实地反映储层横向展布的连通性特征，有效降低了井间砂体预测的不确定性，提高了岩相建模精度。

胡勇（2014）统计井上岩性与波阻抗关系，将反演得到的波阻抗数据体转化为岩性概率体，并用协同序贯高斯模拟约束岩相建模。该文献分析了岩性概率体约束的建模结果，可以得知，模拟结果与概率体宏观规律吻合，能再现三角洲平面形态，且井间砂体预测结果能从沉积成因上进行解释。

在油气田开发中，井间砂体预测虽然是一个静态问题，但是得到完全解决仍然是一项十分艰巨的任务。随着三维储层地质建模方法的出现，把沉积微相空间分布的建模作为主要对象，为井间砂体预测的解决提供了一条有希望的出路。从理论上讲，三维储层地质建模可以在三维网格系统中的任何一个网格中模拟出沉积微相是砂岩还是泥岩。

在测井数据显示为砂岩的井中的一个层位处，储层地质建模可以保证建模结果在相应的位置一定也是砂岩。然而，在建模结果的剖面图上，这个砂体的延伸长度就出现了不确定性。这个砂体渐灭在何处，往左端方向延伸多远，往右端又延伸多远，就会存在一定的不确定性。

在储层建模的发展过程中，强调了地质概念模型的研究和应用，强调了地质知识库指导下的训练图像的研究和应用，经过许多油田地质学家，储层沉积学家的不懈努力，它们为井间砂体分布的建模结果更加符合储层的地质特征指明了方向，提供了地质上保障，在一定程度上减少了井间砂体预测的不确定性。但是，由于储层建模采用的算法以蒙特卡罗模拟为核心，其结果受到随机种子的严重影响，获得的是一种同概率的建模结果，这是产生井间砂体预测不确定性的根本原因。

本章围绕着井间砂体预测，阐述了有关地震约束建模的另外三个主要的研究领域：地质统计学反演，井震影响比的定义和应用以及岩石物理学模板和参数的定义和应用。这些研究内容正是为解决实施地震约束建模中的具体问题和困难而提出的；且反过来这些研究成果又促进了地震约束建模更深入、更广泛的发展。

3.2.2 地质约束建模方法的发展

一般的储层地质建模只是通过少量确定性参数（如钻井取心及测井数据），用地质统计学方法进行空间分布的模拟以建立油藏地质模型。在这种情况下，由于井间距较大，井数据较少，建模结果不能如实反映地质体的非均质性、不确定性和结构性，也不能满足油藏数值模拟的要求，制约着建模的实际应用效果，严重影响油田开发各项措施的正确制订和实施。

地震约束储层地质建模技术是以地质统计学为框架、以测井数据为主，结合地震数据建立储层地质模型的技术和方法的总称。在建模中，测井数据因其准确性且必须被通过，而被视为“硬数据”——在各井筒处建模结果必须和测井数据相互重合，建模结果必须被条件化到测井数据。地震数据丰富，在横向上能大范围地反映地质构造和砂体特性变化，具有大面积追踪建模结果的能力。但是，地震数据在纵向上分辨率较低，只有将测井数据和地震数据相互结合，才能发挥各自的长处，弥补各自的短处，以降低建模不确定性。也就是说，在地震约束建模中，两者的作用并不是同等的。这里，“约束”体现了测井数据的条件化作用和地震数据的确定性趋势（刘文岭，2008）

地震约束储层地质建模可降低因随机模拟算法造成的井间不确定性，使建模结果更忠实于储层的地质特性。其作用主要体现在如下三个方面：

（1）采用地震解释的断层和构造层面有利于建立准确的构造模型，为储层属性建模提供了良好的基础。

（2）地震数据作为“软数据”，以趋势约束的身份参与建模，能够约束井间模拟结果，减少模型的不确定性。

（3）测井数据作为“硬数据”，在建模结果中必须得到通过，使得随机建模呈现出明显的确定性趋向。

根据国际上发表的论文分析，早在油藏描述技术和储层地质建模发展的早期，就有地震数据约束的概念出现。例如在 1985 年到 1990 年之间，针对地震数据应用于油藏描述、储层地质建模的文献就出现过数百篇。它们的主要研究成果如下：

油藏液体评价的地震响应（Raflpour，1987），深度偏移作为地震建模的工具（Larson，1984），对于迅速变化的储层沉积微相空间分布的三维地震岩相建模（Gelfand，V.，and others，1985），地震岩相建模（Buy，1988），利用地震数据的地震岩相建模的河流相储层描述（Gelfand，1986），在液体饱和的多孔介质中的地震建模（Hassanzadeh，1988），利用三维地震数据进行油藏产油层的估计（NefA，1989），利用地震数据的整合改善孔隙度预测，利用地震岩相对河流相储层的建模（Buyl，and others，1988），四维地震的建模（McDonald，and other，1986），储层构造面的地震随机建模（Haldorsen，and other，1987），利用地震分类的各种地质图件和油藏工程图件进行油藏表征（Sonneland，L.，and others，1990）。

刘文岭（2008）将地震数据用于储层地质建模的过程定义为地震约束储层地质建模，全面论述了地震约束储层地质建模的意义、地震数据的约束作用、与地震反演的区别、它们的应用领域及其地质统计学建模技术。

Doyen 博士的专著《地震油藏表征》（*Seismic Reservoir Characterization*）（Doyen，2007）全面阐述了利用地震约束储层地质建模的各种地质统计学方法。这本著作利用大量的篇幅分别研究了地震数据分别在序贯高斯算法（SGS）和序贯指示算法（SIS）中的应用。

3.2.2.1 借助于连续变量的序贯高斯模拟

1）概述

克里金方法和协同克里金方法是两种估计技术，在储层建模中它们被用来通过井数据的插值计算岩石物性的最优估计。在协同克里金方法中则选择地震属性引导插值进程。如果预测是最优的，则意味着均方估计误差达到最小。地质统计学估计技术充当了低通或是平滑的空间滤波器：低值易被过高地估计，而同时高值则被预测得过低。当通过地层模型计算一个地方的碳氢含量或者进行数值流动模拟时，极限值的充分描述至关重要。在过去相当长的时间内，随机模拟作为一种较好表示地下非均质性的数值模型而应用得十分普遍。它的基本思想是产生可以模拟储层预期的空间变异性模型。在随机模型中，它可以通过从多维随机域中产生的抽样来获得。随机模拟通常可以被条件化，因为模拟的模型可以同时受到测井信息，地震数据和其他数据类型（例如生产剖面或是试井资料）的约束。在条件化随机模拟后，多个实现被填入油藏数值模拟，以评估产能预测的不确定性。一些文献（Haldorsen and other，1990；Omre，1992；Lia O. and others，1997；Lia 等人，1997；Caers，2005），对随机建模技术和地下变量不确定性量化的工作流程做了全面的回顾。

储层随机非均质性建模通常分为两步进行（Damsleth 等人，1992）：

（1）用离散的建模技术模拟储层沉积微相的空间展布。

（2）用连续的岩石物性参数（例如孔隙度和渗透率）来填充模拟好的地质体。

地震信息可以被用来约束这两步的随机建模进程。以下首先研究通过地震属性数据模拟连续变量的随机方法，随后将会研究模拟岩相等离散变量的技术。

2）序贯高斯模拟

对于油藏连续变量的模拟，序贯高斯模拟（SGS）是最常用的一种算法。它简单灵活，而且特别适合于地震数据的综合。

Doyen 博士将地震数据约束的连续变量的建模阐述为三个方面：利用局部变量均值（LVM）或同位协同克里金的序贯模拟、利用非线性关系的序贯高斯模拟和利用细化的模拟。

在 SGS 执行过程中，将沿着一个随机确定的路径访问各个网格块。沿着这个路径，通过对一个高斯型的条件概率密度函数的抽样，将会模拟出一个孔隙度值。这个概率密度函数的均值和方差，则分别由一个克里金估计值和克里金方差给定。一个具体的、可供操作的方法由如下步骤组成：对定义在每一个网格块处的，利用有关的测井数据的克里金估计所定义的高斯概率密度函数，随机地抽取一个模拟值。如果这种模拟对每一个网格块是独立地进行的，那么所获得的孔隙度模型将不会展示出任何的空间连续性。然后 SGS 具有一个关键性的反馈循环，将以前的获得的模拟值视为克里金估计过程的额外数据点。这样就避免了 SGS 的相应弊病。

3）利用局部变量均值（LVM）或同位协同克里金的序贯模拟

该方法利用各个网格块上的孔隙度—波阻抗的回归关系和由地震数据生成的孔隙度，产生一个局部变量的均值（LVM）。这个局部变量均值作为序贯高斯模拟过程中的一个常数，提供局部变化的孔隙度均值。接着，根据被估的网格块周围的各个网格块处的残余值（residuals）进行克里金估计，最后获得在待估网格块处的孔隙度。这样就形成了一个针对待估网格块相应的高斯分布的随机函数的两个参数。

当测井数据和地震数据同时用于对构造顶面建模时，两者的结合往往比较困难：测井数据能够提供最准确的深度测量，但却不能提供准确的构造评价。这时就需要利用地质统计学方法：配置协同克里金（collocated cokriging）。

对于一般的协同克里金方法，在整合地震数据或密集采样的第二数据时，将造成克里金矩阵的不稳定。地震数据具有的不准确性和较大的自相似性以及测井数据的数据点较大相隔距离和较差的自相关性，都会导致不稳定的协同克里金方差。

对此，一个替代的方法是配置协同克里金方法（collocated cokriging）（Xu 等，1992）。这是 SGS 的一个简单推广，可以运用协同克里金方法代替一般的克里金方法，在每一个网格块上计算相应的条件概率分布函数。

4）利用非线性关系的序贯高斯模拟

这是一种基于协同克里金的井震结合模拟算法，它假定被模拟的主要变量和作为次要变量的地震数据呈现线性关系。在一些情况下，需设定地震数据和岩石参数呈非线性的关系。对此，人们提出了广义克里金方法（Zhu 和 Journel，1993），也称为马尔科夫—贝叶斯软克里金估计（Deutsch，2002）。

5）利用地震数据细化的模拟

Doyen 博士在他的专著中归纳了地震数据细化的算法，简述如下：

首先，在对应的储层区域可以定义测井数据的精细网格系统。它的各个节点分别为（x_i^L，y_j^L，z_k^L），其中：$1 \leqslant i \leqslant N_x^L$，$1 \leqslant j \leqslant N_y^L$，$1 \leqslant k \leqslant N_z^L$。对于地震数据，这个网格系统则较粗，其各个节点则可以定义为（x_i^S，y_j^S，z_k^S），$1 \leqslant i \leqslant N_x^S$，$1 \leqslant j \leqslant N_y^L$，$1 \leqslant k \leqslant N_z^S$。这里，$N_x^L$，$N_y^L$，$N_z^L$，和 N_x^S，N_y^S，N_z^S 分别代表两个网格系统的 x，y，z 三个方向上的网格个数减 1。

在利用序贯高斯模拟后，得到孔隙度如何再进一步融入地震数据的影响，是必须考虑的一个问题。为此，人们明显地认识到，反演地震数据的垂向分辨率与测井数据相比要低得多。对此，有一个思路就是把同一个网格块中的反演地震属性和孔隙度进行相关。具体的算法就是：

（1）沿着各口井的轨迹计算孔隙度和波阻抗对于整个层厚的平均值。

(2) 利用已经获得的孔隙度和波阻抗的线性回归，或者利用二维的协同克里金估计，可以创建二维精细的网格系统 (x_i^L, x_j^L) 上的平均孔隙度。这样获得的地震数据驱动的孔隙度在各口井的位置处的数值，可以被纯粹的测井数据所驱动的孔隙度平均值所通过，具有明显的通过性。这样得到的受到地震约束的、随平面坐标变化的孔隙度，就可以用于油气储量的计算。

3.2.2.2　借助于离散变量的序贯指示模拟

在 Doyen 的专著中，详细描述了利用地震约束的序贯指示模拟的方法。

该方法的目标是预测在井之外的各个网格块处的两个岩相级别的概率，它能够运用指示克里金算法解决这个问题。该方法利用从待估点周围的所有控制井点的指示数据的线性组合，以获取在网格块 i 处砂岩条件概率的一个估计。这些加权系数的确定，是以均值平方预测误差最小为条件的。通过求解由指示空间协方差模型构成的一组正则方程，可以取得这些加权系数。

序贯指示模拟（SIS）(Journel，1989) 是 SGS 的简单推广。它的算法主要由如下几步组成：

(1) 随机选取一个二维的网格块。

(2) 利用最初的测井数据和以前模拟所得的网格块 i 的值，通过指示克里金估计算法对局部的砂岩 / 泥岩条件概率分布 $P_{IK}^{\text{sand}}(i)$，和 $P_{IK}^{\text{Shale}}(i)$ 进行估计。它们可以表示为：

$$P_{IK}^{\text{sand}}(i)=P(x_{\text{i}}=1 \mid x_1, \cdots, x_{i-1})$$

$$P_{IK}^{\text{Shale}}(i)=1-P_{IK}^{\text{sand}}(i)$$

(3) 从这个局部分布函数中进行蒙特卡罗抽样，得到被估网格块上的值为 1 还是为 0。

利用地震数据对 SIS 的实现进行约束的步骤为：首先对各个不同微相利用地震属性定义响应的空间变量比例的趋势，然后再利用贝叶斯序贯岩相模拟（Doyen，1994）完成地震约束的岩相建模。

对于储层地质建模的其他算法。例如截断高斯模拟、布尔模拟和多点统计建模等，也存在着相应的地震数据约束建模的方法。

3.2.3　地质统计学反演的原理

地质统计学反演是基于地质统计学基本算法——序贯高斯模拟的一种反演地震。在地震约束建模中，地质统计学反演结果是最为常用的地震数据。

Doyen 博士在 2007 年出版的著作“*Seismic Reservoir Characterrization*”全面地阐述了地质统计学反演的产生和发展。他不仅叙述了地质统计学反演的基本原理，还研究了有关的贝叶斯随机反演等方法。

3.2.3.1 地质统计学反演算法的原理

Bortoli（1992），Hass 和 Dubrule（1994）等学者在他们的论文中提出了地质统计学反演（GI）的方法。这个反演方法包含了叠后地震阻抗数据约束的三维波阻抗的多个实现。他们以类似于传统的模拟方法，对地质统计学反演进行了研究。

首先，Bortoli 等人提出了这样一个问题：如何使序贯高斯算法获得的地质统计学建模结果满足两个条件：不仅可以被测井数据和变异函数通过，而且同时可以被三维地震数据所通过。第一个条件是序贯高斯算法能够保证的，是肯定能够得到满足的；重要的问题是在地质统计学建模众多的实现中能够挑选出一个被三维地震数据所通过。为此，他们提出了一个解决方案，利用众所周知的反演方法，能够获得全部的地震道，并且同时保证被反演获得的地震道之间的横向连续性。

地质统计学反演算法可以说是序贯高斯模拟的一个扩展。结合图 3–8，整个算法可以详细描述如下：

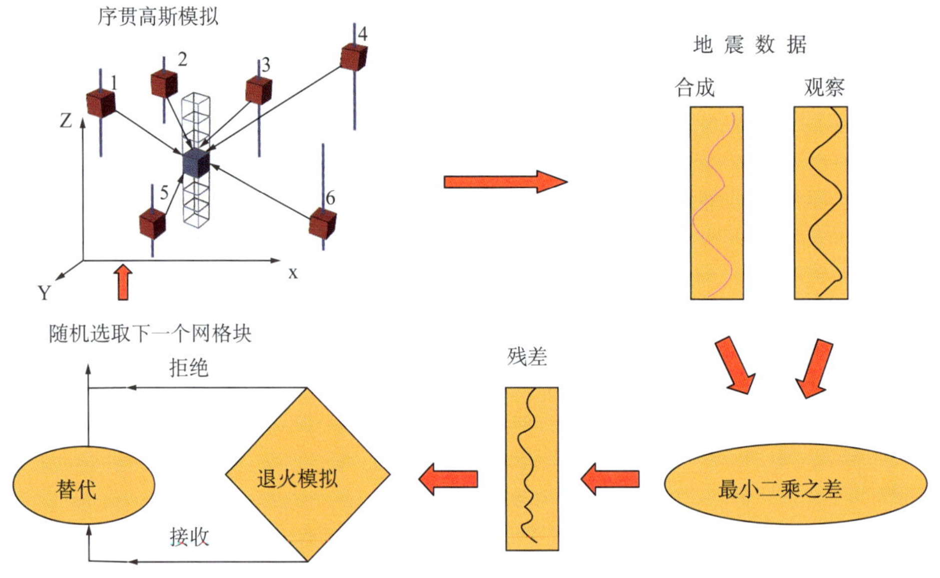

图 3–8　地质统计学反演的流程图

（1）在该图的右上角，对于空间中的一个网格块（蓝色），利用空间中以红色表示的网格块的井中声速和密度两种数据的乘积，再和以前取得的地震子波进行褶积，可以取得该网格块处的波阻抗值（图的左上角部分中，利用蓝色表示网格块）。

（2）对于这个蓝色的网格块向上伸展直至该储层的顶界，向下伸展直至该储层的底界，形成的所有网格块（图中左上角部分中蓝色网格块的框架），都可以求取相应的波阻抗值。不过，这时所用的红色网格块会有所不同。

（3）上两个部分计算形成的一条波阻抗曲线，成为合成曲线，放在图右上方的部分。接着再把合成地震曲线和观察到的同一位置的地震波阻抗曲线进行对比，形成最小平方差。

(4) 利用所得的残差进行模拟退火，决定接受，并替代在该位置的波阻抗曲线，然后再转入下一个循环，也即随机地选取下一个网格块。如果这时发现所有的网格块都已经被选取过了，那么控制就应该指向整个算法的结束。

(5) 如果决定拒绝，就转入下一个循环，就是随机地选取一个网格块。

由于采用了随机的算法，因此在每个被模拟的位置可以产生大量的波阻抗实现（准确讲是无穷多个实现）；利用这些实现在同一个位置做地震子波褶积，便可以获得多个波阻抗；选取该位置处的抽样结果与实际取的地震道拟合程度最好的波阻抗记录作为反演结果；然后在随机选取的位置处循环使用该算法，当记录充填满整个空间后，将会获得一个整体的实现。当然，产生的整体实现会不只一个（例如 100 个）。

在每个抽样位置只使用一个局部的实现，可以产生一个波阻抗的整体实现，也就是说忽略了地震数据；然后再产生一个整体实现，它包含了 10 个抽样位置的 10 个局部实现；接下来将这个结果与由 100 个抽样位置的 100 个局部实现获得的结果进行比较，可以看到随着局部实现数目的增加，地震数据的拟合程度有了明显的改善。

为了获得该位置处的抽样结果与地震道拟合程度最好的波阻抗，可以从几个方面来控制它们之间的拟合程度：一方面，可以在序贯高斯模拟的各步中增加局部实现的数目；另一方面，可以一直不断产生一系列的局部实现，直到抽样结果与地震道拟合程度之差的局部目标函数达到一定的阈值。这里的目标函数的选择具有很大的灵活性，可以是绝对误差、均方误差或是相关系数，也可以是这三者的组合，或者可随模拟记录位置而选取不同的目标函数。当把实际地震数据产生记录与合成记录进行拟合时，实际经验是必不可少的。通常情况下，测井与地震间的校准并不会导致真实的地震数据与合成地震数据之间的相关系数变得非常的高。虽然井间的相关系数的计算是可能的，但是如果要求计算得到的真实地震数据与合成地震数据之间的相关系数高于油井之间的相关系数却没有多大意义。

地质统计学反演允许通过三维地震数据产生多个波阻抗实现。一个实现到另一个实现的变化应该被量化为它们之间存在的不确定性。对所有注入先验模型的输入约束加以考虑，不确定性对地质统计学反演会有如此影响的原因是：地质统计学反演通常运行在由约 2ms 厚度的独立网格单元组成的地层网格，也就是说，在如此厚度中，标准三维地震数据是无法得到处理的。

给出的一个地质统计学反演的横截面结果显示。地质统计学反演通过这些井与横向变异函数保证了记录之间的横向相关性。这意味着这些实现的均值是连续的，并且在井位处它们的标准偏差是零（在不存在块金效应的变异函数模型中至少是这样的）。

地质统计学反演产生了大量的波阻抗在各个网格块上的实现（例如 100 幅实现），因此存在一个如何处理这些多重实现的问题。要对如此之多的资料进行整理，可以计算这些实现的均值和标准偏差，也可以采用其他方法对数据进行处理，如在每个网格块对超过阈值的实现数目进行计数，并将它们转化成概率。这个信息对于储层的缺失或存在，以及在高阻抗值和低阻抗值直接相对应的情况下非常有价值。

地质统计学反演由 Bortoli 等（1992）和 Haas 等（1994）提出，并由 Dubrule 等（1998）和 Rothman（1998）加以发展。该方法以地震反演为初始模型，从井点出发，遵从原始的叠后地震数据对井间进行地质统计学模拟。即以地震数据为硬数据，建立定量的波阻抗三维地质模型，进行储层横向预测。其特点在于综合了地震反演与储层随机建模的优势，充分利用地震数据横向密集的特点，精确求取不同方向上的变差函数。反演结果的多个实现可用于定量评价结果的不确定性。

地质统计学反演是一种将随机模拟理论与地震反演相结合的反演方法。它由两部分组成，即随机模拟过程以及对模拟结果进行优化并使之符合地震数据的过程（Torres-Verdin，2003）。随机模拟方法很多，目前较为成熟的地质统计学反演方案是将序贯高斯模拟与基于模型反演相结合。反演过程中充分发挥随机模拟技术综合不同尺度数据的能力，如可以综合层序地层研究并对比地震解释成果建立精细地质模型。序贯随机模拟沿任一随机路径进行，不同的随机路径得到不同的结果和实现，不同实现的差异反映了地下地质的非均质性和随机性。差异越大，非均质性越强。可以通过不同实现的差异评价反演结果的风险，因此这也是对地震多解性的有效反映。尽管实现各不相同，但每次实现都满足两个条件：

（1）在井点处与测井数据计算的波阻抗一致。

（2）在井间符合地震数据和已知数据的地质统计学特征。

具体步骤如下：

（1）建立随机路径。

（2）随机地选取井间 1 个网格点。

（3）估计该网格点的条件概率密度函数。

（4）从该条件概率分布函数中随机抽取 1 个值，利用反射系数公式计算反射系数并与子波进行褶积生成合成地震道。

（5）根据合成地震道与实际地震道匹配程度，决定是否接受该地震道，若接受则计算终止，转向下一个地震道即转向（2），否则重复（4）～（5）。

（6）直到完成整个数据体的模拟。

井点间地震道的内插采用克里金技术，克里金技术是一种按照控制点间的空间相关程度进行加权的空间内插，即对于给定属性，按照其控制点间相关程度，用相关图或方差图建立空间相关模型，用此模型指导内插。

在多数情况下，井间距较大、井资料较少，且我国储层多为陆相沉积，储层横向变化大，而储层预测中更关心的是井间储层性质的实际变化。因此，直接用井资料来计算横向上的变差函数存在采样点不足的问题，横向试验变差函数在小滞后距上不具有统计效应。为此，应当利用确定性反演得到的三维波阻抗来计算横向变差函数，使初始波阻抗模型的建立更为合理。例如目前三维地震数据 CDP 一般为 20 ～ 25m，地震数据横向上较为密集，这样，不仅可以精确求取任意方向上的变差函数，更能反映储层空间结构特性变化。由于测井资料垂向分辨率高，因而垂向变差函数从测井资料计算，水平方向变差函数从确定性反演得到的波阻抗数据体中计算。因此，该方法综合了测井的垂向分辨率和地震的横向分辨率的优势。

3.2.3.2 贝叶斯随机反演的应用与发展

在最近十年以来，地质统计学反演的基本概念已经从波阻抗反演扩展为弹性属性反演以及多个偏角叠加的同时反演。同时，由于贝叶斯框架的引入，基于简单蒙特卡罗方法的基本地质统计学反演概念有了更为坚实的理论基础（Doyen，2007）。贝叶斯环境使反演算法的实施更加有效率，并且使得随机反演和确定性反演之间的关系更为清晰。

以下，以 Chen 等（2003 年）学者发表的有关贝叶斯反演的方法为例，叙述贝叶斯反演的基本原理。

该文提出了一个贝叶斯随机反演模型，模型利用了多种地球物理学信息，包括测井孔隙度 ϕ、含水饱和度 S_w、P 波传播时间、S 波传播时间和反演的电导率等，可以对孔隙度和含水饱和度等未知变量的三维空间的分布进行估计。在该模型中，反演过程关注的并不是寻求最优的拟合解，而是对于未知数的联合概率密度函数的抽样。利用这些抽样得来的数值，能够把每个变量的各种统计量（均值，方差、置信区间以及概率密度函数）推断出来。

利用贝叶斯框架可以把各种类型的数据整合起来。在考虑一个二维的剖面图时，它可以分为 m 个像元，被 n 条地震射线所通过。利用向量 Φ，S_w，S_p 和 S_s 代表未知的 ϕ，S_w 以及 P 波，S 波在 n 条射线上的传播慢度。向量 t_p 和 t_s 为 P 波和 S 波在 n 条射线上的传播时间，向量 σ 为在 m 个像元上的反演的电导率。另外，τ_p，τ_s，τ_c 是 P 波，S 波传播时间和电导率的测量误差的反演方差。在这个随机框架内，全部的未知量作为随机变量考虑。与在确定性反演中寻求变量的最优的拟合值不同，这里的目的是表征所用统计量，例如均值、方差和概率密度函数等变量的不确定性。

作为该算法的开始部分，需要推导出所有未知变量的联合概率密度函数。按照贝叶斯定理（Stone，1995）作为下式左端的联合条件概率密度函数可以写为（式 3–1）：

$$f(\Phi,S_w,S_p,S_s,\tau_p,\tau_s,\tau_c|t_p,t_s,\sigma) \propto f(t_p,t_s,\sigma|\Phi,S_w,S_p,S_s,\tau_p,\tau_s,\tau_c)\cdot f(\Phi,S_w,S_p,S_s,\tau_p,\tau_s,\tau_c) \tag{3-1}$$

上式右端的第一项是似然函数，第二项是先验概率。这里，上式左端的条件概率中的“条件”是指 P 波、S 波的传播时间 t_p，t_s，电导率的空间分布为 σ。

在 Chen 等的这篇论文中还指出，一般的反演方法运用最小二乘估计方法，以对建模得到的数据和测量数据之间的不匹配进行最小化。本文探究了后验概率密度函数，它明显地结合了似然函数和先验信息。利用马尔科夫链蒙特卡罗方法从这个概率密度函数中进行抽样，通过评价这些抽样所得的样本，可以完全地表征每个变量的不确定性。

以上利用地球物理数据的多种来源，已经开发出了关于 ϕ 和 S_w 估计的一个随机模型。相对于确定性模型，这个随机反演模型具有如下的优点：

（1）它提供了可以对油藏参数估计的不确定性进行定量研究的途径。它与对每一个未知参数只能给出一个值的确定性方法不一样，这里的随机反演可以从联合概率密度函数中抽取出许多样本值，再利用所得样本值计算出均值、方差与可信区间，甚至可以计算出这些变量的概率密度函数。

(2) 这个随机模型允许同时考虑各个测量值误差和模型误差。而确定性方法却不能考虑模型的误差，而且还会低估测量值的影响。本方法把测量值误差和模型误差视为随机变量进行考虑。

(3) 这个方法为多个信息的整合提供了一种更好的途径。相比之下，确定性的方法则是整合了在各次反演后的各种不同地球物理数据，但是它把在反演中的各种数据共享的信息排除在外。而随机反演则可以同时估计未知的油藏参数和地球物理属性。

3.2.4 井震影响比的应用

井震影响比算法将测井与地震相结合，是从地质统计学建模的角度出发，经扩展、完善后应用于地震约束建模中的一种算法。在该算法中，需要考虑测井数据和地震数据各自的影响程度，于是引入了井震影响比的参数。

国际著名储层建模专家、斯坦福大学儒尔耐耳教授（A. G. Journel，2002）以井震结合为应用背景，提出了一种数据整合的方法，该方法提出的一个关键的概念是：固定更新比（permanence of updating ratios）。

通过条件概率函数 P（$A|B$，C），可以对一个未知事件 A 进行评估。这里，B 是在井中一个点处的由测井数据确定的沉积微相，C 是由地震数据确定的该点的微相，而（$A|B$，C）则是由测井和地震共同确定的沉积微相空间分布。这个条件概率函数 P（$A|B$，C）中的 B 和 C 来自两个不同的数据源，每一个事件可能对应于许多共同的空间位置。为此，需要假定这两个数据事件满足这样的条件：概率函数 P（$A|B$）和 P（$A|C$）能够被计算出来。那么，这里遇到的难题是：如何把这两个局部条件概率函数合并成 P（$A|B$，C）这样的模式，在这其中没有必要假定这两个数据事件 B 和 C 是独立的。最后，可以利用概率函数 P（$A|B$，C）对事件 A 进行估计或者模拟。

然而，在地球科学实践中，当事件 B 和事件 C 来源于不同的数据源时，它们可能处在不同的标度和分辨率情况下，难以直接对 P（$A|B$，C）进行估算。那么，需要面对的难题是：如何把先验概率 P（A）和两个单一事件概率函数 P（$A|B$）和 P（$A|C$）整合成后验概率 P（$A|B$，C），或者直接这样：P（$A|B$，C）$=\varphi$ [（P（A），P（$A|B$），P（$A|C$）]，或者间接这样：P（$A|B$，C）$=\psi$ [（P（A），P（$B|A$），P（$C|A$）]。

具体算法中，包括了如下的三种数据：A，B，C。

利用贝叶斯公式，在 A，B 为条件互相独立时，可以有式（3–2）：

$$P(A \mid B)=\frac{P(A,B)}{P(B)}=\frac{P(B|A)P(A)}{P(B|A)P(A)+P(B|\tilde{A})P(\tilde{A})} \tag{3–2}$$

在上式中，利用 $A|C$ 代替 A，于是得到式（3–3）：

$$P(A \mid B,C)=\frac{P(B|A)P(A|C)}{P(B|A)P(A|C)+P(B|\tilde{A})P(A|\tilde{C})}$$
$$=\frac{P(A|B)P(A|C)[1-P(A)]}{P(A|B)P(A|C)[1-P(A)]+[1-P(A|B)][1-P(A|C)]P(A)}\in[0,\ 1] \tag{3-3}$$

把被估计的数据 A 的条件概率记为 P（$A|B$，C），就是以硬数据 B（测井数据）和软数据 C（地震数据）两者为条件下，进行模拟所得到的参数 A 的条件概率。

然而，关系式（3–3）中的 P（$A|B$）就是利用多点统计建模方法获得的空间某点为砂岩的概率。式（1）中的 P（$A|B$）作为地质信息，可以从训练图像获得；P（$A|C$）是地震信息导出的概率；P（A）是先验概率，即为预先确定的砂岩的概率，即目标的砂泥比。

对于各个条件互不独立时，Journel（2002）引入固定更新比（permanence of updating ratios）的概念，把 P（$A|B$，C）表示成式（3–4）：

$$P(A \mid B,C)=\frac{1}{1+x}\in[0,1] \tag{3-4}$$

其中，

$$x=\frac{1-P(A \mid B,C)}{P(A \mid B,C)}$$

利用参数 τ_1 和 τ_2，可以定义式（3–5）：

$$\frac{x}{a}=\left(\frac{b}{a}\right)^{\tau_1}\left(\frac{c}{a}\right)^{\tau_2} \tag{3-5}$$

其中：

$$a=\frac{1-P(A)}{P(A|)},\quad b=\frac{1-P(A \mid B)}{P(A \mid B)},\quad c=\frac{1-P(A \mid C)}{P(A \mid C)}$$

当 $\tau_1=\tau_2=1$ 时，式（3–4）的左端［各条件不独立时的 P（$A|B$，C）］，就等于式（3–5）的左端［各条件独立时的 P（$A|B$，C）］。这表明式（3–3）中的 P（$A|B$，C）是式（3–4）中的 P（$A|B$，C）的一个特例。也即在固定更新比中的测井数据的影响为 1，同时地震数据的影响为 1 时，那么当条件不独立时的 P（$A|B$，C），就会等于条件独立时的 P（$A|B$，C）。

以上的各个概率表达式，是空间各网格节点的函数。也就是说，整个建模过程需要对三维储层区域内的每一个网格节点都进行了模拟，才算整个模拟过程完成。以上公式

(3–5) 中的 τ_1，τ_2，应该针对各个节点进行确定。

儒尔奈尔教授提出的固定影响比就是指（τ_1/τ_2），就是说对于所有的三维空间中的储层区域的各个点，所对应的影响比 τ_1/τ_2 都是相等的，相应的比值都是不变的。例如，τ_1 取为 1，τ_2 取为 5，那么就意味着对于储层区域内的所有的网格节点，测井数据产生的影响是 1，地震数据产生的影响为 5。进一步说，在井震结合后，测井数据的影响比较小，地震数据的影响比较大，而且对于储层空间中的任何一个网格节点都是这样的。

进一步分析，这样的影响比取值方法，其产生的建模结果对井点附近的节点就不太合适。因为从实际结合的过程来看，对于这种节点，结合结果应该主要受测井数据的影响，即测井数据的影响应该比较大一些，而地震数据的影响应该比较小一些。考虑到测井数据和地震数据对于建模过程的实现所产生的不同作用时，就会发现这种固定影响比算法的不足。

这样的不变影响比的做法简化了井震结合算法的设计，虽然对于井震结合的正确实现仍有一定的差距，但在算法形成的初期，是可以理解的。

多点统计建模井震结合的方法较为复杂，它们的输入数据也较多，在此对其输入、输出关系简明表达为图 3–9。

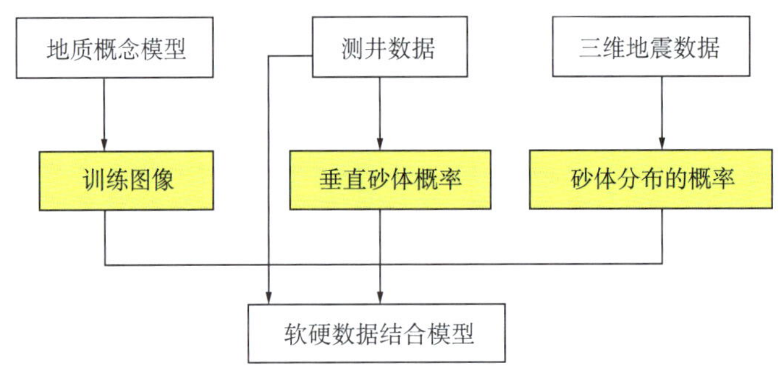

图 3–9　多点统计建模需要输入参数选择的方框图

3.2.5　岩石物理学模板及其应用

岩石物理学表达了定性的地质参数和定量的地球物理测量参数之间的一种联系 [(阿伍赛斯（Aveseth，P.)，穆科尔基（Mukerji，T.)，梅维科（Mavko，G.）著，李来临等译，2009)]。十多年以来，作为石油地球物理学的一项关键技术，岩石物理学的出现和发展，已经成为定量地震解释的一个组成部分，而且成为地震定量解释发展的必经之路(王炳章，2008)。地震岩石物理学的研究目的是帮助建立流体类型与地震特征的定量联系(张璐，2009)，它搭建了地震信息与岩石最基本参数相联系的桥梁，既是叠前储层预测的物理基础，也是连接地震和油藏工程的纽带（杜赟，2012)。岩石物理性质的研究成果主要为从地震波数据中提取地下岩石及其饱和流体的性质奠定了物理基础（地震反演过程)。另外，通过这方面的研究，可以了解地震波特性与岩石、流体性质的关系，可以模拟地震波在复杂地表下的传播（地震正演过程）。

岩石物理学作为一个工具，能够减少勘探阶段的风险，能够明显改善油藏预测，在油藏地震约束地质建模中起到关键作用。

岩石物理学的基本的研究内容，包含基本的实验室结果和理论结果两个部分，并一直到可以延伸应用于油田开发的各种预测方法。岩石物理学能够提供定性和定量的各种工具，可以预测和认识岩性、孔隙液体类型和饱和度、应力和孔隙压力、裂缝和温度等，并可预测上述参数对地震速度和幅度等各种因数的影响。更进一步，现有的研究成果还能够证明岩石物理学和包括沉积趋势和压实趋势在内的地质过程之间的相互联系及其重要性和成效。在地震油藏预测时，它阐明了岩性替代方法以及同等重要的液体替代方法。在油气田的勘探中，在评价井间的内插、沉积环境变化以及埋深趋势变化等研究领域中，岩石物理学是十分重要的。

岩石物理学表达了定性的地质参数和定量的地球物理测量参数之间的一种联系。十多年以来，作为石油地球物理学的一项关键技术，岩石物理学的出现和发展，已经成为定量地震解释的一个重要组成部分。作为一个工具，岩石物理学能够减少勘探风险，并且能够明显改善油藏预测的效果（Avseth，and other，2015）。

岩石物理学的全部研究内容，包含如下五个方面：

（1）地质过程和岩石物理学参数的关系。

（2）在地震波传播过程中的孔隙液体—岩石相互关系。

（3）油藏的非均质性粗化。

（4）页岩岩石物理学和碳酸盐岩油藏岩石物理学。

（5）油藏生产过程中的饱和度、压力和压实效果等因素对应的地震信号的认识和理解。

这些研究内容包含了基本的实验室结果和理论结果，也包含了可以直接应用于油田开发的各种实用方法。以下叙述的内容是仅与地震约束储层建模有关的岩石物理学的基本概念和方法。

3.2.5.1 地质学与地震数据的联系

常规的、定量的地震解释的主要目的是利用地震反射数据，辨别出地质要素或者地层模式。完全基于这些定量信息，能够确定油气勘探前景并指导钻进。然而，定量地震解释技术如今已经成为石油工业的前景评价和油藏表征的常用工具。这些技术大多从反射振幅寻找、抽取关于地下岩石及其孔隙液体的额外信息。通过弹性性质对比，可以对这些反射波进行物理解释，且可以通过岩石物理学模型把地震性质和地质性质联系起来。因此，岩石物理学模型能够引导和改善定量解释。

近几十年来，地震解释的发展重点是定量化技术，因为该技术能够证实油气异常，并且在勘探前景评价和油藏表征中提供额外信息。这些技术的最重要部分包括，叠后振幅分析（亮点和微弱亮点分析）、依赖偏移的振幅分析（AVO）、波阻抗反演和正演模型。这些技术如果运用得当，就会在地震解释方面打开一扇新的大门。通过这些地震振幅，可以对比各个层位的弹性性质，其中包含着关于岩性、孔隙度、孔隙液体类型和含油饱和度的信息，还有在常规的地震解释中不能提供的孔隙压力的信息。

直至最近，岩石物理学在地震解释中的应用，依然主要集中于孔隙度的预测和不同液体和压力在空间分布的预测。只有少数的研究是利用地震波幅度对地质参数进行预测，如对分类、胶结含量、泥质含量、砂泥比和岩相的预测。在液体的替换时，需要常常假设岩石类型和孔隙度是常数，忽略了岩相从盐水区域到油气区域转变的可能性。岩石物理学可以把岩石物理性质与包括分类、泥质含量、岩相、岩性、压实和沉积在内的各种地质参数联系起来，其模型允许实现岩性的替换，解决重要的岩石物理学性质是什么的问题。

岩石物理学探讨了区域地质趋势可以如何应用于约束岩石物理模型。地质趋势可以分为两种类型：压实和沉积。如果可以预测在地震响应中沉积环境函数的期望值变化，则可将其作为沉积环境或者埋藏深度的函数。那么，这些期望值将会增加油气预测的能力，特别是对那些测井数据较少或没有的区域。在一个勘探区域，对于地震约束的理解将会缩小岩石性质的变化范围，从而减少油藏地震解释的不确定性。对于海上油气田，在大陆架的浅部层段往往还有测井数据，但当勘探被扩展到埋深较深的部位或远离物源的深水区域，那么该区域的岩石物理学趋势就成为重要的研究内容。

3.2.5.2　岩石物理学模板

为了预测岩性和油气，可以把沉积趋势和成岩趋势模型结合起来，生成岩石物理学模板，进而对岩相和油气进行预测。这种利用各个局部的地质特性进行限制的模板，就被称为岩石物理学模板（RPT：Rock Physics Templates）。这种技术是Ø degaard 和 Avseth 在 2003 首次提出的（Ø degaard，and Avseth，2003）。

图 3–10 显示的是根据委内瑞拉 NPE3 区块的 O–11a 小层 19 口井获取的数据作出的一张岩石物理学模板。从自然伽马测井数据和波阻抗数据的交会图，完成了相应的沉积微相的分类。该图中所绘的正方形（紫色）、三角形（黄色）和菱形（蓝色）三种符号，分别代表着辫状河沉积的河道、心滩和泛滥平原等三种微相。图上不同符号对应的数据点都是从各井网格块获取的。其中，自然伽马数据是从测井曲线读取的，作为地震属性的波阻抗数据和作为地质信息的沉积微相数据也都是从这些网格块上读取的。

多点统计建模中的地震数据约束可以通过砂体概率生成曲线的形式实现。这条曲线的目的就是为了将波阻抗数据转化为各种微相的砂体空间分布概率。用多点统计方法进行微相建模时，实际参与约束的是各种微相的砂体空间分布概率。这种概率是由给出数据作出的岩石物理学模板确定的（如图 3–11 所示）。岩石物理学模板可以在各种微相的空间分布与波阻抗数据之间建立联系，从而使得波阻抗数据可以作为软数据被引入到沉积微相建模中去。

为了获得砂体概率生成曲线，需要对研究区波阻抗数据与微相的关系进行分析（Avseth，2000）。对 3 种微相的地震属性进行分析后可知，泛滥平原、河道和心滩的波阻抗是依次增大的，因此可以依次划分出 3 种微相的波阻抗范围并得到 3 种微相的砂体概率生成曲线，如图 3–11 所示。

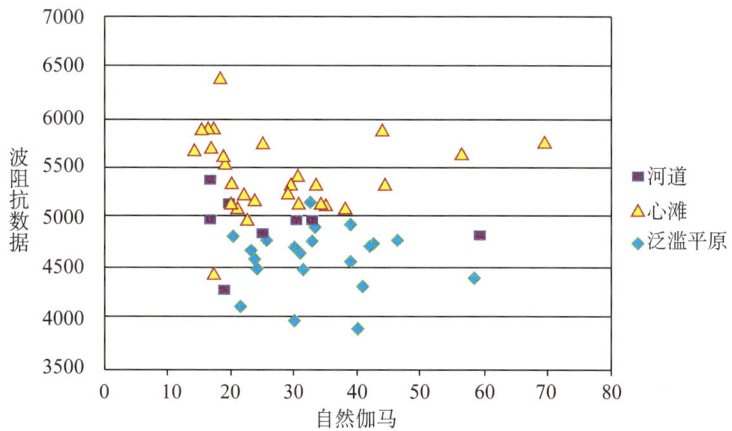

图 3-10 沉积微相在自然伽马—波阻抗交汇图上的分布

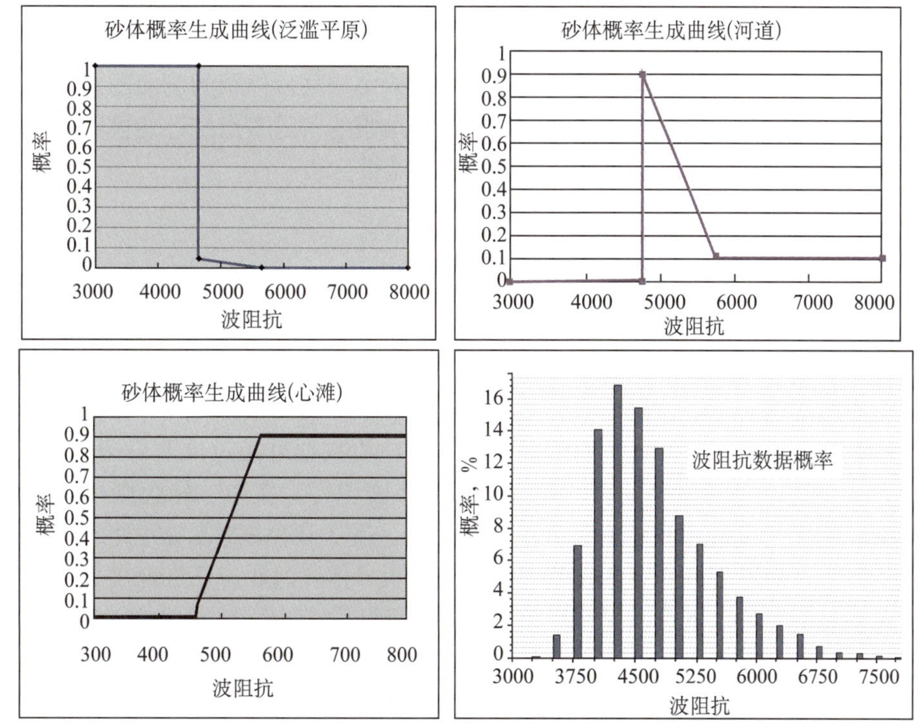

图 3-11 微相砂体概率生成曲线

砂体概率生成曲线含义是指在井筒处的各个网格块处，在指定波阻抗值条件下单一微相出现的概率。从空间角度而言，砂体概率曲线的意义即为各种微相在空间上的概率分布。值得注意的是，3 种微相的砂体概率生成曲线在同一个波阻抗值条件下取得各个微相的概率的和必须为 1，否则不能作为地震数据参与多点统计建模。例如，对于波阻抗值等于 4600 的地方，泛滥平原、河道、心滩相应的概率分别为 1.0，0.0，0.0，它们的和为 1.0。

3.3　地震约束建模的应用

3.3.1　曲流河储层

王家华、夏吉庄（2013）利用垦 71 断块的测井数据和三维泥质含量反演结果的地震数据，运用多点统计建模方法和软硬数据结合的原理，进行了油藏建模的井间砂体预测研究。研究内容包括三维地震数据的质量控制、软硬数据结合、多点统计学建模应用、训练图像的制作以及砂体概率生成曲线的选用。在此基础上，又将利用测井数据和三维地震数据结合的建模结果与仅用测井数据的建模结果进行了对比。这种分析和对比以地震泥质含量剖面图为依据，分为三个层次：研究层段的上部和下部的砂泥岩分布对比，不同井及其周围地区的砂泥岩分布对比，不同随机种子产生的多个测井砂体预测剖面图之间和多个井震砂体预测剖面图之间分别对比。研究结果表明，地震约束的多点统计建模结果明显提高了井间砂体预测的合理性，降低了油藏建模的不确定性。

3.3.1.1　三维地震数据的质量控制

将地震数据和测井数据相结合，进行油藏建模时，三维地震数据的质量如何是一个关键因素。例如下述研究区域涉及层位馆 4 段的实际数据显示，其三维泥质含量反演数据显示的砂体分布和自然电位测井数据负异常砂体显示的对应关系较好（图 3–12），这说明研究区三维地震数据的时深转换是比较好的，从而提供了地震数据与测井数据相互结合的基础。图 3–12 是研究区内 5 口井的剖面图，其三维地震数据是经过反演得到的泥质含量。其中，红色为河道，是砂体最发育的地方；蓝色代表泥岩；黄色、绿色则代表堤岸、决口扇和边滩，它们是从砂岩到泥岩过渡的中间地带。图 3–12 中的各口井处的地震数据红色、黄色的地方，对应着各井相应自然电位曲线的负异常。因此，三维地震数据和测井数据的对应关系是很好的，也可以说地震数据的质量较好。

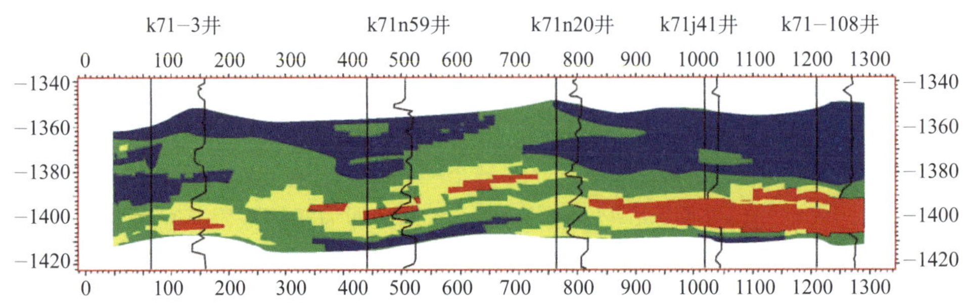

图 3–12　泥质含量反演数据和自然电位测井数据的对比

3.3.1.2 砂体概率生成曲线的选定

利用砂体概率生成曲线可以把泥质含量反演数据转化为砂体空间概率分布，也即把三维地震反演数据转化为砂体空间概率分布，它的取值的不同，会导致砂体空间分布概率大小的变化。该曲线因此也是把测井数据和地震数据结合生成软硬数据结合模型所必需的参数。图 3–13 给出了 6 种不同的砂体概率曲线。

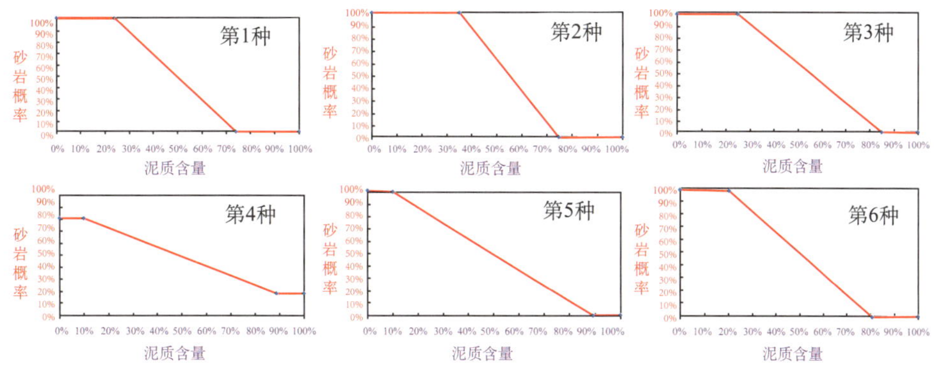

图 3–13 六种不同的砂体概率生成曲线

在以上 6 种砂体概率生成曲线的控制下，所获得的砂体三维空间分布概率也有所不同（如图 3–14 所示）。有的对应的砂体比较明显，接近于概率 1，有的则对应的砂体概率小

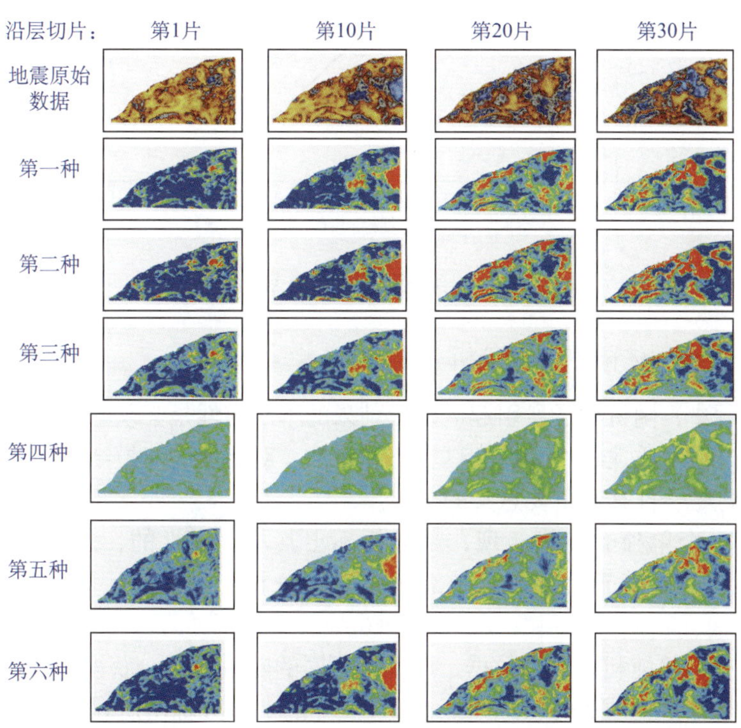

图 3–14 六种不同的砂体概率生成曲线所产生的砂体概率

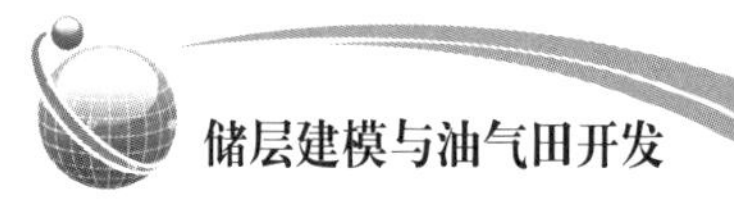

于 1。该图的最上面的一行对应于原始的三维地震反演泥质含量，再下面对应于第一种砂体概率生成曲线，一直到第 6 种曲线。第 1 列的是对应于馆 4 段第 1 片的图像，依次是第 10、第 20 和第 30 片的图像。

利用以上 6 种不同的砂体概率生成曲线以及获得的相应各沿层切片的地震约束建模结果，经过对比至少可以发现以下三点：

（1）第 3 种、第 4 种和第 5 种曲线对应的砂体分布概率相对比较小。

（2）第 4 种曲线的砂体分布概率都小于 1（没有达到 1 的），说明模拟的结果受到地震数据约束的影响比较弱，受到训练图像的影响比较大。

（3）第 2 种曲线显示出的砂岩比第 1 种曲线显示出的砂岩明显地多。

结合测井显示的结果，全面考虑后，选择第 6 种砂体概率分布曲线比较好。

经过对不同砂体概率生成曲线计算结果的对比，在建模过程中最终选定的是第六种砂体概率生成曲线。利用这条曲线，当三维泥质含量反演得到的泥质含量小于 20% 时，砂体概率为 1。当这个泥质含量从 20% 到 80% 变化时，所对应的砂体概率就从 100% 线性下降为 0。然而，当泥质含量从 80% 到 100% 时，砂体概率均为 0%（如图 3–15 所示）。

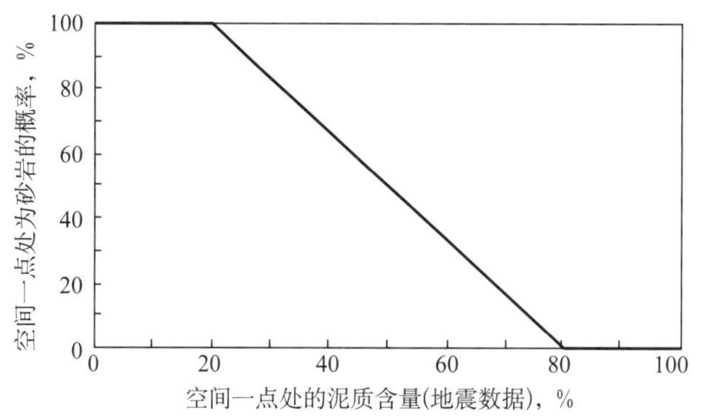

图 3–15　最终选取的砂体概率生成曲线

3.3.1.3　井间砂体预测结果分析

在建模过程中，随机种子所引起的建模结果的不确定性是必须考虑的。正确认识并尽可能地减少油气藏地质建模中存在的这种不确定性，对于提高建模结果的合理性并克服其应用的盲目性，是一件具有重要意义的事情。

对于任何一个单独的建模实现，是分析不出其不确定性的，也无法分析它的合理性和准确性。只有对若干个实现，从总体上进行分析、对比，才能对其不确定性进行认识。

在研究区中，单纯利用测井数据，用 5 个不同的随机种子，获得了砂体空间分布的 5 个实现，也就是 5 个不同的建模结果。在图 3–16 的上方五幅图所显示的，是这 5 个实现通过 k71–19 井、k71–14 井、k71–107 井、k71–53 井、k71–41 井和 k71–108 井的 5 个剖面图。它们也称为测井砂体预测剖面图。其中，红色代表砂体，蓝色则代表泥岩。在图 3-16 和图 3-17 的最下部显示的砂体空间分布概率剖面图，代表了泥质含量反演的结果。其中，蓝色表示泥质含量最大，为 100%；红色表示泥质含量为 0%，为纯砂岩。从蓝色，经过浅蓝、绿色、浅黄色、橘黄色、一直到红色，相应的岩性则从泥岩、泥质砂岩、一直过渡到纯砂岩。

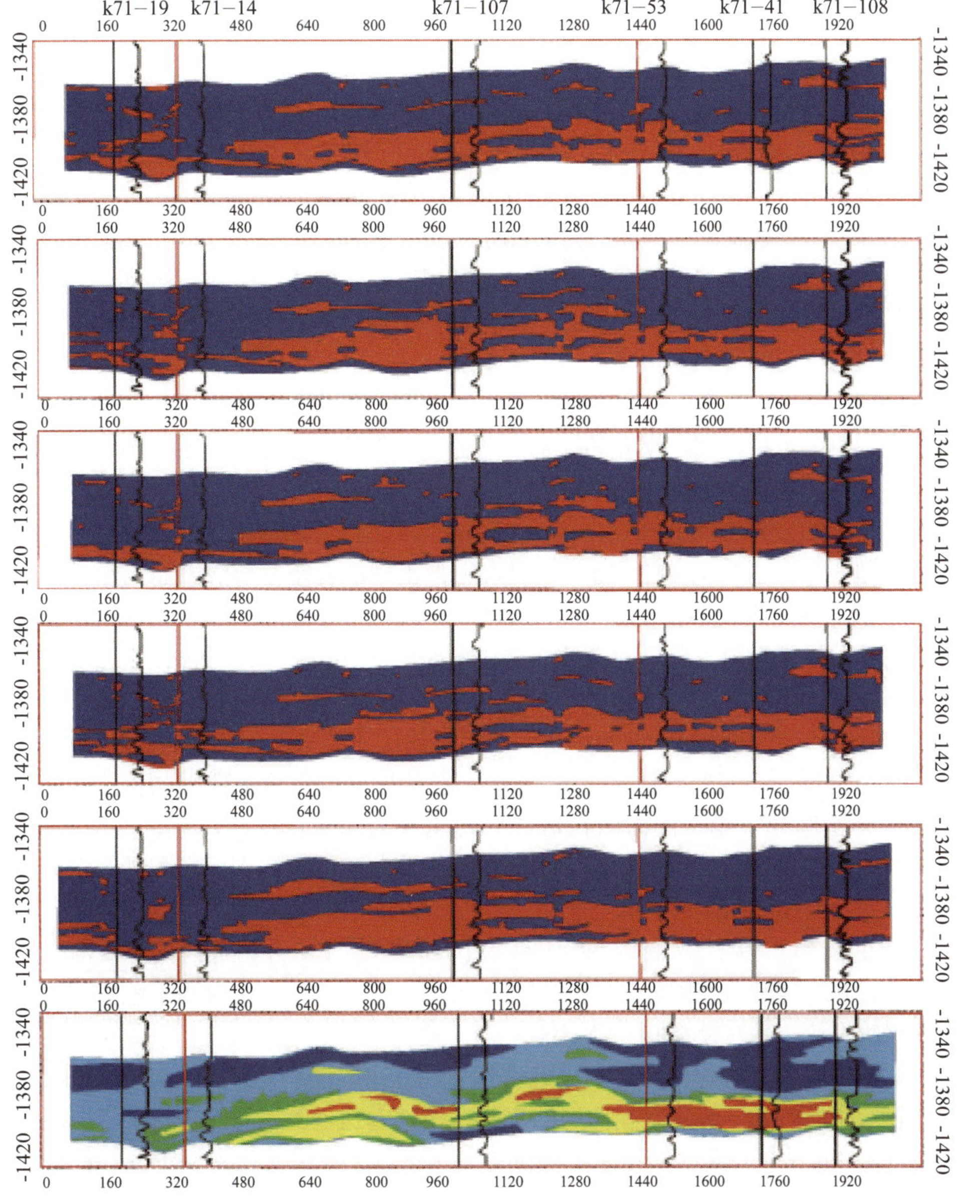

图 3-16　利用测井数据做出的砂体预测图和地震砂体空间分布概率剖面图的对比

这个剖面是处于该研究区井位最密集的区域。k71–41 井与 k71–108 井之间的间距为 190m，是该剖面中的最短井距。k71–107 井与 k71–53 井之间距离为 480 m，是该剖面中的最长井距，190m 的井距明显小于 120 口井的平均间距。

图 3–16 是利用测井数据和地震数据，通过上述地震约束的算法获得的砂体空间分布的 5 个实现。利用这些实现，通过上述 6 口井可以做出的 5 个井震砂体预测剖面图。以下综合对比测井砂体预测剖面图、地震约束砂体预测剖面图和地震砂体空间分布概率剖面图，进行井间砂体预测分析及其不确定性的分析。

在对比、分析的过程，图 3–16 和图 3–17 的最下部所共有的那张地震砂体空间分布概率剖面图，是由泥质含量反演所得的地震数据直接生成的，可以视为对比、分析的最客观的图件。

砂岩预测的不确定性分析与对比，可分为三个不同的方面：

（1）测井砂体预测剖面图、井震砂体预测剖面图和地震砂体空间分布概率剖面图的对比。

（2）两种不同砂体预测剖面图的不同井及其周围地区的砂泥岩分布的对比。

（3）不同随机种子产生的多个测井砂体预测剖面图之间和多个井震砂体预测剖面图之间分别对比。

首先，图 3–16 显示 5 个砂体预测剖面的储层上部明显存在砂岩，其厚度和延伸长度都有相当的规模，包括在靠近顶界的局部。然而，地震约束砂体预测剖面图则显示出储层上部只含有少量的砂体，大部分都是泥岩。

其次，从地震砂体空间分布概率剖面图来看，储层上部基本上是蓝色及少量的绿色。相比之下，图 3–17 的砂体预测剖面图的层段上部出现砂岩明显要少，而且和砂体空间分布概率含量剖面图出现的砂体也比较符合。图 3–16 之所以出现了不少不该出现的砂体，这是由于测井砂体预测图含有不确定性所造成的。由此可知，地震砂体预测图的不确定性明显小于测井砂体预测图。

在图 3–16 中，k71–19 井和 k71–14 井的附近储层上部呈现了较厚的砂体。k71–14 井和 k71–108 井之间所出现的砂体厚度达 10 m，在 k71–107 井两侧的砂体厚度达 3 ～ 4 m。然而地震砂体空间分布概率剖面图在这些局部呈现的都是蓝色和浅蓝色，也就是泥岩。k71–107 井附近的对比结果也是类似。由此可知，测井砂体预测剖面图和砂体空间分布概率剖面图的差别是比较明显的。

然而，在图 3–17 中，k71–19 井、k71–14 井和 k71–107 井附近的储层顶部没有呈现较多的砂体，和地震砂体空间分布概率剖面图较为一致，这再一次说明了地震约束砂体预测剖面图比较可信，具有较小的不确定性。

最后，通过对比分析建模结果的不确定性：图 3–16 的 5 个测井砂体预测剖面图显示的砂体位置有明显差别，特别是在储层的顶部，这种差别是由不同的随机种子引起的。然而，图 3–16 中的 5 个井震砂体预测剖面图则基本一致，这进一步说明了井震结合的建模结果的不确定性明显较小。

这里有一点需要强调的是，在图 3–16 和图 3–17 最底部的砂体空间分布概率剖面图，是由地震泥质含量剖面图经过最终选取得砂体概率生成曲线（图 3–15）的作用，转化得来的。其目的是为了和井间砂体预测的建模结果进行对比。这两张砂体三维空间分布概率剖面图和图 3-12 中的地震泥质含量剖面图之间存在着一些细微的差别。

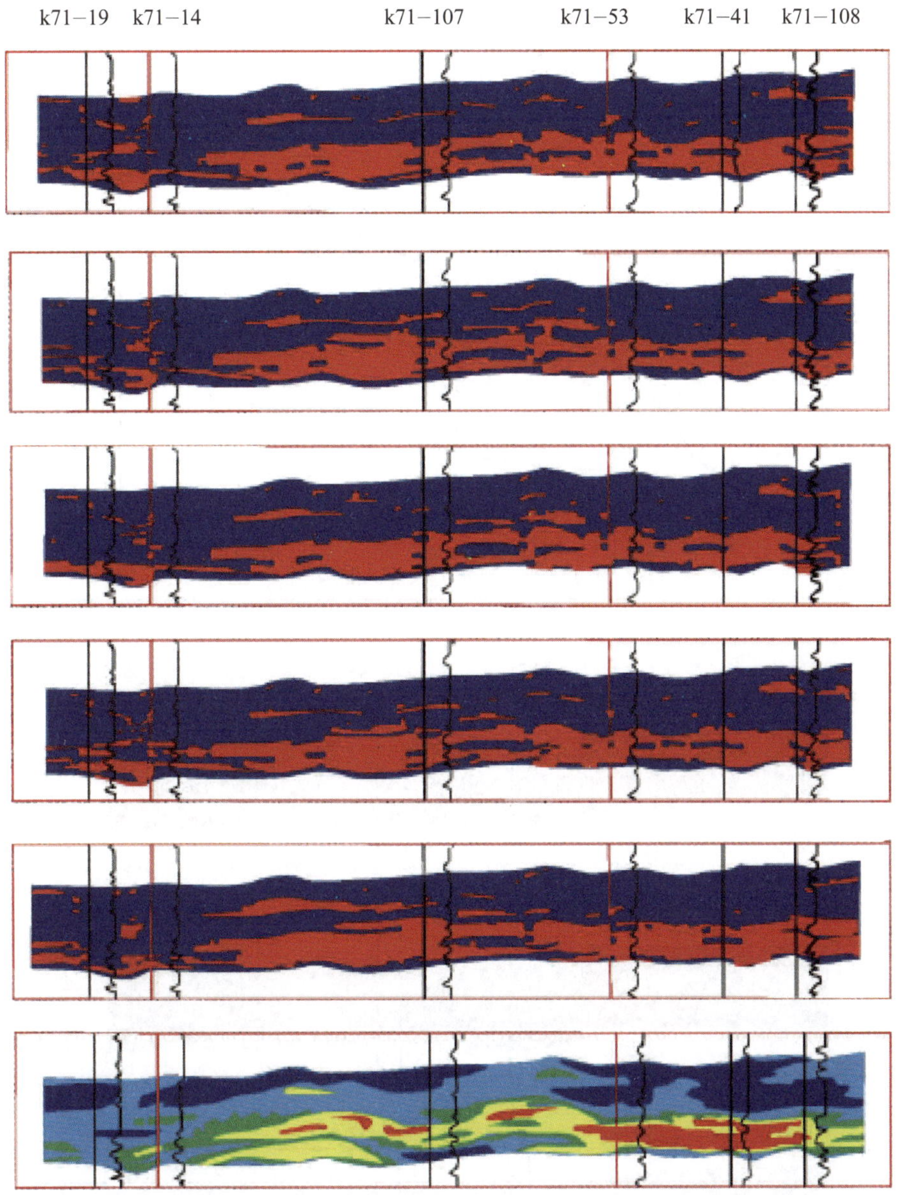

图 3-17　利用测井和地震数据结合做出的砂体预测图和地震砂体空间分布概率剖面图的对比

图 3-18 中，剖面 0 为图 3-16 和图 3-17 所组成的剖面。在这张图中，还标出了剖面 1、剖面 2、剖面 3 和剖面 4 的具体位置，它们是利用研究区的测井数据和地震数据做出的四个剖面。其中两个是东西方向，两个是南北方向。对于这四个剖面，分别取得了三个

建模的实现，分别称为实现 1、实现 2 和实现 3，并绘制了剖面图（图 3–19 至图 3–22）。综合分析这 5 个剖面可以看出，在馆 4 段的下部存在稳定连续的砂岩。它们具有较长水平长度（最长可达 2600m）和较大的厚度（最厚可达 30m）。在其上部的建模结果中，则主要显为泥岩，还有少量的薄层砂岩。与图 3–16 的仅利用测井数据的建模结果相比，地震约束建模结果大大降低了建模不确定性。建模结果指出了砂体存在的具体坐标，包括起止的水平位置、深度、具体的厚度，并描述了各个砂体具体的形态。

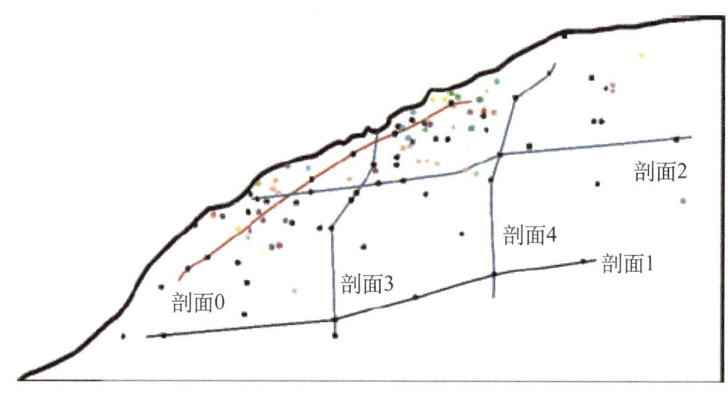

图 3–18　垦 71　断块 5 个剖面的位置

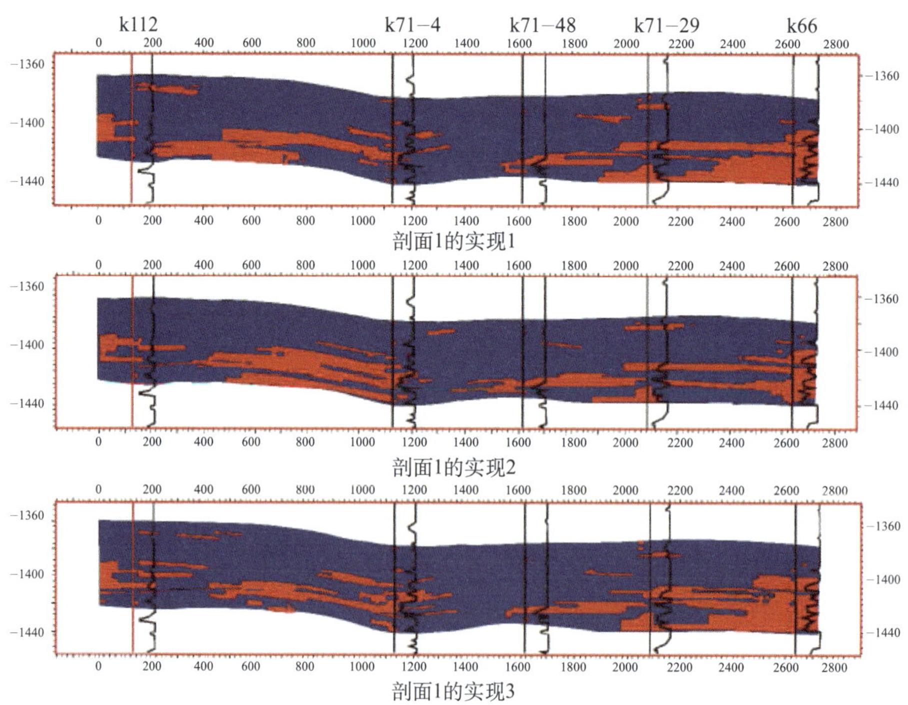

图 3–19　剖面 1 的 3 个建模结果

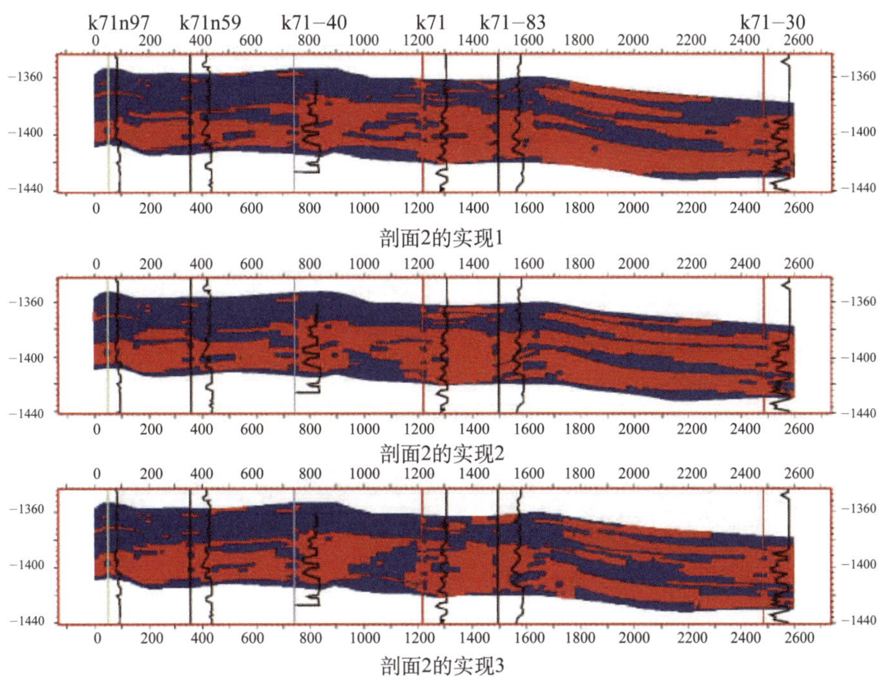

图 3-20 剖面 2 的 3 个建模结果

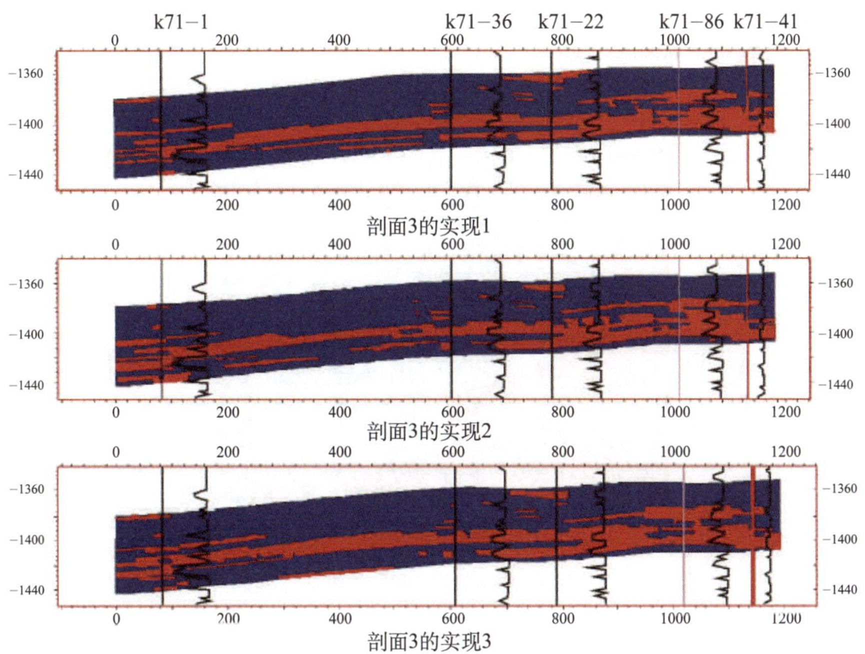

图 3-21 剖面 3 的 3 个建模结果

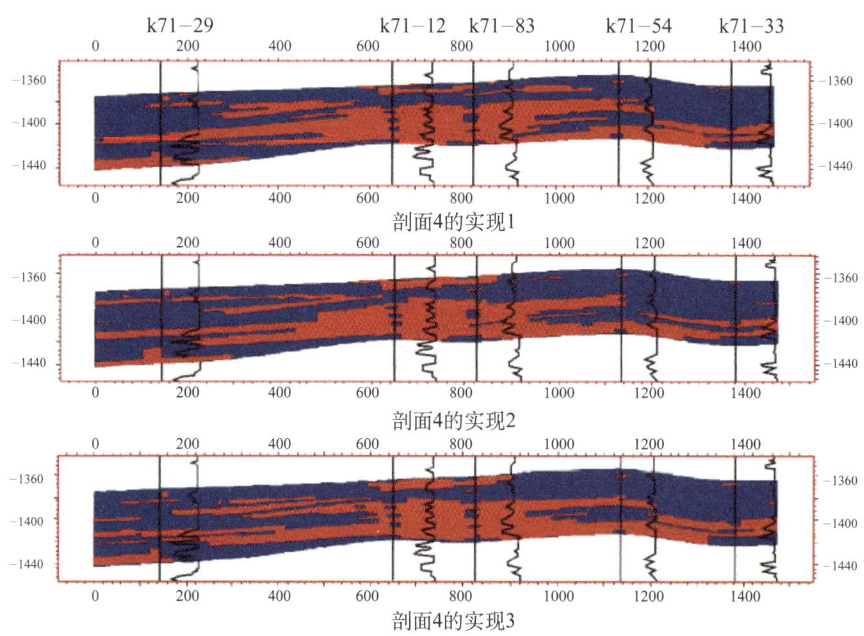

图 3-22　剖面 4 的 3 个建模结果

在地质认识精确化的基础上，可由测井数据计算得到纵向比例曲线（图 3-23）并提供的砂体分布的统计特征，使建模结果更加准确与具体化了。

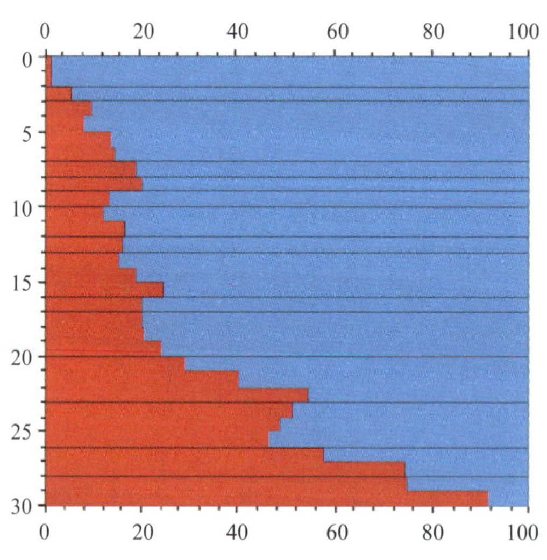

图 3-23　由测井数据计算得到的纵向比例曲线

注：图中纵坐标代表整个层划分为30片，而横坐标代表百分比。

鉴于馆 4 段的平均层厚约为 60m，它包含的 10 个小层平均厚度为 4m，2m 以上储层占到区块储层的 90% 以上，综合三维地震分辨能力及地质需求，确定每片厚度为 2m，训练图像数据体也要相应分为 30 片，这样就可以基本反映纵向上的储层非均质性。

总之，地震约束预测砂体剖面图比较接近于地震砂体空间分布概率剖面图，它综合了地震和测井两个方面的信息，且明显优于测井砂体预测剖面图。

3.3.2 辫状河储层

3.3.2.1 研究区地质概况

研究区块位于委内瑞拉的奥里诺科重油带的东部，物源主要来自南部圭亚那地盾。地盾的剥蚀物由奥里诺科河带入盆地而形成一系列的河控三角洲。在研究区块，地层厚度由南向北逐渐变厚；纵向自下而上地层厚度的展布逐渐从南西—北东向过渡为南东—北西向。

Morichal 段地层整体上属于上三角洲平原上的辫状河道沉积。该区储层分布主要受河道控制，沉积环境主要由泛滥平原、河道和心滩三种沉积微相组成（见表 3–1）。

MPE3 区的主要含油层段为上第三系 Oficina 组的 Morichal 段，其次为 Jobo 段（图 3–24）。根据沉积旋回，Morichal 段自上而下划分为 O–11A，O–11B–1，O–11B–2，O–12–1，O–12–2，O–13–1，O–13–27 个小层。储集层为一套以辫状河道砂为主的沉积，岩性以中粒石英砂岩为主，其次为细砂岩。目的层岩性疏松，储油物性好，为高孔隙度、高渗透率砂岩。

表3–1 Morichal段主要沉积微相类型

相	亚相	微相	垂向层序	推移质 / 悬移质比
辫状河相	河床	河道	正韵律	很大
		心滩	复合韵律	很大
	河漫	泛滥平原	无韵律	小

这里研究的 O–11A 小层共有资料齐全的 19 口直井穿透。全区面积 115km^2，井网密度约为每平方千米有 0.16 口井。三维地震数据 100% 覆盖了全区。地震数据的信噪比、分辨率较高，成像准确，地质现象清晰。

本区 Morichal 段沉积体具有典型的“砂包泥”特征，即厚层石英砂岩夹薄层的泥岩。根据构造背景、沉积特征及古生物特征分析，其沉积类型属于海岸平原上的辫状河沉积(或推移质 / 悬移质比很大的环境)，河道一般宽而浅，河道易被心滩分割。水流成多河道绕着众多心滩不断分叉和重新汇合，河水主流摆动不定，河道移动变化大，河床地貌形态变化快。由于心滩和河道摆动迅速，天然堤不发育，仅有洪水期发生的溢岸沉积 / 决口扇沉积。识别出的主要沉积微相见表 3–1。

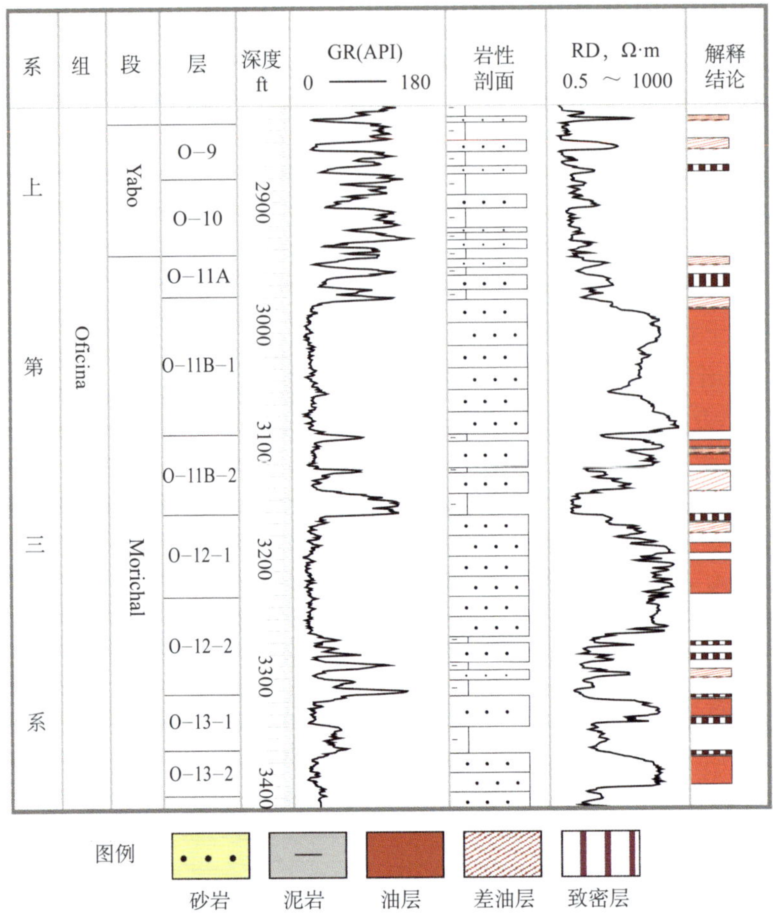

图 3–24 Oficina 组的油层柱状图

3.3.2.2 训练图像分析

将所研究的小层纵向细分成 10 片后，每一小片的训练图像的横向展布是关键。制作训练图像方法很多，可以参照砂体等厚图、沉积相分布图与泥质含量分布图等。由于本区地震数据横向上具有较高的分辨率，因此可以参照经过相标定的波阻抗数据制作训练图像。如图 3–25 所示是分别参考波阻抗数据与利用测井数据所得的泥质含量分别所得到的两个训练图像（选出中间具有代表意义的第 3 片、第 5 片和第 9 片）。

必须强调的是，在图 3–25 所示的训练图像中，沉积微相横向相序明显地体现了由外向内依次为泛滥平原微相—河道微相—心滩微相的接触关系的地质认识。这充分体现了辫状河储层的特点。

通过图 3–25 还可知，参考波阻抗数据与参考泥质含量画出的训练图像差别较大。将这两组训练图像分别进行地震约束建模，可以得到两组建模结果如图 3–26 所示。在地震约束条件下，得到的两组训练图像对应的建模结果具有一定的相似性。这说明用地震数据作为约束，建模结果在横向上的分布主要受砂体概率曲线的影响，即都表现为建模结果与沉积微相标定的波阻抗数据（图 3−26）相似。

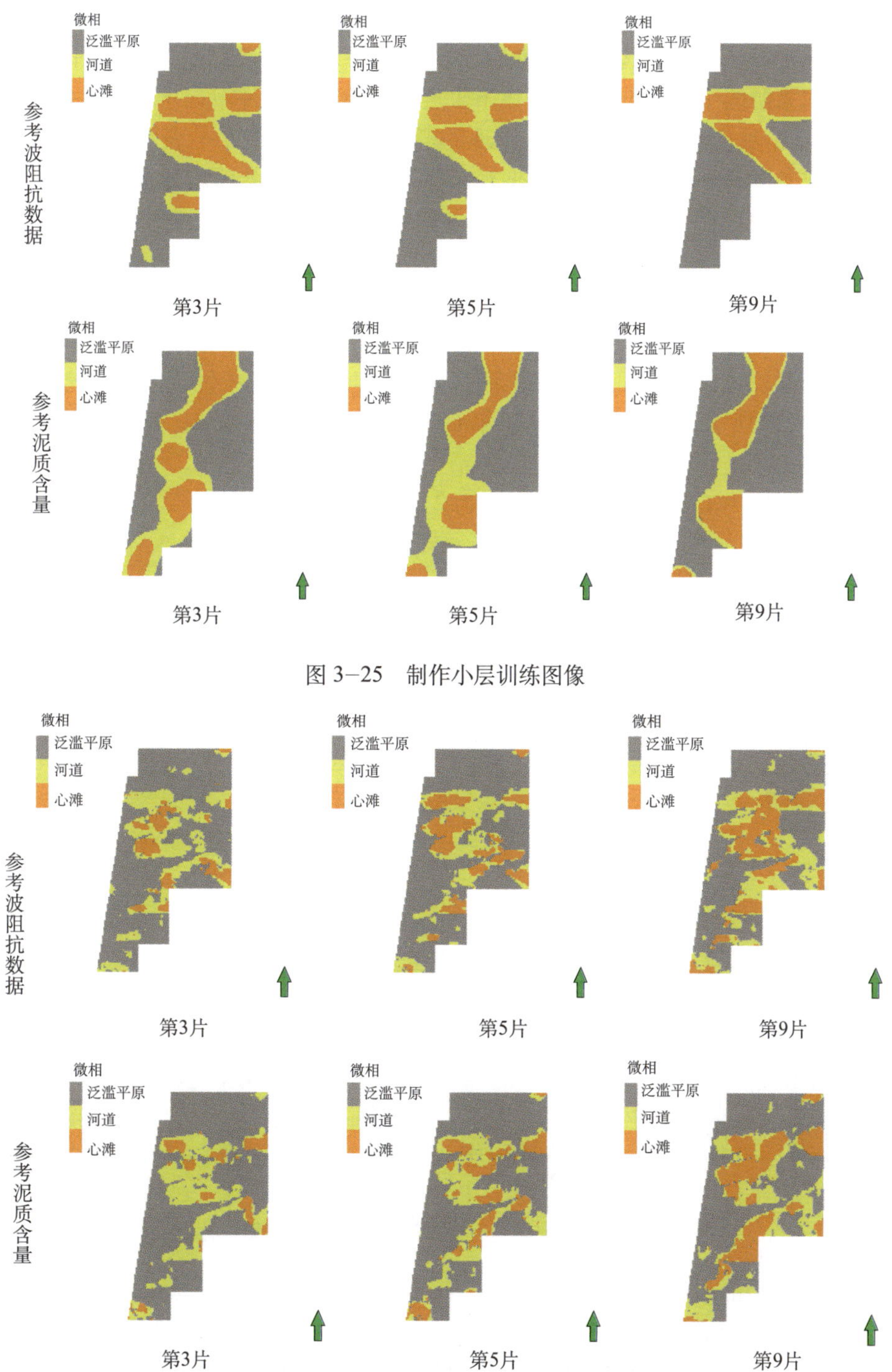

图 3−25　制作小层训练图像

图 3−26　不同训练图像建模结果

3.3.2.3 井震影响比的作用

实现井震结合的影响比算法（Journel，2002）是由斯坦福大学儒耳奈尔教授于 2002 年提出的。这种算法被国际著名储层地质建模软件系统采用，因而在国际上十分流行。该算法对于不同来源两个的数据 A，B，在不假定相互独立的条件下，求得 $P(A|B;C)$。概率事件 A 表示心滩、河道、泛滥平原出现的概率；概率事件 B 是表示在各井点处心滩、河道、泛滥平原出现的概率（测井数据表示）；C 则是用三维地震数据表征心滩、河道、泛滥平原在空间中存在的概率。为此，他还利用了影响比的概念调整井震结合中的两种不同来源数据的作用不同。例如影响比为 3 ∶ 1，意味着测井数据的作用为 3 份，而地震数据的作用为 1 份。

在多点统计进行相建模时，软硬数据参与的影响比是可以选择的。为了降低整个建模结果的不确定性，可以在不同地震约束条件下进行相建模并从中优选出合适的井震结合影响比。如图 3–27 所示，列举出 11a 小层第 6 片三种影响比（1 ∶ 3，1 ∶ 1，3 ∶ 1）条件下的相建模结果。这张图中的 3 张直方图描述了在三种影响比之下，泛滥平原（相代码为 0），河道（相代码为 1），心滩（相代码位为 2）等微相的空间比例。

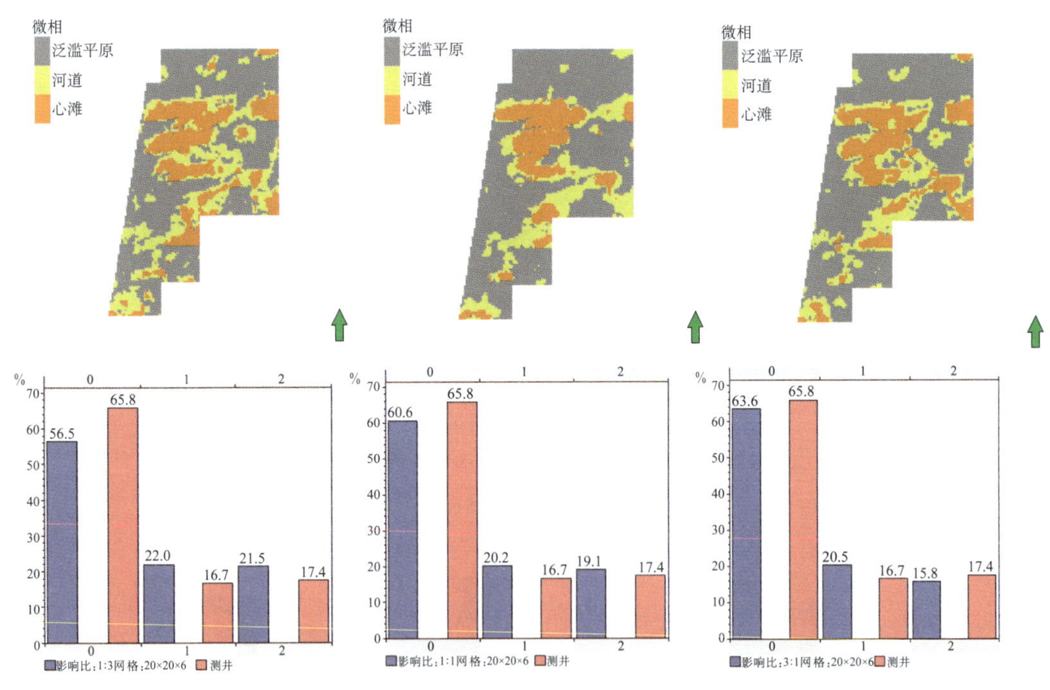

图 3–27 不同地震约束条件下的建模结果（第 6 片）

在该图的下半部，显示了三张直方图。其中，有三对柱子，而每一对由左侧的蓝色柱子和右侧的红色柱子组成。从左到右三对柱子分别代表了心滩、河道和泛滥平原占全部空间的百分比。蓝色柱子代表利用模拟结果进行统计得到的各种微相比例，红色柱子则代表了仅仅利用测井数据统计得到的各种微相比例。

在图 3–27 左面的直方图中，影响比为 1 ∶ 3，说明测井数据的作用为 1 份，地震数据的作用为 3 份。模拟结果（蓝色）和测井数据统计结果（红色）差别最大。中间和右边的直方图分别对应影响比为 1 ∶ 1 和 3 ∶ 1。它们分别代表模拟结果（蓝色）和测井数据统计结果（红色）的差别为中等和最小。利用模拟结果和测井数据分别进行统计结果的对比，可以说明影响比为 3 ∶ 1 时，也即测井数据的作用为最大时，建模结果的统计量和测井数据统计量的差别为最小。对建模结果和建模方法优劣性进行评价的公认标准是，建模结果的统计量应该和测井数据统计量比较符合。因此，上述的解释是符合这个直观认识的。

通过与图 3–27 中相标定的波阻抗数据比较可知，建模结果在横向上与标定的波阻抗数据具有较高的相似性。这说明地震数据对建模结果起到了较为明显的作用。

采用不同的井震结合影响比，是一个强调测井数据还是强调地震数据的问题。这要根据希望解决的问题或希望考察的地质问题的不同而决定，或根据井中数据的多少与质量而决定，或可以根据地震数据的质量而决定。不同比例会使得建模结果发生变化。但是值得注意的是，建模结果在横向上各种沉积相的位置分布是基本一致的，形态也大致相同，这说明引入地震数据对建模结果进行约束，可以显著降低不确定性。

3.3.2.4 辫状河储层微相建模结果的地质分析

建模结果不仅要与建模的硬数据匹配，还要符合地质认识，可以通过单井岩相与井周的建模结果的一致程度来判断沉积特征模拟的效果。

首先，对建模结果中各微相的横向接触关系进行分析。本区三种沉积微相分别为泛滥平原、心滩与河道。根据辫状河储层的基本特性，它们之间的平面接触关系应该由外向内依次为泛滥平原微相—河道微相—心滩微相。这种微相的横向接触关系是辫状河储层横向非均质性的重要标志。

应该强调的是，在图 3–25 所示的训练图像中，沉积微相横向相序明显地体现出的地质认识是，由外向内依次为泛滥平原微相—河道微相—心滩微相的接触关系。这样，建模所得图 3–29、图 3–30、图 3–31 所示的剖面图，都充分体现了辫状河储层各微相在横向上接触的特点。

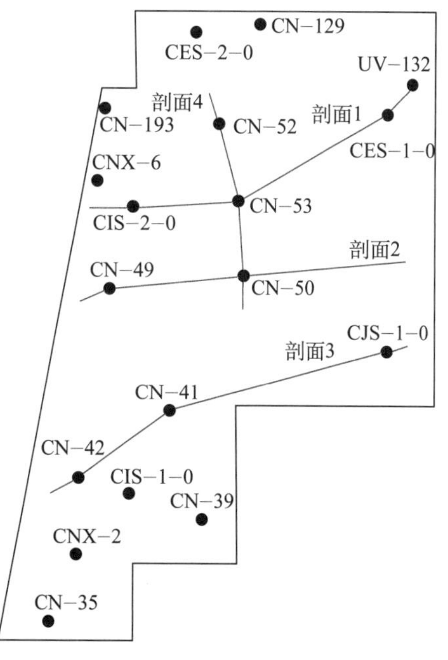

图 3–28 4 条剖面的位置图

其次，对图 3–28 中的四条剖面模拟结果的微相纵向分布特征进行分析。其中的剖面 1 所得的图形如图 3–29 所示。从该图看出，处于河道中心部位的 CN–53 井的岩相在 11a 小层至上往下分别为泛滥平原，河道，心滩。这说明在纵向上 CN–53 井所在的河道上，是一个正的沉积旋回。另外，在 CN–53

井处于河道的中心部位，其顶部出现薄的、不太连续的泥岩。这个结果符合辫状河沉积的特征。

图 3–30 中所示的剖面 2，在 CN–49 井与 CN–50 井之间以及 CN–50 井以东的两个部位分别显示了一条辫状河，岩性呈现下粗上细的特征。

再从图 3–31 中，在 CN–41 井的东面到 CJS–1–0 井的中间以及 CN–42 井处，各有一条辫状河。它们的岩性都为下粗上细，其中心滩的中心部位的泥岩呈现较薄。

从图 3–29 至图 3–31 可以看出，井中数据和模拟井间的数据具有较好的匹配，这说明了地震数据的时深转换较好，也说明了建模结果的合理性。

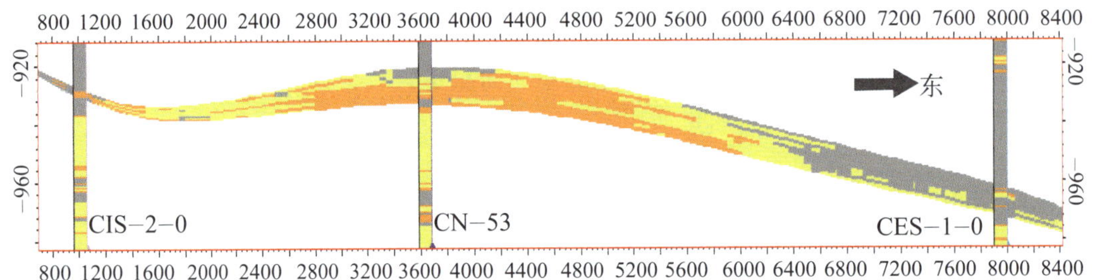

图 3–29　剖面 1

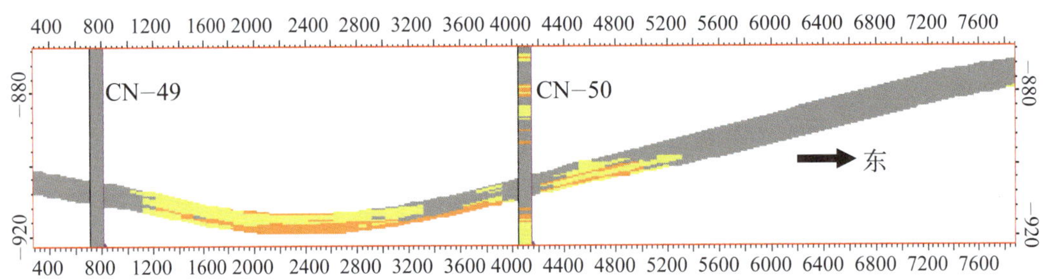

图 3–30　剖面 2

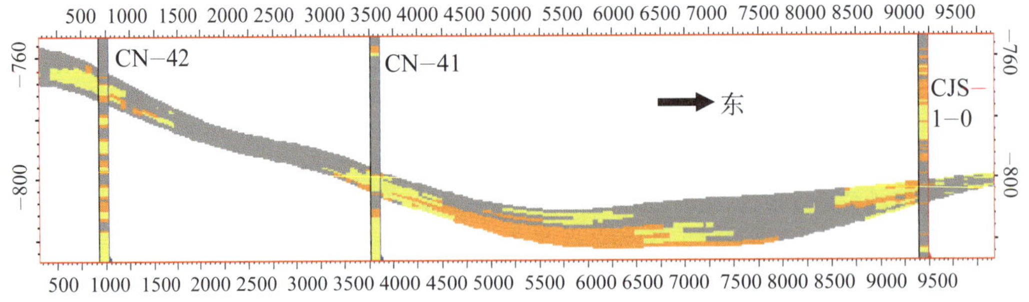

图 3–31　剖面 3

3.3.2.5　建模结果的不确定性分析

储层建模方法发展的一个重要原则就是降低不确定性，使不确定性最小化，并对不确定性进行评价（Caers，2011；Ma，2011）。

通过随机种子数的不同可对建模结果的不确定性进行评价。在图 3–28 中的选定的剖面 4 中，从南至北排列着 CN–50 井、CN–53 井和 CN–52 井。图 3–32 包含的三个剖面图，是分别利用随机种子数 20000，25000 和 35000 井震结合的建模结果。以下对这些模拟结果在连井剖面上的不确定性进行分析：

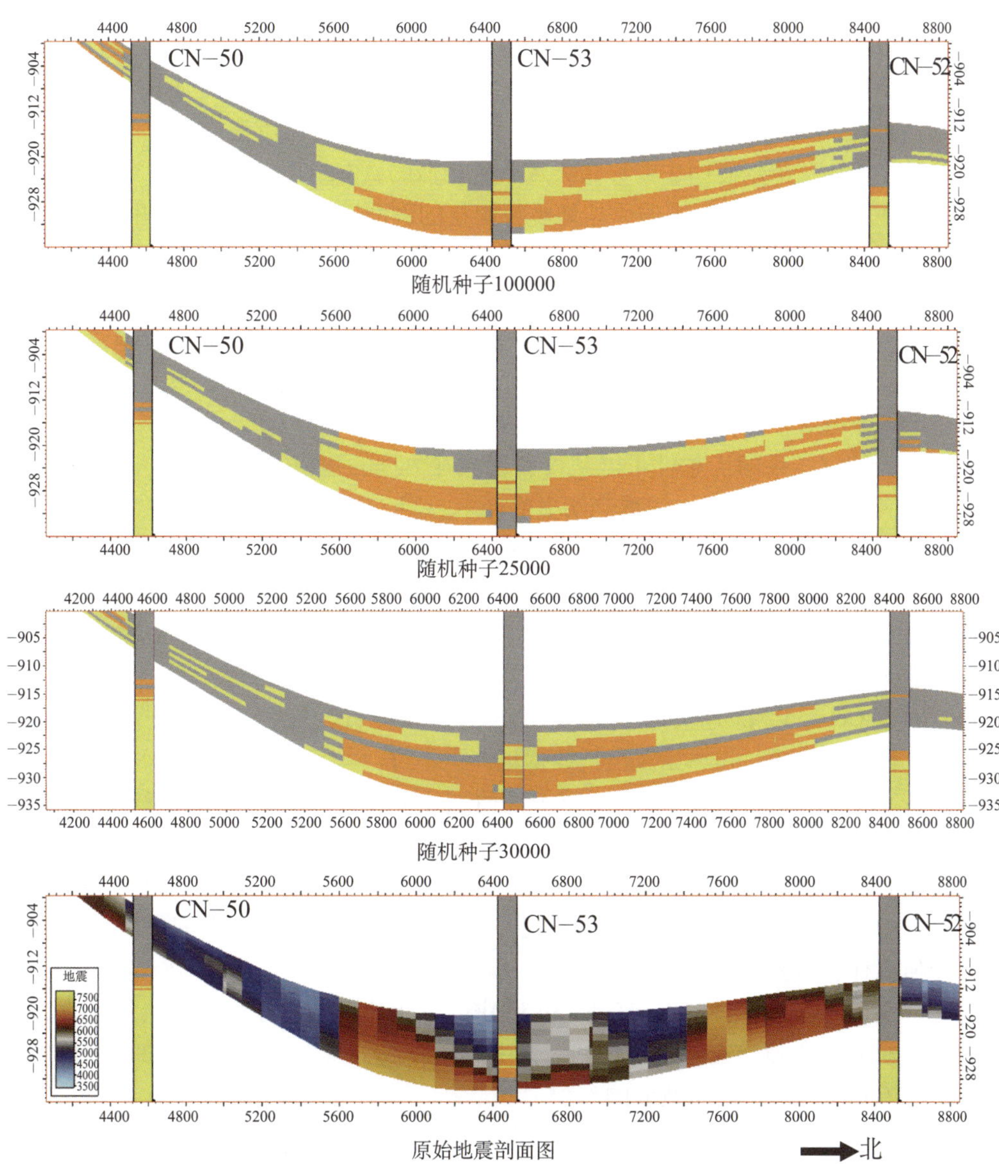

图 3–32　不同随机种子条件下井震结合建模结果与原始地震波阻抗的对比

通过分析图 3–32 中 3 个随机种子对应的模拟结果可知，纵向上井周的模拟结果与井上的数据基本是一致的。模拟结果在纵向上出现泛滥平原、河道和心滩三种微相。这说明在小层的沉积过程中颗粒大小自上而下是由细变粗的，整体呈现正旋回。

图 3–32 的底部的那张剖面图是利用原始地震波阻抗生成的。从它的色标可以看出，波阻抗最小是蓝色，标定为泛滥平原；波阻抗再大一些就是灰色、红色，标定为河道；波阻抗最大时是黄色，可以标定为心滩。

在图 3–32 中，逐个网格进行 3 个建模结果之间的对比，观察这些不同种子的模拟结果在纵向上的变化可知，微相在纵向上会出现细微差别。但是不同种子的模拟结果在纵向上的微相分布也具有高度一致性，即泛滥平原微相的位置是基本固定的，心滩与河道的位置会出现较小程度的交换。不同种子的模拟结果出现这种变化是符合地质认识的，因为心滩微相与河道微相是伴生关系，心滩微相发育在河道中，出现位置交换也是合理的。总之，三种微相在这三个剖面图中的分布大致上是相似的。

然而，在图 3–32 的最下部的原始地震波阻抗的剖面图中，在 CN–53 井和 CN–52 井之间的部位下部建模结果和地震波阻抗对应得不太好。建模结果心滩明显不如模拟结果那样的连续。 其原因是图 3–32 是在影响比为 3 ∶ 1 时所生成的，测井数据的作用明显超过地震数据，造成地震数据对模拟结果的作用减弱。另外，在 CN–50 井的北侧，建模结果显示了较多的河道，而地震波阻抗剖面只显示出很少的河道，对应得也不太好。这个现象也是由于地震数据对于建模的影响太弱所造成的。

井震结合建模结果的优越性可以从仅利用测井数据的建模结果（图 3–32）与井震结合建模结果（图 3–33）的对比中得到明显的证实。图 3–28 中的“剖面 4”仅用测井数据建模，可以得到图 3–32。对于该图逐个网格综合分析，可得到如下的四点：

（1）在其中三口井处的微相分布和井周围的建模结果符合得很好。

（2）在 CN–50 井和 CN–53 之间有两个剖面图（第一个和第二个）显示较多的心滩，而第三个剖面图却根本没有心滩。这个现象和原始波阻抗数据不符合。

（3）对于 CN–53 和 CN–52 之间部分的河道分布而言，第一、二个剖面图与第三个剖面图有着很大的差异，和原始波阻抗数据也严重不符。

（4）在 CN–50 井的南面，第一、三个剖面上几乎没有河道，而在第二个剖面上存在少量河道。

进一步分析上述四点可以看出，（1）是由多点建模方法所保证的。而（2）到（4）则说明，仅有测井数据作为输入，没有地震数据作为约束，所得结果纯粹是一种随机算法的结果，受随机种子的影响十分巨大。

另外，逐个网格对比可以看出，图 3–33 中的三张建模结果在横向与纵向上的变化均比原始波阻抗来得激烈。这是由于受到纵向上具有较高分辨率的测井数据的影响的缘故，同时也是建模算法的随机性所造成的。

图 3–33 中的剖面图充分说明了仅利用测井数据所得的建模结果在井间具有很大的不确定性，基本上是不可用的。因此井震结合的算法的合理性、迫切性和应用意义就显得十分明显。

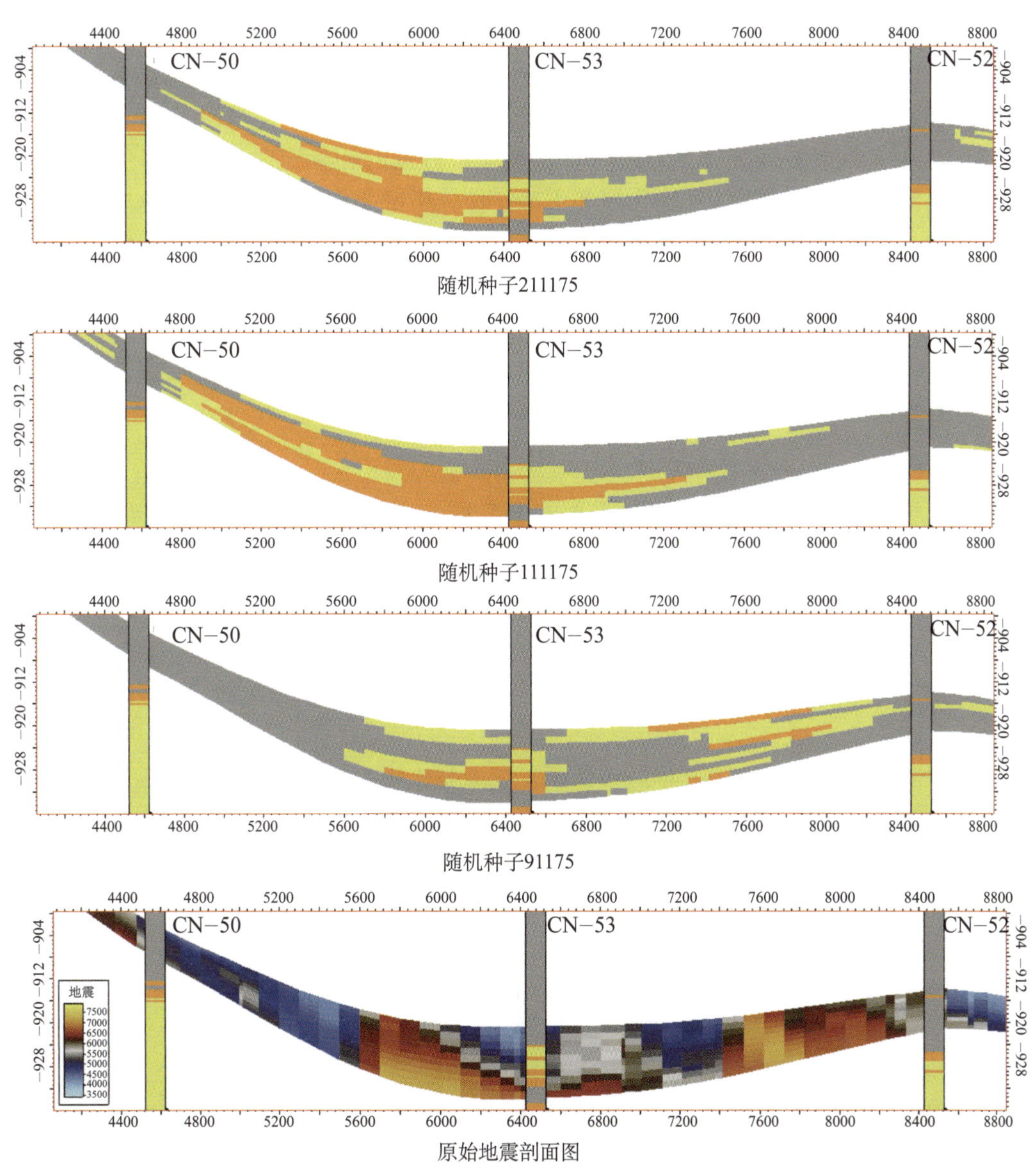

图 3–33 利用测井数据的建模结果与原始地震波阻抗的对比

3.3.2.6 小结

（1）115km² 的研究区内的 O–11a 小层具有资料齐全的 19 口直井穿透，平均 6km² 才有 1 口井，平均井距为 2km。如图 3–32 所示，井距为 2km 的 3 口井的一个剖面中，仅利用测井数据的建模结果的不确定性是十分严重的。相比之下，图 3–33 所用的井震结合建模结果的不确定性就明显降低了。因此井震结合的多点统计建模方法，较好地降低了稀井网地区建模结果的不确定性，为建立"相对可靠"的地质模型展示了一个实用的途径。

（2）多点统计建模过程中，如何运用地震约束参与建模是关键。通过砂岩概率生成曲线，将波阻抗数据转化为地震相的空间概率分布。这样就有效地建立起了地震数据与其地质意义的联系，成为地震数据约束建模的地质依据。

（3）在地震约束多点统计建模过程中，波阻抗数据的相标定、砂体概率生成曲线选定、训练图像分析、井震影响比的作用和不确定性分析都是至关重要的。对这些概念涉及的地质含义、算法的输入输出变量和有关统计量的定义，都需要一个正确的认识。

（4）地震约束建模的结果正确地描述了沉积微相在横向与纵向上的接触关系，其分布特征符合辫状河沉积规律。相比之下，仅利用测井数据建模的井间预测具有强烈的不确定性。地震约束建模结果得益于的井间微相预测的合理性以及对于河道、心滩预测的连续性。这有力地说明了建模方法的正确性、实用性和合理性。

参考文献

阿伍赛斯（Aveseth，P.），穆科尔基（Mukerji，T.），梅维科（Mavko，G.）著，李来临等译.2009. 地震定量解释. 北京：石油工业出版社.

大庆油田石油地质志编写组.1993. 中国石油地质志 [M]. 北京：石油工业出版社.

郭智，孙龙德，贾爱林，等.2015. 辫状河相致密砂岩气藏三维地质建模 [J]. 石油勘探与开发，42（1）：76−83.

胡勇，于兴河，李胜利，等.2014. 应用地震正反演技术提高地质建模精度 [J]. 石油勘探与开发，41（2）：190−197.

李鹏，钱丽萍，石桥，等.2011. 大庆高密度井网开发区地震解释技术的应用效果 [J]. 石油地球物理勘探，46（增刊 1）：106−110.

刘文岭.2008. 地震约束储层地质建模技术 [J]. 石油学报，第 29 卷第 1 期：64−74.

石莉莉．2016. 基于地震资料的薄互层储层精细地质建模［J］．长江大学学报（自科版），13（1）：12 ~ 15．

王炳章.2008. 地震岩石物理学及其应用研究 [D]. 成都理工大学.

王家华，夏吉庄.2013. 三维地震约束多点建模降低井间砂体预测的不确定性 [J]. 沉积学报，31（5）：878−888.

张璐.2009. 基于岩石物理的地震储层预测方法应用研究. 中国石油大学.

杜赟.2012. 复杂多孔介质中的热弛豫模型及地震岩石物理学研究. 中国科技大学.

Avseth，P. and Johanse T. A. Explorational rock physics and seismic reservoir prediction. EAGE Short Course，Fab.，2015：13−14.

Avseth，P.，Combining rock physics and sedimentology for seismic reservoir characterization of North Sea turbidite system. Stanford University，2000.

Bortoli L. J. and others.1992.Constraining stichstic images to seismic data. Priceeding of the International Geostatistics Congress. Troia，Soarres，A.（ed.）. Dordrecht，The Netherlands：Kluwer Publications.

Buyl M.de，Guidish T.and Bell F.1988. Reservoir description from seismic lithologic parameter estimation. Journal of Petroleum Technology.

Buy，Marc de.1988. Reservoir description from seismic lithologic modeling, part 2：Substantiation by reservoir simulation.SEG–1987–038.

Caers J. 2005. Petroleum geostatistics，society of petroleum engineering. Austin，TX

Caers J.2011. Modeling uncertainty in the earth sciences[M]. Wiley – Blackwell.

Chen Jinsong and Hoversten G.M.2003. Joint stochastic inversion of geophysical data for reservoir parameter estimation. 73th Ann. Internat. Mtg.，Soc. Expl. Geophys. Expanded Abstracts，SEG–2003–0726.

Damsleth E. and others.1992. A Two–stage stochastic model applied to a north sea reservoir. JPT，April 1992：402–407.

Deutsch，C. 2002. Geostatistical reservoir modeling. Oxford University Press，376p.

Doyen，M.P.2007. Seismic reservoir characterization：An earth modeling perspective，education tour series. EAGE Publications.

Doyen P.M.，Psaila D.E. and Strandenes S.1994. Bayesian sequential indicator simulation of channel sands from 3–D seismic data in The Oseberg Field，Norwegian North Sea. 28382–MS SPE Conference Paper.

Dubrule O. and Haas A.1994. Geostatistical inversion–A sequential method for stochastic reservoir modeling constrained by seismic data[J]. First Break，1994，13（12）：61–69.

Gelfand，V.A. and others. 1985. 3–D Seismic lithologic modeling to delineate rapidly changing reservoir facies：A case history from Alberta，Canada.1985–0343 SEG Conference Paper.

Gelfand V.A.1986. Delineation of river–channel reservoirs by seismic lithologic modeling of 3–D seismic data in Southern Alberta. SPE 14118.

Haas A. and Dubrule O.1994. Geostatistical inversion–A sequential method for stochastic reservoir modeling constrained by seismic data[J]. First Break，1994，13（12）：561–569.

Haldorsen H.H.and other.1987. Stochastic modeling of underground reservoir facies（SMURF）. SPE 16751.

Haldorsen H. H. and Damsleth E.1990. Stochastic modeling. Journal of Petroleum Technology.1990 42（4）：404–412.

Hassanzadeh S. 1988.Seismic modeling in fluid–saturated porous media：An approach to enhanced reservoir characterization. SEG–1988–1178.

Haas A. and Dubrule O.1994. Geostatistical inversion—A sequential method for stochastic reservoir modeling constrained by seismic data[J]. First Break，1994，13（12）：61–69.

Journel A. G.2002. Combining knowledge from diverse sources：An alternative to traditional data independence hypotheses. Mathematical Geology，Vol. 34，No. 5.

Journel A. G. and others.1993. Stochastic imaging of the Wilmington clastic sequence. SPE 19857.

Larson Don E.1984. Migration as a seismic modeling tool. 1984–0776 SEG Conference Paper.

Lia O. and others. 1997. Uncertainty in reservoir production forecasts. AAPG Bulletin 81：775–802.

Ma Y. Z.，Pointe P.2011. Uncertainty analysis and reservoir modeling，developing and managing assets in an uncertain world. AAPG Memoir 96.

McDonald J. A. and other.1986. Modeling 4D seismology. SPE/DOE 14883.

NefA D. B.1989. Reservoir pay estimation using 3–D seismic data and incremental pay thickness modeling. SEG–1989–0791.

Omre H.1992.Heterogeneity models，In SPOR monograph：Recent advanced in improved oil recovery methods for North Sea sandstone reservoirs. Norway：Norwegian Petroleum Directorate.

Ødegaard E. and Avseth P. 2003. Interpretation of elastic inversion results using rock physics templates. Stavanger：Extended Abstract，EAGE annual meeting 2003.

Pyrcz M. J. and Deutsch C. V.2014. Geostatistical reservoir modeling. Oxford University Press.

Rafipour Bijan J.1987. Seismic response for reservoir fluid evaluation. 1987–0377 SEG Conference Paper.

Rothman D.H.1998. Geostatistical inversion of 3D seismic data for thin sand delineation [J]. Geophysics，1998，51 (2)：332–346.

Sonneland L. and others.1990. Reservoir characterization by seismic classification maps. SPE 20544.

Stone C. J. 1995，A Course in probability and statistics. New York：Duxbury.

Torres–Verdin C.，Chunduru R. K.，Mezzatesta A. G.2003.Integrated interpretation of wireline and 3D seismic data to delineate thin oil producing sands in San Jorge basin[C]. SPE87304.

Xu W. and others.1992. Integrating seismic data in reservoir modeling：The collocated coKriging Alternative. SPE 24742.

Xu W. and Journel A. G.1993. GTSIM：Gaussian truncated simulations of reservoir units in a W. Texas carbonate field. SPE 27412.

4　地质约束减低概率储量的不确定性

油气储量是油气藏开发的一个极其重要参数，直接影响油气藏开发的经济决策、油气产量的预测与重要技术措施的采取。从事油气藏开发的工程师与专家为确定这一参数进行了不懈的努力。

本章叙述如下三个内容：(1) 油气概率储量的原理和发展。(2) 不同建模方法获得的概率储量分析。(3) 利用地质条件约束减低概率储量的不确定性。

4.1　概率储量的原理和发展

一个油藏（或气藏）的真实、精确的储量数值是客观存在的，但是人们无法准确地获得。开发实践告诉人们，通过各种方法获取的储量，都具有一定的误差。利用油气藏建模方法可以获得数值不等的多个储量。利用它们可以确定一个称为概率储量的数值，使得这些计算所得的储量大于真实储量具有一定的概率。如计算所得的储量大于真实储量的概率为 90%（胡允栋，2000；Ross J.，1997；裘怿楠，1991），则这一储量被表示为 *P*90；当这个客观存在的真实储量大于某一计算储量的概率为 50% 时，可以把这个数值定义为概率储量 *P*50；同样，客观存在的真实储量大于 *P*10 的概率为 10%。实际上，*P*90，*P*50 和 *P*10 是三个数值不同的储量，它们是油田开发中的决策分析与风险分析的重要根据。概率储量方法的优点是能获得关于储量的合理判断，更好地描述储量的不确定性（沈忠山等，2013）。

*P*10，*P*50 和 *P*90 分别代表三个概率储量数值。*P*10 可以理解为概率为 10% 时的油气藏储量。同理，*P*50 和 *P*90 表示概率分别为 50% 和 90% 时的油气藏储量。在这里，如果考虑到油气储量是一个求不准的油气藏参数，对一个储量赋予一个概率值的做法显然有明显的合理性。

根据概率储量的定义，一个油藏的真实储量大于概率储量 *P*90 的概率是 90%，且这个真实储量大于概率储量 *P*50 的概率是 50%，而这个储量大于概率储量 *P*10 的概率是 10%。一般来说，对于油藏而言，都会有 $P10 > P50 > P90$。也就是，*P*10 的数值最大，*P*50 的数值其次，*P*90 的数值最小。

一个油藏的真实储量永远是一个未知数，但是概率储量给了这个永远未知的真实储量的一个概率描述。这不能不看成是技术的一个进步。

4.1.1 概率储量概念的形成与原理

概率储量概念的应用为勘探开发计划的决策者们提供了有用的信息（Doligez B，Chen L，2000；裘怿楠，1997；高瑞祺等，2002；Capen，2001）。在估计概率储量时，概率的分布表现了对于不确定性的认识。由概率计算得到的储量估计值可以更加全面、更加准确，能合理地提高储量的潜力。总之，概率储量方法的优点是：能获得关于储量准确的判断；能更好地描述储量的不确定性；可以提供更准确的储量计算结果（Schuyler，1998）。近几年将储量估计的确定性方法和概率方法结合起来进行研究，引起了人们的注意（Gair，2003；Nargea and Hunt，1997）。概率储量的研究可以与开发指标的预测及开发指标不确定性的定量化结合起来。包括储量在内的地质模型的不确定性会导致开发指标的不确定性，且是油田开发中决策分析和风险分析的重要根据。

储层地质建模产生了一系列三维定量地质模型，既包括沉积相（微相）的三维空间分布模型也包括渗透率、孔隙度等物性参数的三维空间分布模型；或者是构造和裂缝的三维空间分布和油气储量的评价模型等（裘怿楠，1997，1991；裘怿楠，薛叔浩，1994；裘怿楠，陈子琪，1996；吕晓光等，2003；王家华等，2001）。

概率储量概念的形成和应用经历了一条并不平坦的道路。不少文献叙述了概率储量概念在最初阶段的发展经过。

根据文献（Jochen，and others，1996）记载，1983 年 WPC 报告提及了概率储量估计方法。然而，在 1987 年 SPEE（Society of Petroleum Evaluation Engineers）的定义中承认了确定性储量方法，而没有提及概率储量。基于当时工业界的实践，SPE，SPEE 与 WPC 等组织发展了一个清晰的，且照顾各个方面原则的储量分类标准。这些定义允许概率方法和确定性方法，而且为各石油公司给出油田最终潜在开采量的一个更好估计。

该文献（Jochen，and others，1996）引用了 1983 年世界石油大会上由美国、英国、法国、加拿大、荷兰、委内瑞拉等国的专家发表的一篇研究论文。该论文研究了在储量估计中的概率方法，并建议采用储量概率曲线以便估计被发现的油气田的最终潜在开采量。这篇论文利用了不同种类的储量，并在概率曲线上识别出 3 个特殊的点。它们是分别对应于一个概率的最大值 90% 的点（表示证实储量），一个概率中间值 50% 的点（代表证实的储量 + 很可能的储量），在 10% 的概率最小值的点则（代表证实的储量 + 很可能的储量 + 可能的储量）。实际上，这概率曲线上出现的三个点，就是随后大量文献中所提及的概率储量 $P90$，$P50$，$P10$。

作为世界著名石油技术杂志（JPT）的“杰出作者系列”（Distinguished Author Series）的一篇论文（Garb，1985）准确、详细地解释了证实储量（Proved Reserves）、很大可能发生储量（Probable Reserves）和可能发生的储量（Possible Reserves）等储量分类的含义。从 1980 年起，由 SPE，AAPG 与 API 等协会组织了专门的委员会，从事油气储量的定义和分类的工作。这三个储量的类别为概率储量的提出奠定了重要的理论基础。该文还指出，根据各石油公司的需要，储量具有 5 种基本的分类方法。

(1) 由储量的所有者做出的分类，可以再细分为总储量和净储量。

(2) 由能源来源做出的分类，分为主要的开采量和改善的开采量。

(3) 根据可靠程度进行的分类，包括证实的、很大可能的、可能的和远景储量。

(4) 根据开发程度所做的分类，可以分为已开发的储量和未被开发的储量。

(5) 根据生产程度所做的分类，可以分为投产中的储量或非投产的储量。

储量估计可以依赖于油气田开发初期的油气体积估计，或者在油气田开发的后期依赖于产量分析，包括数值模拟、物质平衡方法和产量递减曲线分析（Grab，1985，1988）。

4.1.2 概率储量计算的基本模型

在储层预测时，地层层面构造、储层层厚和有效厚度的不确定性相对较小，一般可利用克里金估计方法计算。然而，孔隙度、渗透率与含气饱和度的空间分布不确定性较大，须利用随机模拟方法来解决。在预测沉积相空间分布之前，可用高斯场模拟方法对孔隙度、渗透率与含气饱和度的空间分布进行建模。对一个储层的有关参数全部了解后，其含油气体积 V_H 可以利用下式进行计算，含油气体积的预测包含对不确定性的认识。

$$V_H = \int_{D_r} \gamma(u)\left[1 - S_W(u)\right] du$$

式中 D_r——该储层含油气的范围；

γ（u）——孔隙度；

S_W（u）——含水饱和度；

u——三维空间中的点。

为了评价这种不确定性，可以采用随机模型。这种方法可以利用有限的数据来推断油藏参数所造成的不确定性。在储层随机建模中，通过多个随机种子可以获得油气储量的各项参数多套空间分布的值，进而可获得多个油气储量，并可得到随机函数 V_H 的概率分布。即油气储量的累积分布函数为：

$\mathrm{Prob}\{V_H<V$ | 观测数据 $\}=F_{VH}$（V | 观测数据）

4.2 不同建模方法获得的概率储量分析

4.2.1 地质背景

研究小层位于大庆油田杏北地区，属三角洲外前缘相沉积。它位于三角洲远离湖岸线的一侧，由于临近前三角洲沉积，故河流作用基本消失。该小层的物源来自北面。其岩性组合为粉、细粒薄层砂岩与泥岩互层，油层成层性较好，层位稳定。泥岩相对增多，颜色变深。其中主要为灰黑色泥岩，以波状层理和水平层里为主。

外前缘席状砂主要由粉、细砂组成，粉砂含量约为 25% ～ 38%，细砂含量约为 50% ～ 54%，中砂含量很少，一般在 3% 左右。砂岩大多都是薄层砂，单层厚度均小于 1m。从厚度构成情况看，其中厚度在 0.2 ～ 0.4m 的薄层砂有所增加，约占总砂岩厚度的 20% ～ 40%。厚度在 2m 以上的砂岩相对较少，一般约占总砂岩厚度的 7% 以下，并且大多是以井点的方式出现，零星地分布于外前缘席状砂中。总地看来薄层砂还是比较均匀的，且颗粒大小均匀。砂中有时夹有碳质和泥质条纹，微细斜层理和水平层理比较常见。

另外，由于不同时期中河流带入湖泊的碎屑物多少不同，以及临近前三角洲的位置的不同，外前缘席状砂体的分布也不完全相同。根据砂体的分布面积，可以将砂体划分两种类型：一种是分布面积较广，厚度较为均匀，单层平均厚度在 0.7 ～ 1.5m，砂岩钻遇率在 70% 以上，稳定分布的席状砂。另外一种则是分布面积相对较小，尖灭区有所增加，单层砂岩厚度小于 0.7m，砂岩钻遇率小于 70%，零星分布的薄层砂。

在本书 2.4.2 部分中，曾经对大庆杏北油田的三维地质建模的实例进行过初步的分析。

4.2.2 地质模型的建立及分析

4.2.2.1 相控下的储层物性模型

利用多点地质统计模拟方法、序贯指示模拟方法以及示性点过程模拟方法所得到的目的层的模拟结果，作为各自属性建模的相控条件，采用序贯高斯模拟方法进行研究层位的孔隙度、渗透率和含油饱和度建模。三种相控条件下的属性建模结果如图 4–1、图 4–2 和图 4–3 所示。

这些三维模型在 X，Y，Z 方向的网格块的数目为 186，159，20，每个网格块的大小为 $15\text{m}\times15\text{m}\times2.67\text{m}$。利用各种建模方法往这些网格块中分别生成沉积相、孔隙度、渗透率、含油饱和度等参数的数值。图 4–1 所示为多点地质统计建模方法产生的沉积相控下的孔隙度、渗透率、含油饱和度模型。图 4–2 所示为序贯指示建模方法产生的沉积相控下的孔隙度、渗透率、含油饱和度模型。图 4–3 所示为示性点过程建模方法产生的沉积相控下的孔隙度、渗透率、含油饱和度模型。对比以上沉积微相模型和孔渗饱模型可以看出，储层物性的变化受相带控制作用明显。同时，从图中可以看出含油饱和度高值主要分布在孔隙度，渗透率较好的地区。综合分析以上的三张图可以看出，多点统计建模方法的地质效果最好，产生的沉积微相图和孔渗饱图最具有地质意义，河道形态清晰，相控下的高孔、高渗带的轮廓明显。示性点过程建模与序贯指示建模产生的结果则过于离散化，缺乏河道形态的观感。由此可见，不同的建模方法会对沉积相建模结果造成很大的影响，进而影响相控下的孔渗饱模型，最终造成储量结果的差异。

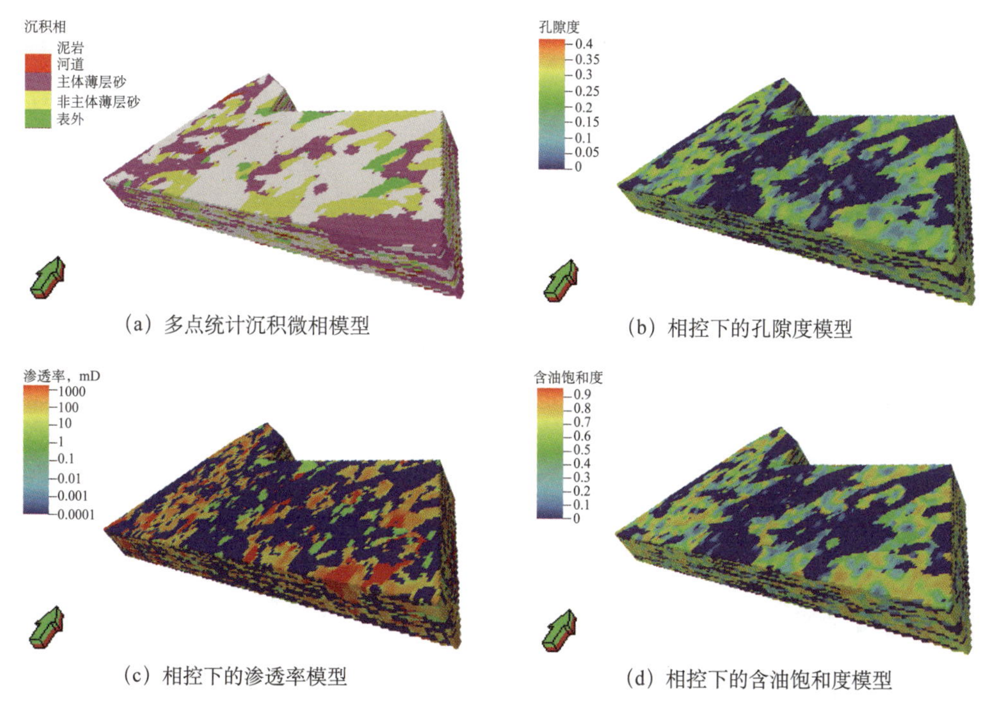

(a) 多点统计沉积微相模型
(b) 相控下的孔隙度模型
(c) 相控下的渗透率模型
(d) 相控下的含油饱和度模型

图 4-1 多点统计方法相控下的孔隙度、渗透率、含油饱和度模型

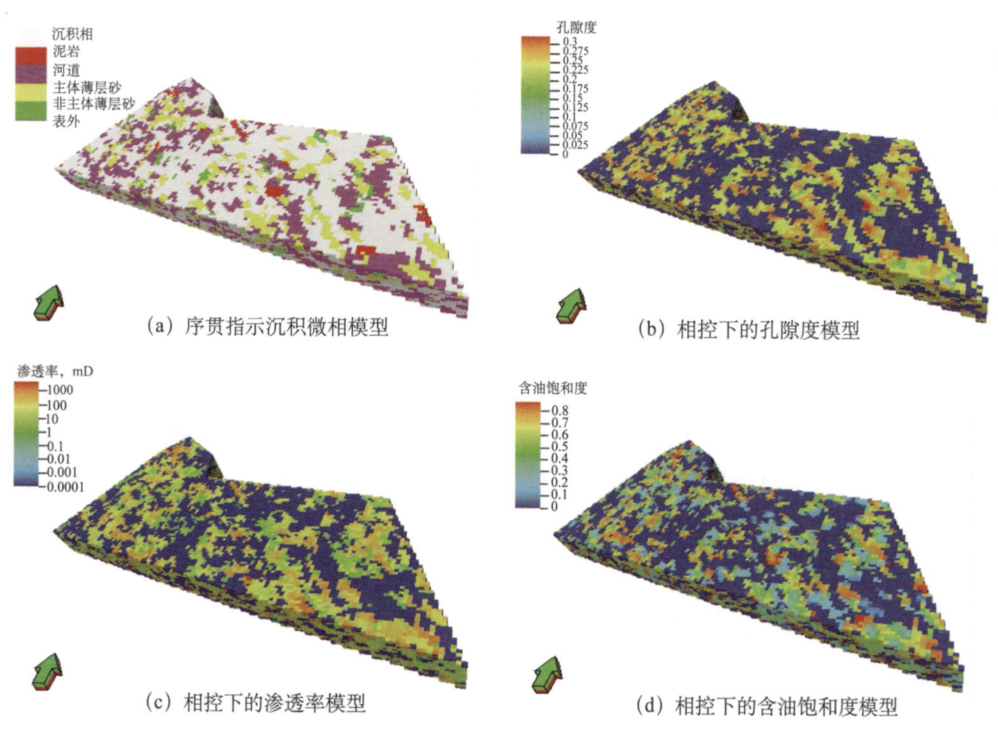

(a) 序贯指示沉积微相模型
(b) 相控下的孔隙度模型
(c) 相控下的渗透率模型
(d) 相控下的含油饱和度模型

图 4-2 序贯指示方法相控下的孔隙度、渗透率、含油饱和度模型

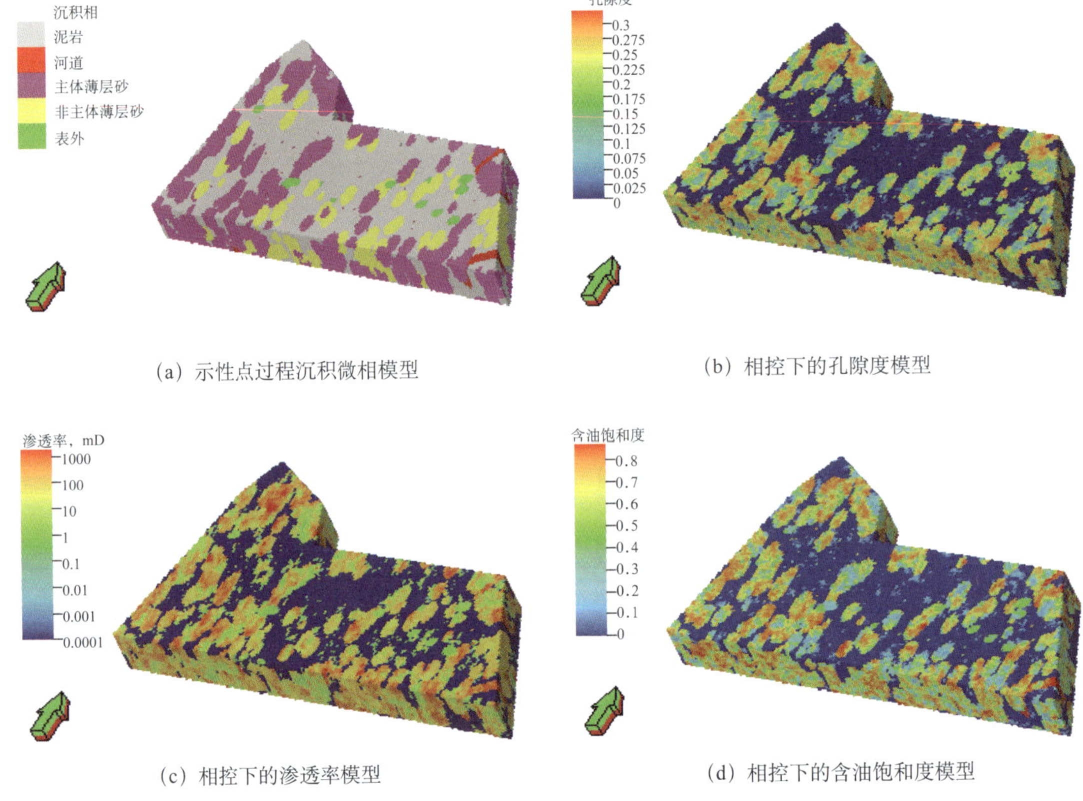

(a) 示性点过程沉积微相模型　　(b) 相控下的孔隙度模型

(c) 相控下的渗透率模型　　(d) 相控下的含油饱和度模型

图 4–3　示性点过程方法相控下的孔隙度、渗透率、含油饱和度模型

4.2.2.2　净毛比模型

在建立净毛比模型的过程中，根据生产人员的经验，以砂岩当中满足孔隙度大于 0.241，且饱和度大于 0.657 的储层为有效储层，编码为 1；否则，为无效储层，编码为 0。净毛比的表达公式为：

N/G=If（Facies>0 And Porosity>0.241 And Saturation>0.657，1，0）

这个净毛比的表达公式是由储层的性质决定的，是不会随建模方法的不同而变化的。由于不同的建模方法产生的孔隙度模型，含油饱和度模型以及相模型是不同的，因此，相应的净毛比模型也是有差别的。图 4–4 为利用三种相建模结果及孔渗饱模型得出的 3 个净毛比模型。其中红色表示有效储层，净毛比值为 1，蓝色表示无效储层，净毛比值为 0。对比净毛比模型可以看出，建模方法相同时，得出的净毛比模型中有效储层的分布形态和面积相差不大。

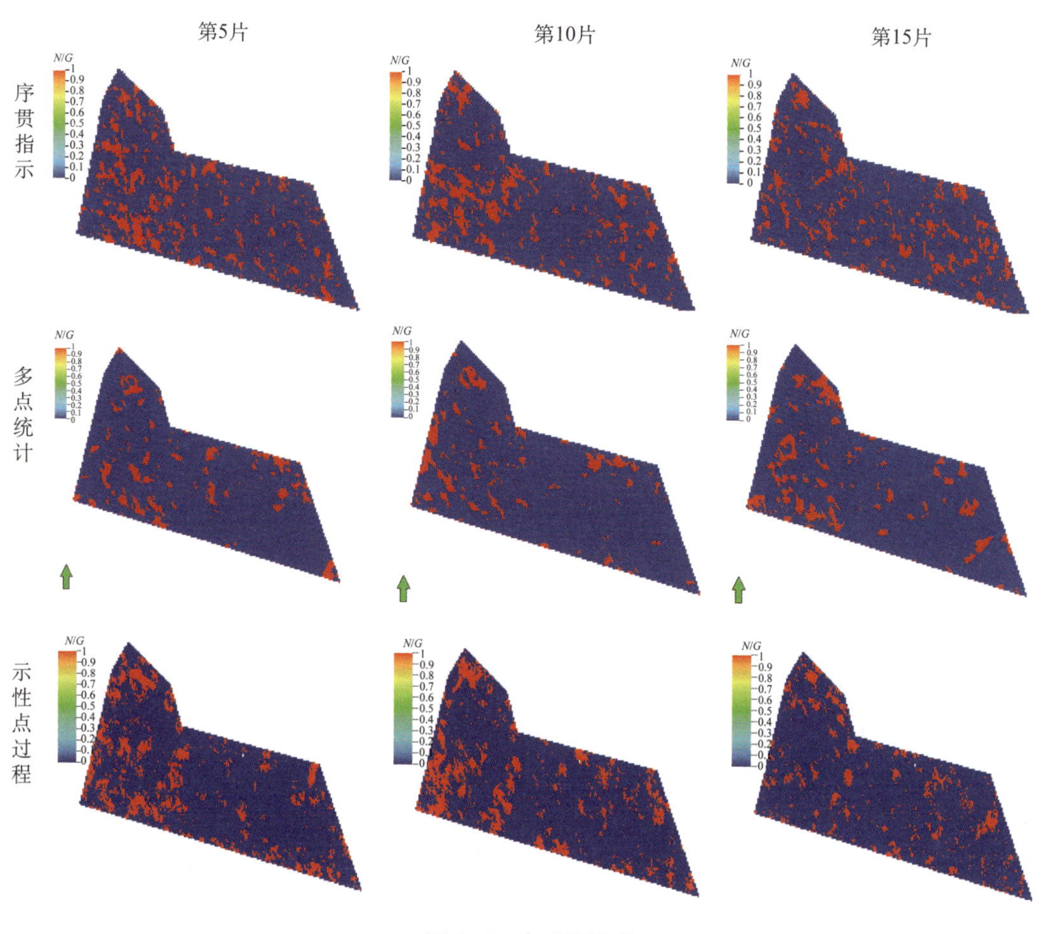

图 4-4 净毛比模型

4.2.3 储量计算方法

利用建模软件进行地质储量计算的方法是容积法，其计算公式为：

$$N=\sum Bulk\ volume \cdot N/G \cdot \phi \cdot S_{o} \cdot \rho_{o}/B_{oi}$$

式中 N——石油地质储量，10^4t；

$\sum$——对于每个网格块求和；

Bulk volume——每个网格块的体积，m^3；

N/G——每个网格块的净毛比；

ϕ——每个网格块的有效孔隙度；

S_o——每个网格块的含油饱和度；

ρ_o——平均地面原油密度，t/m^3；

B_{oi}——平均原始原油体积系数。

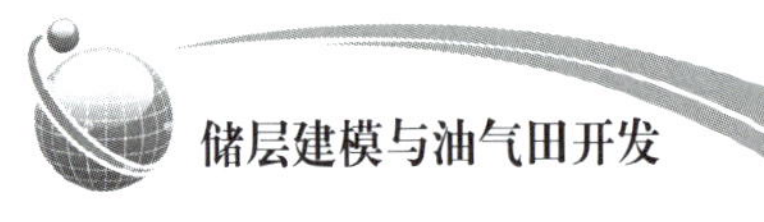

从体积计算公式分析得出，影响储量计算结果的主要因素是净毛比模型、孔隙度模型和含油饱和度模型。其中：

（1）孔隙度模型与含油饱和度模型采用沉积相模型控制下的序贯高斯模拟方法获得。影响物性模型的主要因素是相模型的准确度，以及孔隙度和含油饱和度模拟过程中的各项控制参数。

（2）净毛比模型通常是指一种用数字 0 和 1 区分的无效和有效储层，是用来做储量计算和数值模拟的关键参数。

（3）平均地面原油密度采用 0.852t/m^3。

（4）平均原始原油体积系数采用 1.115。

4.2.4 储量计算结果及分析

根据储量计算公式，在以上的网格划分之下，利用了该层 290 口井的数据，分别通过多点统计建模、序贯指示建模和示性点过程建模三种不同的方法对所研究的小层进行了 11 次的随机建模，以分别求得相建模结果；以这种相建模的结果作为约束，得到相控下的孔渗饱参数的空间分布，进而求得储量结果（图 4–5）。这里，有一点应该加以说明：11 个建模结果可以获得 11 个储量，再去掉最大值和最小值，所得的 9 个储量按照顺序，放入从概率为 0.1 到 0.9 的点，接着把它们连接起来，就可以获得图 4–5 中的其中 1 条折线。如果分别采用指示建模方法、示性点建模方法与多点统计建模方法，就产生了图 4–5 中的颜色分别为蓝、紫、黄的三条线段。对于建模结果较多的情况，比如 100 个、1000 个，也是可以的，只要利用相似的方法就会产生类似的图件。

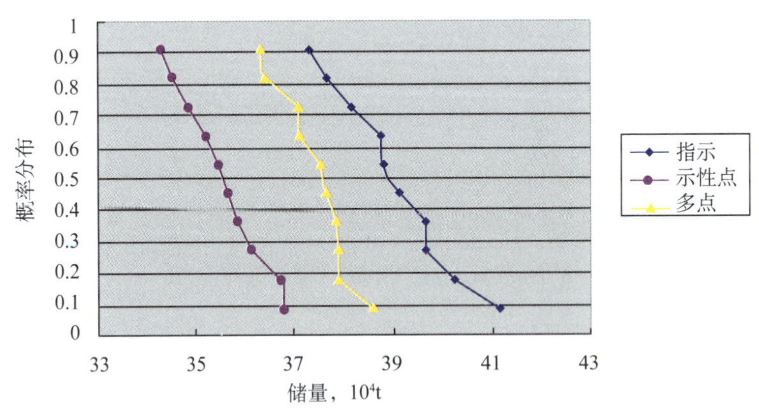

图 4–5　三种建模方法下的概率储量 *P*10，*P*50，*P*90

对比图 4–5 中的三条曲线可以看出，不同建模方法得到的储量概率分布曲线的形态基本相似。利用序贯指示建模方法的数值最大，示性点过程建模的数值为最小，多点统计建模的数值在中间，三条概率储量曲线互不相交。其中，利用多点统计建模计算所得的储量变化范围最小，也即不确定性最弱。

表 4–1 为三种建模方法下的概率储量 $P10$，$P50$ 和 $P90$。多点统计建模计算所得的概率储量 $P50$ 是 37.51×10^4t，和生产管理部门认定的该层的储量 39.51×10^4t，相差仅为（39.51–37.51）/39.51=5%,。这个差别远远小于规定限度的 15%，证明了建模结果的可靠性。

表4–1 不同建模方法下的概率储量

建模方法	$P90$，$\times10^4$t	$P50$，$\times10^4$t	$P10$，$\times10^4$t
序贯指示	37.33	38.92	41.15
多点统计	36.35	37.51	38.63
示性点过程	34.28	35.57	36.61

对三种建模方法求得的概率储量进行进一步统计分析，其结果见表 4–2。多点统计建模方法、指示建模方法与示性点过程建模方法求得的概率储量的方差分别为 0.45，1.23，0.68。对比结果说明了利用多点地质统计建模方法计算所得的概率储量变化范围最小，因此其不确定性最小。这个结论说明对于大庆油田的三角洲外前缘相沉积研究区块的储量计算而言，多点统计建模方法相对其他两种建模方法是最合理的，其不确定性为最弱。

表4–2 不同建模方法下的储量的统计量

建模方法	平均值，$\times10^4$t	方差
序贯指示	39.07	1.23
多点统计	37.46	0.45
示性点过程	35.56	0.68

4.2.5 小结

（1）本文利用三种不同的随机建模方法，在研究区内分别利用 11 个随机种子，获得了相应的沉积相建模结果。利用这三种相建模结果作为各自的属性建模的相控条件，分别获取研究区的 10 套孔隙度、渗透率和含油饱和度的空间分布，进而分别求得了目的层的 10 个单元储量，以及相应的概率储量 $P90$，$P50$ 和 $P10$。

（2）通过对比可以发现，利用多点统计建模方法计算所得的储量的方差最小。这说明了多点地质统计建模方法所得的储量不确定性最小，也说明了概率储量可以定量表征不同建模方法所造成建模结果的不确定性。

（3）在总数为 290 口井的一个密井网地区，每平方千米中含有 45 口井，处于油气田开发后期。在如此密井网的地区内，利用三种建模方法所得到的储量都含有明显的不确定性。可见在储量计算中的不确定性问题的确是需要认真研究。

4.3 地质约束减低气藏概率储量的不确定性

4.3.1 地质背景

王家华等（2011）研究了鄂尔多斯盆地东北部的YL气田南区，区域气藏埋深一般为2650 ~ 3100m，目的层为山西组二段（S_2段），属辫状河三角洲沉积体系。发育辫状河三角洲平原和辫状河三角洲前缘亚相，以三角洲平原亚相沉积为主，三角洲分流河道砂体发育。S_2^3小层为YL气田南区主力气层，分流河道砂体分布稳定，有利含气面积达1000km^2。含气砂体可分为西砂带、中砂带和东砂带3个次级砂带。单砂体厚度一般为5m，总厚度可达30m。储集岩性为中—粗粒石英砂岩及岩屑质石英砂岩，储集空间以残余粒间孔为主，储集物性好，孔隙度在5% ~ 12%，渗透率在2×10^{-3} ~ $200\times10^{-3}\mu m^2$。

4.3.2 储集层的横向和纵向非均质性及其地质约束条件

4.3.2.1 纵向比例曲线及其应用

纵向比例曲线（Vertical Proportion Curves）（Idrobo and others，2003；E. Carnegie A.，2004 Wang Jiahua and other，1997）是储集层建模技术中的一个重要概念。这些曲线可以把储集层变量在纵向的变化趋势定量化为深度的函数，还可作为条件约束建模结果。利用层序地层学原理，在钻有L口井的地区内，比例曲线的定义过程为：

(1) 将每口井等分为n个井段，对每一个井段赋予相应的测井值$W_l(k)$，其中$1\leqslant k\leqslant n$，$1\leqslant l\leqslant L$，从而得到一条随深度变化的曲线。该曲线上各点的值为落入相应小井段的所有测井值的平均值。

(2) 按以上方法求取该地区内每口井对应的n个测井值，可以获得L条相应的曲线。

(3) 把L口井的n个数值分别相加后平均，得到一条随深度变化的曲线[$P(k)$，$1\leqslant k\leqslant n$]，即利用测井数据计算得到的比例曲线，见式（4–1）。

$$P(k)=\frac{1}{L}\left[\sum_{l=1}^{L}W_l(k)\right]\ (k=1,\ 2,\ \cdots,\ n) \tag{4–1}$$

与各个物性参数相对应，可得到孔隙度、渗透率、含油气饱和度、泥质含量、砂泥比等的纵向比例曲线。对于三维储集层建模的结果，可以采用比例曲线表示其纵向变化，其原理如图 4–6 所示。图中三维网格系统（x_i，y_j，z_k），$0 \leqslant i \leqslant I$，$0 \leqslant j \leqslant J$，$0 \leqslant k \leqslant K$；$I$，$J$，$K$ 表示 x，y，z 方向的网格块数目，x_i，y_j，z_k 为各网格块节点坐标。该网格可以表示储集层参数 C 的建模结果，C 可为孔隙度、渗透率与含油饱和度等。网格系统中（x，y）平面上的任意一个节点（$i=i_0$，$j=j_0$）对应 z 轴方向上的 K+1 个点。对于 z 方向上的 K+1 个节点，把（x，y）平面上（I+1）（J+1）个节点处的储集层参数值分布进行平均，便可以得到一条储集层建模结果的比例曲线。纵向比例曲线可以直接通过测井数据计算而得，也可以由建模的结果计算得到。在井数多的情况下，两者越接近，表示建模的结果越接近实际。

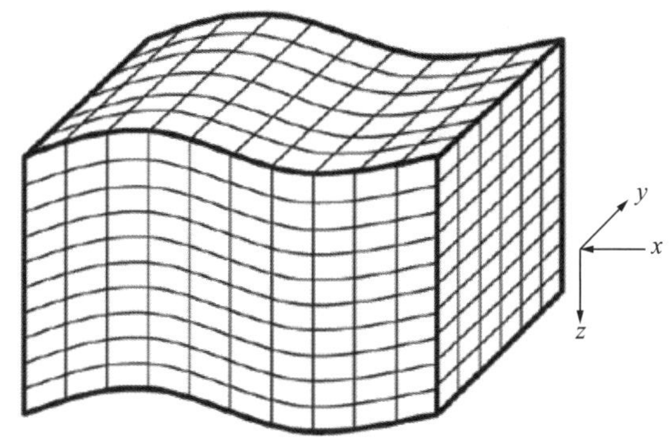

图 4–6　建模结果获得的比例曲线计算示意图

4.3.2.2　约束 1：横向非均质性

YL 气田南区钻遇 S_2^3 小层的大部分井分布在该区北部和西南部，其东南部的井相对较少。东南部的 9 口井中，8 口井均不发育砂体，只有 1 口井的底部有一段砂体。因此 S_2^3 小层的建模结果中，其东南部由于离河道源头较远，不能出现砂体，更不能出现孔隙度与渗透率局部高值。所以，东南部出现砂体的那些建模实现不具有真实性，不应参加储量计算；只有在东南部不出现砂体的那些实现，才是符合地质认识的实现。由 S_2^3 小层的砂体厚度等值线图可见（见图 4–7），整个东南部地区仅有 1 口井（S218 井）S_2^3 底部发育厚 13.75 m 的砂岩。把整个建模结果视为一个三维数据体，将其纵向划分为 8 片，加上顶面共有 9 个沿层切面组成（图 4–9，图 4–10，图 4–11）。分析顶部第 1 片砂体多个建模结果的形态，发现有的实现在整个区域的东南部呈现为面积较大的砂体［图 4–8（a）］，和地质认识相违背，这样的建模实现显然不应采纳。相反，经过对建模结果的选择，在东南部基本不出现砂体的实现［图 4–8（b）］应该予以采纳。

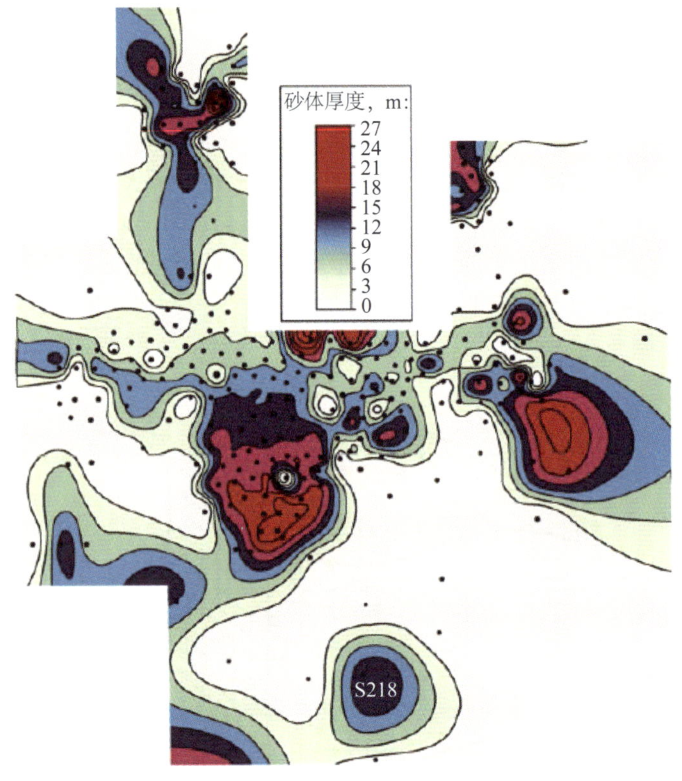

图 4-7　S_2^3 小层砂体厚度等值线图

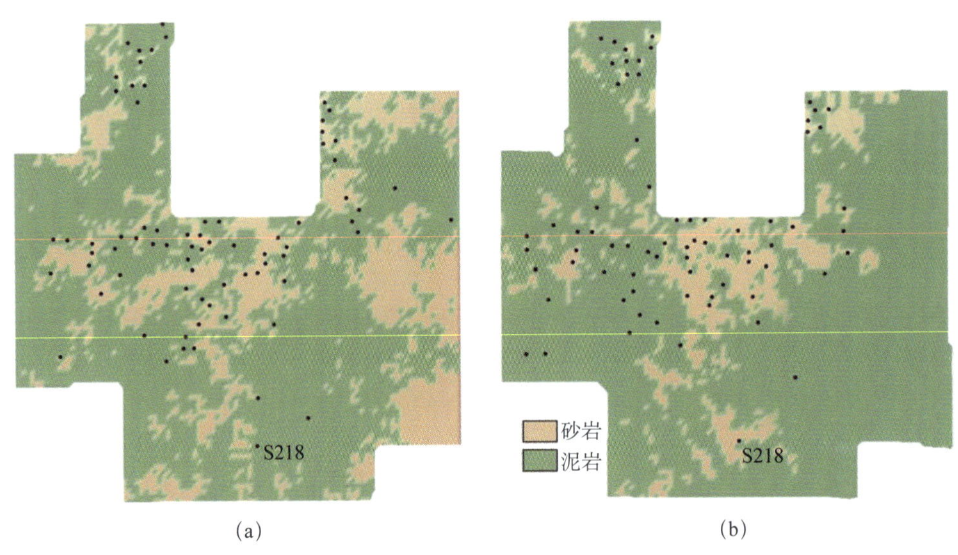

图 4-8　不符合与符合地质认识的建模实现对比

4.3.2.3 约束 2：纵向非均质性

大量单井物性参数分析表明，YL 气田南区 S_2^3 小层高孔渗段主要分布在粒度粗的心滩或辫状河水下分流河道的下部，而辫状河道上部粒度较细，孔隙度、渗透率低。根据该区 S_2^3 小层 233 口井测井数据算得的纵向比例曲线显示（见图 4–9），孔隙度、渗透率、气饱和度与砂泥比都具有上部的值较小，下部的值较大的特征，纵向比例曲线和地质认识一致。因此，建模所得结果的纵向比例曲线（见图 4–10）在数值上、形态上应该和图 4–9 中根据 233 口井测井数据算得的纵向比例曲线基本一致，即可以利用图 4–10 所示的比例曲线作为约束条件来选择建模的结果。

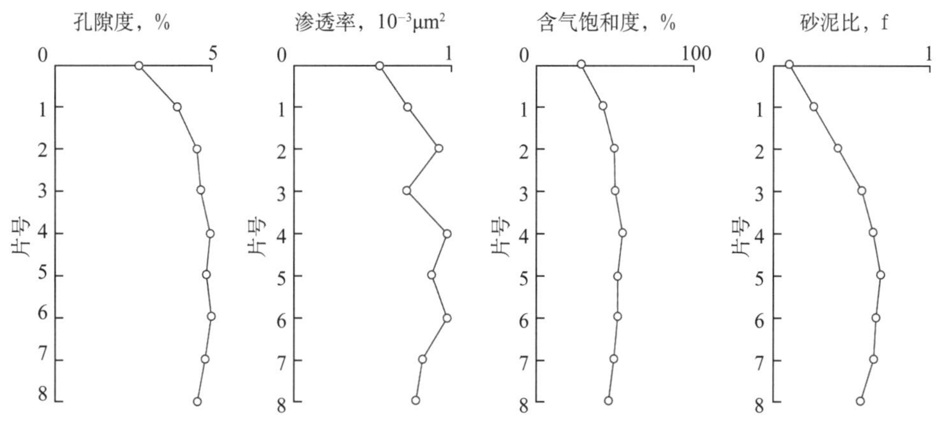

图 4–9 根据 YL 气田南区 S_2^3 小层 233 口井测井数据算得的纵向比例曲线

4.3.2.4 地质约束的具体实施

储层建模的结果，应该符合地质研究揭示的储集层横向和纵向非均质性特征。

（1）约束 1：研究区的东南部不出现砂体。

（2）约束 2：建模结果得到的砂泥比、孔隙度、渗透率、含气饱和度的纵向比例曲线，其纵向变化趋势和图 4–9 中利用测井数据得出的趋势一致。

储集层横向非均质性表现为 YL 气田南区东南部不出现砂体，至少储集层的顶部不出现砂体。这样的建模结果符合约束 1，应该予以采纳。反之，在其东南部出现砂体的那些建模结果，应该予以排除。图 4–10 与图 4–9 相比，由建模结果求得的纵向比例曲线数据具有明显的平均效应（见图 4–10），基本上没有破坏图 4–9 所示的趋势。图 4–10 中的各条曲线满足约束 2，予以采纳。而有些建模结果所得的纵向比例曲线（图 4–11）和图 4–10 的趋势明显矛盾：渗透率和储量的纵向比例曲线都显示为上部的值明显较大、下部的值较小的特征。因此，图 4–11 的建模结果不应采纳。

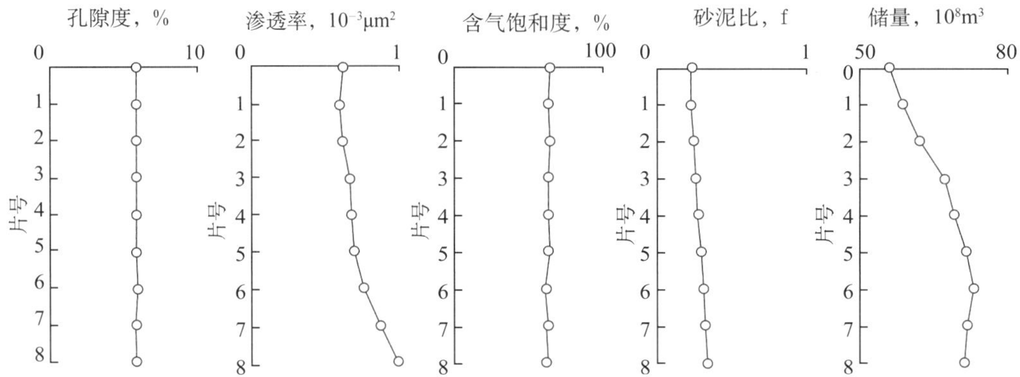

图 4–10　建模结果得到的与测井数据计算结果基本一致的纵向比例曲线

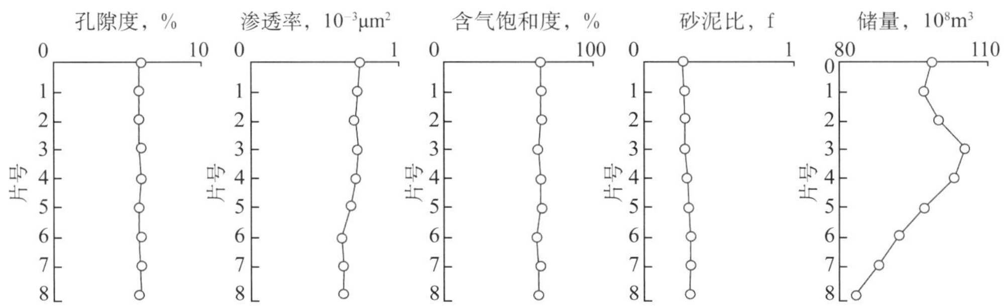

图 4–11　建模结果得到的与测井数据计算结果不一致的纵向比例曲线

4.3.3　天然气储量的计算

首先，不加任何地质约束计算了 400 组实现 S_2^3 砂泥比、孔隙度、渗透率与含气饱和度的三维空间网格化数据，并求出其概率储量 *P*90，*P*50，*P*10。然后，利用地质约束条件 1，对这 400 组实现进行筛选，得到 100 组实现 S_2^3 孔隙度、渗透率和含气饱和度等的三维空间网格化数值，进而求得相应的概率储量 *P*90，*P*50，*P*10（张明禄，2005；王家华等，2011）见表 4–3。在约束 1 的基础上，用约束 2 为条件对这 100 组数据进行筛选，获得 23 组数据，求得相应的概率储量 *P*90，*P*50，*P*10。

表4–3　没有地质约束与有地质约束的储量对比

小层	*P*10，10^8m^3			*P*50，10^8m^3			*P*90，10^8m^3		
	没有约束	约束 1	约束 1+ 约束 2	没有约束	约束 1	约束 1+ 约束 2	没有约束	约束 1	约束 1+ 约束 2
S_2^3	542.4	483.0	512.0	679.4	634.0	634.0	946.6	767.1	718.0

续表

小层	最大值，10^8m^3			最小值，10^8m^3			平均值，10^8m^3			均方差，10^8m^3		
	没有约束	约束 1	约束 1+约束 2	没有约束	约束 1	约束 1+约束 2	没有约束	约束 1	约束 1+约束 2	没有约束	约束 1	约束 1+约束 2
S_2^3	1135.7	992.6	795.6	381.7	381.7	486.6	713.5	635.8	626.6	151.3	121.3	79.4

地质约束条件 1 的作用主要是限制了参与储量计算的砂体体积。因此，所得的 100 个实现算得的概率储量 *P*90，*P*50，*P*10 都明显减小；同时这一约束因素也造成了概率储量 *P*90 和 *P*10 差值减小，和最初 400 个实现相比，储量最小值、最大值和均方差都有所减小，说明储量的不确定性有所减弱。地质约束条件 2 则进一步缩小了概率储量 *P*90 和 *P*10 的差值，进一步降低了储量的不确定性。在没有约束、约束 1、约束 1+ 约束 2 条件下，计算得到概率储量的均方差分别是 $151.3\times10^8m^3$，$121.3\times10^8m^3$ 和 $79.4\times10^8m^3$（见表 4−3），呈现明显下降态势，说明 3 种条件下储量的不确定性逐步降低。图 4−12 表示了这 3 组概率储量之间的数量关系经过地质条件约束，天然气储量绝对值明显减小，特别是概率储量 *P*10 减少了将近 25%。这说明，如果没有这种约束，算得的概率储量 *P*10 不符合地质实际。对于概率储量 *P*50 和概率储量 *P*90，有地质约束的概率储量和没有地质约束的概率储量之间的差别小于 10%。

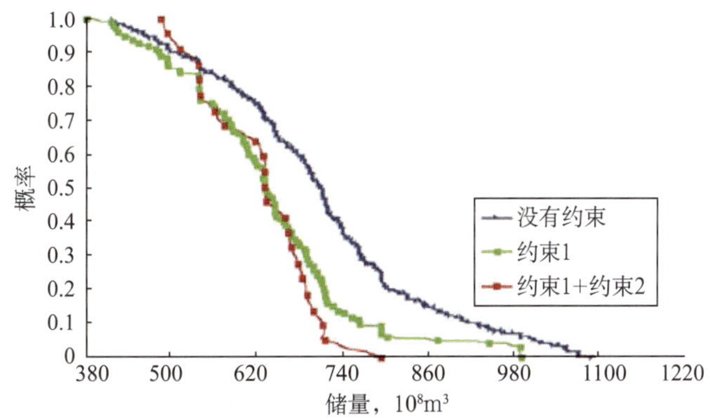

图 4−12 地质约束对概率储量的影响

国内学者已经就油藏建模结果在油气田开发中的应用进行了许多研究工作（赵国良等，2009；吴键等，2009；郝建明等，2009；穆龙新等，2009）。本节从地质学的角度，分析了 YL 气田南区 S23 小层的横向非均质性和纵向非均质性，并利用纵向比例曲线对纵向非均质性进行了定量描述。利用归纳出来的 2 个地质约束条件，对建模结果及其相应的天然气储量进行了选择，降低了概率储量的不确定性。

本节研究突出了地质约束条件的作用，使储集层建模的结果更好地体现储集层的地质特性，明显地改善了油藏建模结果的应用效果。

参考文献

高瑞祺，陈元千，毕海滨 .2002. 对我国石油可采资源量的预测研究 [J]. 石油学报，2002，23（5）：44–46.

郝建明，吴健，张宏伟 .2009. 应用水平井资料开展精细油藏建模及剩余油分布研究 [J]. 石油勘探与开发，2009，36（6）：730–736.

胡允栋 .2000，石油天然气储量计算方法 [A]. 矿产资源储量计算方法汇编 [C] . 北京：地质出版社：243–280.

吕晓光，王家华，潘懋，等 .2003. 指示主成分模拟建立分流河道砂体相模型 [J]. 石油学报，2003，24（1）：51–57.

穆龙新，韩国庆，徐宝军 . 2009. 委内瑞拉奥里诺科重油带地质与油气资源储量 [J]. 石油勘探与开发，2009，36（6）：784–789.

裘怿楠 . 1991. 储层地质模型 [J] . 石油学报，1991，12（4）：55–62.

裘怿楠 . 1997. 石油开发地质方法论（一）[J] . 石油勘探与开发，1997，23（2）：43–47.

裘怿楠，陈子琪 .1996. 油藏描述 [M]，北京：石油工业出版社 .

裘怿楠，薛叔浩 .1994. 油气储层评价技术 [M] . 北京：石油工业出版社 .

沈忠山，马雷晶，王家华，等 .2013. 多点地质统计学建模在大庆密井网油田储量计算中的应用 [J]. 西安石油大学学报自然科学版，2013 年，28（4）：64–68.

王家华，张团峰 . 2001. 油气储层随机建模 [M] . 北京：石油工业出版社 .

王家华，卢涛，陈凤喜，等 .2011. 利用地质约束降低天然气概率储量的不确定性 .[J]. 石油勘探与开发，2011 年 12 月，Vol.38，No.6，764–768.

吴键，李凡华 . 2009. 三维地质建模与地震反演结合预测含油单砂体 [J]. 石油勘探与开发，2009，36（5）：623–627.

赵国良，沈平平，穆龙新，等 .2009. 薄层碳酸盐岩油藏水平井开发建模策略：以阿曼 DL 油田为例 [J]. 石油勘探与开发，2009，36（1）：91–96.

张明禄，王家华，卢涛 . 2005. 应用储层随机建模方法计算概率储量 [J]，石油学报，2005，26（1）：65–68，73.

Capen E C.Vadcon.1999.Probabilistic Reserves! Here at Last? [R].SPE 52943.

Carnegie A.2004. Techniques to aid rapid detection of high permeability conduits and barriers in reservoirs. SPE 88778.

Doligez B.，Chen L.2000. Quantification of uncertainties on volumes in place using geostatist ical approaches[R] . SPE 64767.

Carb，F.A.1985.Oil and gas reserves classification，estimation and evaluation.JOURNAL OF PETROLEUM TECHNOLOGY，March：373–390.

Garb F.A.1988.Assessing risk in estimating hydrcarbon reserves and in evaluating hydrocarbon producing properties. JPT（June 1988）765.

Gair R.2003. Integrating deterministic and probabilistic reserves[R].SPE 82000.

Idrobo E. A.， Jimenez E. A.， Ospino A A.， et al.2003. A new tool to uphold spatial reservoir heterogeneity for upscaled models[R]. SPE 81041.

Jochen V.A. and others.1996. Probabilistic reserves estimation using decline curve analysis with the bootstrap method. SPE 36633.

Nargea A. and Hunt E.1997. An integrated deterministic /probabilistic approach to reserve estimation：An Updat a[R]. SPE 38803.

Ross J.1997. The philosophy of reserve estimation[R] . SPE 37960.

Schuyler J. R.1998. Probabilistic reserves lead to more accurate assessments[R]. SPE 49032.

Wang Jiahua and MacDonald A. C.1997. Modeling channels architecture in a densely drilled oilfield in east China.SPE 38678.

5 随机游走建模方法的原理与应用

把随机游走的路径想象为河流相储层中一条一条河道分布，是研究随机游走建模方法的最初的动力。随机游走在已知的科学与技术领域已成为一个广泛应用的模型。数学家们将随机游走简明地定义为：一定数量的随机变量的总和（Weiss，1994）。

蒙特卡罗模拟实现通常借助一个可见的独立个体以随机方式运动的游走模型来进行。在一次时间驱动的模拟中，个体通常位于一个矩形网格块内，当在某些限制之下，任意时间步长中，可以随机地游走到相邻的网格中。

随机游走可以以布朗运动为模型，以描述液体中悬浮粒子的行为特征。1827 年，英国植物学家罗伯特 · 布朗观察到液体中快速、随机运动着的花粉颗粒，他指出这种行为是不能归因于粒子的生命期（Coding，2003）。Coding 的博士论文指出，在物理学中，随机游走被描述成一个具有某些随机因素的运输过程的微小模型。基于随机游走理论的数学形式体系不仅遍布于物理学的各个领域，同时也应用于许多化学领域中。除此之外，随机游走也被应用于一些生物学现象研究（Weiss，1994；Berg，1983）。

随着理论和应用的深入发展，产生了多种随机游走模型。包括基于网格的随机游走、分叉随机游走、自吸引随机游走、离散随机游走、非均质性随机游走、相互作用的随机游走、交替随机游走、非倒退随机游走、单参数随机游走和多参数随机游走（Rudnick and Gasoari，2004）。

各种随机游走模型已得到了广泛的应用，在生物学、物理学、计算机科学、经济学和金融学等领域，均对其进行了模式描述、建模、考察以及预测等研究。

5.1 随机游走的原理

随机游走作为概率论的一个研究领域，自从 1905 年发表第一篇论文以来，本身的研究与应用不断发展。由于理论方法和应用的极大发展，原来单一的随机游走方法出现了各种变种：主要有分叉随机游走模型（branching random walks）、自吸引随机游走（selfattracting random walks)，离散随机游走（discrete random walks)、非各向同性随机游走（non–homogeneous random walks)、相互作用随机游走（interactive random walks)、可交换随机游走（exchangeable random walks)、不可转向的随机游走（non–reversal random walk)、自回避随机游走（self–avoiding random walks)、单参数随机游走（one–parameter random walks）和多参数随机游走（multiparameter random walks）等。

随机游走模型应用的模式不增加，被用于描述、建模、模式探索一直到预测客观世界；其应用的领域也不断扩大，大致覆盖了生物学、统计物理学、计算机科学、经济和金融等方面。

可以利用随机游走对液体的布朗运动建模。1827 年，英国植物学家罗伯特 · 布朗观察了液体中花粉颗粒的快速、随机的运动，他注意到这种运动与颗粒的寿命无关。由于颗粒的扩散和迁移显示了布朗运动的特点，所以利用随机游走的模拟可以对这个过程建模。

从理论体系划分的角度出发，随机游走方法可以归入蒙特卡罗模拟应用的范畴。从外表上看，随机游走是一个实体的随机运动。对于一个以时间为驱动的模拟，这个实体被表达为在矩形网格上的一个细胞。在任何时间步长内，这个实体能够（也许在某种约束下）随机地运动到一个邻近的格点处。

因此，随机游走、蒙特卡罗模拟以及布朗运动是有着密切的关系的。

5.1.1　随机游走模型的产生和发展

在 Coding（2003）博士的论文中，详细描述了随机游走的产生和发展过程。在上一世纪初，布朗运动这个研究课题也吸引了爱因斯坦（1905，1906）等许多杰出的物理学家的兴趣。在对布朗运动的研究过程中，不仅发展了随机游走的理论，同时，也发展了随机过程、随机噪声、谱分析和随机方程等重要的、具有广泛应用领域的概率统计的各个分支。

Coding 的论文还指出，关于概率论方面的经典的工作已经有几个世纪了。但是，有关随机游走问题的论文第一次出现在 1905 年的“自然杂志”[Nature（Vol. 72，p.294）] 上，由 Karl Pearson 发表了题为《随机游走者的问题》(The problem of the random walker) 的论文，就有点让人感到惊讶了。

Coding 指出，随机游走最初建立的简单运动模型是非相关的，也就是说，每一步相对前一步都是完全独立的，而且运动的方向也是完全是随机的。这样的模型可以证明它会产生标准的扩散方程（有时也称为热方程)。通过使得该模型在某一个方向运动的概率大一些，使能够引入偏差，从而人们可以推导出漂移扩散方程。这样的模型已经被 Othmer 等学者（1988）归纳为“位置跳跃过程”(position jump processes)。

运用简单的随机游走模型，可以调查在随机游走中放置障碍物的影响。针对有限制的领域（例如在一个容器内的鱼的游动)，人们可以利用“排斥”或“反射”等的障碍——当一个游走者到达障碍物时，就围绕着它或朝反方向运动。

5.1.2 随机游走模型在生物学中的应用

随机游走模型已经广泛应用于生物科学的不同问题中，已有许多成果可以推广并应用到多个场合。Skellam 于 1951 年发表了第一篇论文，应用随机游走模型对动物种群的分散建立模型。Skellam（1973）and Levin（1986）两人分别对小时间尺度上的无限繁殖的问题，讨论了简单等方体随机游走模型的正确性与局限性：在缺少相关性的情况下，要考虑这样的事实——这个模型不能考虑单体的相互作用与栖息地的变化。Okubo（1980）在不同的生物学背景下讨论了扩散问题，对各种各样的随机游走模型的来历和局限性进行了详细讨论。Murray（1993）给出了一些生物学扩散问题的简略回顾，这些问题能够用以上的随机游走模型来建模。在 Alt & Hoffmann（1990）出版的书中，Tranquillo & Alt 研究了和方向运动以及随机游走有关的术语的有用分类。这些内容包括了生物学运动的其他模型和在不同的尺度下的观察到的运动的限制。

随机游走和分叉随机游走是出现在各种应用中的规范的模型。例如，随机游走可以对各种运动粒子的不规则运动建模；而分叉随机游走则是针对种群的简单的模型：描述这些种群中的个体及其运动并生产出它们的后代。在许多情况中，加上某种相互作用，现象的描述会变得更合理。例如，对于线性的聚合体，它们的各组成部分由于彼此的排斥力而相互排斥，对于这种大小为 n 的线性聚合体，用自回避随机游走进行描述会更加符合实际。同样地，当人们企图对疾病的传播进行建模时，分叉随机游走则过于粗糙，因为分叉随机游走会对各种来源的传染个体不止一次地记数。当运用方向性的渗流时，这种过分的记数则不会发生，因此它对于静态种群的疾病传播会产生更加符合实际的模型。

在生物学应用方面，一维、二维、三维的随机游走可以用来对动物的运动范围进行建模（对于鱼类，是一维的；对于大鸟，是二维的；对于蝴蝶，则是三维的）。为此，需要为它们设计出没有食肉动物的，又能让它们自由运动的区域。

化学中需要研究大的聚合物链，如 DNA。这些聚合物链在空间中呈现的形态和 3D 中的随机游走的轨迹相似。不一致的地方是聚合物链从不自我相交。这种聚合物链就要用自回避随机游走来描述。

在遗传学中，随机游走模型可以用于模拟因子的突变。作为另一个例子，科学家运用复合酶反应方法来产生 DNA 特别条的许多拷贝。一串 DNA 包含了由 A，T，C，G4 个基础组成的多个系列。运用了模拟中的随机游走模型，计算科学家能够确定在溶液中这些基础的合适的比例，以加速复制 DNA。

5.1.3 随机游走模型在统计物理学方面的应用

随机游走是统计学中的经典问题，已经在各种工程问题中得到了许多应用。其中一个突出例子是在 CAD 中运用这个思想来进行电容抽取。促进这方面工作的一个早期方法是，基于转换了电阻网络和概率之间的关系，将含有电阻和电压源的任何一个网络转换为一个等价概率问题。根据这个思想并在应用中加以拓展，来控制一个电源网络的直流分析的问题。

20 世纪 60 年代，Montroll 和 Weiss 发表了一系列著名的关于随机游走的论文，他们把数学家的概率理论应用到网格扩散过程的物理学研究。他们为此发表了一篇关于连续时间随机游走（continuous–time random walks，CTRW）的论文。在文中一个扩散颗粒的两个序贯的跳跃之间的等待时间是一个正实数的随机变量。

Montroll 和 Weiss 的论文是扩散过程的物理理论发展的起点，目前 CTRW 已被应用到了经济和金融领域。

近年来，人们对量子信息理论发生了巨大的兴趣。这些新的思想包括：隐蔽图形和量子计算。1994 年，Peter Shor 发现一个量子算法，从此引发了垮越广泛学科的研究波浪：遍及物理学、计算机科学、数学和工程学等领域。量子信息科学相关的概念和思想有量子算法、量子计算机制、加速、物理执行、量子电路和脱散等。人们需要将物理现象转化为计算机科学的算法。通过量子随机游走的新概念，已经发现了不少量子信息理论中的新算法，并且有希望发现更多量子信息理论中的新算法。

利用物理学的语言，随机游走可以被描述成具有随机元素的迁移过程的微观模型。对于紊乱介质中的迁移，几乎所有的分析起点都可以关联到某种随机游走模型。基于随机游走理论的数学机制不仅渗透于物理学的一些领域，而且也在化学方面的许多领域有所应用。

一个随机过程由序贯的、固定长度的、离散步骤所组成。在液体中随机的热扰动对应于随机游走，称之为布朗运动；而描述在气体中分子的碰撞的随机游走称为扩散。随机游走具有有趣的数学性质，这些性质的变化极大地依赖于游走发生的几何尺寸和游走是否和网格一致。

5.1.4 随机游走模型在油藏工程中的应用

近年来，随机游走方法在储层建模和油藏工程中的应用效果越来越明显。已经发表的文献展示了这个方面的成果，同时还说明随机游走方法在处理油田开发领域的不确定性方面具有独特的作用和优越性。

Inoue 等学者（2009）发表了应用随机游走粒子跟踪方法描述捕获区的成果。在油田开发过程中，捕获区是具有重要作用的一个概念，它描述了在特定的时间间隔内捕获到地下水的抽水井周围的区域。捕获区描述是为了保护能够供应地下水的那些井，因此从环境保护和公共卫生的角度而言，捕获区的精确预测也是十分重要的。一口井的捕获概率可以利用随机游走粒子跟踪能力进行估计。这种能力能够处理孔隙介质中的多维对流和散射过程。粒子跟踪方法表达了井的结构、泵排量和各个捕获区之间的相互作用与影响。通过随机游走粒子跟踪方法，对于一定时间内的某一口井，可以确定与时间有关的捕获区的初始粒子分布的总概率。

在海洋工程的各种问题中经常会遇到胶结过程。在周期性的加载下（例如由地震和波浪等原因导致的孔隙压力的聚集），会形成的多余的孔隙压力聚集，这在海洋工程实践中经常遇到。Sumer 等学者（Sumer and others，1999）针对孔隙水的压力问题提出了一个随机游走模型的解决方法。这个随机游走模型借助了孔隙压力的变化和任何扩散过程之间的相互类比，在这里随机游走模型被用于对海相土层的孔隙压力和孔隙压力聚集的预测。

油藏的地质建模，是经常在细小尺度的网格块上面来完成的，是把测井、取心与地震等获得的岩相数据整合起来的结果。在完成流体的流动模拟之前，有必要选取不确定性较少的实现，以代表最优的、最差的以及中等好的实现，这可以视为是图像的选择问题。对于建模结果的物性参数按网格块实行平均运算，以便把网格块的尺度进行适当的调整，更有效地加速油藏模拟的过程，是有明显的必要的，这个过程就是粗化。McCarthy（1993）发表的论文中，提出了随机游走方法如何应用于粗化过程和储层建模图像的选择，并且提供一个有效的、精确的、细小尺度的有限差分计算算法。

Yi 等学者（1994）提出了一个数值方法，它可以对井间示踪剂在非均质的孔隙介质中的瞬时两相流动的路径进行建模。这个方法是序贯的，可以利用混合有限元方法对速度场和压力场同时求解，相渗透率则可以利用质量平衡方法求解，最后可以运用随机游走方法对生产井中示踪剂的浓度进行预测。

该文献在非均质性油藏的示踪剂流体流动模拟方面提出了一种新的模型，即将混合有限元方法和随机游走方法相结合。混合有限元方法具有这样的灵活性：同时根据速度和压力两种参数提出边界条件，于是这样的边界条件能够精确地保持质量；而随机游走模型则能够跟踪表示示踪剂液柱的运动状态，从而直接反映示踪剂特征。把分子扩散、横向和纵向散射以及吸收效应三者整合的数值过程，能够提供油藏中示踪剂流动特性和生产井中的示踪剂浓度。

对自然裂缝油藏运用传统连续模型进行建模在实践中是不太可能的。因为运用传统算法计算裂缝系统的详细结构需要的计算时间不合理；同时，裂缝油藏具有高度非均质性，使用有限差分计算经常会引起收敛性问题。除此以外，利用传统连续建模算法精确表示复杂裂缝网络也是极端困难的。对此 Stalgorova 等学者（2011）运用一种非传统方法——随机游走粒子跟踪算法（RWPT）来解决裂缝油藏建模问题。该方法引入了修正的随机游走粒子跟踪算法，使得每一条裂缝被分别地描述，且每一条裂缝具有自己的几何和物理参数（长度、宽度、方向以及渗透率），从而确保这些参数不被平均，可以直接利用。

运用随机游走粒子跟踪算法的示踪剂测试的建模过程由以下五个阶段组成：

（1）基于地质信息，产生一个裂缝网络。

（2）计算在这个模型中的压力场。

（3）把这个裂缝网络转化为一个图件。

（4）运用这张图件来模拟示踪剂的测试结果。

（5）比较模拟结果和生产的观测结果，相应地编辑裂缝网络。

在 SPE 文献中，涉及随机游走算法的还包括如下几篇：《油藏建模中的随机地震反演》(Shrestha，and others，2002)，《河流薄层的横向识别和纵向识别：3D 地震数据的地质统计学反演》(Victoria, and others, 2001),《利用连通性的测量进行地质统计学建模结果的排队》(McLennan, and other, 2005),《采样策略对预测不确定性的估计的影响》(Erbas, 2007))和《连续油藏模拟的更新与预报,改善不确定性的定量化》(Erbas, and others, 2007)。

5.1.5 随机游走模型基本问题的研究

关于随机游走的一个有趣的问题是:游走者是否能回到起点? George Pólya (Pólya, 1921) 证明了这个答案依赖于格点的维数。在一、二维的随机游走肯定能够回到起始点,只要游走进行得足够长。但是,对于三维或更多维的随机游走,结果则不一定。

Pólya 的结果告诉人们:关于二维空间中的自回避游走的某些事情,如果一个随机游走返回原点的概率为 1,那么不返回原点的概率则为零。

在纯粹的随机游走和自回避游走之间的是非倒退游走。这样,对于一个非倒退游走,在其起步时有 4 个方向可以选择,但是对于随后的各步,就只有 3 个方向可以选择了。各类随机游走的图像如图 5–1 所示。

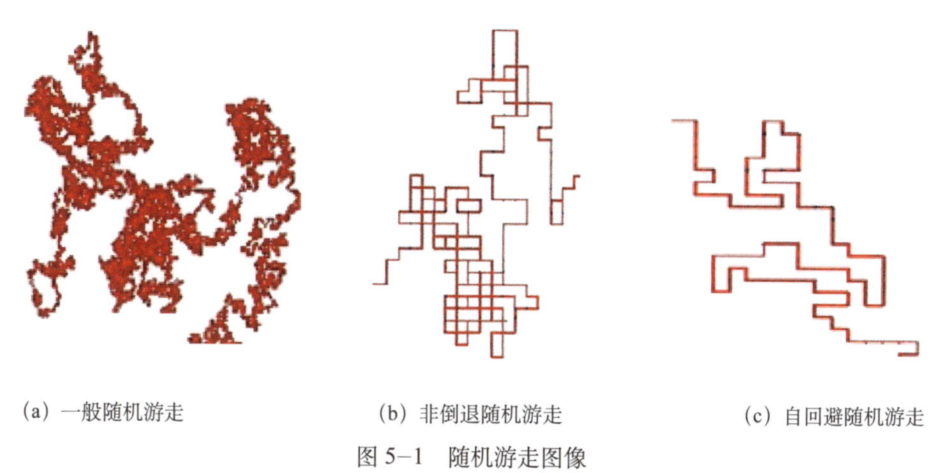

(a) 一般随机游走　　(b) 非倒退随机游走　　(c) 自回避随机游走

图 5–1　随机游走图像

纯粹的随机游走往往由密集的区域组成,在那里大部分的格点至少有一次被访问过,而且经更多的稀疏的定居点和一些絮卷连接。它的形态好似一张沿着一条河的城市和小镇的地图。非倒退游走的形态有点相似,但是更开放一些,更像是郊区蔓延,而不像是市中心。然而,自回避游走的形态看起来不像沿着河流的城市,而是更像河流本身,或者是像海岸线(图 5–1)。

设想一个城市不再是有序的。当一个醉汉到达某一个交叉点时,他在各种可能的道路选取一条。如果这个路口具有 7 个出口,那么他会以 1/7 的概率选取其中的一条。这就是在一个图形上的随机游走(Random Walk on Graphic)。

必须注意的是在图形上的随机游走不能和马尔科夫链混为一谈。和一般的马尔科夫链不一样,在图形上的随机游走具有时间对称性或时间可逆性。

5.2 随机游走在密井网河流储层建模中的应用

河道建模是地质统计学在河流相储层建模中的一个热门应用研究课题。运用二维随机游走方法，可以勾画出各条河道的轮廓。所产生的河道具有穿过砂体的井位的整体的方向，而避开了穿过泥岩的那些井位。这种方法称为基于井位数据的随机游走方法，可以用于对河流相储层进行建模。

这里提出的建模过程包括两种：单向游走建模和双向游走建模。第一类模型的目的是利用随机游走转移概率，在主体流动方向（北—南方向）中基本确定出每条河道的位置。第二类模型则用于模拟向两个方向流动的河道，既可以是从北到南，也可以是从南到北。两种建模方式都是基于两个系数来估计转移概率的：一个系数是位于河道的井点的相关系数；另一个是位于非河道的井点的屏蔽系数。这里，利用所提出的随机游走模型对一个有332口井的密井网区块的案例进行研究，目的是验证所提出的模型，同时将绘制成的河道图和地质学家手工绘制的河道图进行对比。结果显示，随机游走模型可以产生河道构型的许多种实现，因此就可以对不确定性进行估计。

本节在最后的部分，研究了井的数量对于所使用方法产生的一定的局限性。

5.2.1 河流相储层建模

有关河流储层建模的文献研究了多种建模方法。其中，用途最广泛的是被称为面向对象建模的示性点过程建模和多点统计建模。

示性点过程建模通常用于描述河道砂体和河漫滩等泥岩（Tyler，1994）。该方法主要用于模式单一的、且在作为背景的沉积相中有离散结构的相进行建模。这些元素可能是泥岩遮挡或嵌入泥岩中的河道。

面向对象的模型可以由参数性的形态来描述（Wietzerbin and Mallet，1994）或由数学模型来描述，这被称为示性点过程（Deutsch and Wang，1996）。在面向对象模型中可引入适当的几何参数（Dubrule，1989；Haldorsen and Damsleth，1990），诸如宽度/深度比。此方法的重点在于将地质信息定量化并加以结合以提供真实的模型。“面向对象类型”的随机模型现已用于描述中国东部地区陆相，钻井密集区域的河道结构（Wang and MacDonald 1997）。

多点地质统计学模拟（MPS）提供了两种方法：一种是基于对象的布尔建模的沉积相几何形态的实现方法；另一种是地震以及井条件能力的指示模拟方法（Harding and others，2005）。

多点地质统计学的主要优势在于能够再现复杂的地质形态，如曲流河等。然而利用两点地质统计学或者基于方差的地质统计学方法是无法再现曲流河形态的。多点地质统计学的主要目的在于再现训练图像中的曲流河结构。通常认为训练图像是一个先验地质学模型，包含了真实的储层信息。一组椭圆型、一个河道、或一个沉积扇都可以视作训练图像（Caers and Zhang，2004）。

采用随机游走方法对河道进行建模的第一篇文献参见（Wang and MacDonald，1997）。该文以一个 100 口井的案例验证了随机游走模型，生成了辫状河道的实现。该文产生了一个重要的特征：河道频繁的交汇点和支流的描绘。

一个独立个体的随机游走可以视做河道中流动的水。随机游走和河道中流动着的水具有动态的相似性，使得随机游走模型具有直观性和合理性。

5.2.2 随机游走模型在河流相建模中应用

蒙特卡罗模拟的实现通常借助一个可见的独立个体以随机方式运动的游走模型来进行。在一次时间驱动的模拟中，个体通常位于一个矩形网格块内，在某些限制之下，在任意时间步长中，它可以随机地游走到相邻的网格中。

Wang，J. 等学者（1997）研究了河道相建模，它是基于网格的随机游走。网格是点、微粒或某种对象在二维或三维的空间中规律的周期性运动模式的布局。许多文章都致力于研究基于网格的随机游走课题（Martzel and Aslangul，2001；Weiss.，1985；Ren and Fang，1999；Rudnick and Gasoari，2004）。Wang J. 的在研究中将网格定义为一个具有网格结点的长方形网格。随机游走的步之间的网格程度是常数，每一次随机游走的终点视为一个网格结点。这就要求所有游走步长严格地和网格长度一致，并且移动都局限于其中一个邻近的结点。

与游走在规律的网格上的随机游走不同，另一种随机游走可以在图形上进行。在数学上，定义一个图形为一些点集、线和它们子集之间的连接。该文中，视井位为所定义的这种图中的点。因此，研究提出了一种利用基于图形的随机游走对河道相进行建模；图上所标明的空间中的井位是不规则的。这种基于图形的随机游走被广泛应用于被拓扑学所影响的动态随机过程（Burioni and Cassi，2005），在计算机科学中，它也是一个非常有价值的算法技术（Devroye and Sbihi，1990）。

与基于网格的随机游走做出的河道相相比，Wang J. 等学者所提出的方法具有如下的优点：

（1）准确地说，游走是从一个井位走向另一个井位。由此可以避免井点向相邻网格节点迁移所产生的问题，从而达到精确转移的目的。

（2）游走既要考虑穿过砂岩的井，也要考虑不穿过砂岩的井，而基于网格的随机游走只考虑了穿过砂岩的井。这个性质使得基于图形的随机游走建模方法更为合理，更为强大。

研究对随机游走模型提出了如下假设：

（1）河道的流向是近似由北向南。

（2）河流各段的流动是在某一砂体中从起始井点（起始位置）开始到该砂体下一个井点（结束位置）的游走（连接）来完成的。通常，对于靠近起始位置的下一个井点的选择由如下的规则确定：

①下一个井点的方位大体在起始井点的南侧。

②下一井点以随机的方式从砂岩中的其他备选井点中选择。

③随机游走限制在二维空间中。

（3）一次游走结束之后，前一次游走的结束点将作为下一次游走的起始点，并与下一个结束点构成了一次新的游走。

（4）参考工作区域的由地质学家所绘制的沉积相图，来确定某区域中延直线从一个井点流向下一个井点的河道。

（5）因为研究区域具有水下分流河道的沉积环境，因此通常在远离河道起始点的位置有些河道会在某些地方消失或者断流，而且河流的能量会变得很小。另外，河道消失的原因还有地层的剥蚀、切割或改道。

5.2.3 河流相建模的算法

基于随机游走的河流相建模的实现严格取决于河道相井位和非河道相井位的空间分布。井位的空间分布直接决定了游走路径的方向。河流相建模的实现有两种类型，一种如上文所提到的第一类单向随机游走，第二类是双向随机游走。井点由两部分组成：穿过河道砂岩的河道井点和穿过河堤、决口扇和不属于河道范围内的页岩的非河道相井点。

设计单向随机游走的目的是因为仅朝一个方向运动的简单而且容易游走。适用于更加复杂的情况的两向随机游走模型具有更加复杂的算法。下面将首先阐述第二类模型的实施。

5.2.3.1 井点对游走路径的影响

下面对于井点对游走路径的影响进行研究：研究分为两种情况，步骤 1 和步骤 2。当不考虑非河道相井的屏蔽作用时的研究，称为步骤 1。然而，当考虑非河道相井的屏蔽作用时，称为步骤 2。

1）不考虑非河道相井的屏蔽作用

这是河道相模拟的第一步，以下称为步骤 1。点 ***a*** 表示穿过砂岩的初始井点，***c***，***d***，***e*** 表示位于 ***a*** 南边的其他三个河道井点（如图 5–2 所示）。假设点 ***a*** 和点集 ***e***，***d***，***c*** 之间不存在着非河道相井点。这里，非河道相的井点也称为河道流动的障碍。

在 ***c***，***d***，***e*** 中，在距离初始点 ***a*** 的一定的范围内，点 ***e*** 是最近的。特别的，p_{ae} 表示从点 ***a*** 到点 ***e*** 的转移概率，且大于从 ***a*** 向 ***c***，***d*** 游走的概率，它们分别定义为 p_{ac} 和 p_{ad}。由于 ***a*** 到 ***c***，***d*** 的距离相等，有 $p_{ac}=p_{ad}$，***a*** 保持原地不动的转移概率记为 p_{aa}，该值一般取得很小。原因在于 5.2.2 中所讨论的河道消失的概率所造成。由图 5–2 可知有式（5–1）

成立：

$$P_{aa}+P_{ac}+P_{ad}+P_{ae}=1 \tag{5-1}$$

注意，从点 a 向点 a，c，d，e 的运动的概率之和等于 1。但是，从起始井点朝向不同的砂岩井点位置的概率通常是不相等的。

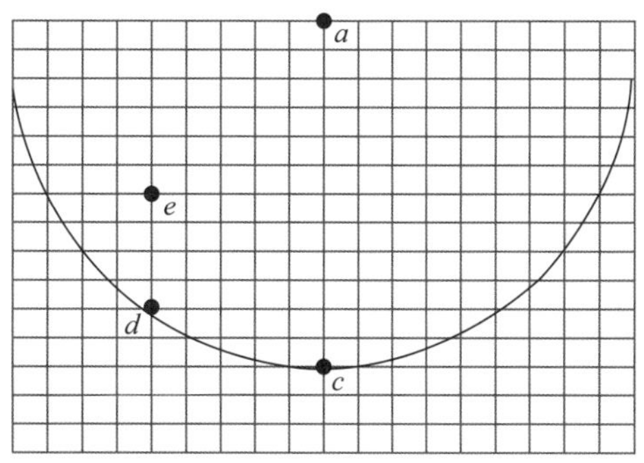

图 5–2　不考虑非河道相井的屏蔽作用时的井点位置（步骤 1）

2）非河道相井点的屏蔽作用

相对不产生屏蔽作用的步骤 1 来说，以下的步骤 2 更加复杂。原因在于一些对于砂岩井点产生屏蔽作用的非河道相井点，会对游走路径的确定产生一定的影响。

砂岩中步骤 2（图 5–3 所示）的起始井点为 ***a***。***c***，***d***，***e*** 为其他三个井点。根据距离可以知，从起始井点到其他三个井点的概率有如下关系：$P_{ac}>P_{ae}>P_{ad}$。

当在从 ***a*** 到 ***c*** 的路径中出现了非河道相井点 ***h*** 时，概率值之间的关系 $P_{ac}>P_{ae}>P_{ad}$ 就不存在了。非河道相井点的存在会对转移概率的确定产生程度不同的屏蔽作用。通常情况下，步骤 2 会考虑到在初始河道相井点和其他河道相井点之间，存在若干个非河道相井点（如图 5–4 所示）。为此，在 5.2.3.2 将对转移概率的确定进行详细讨论。

p_{aa} 的意义和同步骤 1 所述。同样，转移概率的和也具有与步骤 1 的一样的值，见公式（5–1）。

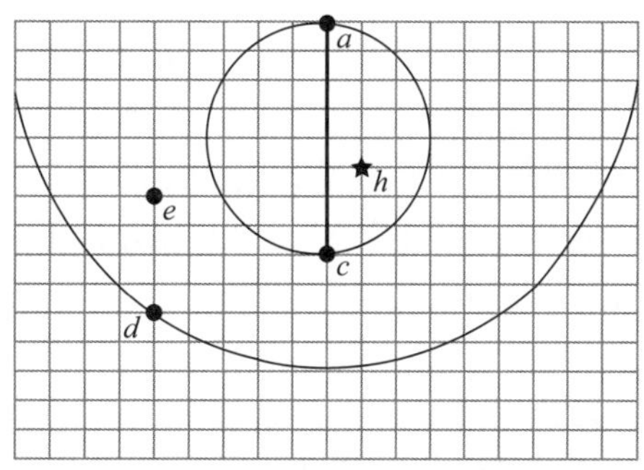

图 5–3　有一个非河道相屏蔽井的河道相井位

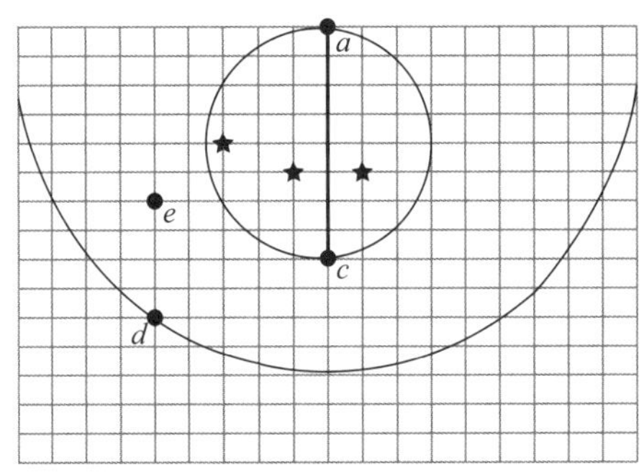

图 5-4　有多个非河道相屏蔽井的河道相井位

3）单向随机游走模型

一个完整的单向随机游走包含如下若干个子过程。

建模的第一个子过程描述如下：在所研究区域中北边大部分地区的井点中，如所讨论的单向随机游走可知，朝向下一个砂岩井点的随机游走过程是由北向南进行的。由此就形成了一部分河道。接下来的游走由上一步的结束井点开始，从而产生了另一部分河道。当前方再没有砂岩井点时，建模的第一个子过程结束，例如，再没有其他新的河道部分需要加入。此时，从第一个实际的井点开始的包含多个部分的整个河道已经形成，建模的第一部分结束。

在所研究区中的北部边界上，一共有 8 个初始砂岩井点。由所有砂岩井点，为了产生 8 条河道，需要 8 个建模的子过程（如图 5-5 的左图所示）。在该图中，黑点表示非河道相井点位置，小圆圈表示河道相井点。当单向随机游走结束时，则启动双向的随机游走。

4）双向随机游走模型

方便叙述起见，下面的讨论将借助一个包含 332 口井的案例来说明。其中，107 口井为砂岩井。

单向随机游走模型建立之后，仍然可能会遗留若干口砂岩井，未被连接到任何一个河道里。为了处理这样的砂岩井，必须求助于双向随机游走模型。

与单向游走模型类似，双向随机游走模型也包含几个子过程。但是，每一个子过程又包含两部分：一部分是朝一个方向的游走，另一部分是朝相反方向的游走。但是，这两部分都来自相同的遗留下来的砂岩井点。

双向随机游走的第一个子过程是：随机选择已遗留下来的、未被连接的砂岩井点作为初始井位，紧接着下一步游走也同单方向游走一样。譬如说，游走都是自北向南的。当游走碰到已经加入到河道中的砂岩井点时，该部分的游走结束。双向游走第一子过程第一部分也就结束，第二个部分开始。除了游走朝相反的方向外，第二个部分起始点与第一部分的起始点都是同一个点，且游走方向相反，方法相同。这一游走过程结束后，就完成了一个双向随机游走的子过程。

游走的下一个子过程的起始点是另一个没有被加入河道内的井点，同样进行双向游走，直到经过了所有的砂岩井之后结束。例如，已连结成的一部分河道已经穿过了全部 117 口砂岩井。图 5-5 的右图中，双向随机游走形成的河道由灰色表示。黑色和灰色表示随机游走穿过的所有河道点。

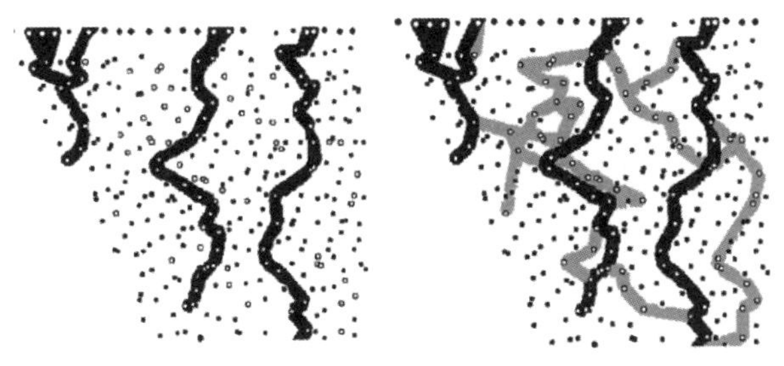

图 5–5　单向随机游走模型生成的所有河道

5.2.3.2　转移概率的确定

以下将详细叙述转移概率的算法。单向随机游走建模和双向随机游走建模都需要确定相关的转移概率。已经叙述的两种随机游走模型的河道相模拟步骤，需要考虑非河道相井点的屏蔽作用。因此，相应的转移概率的算法也比 5.2.3.1 中的步骤 1 中的复杂。相关系数和屏蔽系数分别是转移概率的两个基本参数，它们对应着 5.2.3.1 中的步骤 1 和步骤 2。

1）概率模型的推导

以下将详细研究随机游走建模中如何确定从河道上的一个井点向另一个井点的转移概率。转移概率模型遵循如下原则：

（1）两个河道相井点的相关系数取值区间在 0 到 1 之间，这取决于两口井之间的距离。

（2）非河道相井点产生的屏蔽系数描述了从一个井点向另一个井点的游走过程中非河道相井点的作用。

（3）从一个河道相井点向几个河道井点的转移概率，由相关系数和屏蔽相关系数同时确定。

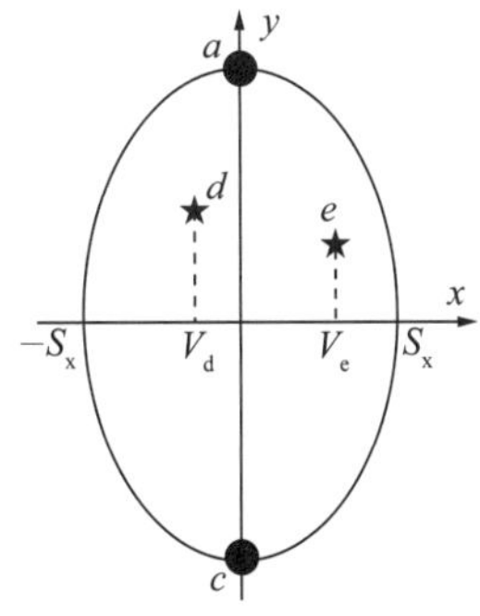

图 5–6　非河道相井位的屏蔽系数

2）相关系数

两个河道相井点之间的相关系数为两口井之间的距离 h 的函数，其自变量取值区间为 [0，1]。相关系数可以自定义且是非负的，当滞后距离 h=0 时，为 1。另外，它随 h 的增加而变大。当滞后距离超出一定范围时，这个相关系数为 0。

3）屏蔽系数

屏蔽系数表示非河道相井点对河道随机游走的影响。如图 5–6 所示，河道相井点 ***a***，***c*** 位于 *y* 轴上，井点 ***d***，***e*** 表示两个非河道相井点。当 ***a*** 和 ***c*** 不同时在 *y* 轴上时，需要对坐标系进行一次线性变换，将 ***a***，***c*** 变换到 ***y*** 轴上。根据长轴和短轴的比值，由图 5–6 中的椭圆知，长轴是 ***a*** 和 ***c*** 所在的轴，短轴是 $-S_x$ 和 S_x 之间的轴。假定该比值服从概率分布。此时，假定该比值为 0.5。

椭圆左半边 ***d*** 的屏蔽因子定义为 P_d，表示从 $-S_x$ 到 V_d 的上半部分椭圆的积分，V_d 为 ***d*** 在 *x* 轴上的投影。***e*** 的屏蔽因子定义为 P_e，表示从 V_e 到 S_x 的上半部分椭圆的积分。河道相点 ***a***，***c*** 相对非河道相 ***d*** 和 ***e*** 的屏蔽系数定义为 $U_{d,e}$，取值为 $S\cdot(P_d+P_e)/(0.5\cdot$整个椭圆的面积$)$。

更一般地，如果在椭圆的左半边存在点 *h*，*h* 是河道相点 *a*，*c* 之间的一个非河道相点，那么 ***h*** 的屏蔽因子定义为从 $-S_x$ 到 V_h 在椭圆的上半部的积分，这里 V_h 是 ***h*** 在 *x* 轴上的投影。如果 ***h*** 在椭圆的右半部，这个屏蔽因子定义为从 V_h 到 S_x 的在椭圆的上半部的积分。
在下述公式中的概率调整因子 *S* 可以调整为 $S=2/K$，其中 K（$K\geqslant 1$）是椭圆中的非河道相点的个数。

一般地，当河道相井点之间的其他非河道相井点为 $O(j)$（$j=1,\cdots,m$）时，从起始井点 ***a*** 到其他的河道相井点 $W(i)$（$i=1,\cdots,m$）的屏蔽系数定义为：

$$U_i=S\cdot(\sum_{k=1}^{K(i)}P(i,j_k)/A_i)$$

这里，当 $P(i,j_k)$ 定义为任意一个初始的河道相井点 ***a***，或者任意一个河道相井点 $W(i)$（$i=1,\cdots,n$）时，一个非河道相井点 $O(j_k)$（$1\leqslant j_k\leqslant m$）的屏蔽因子。其中，$k=1,\cdots,K(i)$，且 $1\leqslant K(i)\leqslant m$。$K(i)$ 是河道相井点 ***a*** 和任一个河道相井点 $W(i)$（$i=1,\cdots,n$）间，非河道相井点的总数。A_i 表示完整的椭圆的一半的面积，它的长轴是由初始井位 ***a*** 和另一个河道井点 $W(i)$（$i=1,\cdots,n$）共同形成的。U_i 的取值在 0 到 1 之间，1 表示最大屏蔽效应。例如，图 5–4 中的 $n=3$ 和 $m=3$。

这里必须要指出两点事实：第一，以下的情况是可能出现的：***h*** 为一个非河道相井点，它不仅位于初始河道相井点 ***a*** 和河道相井点 $W(i)$（$i\leqslant 1\leqslant n$）之间，而且处在 ***a*** 到不同于 $W(i)$ 井的另一口河道相井 $W(j)$（$1\leqslant j\leqslant n$，$i\neq j$）的路径上；第二，对于一些非河道相的屏蔽井点，对于初始井点的屏蔽系数的变化通常依赖于河道相井位的方向。

4）转移概率

转移概率的表达式见式（5–2）。

$$P_s=\{C_i(h)\times(1\times U_i)\} \tag{5–2}$$

当屏蔽系数的影响被引入时，用式（5–2）替代以前所定义的相关系数。在某种程度上，式（5–2）类似于两个河道相井位的相关系数 $C_i(h)$。当两个河道相井位之间没有非河道相井点时，此时，屏蔽系数为 0 且 $U_i=0$，公式（5–2）就为 $C_i(h)$。

当井位维持在原地不动，例如，不产生任何游走时，转移概率定义为：

$$P_s = \min_{i=1}^{n} \{C_i(h) \times (1 \times U_i)\}$$

对于起始河道到其他河道相井点的转移概率，其总和为 $1-P_s$。

从河道的初始井点到第 i 个井点的转移概率为 P_i，定义为河道的初始井点和第 i 个井点的相关系数和游走路径上非河道井点的屏蔽系数。由此，给出 P_i 的表达式如下：

$$P_i = (1 \times P_s) \frac{(1 \times U_i) / [1 \times C_i (1 \times U_i)]^2}{\sum_{i=1}^{n} (1 \times U_i) / [1 \times C_i (1 \times U_i)]^2}$$

上述公式的结构基于以下 3 点：

（1）概率的标准化。

（2）P_i 定义为转移概率，当屏蔽系数 U_i 减少，或者相关系数 C_i 增加时，P_i 增加。

（3）P_i 是 U_i 和 C_i 的非线性函数。这一点可以解释为：选择上述表达式的原因在于，当每个 C_i（$1 \times U_i$）接近一个小值时，与每一个 C_i（$1 \times U_i$）与它们的和的简单比的公式相比，该公式将使得 P_i 以更快速度的逼近一个小值。该算法保证了当初始的河道相井点到其他井的距离增加时，P_i 会以一个较大的梯度趋近一个小值。下面的图 5–7 所示的流程简要概括了单向随机游走对河道相建模的过程和转移概率的计算模型。

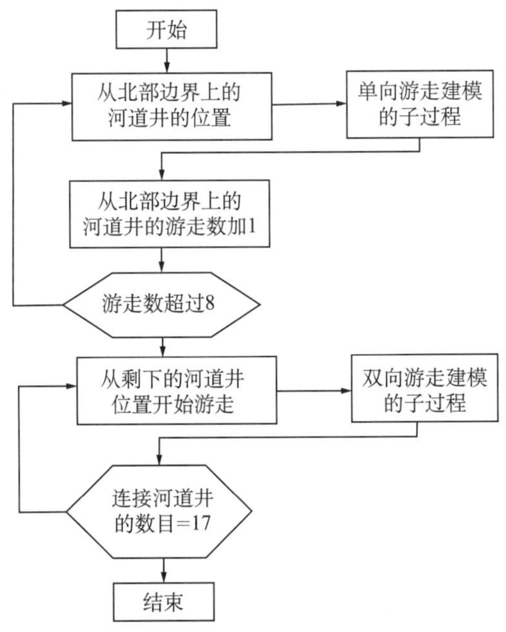

图 5–7　单向游走和双向游走进行河道相建模的流程图

5.2.4 建模实例

5.2.4.1 地质数据分析

某成熟的油藏已经开发了45年之久，它的面积为5.5km^2，钻井332口，井距约在200到300m之间。一共包含4种微相：河道、天然堤、决口扇、页岩。地质解释表明河道的流向是从北向南的。

以下给出四种微相的几何数据：

河道的平均厚度为2.2m，最大厚度为5.3m，最小厚度为0.3m。80%的河道厚度小于0.3m。河道宽度从120到140m。70%的河道宽度小于140m。平均河道宽度为127m，最宽达到220m，最窄85m。

76%的决口扇的厚度小于1.0m。平均厚度为0.67m，最大值2m，最小值0.2m。77%的天然堤厚度小于1.0m。平均厚度在0.64m，最大厚度1.5m，最小厚度0.2m。

借助垂直高清地震数据和详细的表面边界测井解释资料，可以认为垂直方向上的各种微相分布是近似均匀的。因此，利用二维随机游走对储层中河道相进行建模主要就是对各种相特征进行描述。

5.2.4.2 河道空间分布实现的评价

图5–8的左上图为地质学者的手工绘制图件，其他三幅为随机游走的实现图。粗黑线表示河道；黑色圈表示河道相位置；黑点则表示非河道相井位。由图可知，采用随机游走实现的河道的几何构型较好地吻合了手工绘制图件。随机游走较之手工绘图的优点在于，可以产生多种实现。从而可以进行不确定性分析。

5.2.4.3 河道宽度的确定

随机游走模拟的核心在于识别河道的中心轴线。接下来，河道扩展过程用于产生连续宽度为200m的河道。简单来说，河道宽度是根据平均井空间来估算的。精确的扩展步骤必须考虑到当河流距离源头越远时，河道的宽度越窄。另外，通过调节河道宽度而产生的随机游走实现，会生成特定的河道和目标的砂泥比。

5.2.5 小结

用于河道模拟的随机游走模型具有的不确定性与其他储层模拟的随机方法具有相似之处。通常井数量越大，模拟的不确定性越小。为了证明这个原理，从原始的332口井中，再随机选择100口、150口、200口井与全部332口井构成四个井组，图5–9分别为所分成的四个井组的随机游走实现结果之间的对比。100口井的游走结果初步显示了332口井的储层的总体框架。随着井数量的增加，模拟的结果越来越接近332口井的模拟结果，它显示了没有明显弯曲幅度的河道的精细几何结构及其局部细节。图5–9的对比结果表明，随着井数量的增加，结果都保持了储层中的河道结构，同时随机游走对河道的模拟是符合地质学条件的。

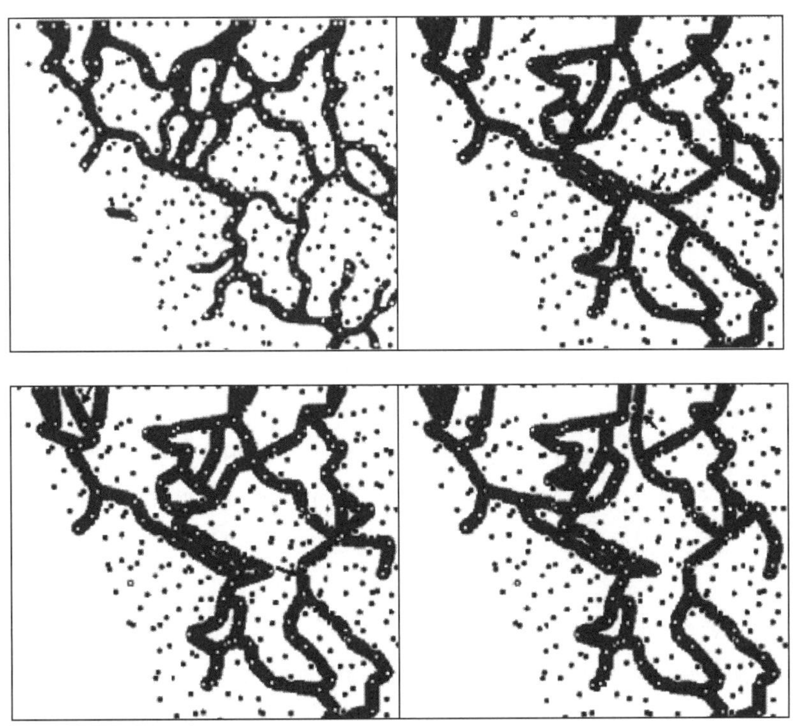

图 5-8　随机游走实现的河道图与手绘河道图之间的对比

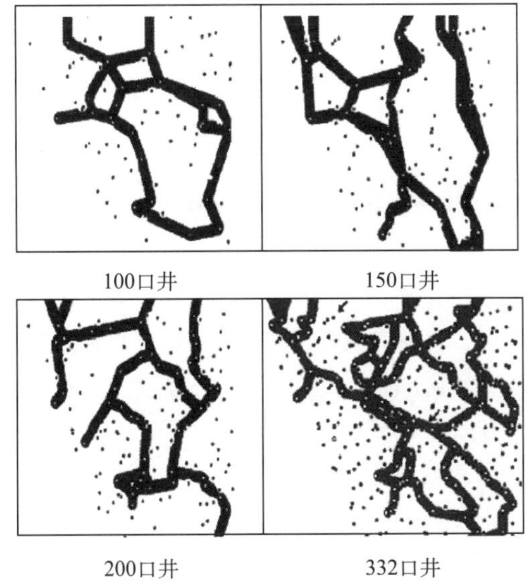

100口井　150口井

200口井　332口井

图 5-9　4 组不同井位数目的随机游走实现结果对比

对比 Wang J. 的第一篇文章（Wang et al.，1997）可知，随机游走方法适用于具有大量井位的成熟油田。相比之下，如果井位较少，则两种模拟方法都不可能产生理想的结果。

随机游走方法的主要局限在于，当井的数目增加时，模拟结果的变化程度将会增加，也就是不确定性将会增加。这是因为从一口井到下一口井间的河道是线性的，由此导致了当井位较少的情况下，河道产生的弯曲幅度小。当河道绕过了非河道相井时，河道的弯曲度会变得明显。当仅仅已知非河道相井的数据，而不存在河道相井点时，在区域中不会产生河道。因此，该技术不会产生无条件模拟。

但是，随机游走方法模拟了地质学家对沉积相空间分布进行解释的过程。当井位稀疏的时候，地质学家绘制的河道大多呈现为线性；当井数目较多时，特别是大部分的井位是非河道的，他们绘制出的河道更加弯曲且复杂。这一过程同样反映了当可见数据更多时，地质学家是如何更新他们的模型的。

在以前讨论过，从已知河道井位 a 至可能存在的河道井位的最大半径，往往小于沉积相变异函数所计算出来的变程。通过大量使用该方法，可根据经验对计算出来的半径进行校正。这个半径的值越大，通过随机游走获得的河道连续性效果就越好。

这里提出了一种随机游走模型，并通过一个真实的案例来验证该模型的可行性。验证结果表明，该模型能够很好地模拟河道的位置，其在各井的位置处的转移概率是由相邻井的位置所决定的。

随机游走方法一个非常重要方面是将游走路径上的非河道相井位考虑进去，对由一个井位到其他井位的转移概率进行细致、合理的计算。随机游走方法相对基于目标、基于过程的优点在于在各井的通过性，这样导致了各井在条件化方面的更大作用。同基于常规网格的随机游走方法相比，地质学家借助示性点过程建模方法可绘制出更加真实准确的河道图（Tyler and others，1994）。

随机游走模型生成的结果与地质学家绘制的河道图更具可比性，可以用于对不确定性进行估计。该方法的一个主要局限是，随着井位数量增加会导致模拟结果的变化程度的增加。

5.3 自回避随机游走在曲流河储层建模中的应用

以前，随机游走建模方法主要应用于在油田开发后期。该方法基于单个井点，即走过一个井点，再走向下一井点。故它需要有较多的井点，是针对密井网的。为了适应海上油气田井网稀、井距大的特点，随机游走建模方法必须要考虑摆脱这种游走模式的束缚。下文将研究随机游走建模的方式，即先游走出各种河道，然后再验证这条河道是否通过已知井点以及河道的弯曲度等各种地质条件。

5.3.1 随机游走方法的选定

在不考虑井点的存在的情况下，对纯粹的随机游走、非倒退随机游走和自回避随机游走等三种游走的方法，进行如下研究：

(1) 基于网格的纯粹的随机游走方法，游走形态呈片状或叶状，不适用于描述单期河道（如图 5-10 所示）。

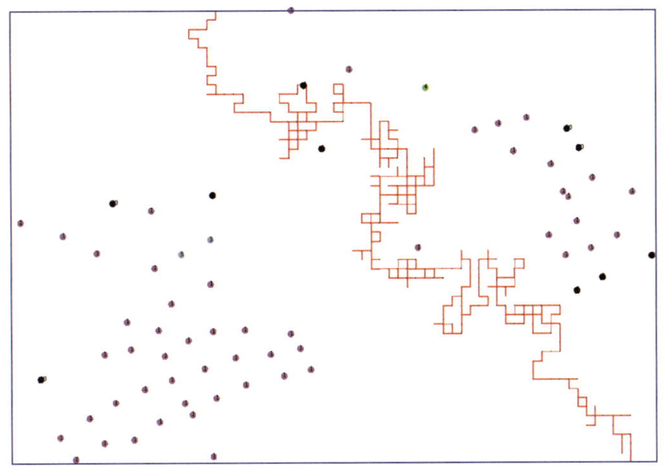

图 5-10　纯粹的二维随机游走结果

(2) 非倒退的随机游走的结果（如图 5-11 所示），与纯随机的游走差别不大，也不适用于描述单期河道。

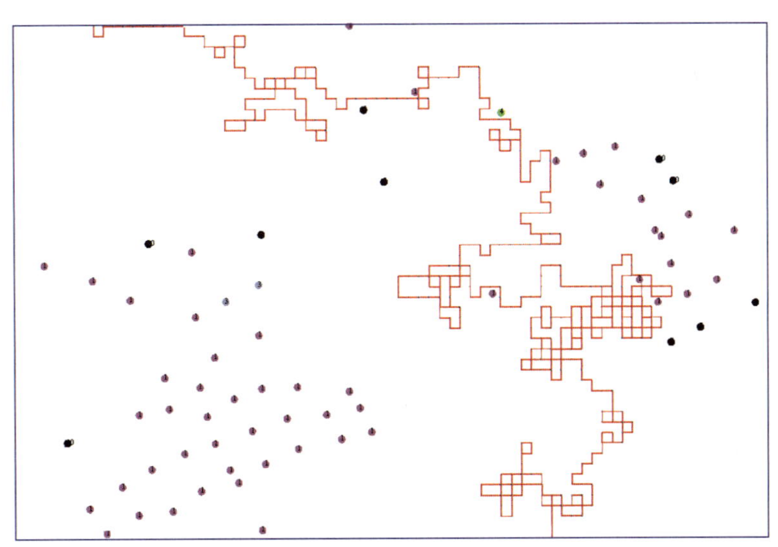

图 5-11　非倒退二维随机游走图

(3) 使用自回避随机游走算法构造曲流河河型效果图如图 5-13 所示。由图可知自回避随机游走方法建模要明显强于纯粹的随机游走方法和非倒退随机游走方法。因此，下面主要应用自回避随机游走方法，研究河道的建模。

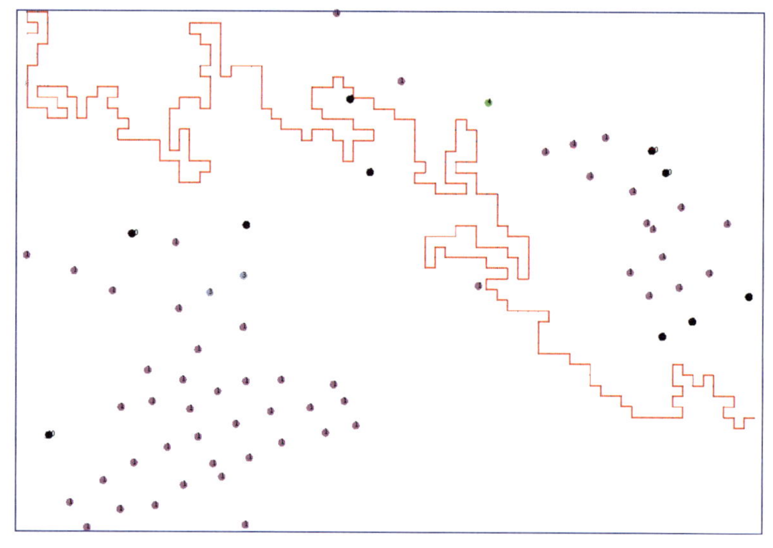

图 5–12 使用自回避随机游走算法构造曲流河河型

5.3.2 河道参数的确定

5.3.2.1 河道主方向

(1) 对基于网格的随机游走方法设定了主方向约束条件（如图 5–13 所示），产生的效果比较符合曲流河形态（如图 5–14 所示）。

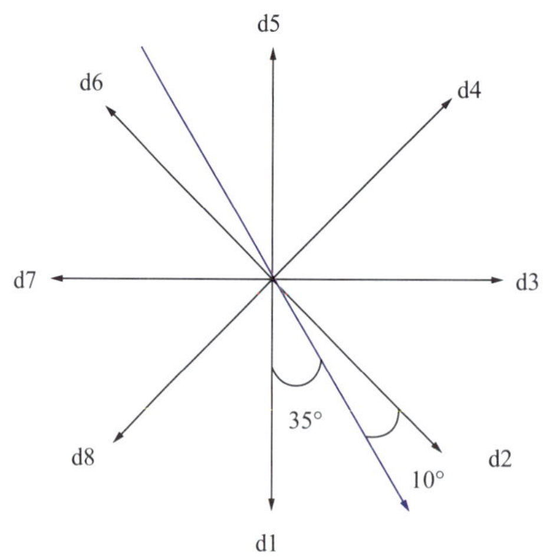

图 5–13 主方向约束条件示意图

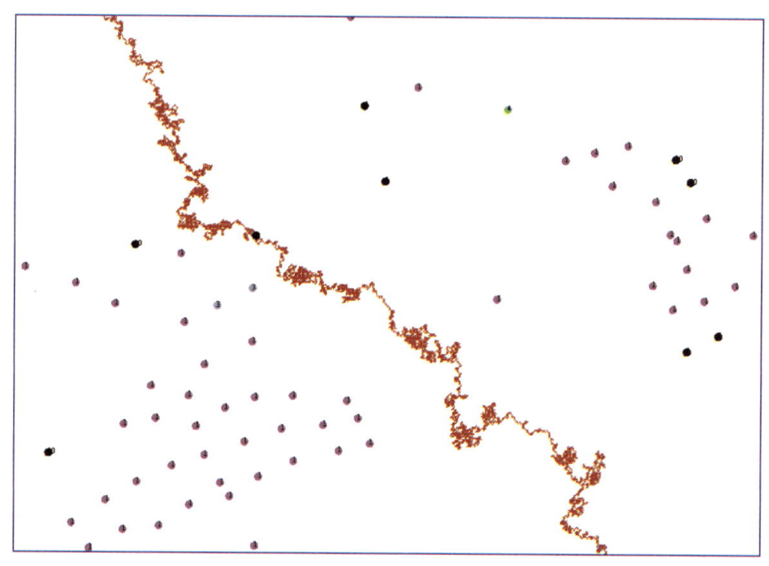

图 5–14　主方向约束条件的随机游走图

（2）绘制出游走结果生成的河道的单边界（如图 5–15 所示），期望单边界能反映单期曲流河（如图 5–16 所示）。试验结果表明，单边界更能反映单期河道的形态。当对河道双边界分别进行加粗时，得到的河道形态如图 5–17 所示。

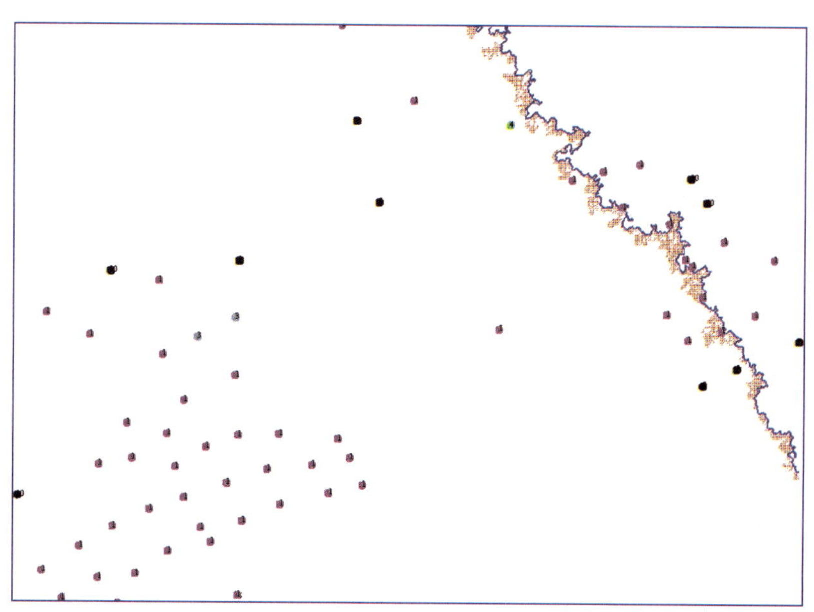

图 5–15　游走结果生成的河道的单边界

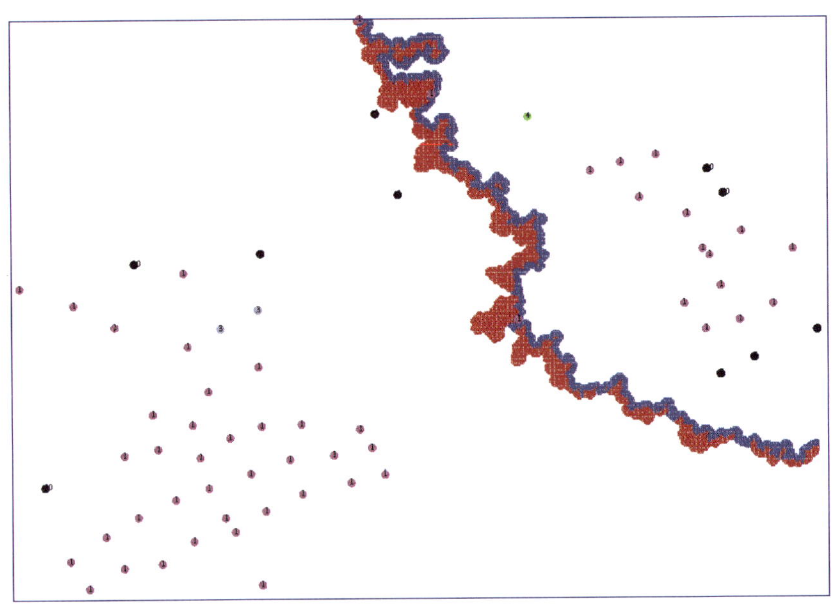

图 5–16　对绘制出的河道及其单边界分别进行加粗

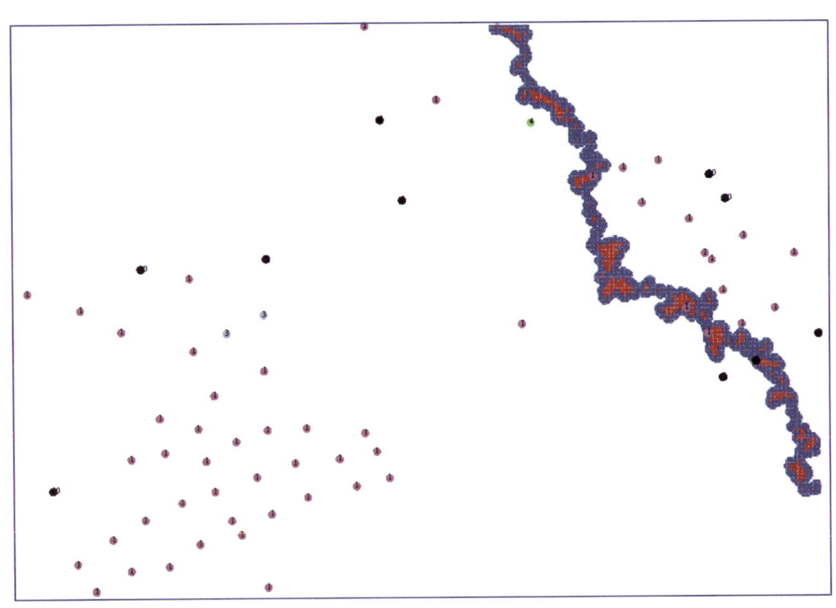

图 5–17　河道及其双边界分别进行加粗

（3）调整主方向，观察主方向对河道走向的影响。主方向可定义为，以 x 轴正方向为 0°，逆时针方向旋转的位置。图 5–18 中的（a），（b），（c），分别为 305°，270°，0° 的主方向时做出的河流。

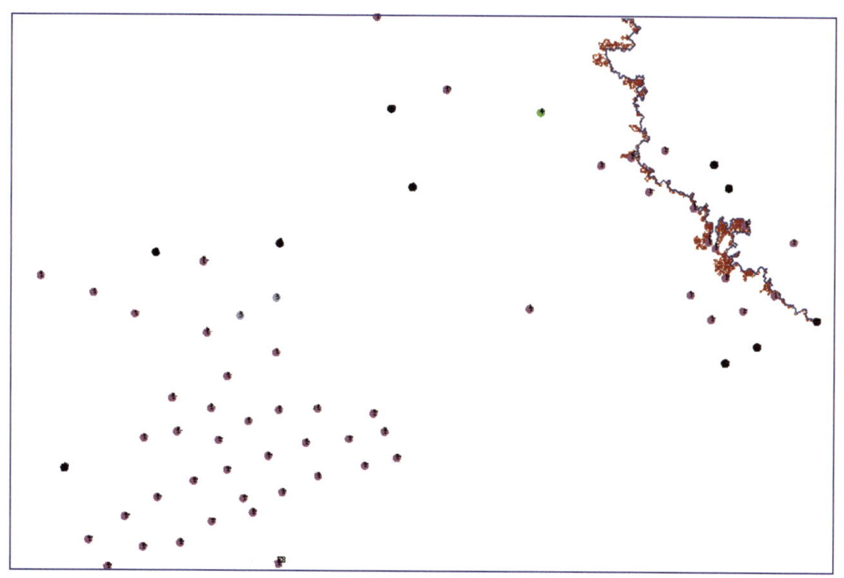

(a) 主方向 305°

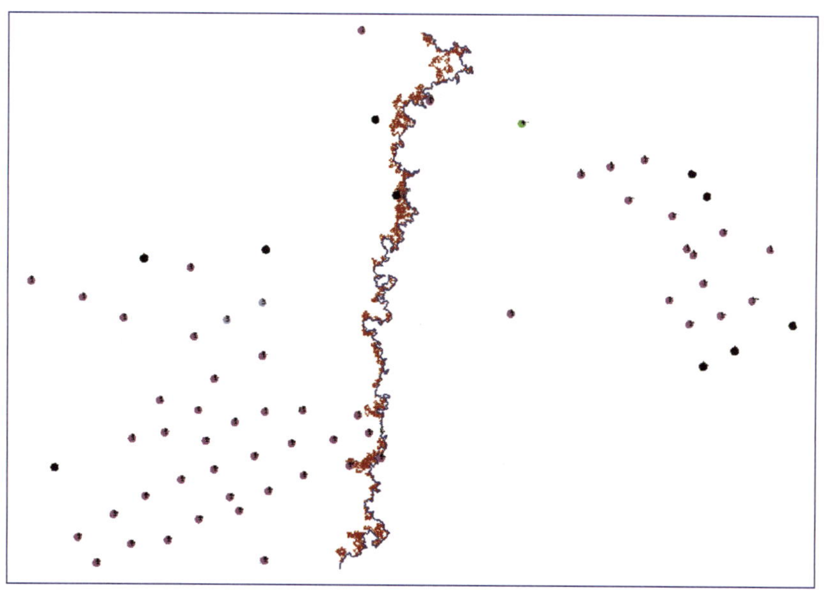

(b) 主方向 270°

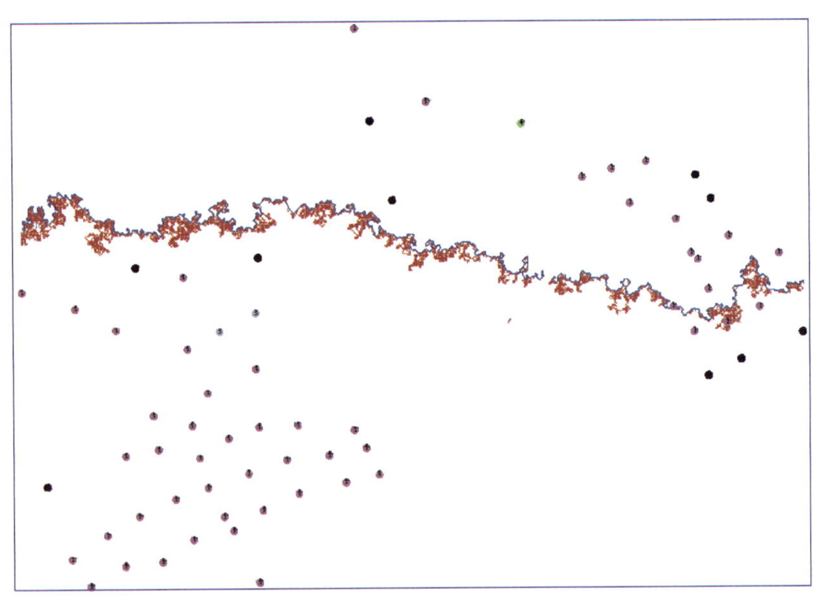

（c）主方向 0°

图 5–18　主方向对河道走向的影响

（4）对绘制出河道的单边界进行适当加粗，那么单边界能反映河道形态（如图 5–19 所示）。

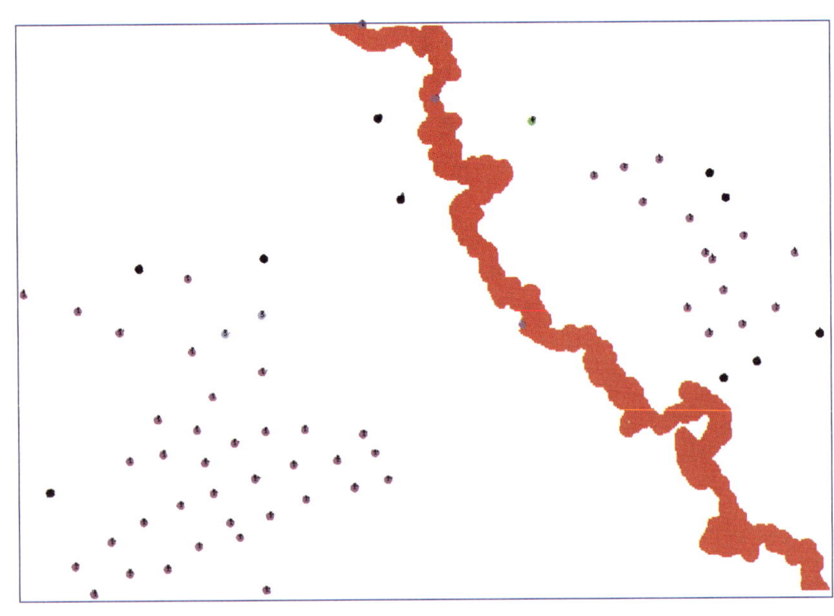

图 5–19　河道的单边界进行适当加粗

5.3.2.2 河道宽度

对于随机游走模拟出来的河道，可以方便地改变它们的宽度。图 5–20 至图 5–23 中的河道宽度分别是：100m，200m，300m，500m。

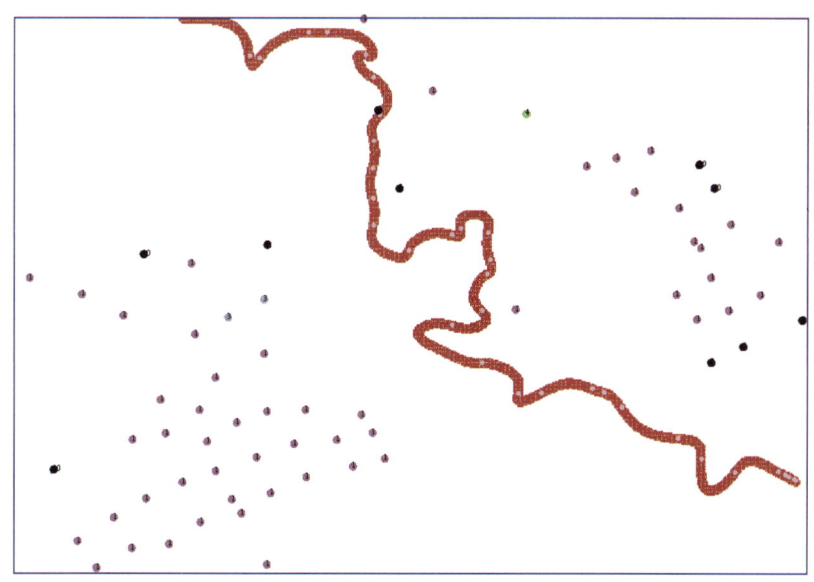

图 5–20 宽度为 100m，游走步长为 150 的曲流河效果图

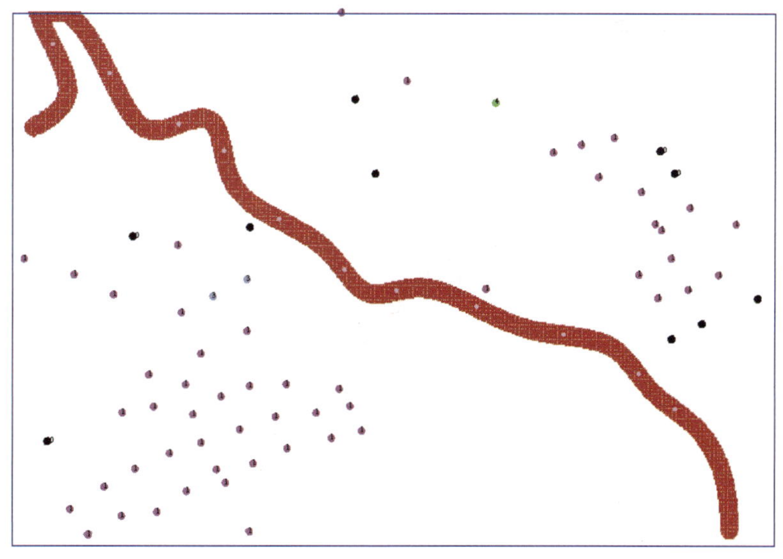

图 5–21 宽度为 200m，游走步长为 300 的曲流河效果图

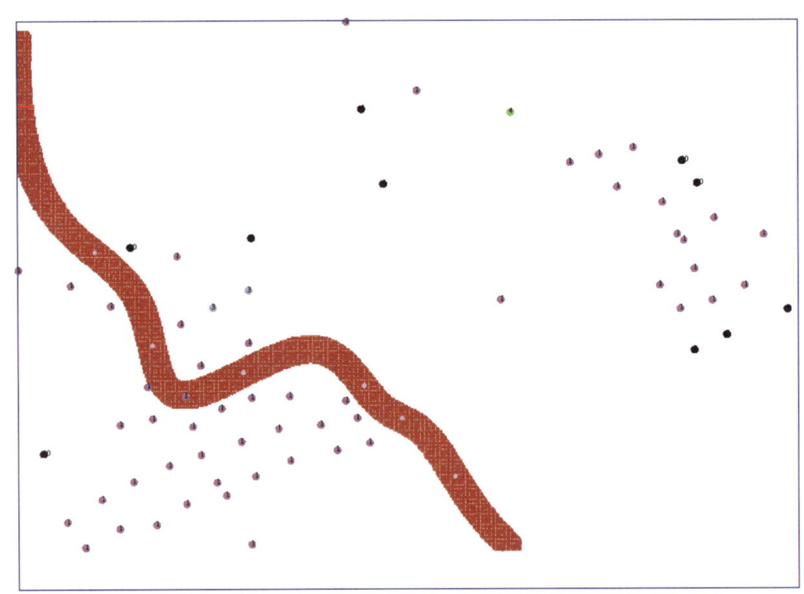

图 5–22　宽度为 300m，游走步长为 450 的曲流河效果图

5.3.2.3　井点控制河道

用 4 个河道井的样本点对随机产生的河道进行筛选，试验结果表明：在规定的时间内，能获取样本点符合率最高的河道，该河道效果较为理想（如图 5–24 所示）。

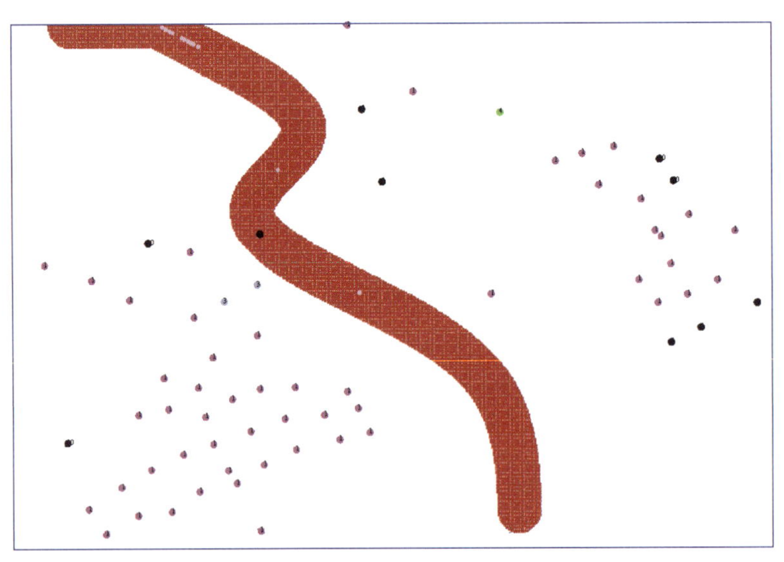

图 5–23　宽度为 500m，游走步长为 750 的曲流河效果图

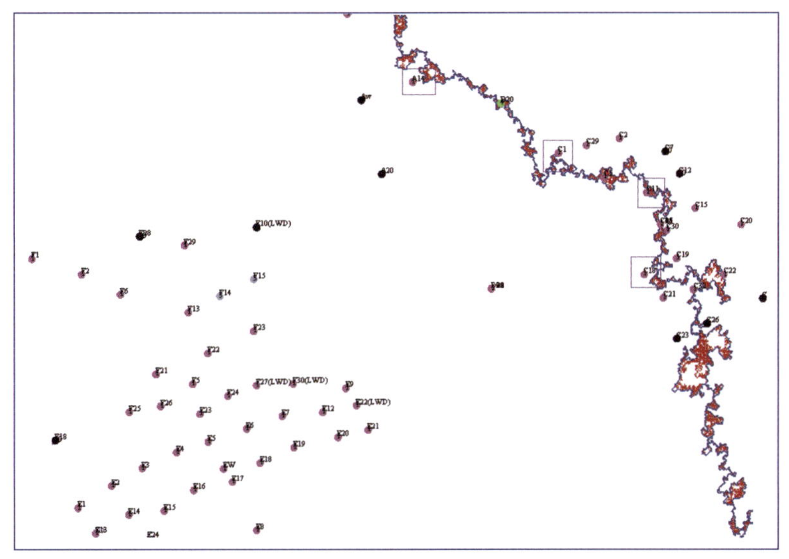

图 5–24　4 个样本点对随机产生的河道进行筛选

5.3.3　曲流河的模拟

以下的叙述围绕 3 方面展开：

(1) 基于井点的随机游走。

(2) 基于网格节点的随机游走算法的建造。

(3) 基于网格节点的随机游走筛选算法的建造。

这 3 方面的技术内容，可以通过下面的方框图（图 5–25）表示。

5.3.3.1　基于样本点的随机游走

本书 5.2 节已着重研究了基于样本点的随机游走，从这种算法可以获得河流分布图，勾画出相图和砂体分布范围图。该算法适用于井点比较多的情况。

影响这种算法的 3 个影响因数是：搜索半径、河道宽度与主流线方向。

这里一个重要的参数就是搜索半径，它定义了随机游走所走过的跨度。当搜索半径较大时，例如为 700 ~ 800m，相距较远的河道井点也能够连接起来。反之，当搜索半径较小时，例如为 200 ~ 300m，相距较远的河道井点就不被能够连接起来。图 5–26 至图 5–29，为针对某油组第 1 小层用各种参数做出的随机游走河道图。

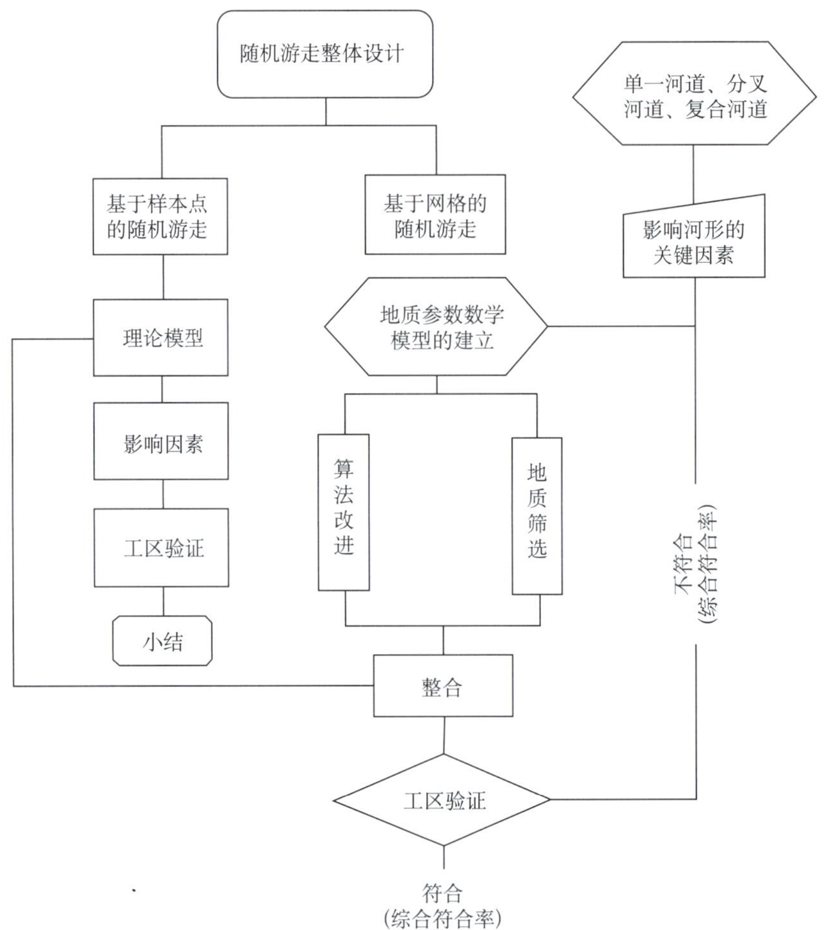

图 5–25　河流相储层的随机游走方法方框图

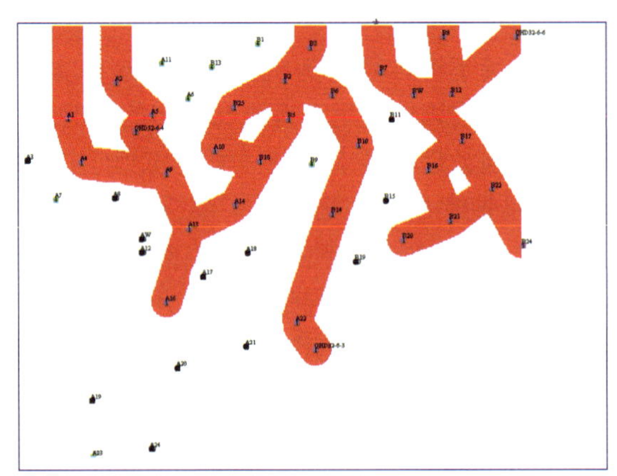

图 5–26　河道宽度为 100m，搜索半径为 700m

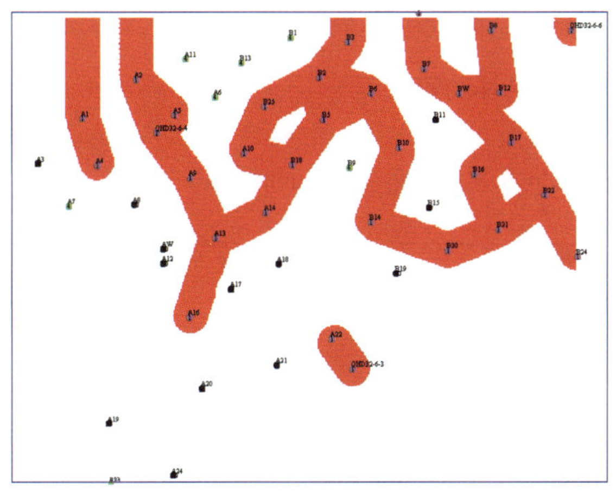

图 5–27　河道宽度为 100m，搜索半径为 500m

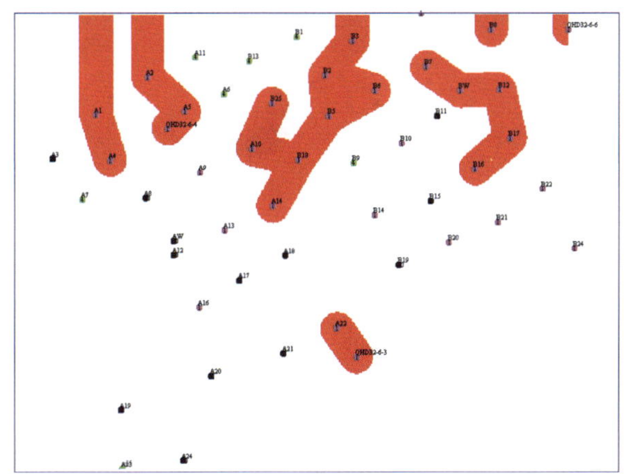

图 5–28　河道宽度为 100m，搜索半径为 300m

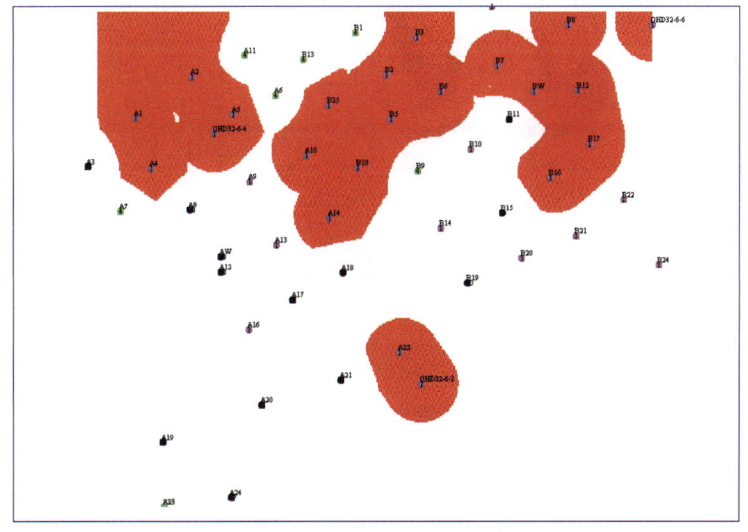

图 5–29　河道宽度为 200m，搜索半径为 300m

5.3.3.2 基于网格节点的随机游走算法的建造

这个算法包括如下 3 个具体的算法。

1）主流线的控制

该算法采用不同的主方向和累计转角生成不同的河道主流线，如图 5–30 和图 5–31 所示。

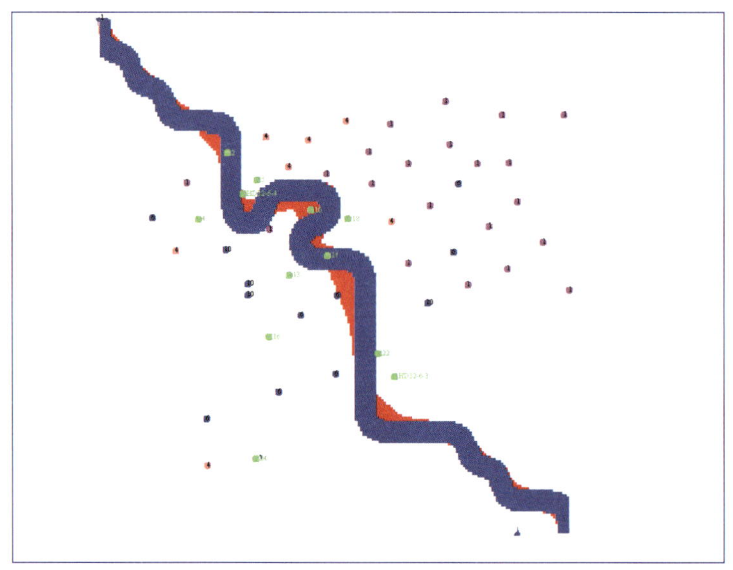

图 5–30 主方向 305°，累计转角不超过 270°

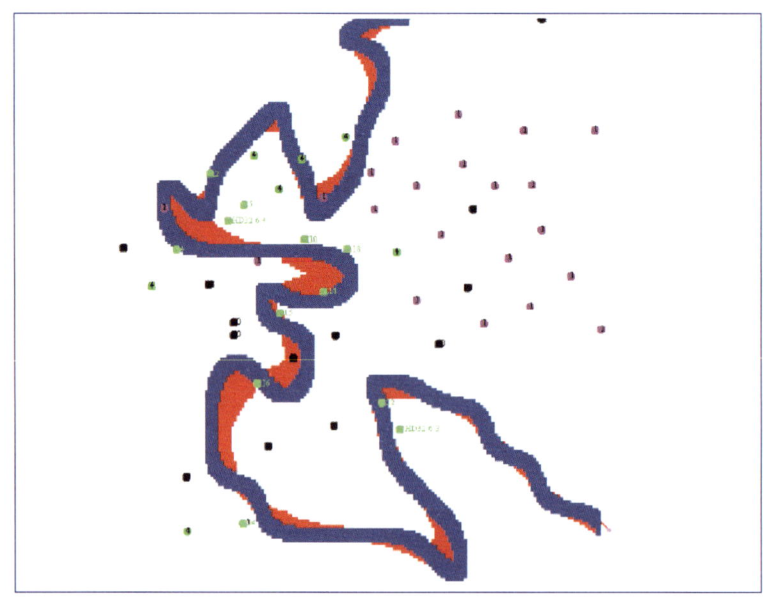

图 5–31 主方向 270°，累计转角不超过 270°，河宽 100m

2）避免屏内围绕

这个算法的目的是避免如下两种游走的弊病，使得游走出来的结果更符合实际的河型：

(1) 围绕着一个中心而游走（如图 5–32 所示）。

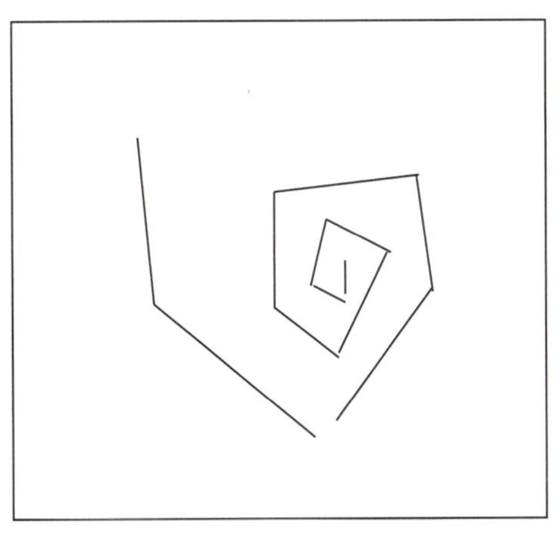

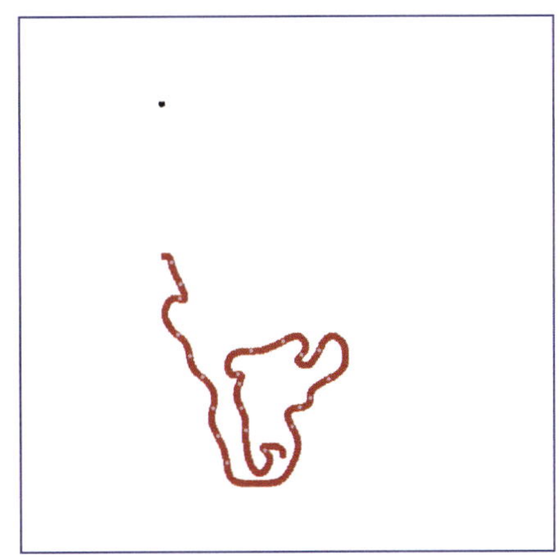

图 5–32 围绕着一个中心游走的示意图

(2) 游走顺着南北方向、大幅度地来回游走（如图 5–33 所示）。

采用的算法是累计转角不超过 180° 或者不超过 270°，其效果如图 5–34 至图 5–36 所示。

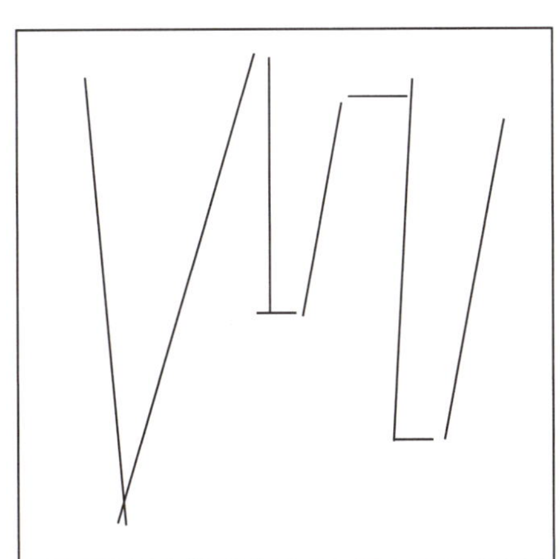

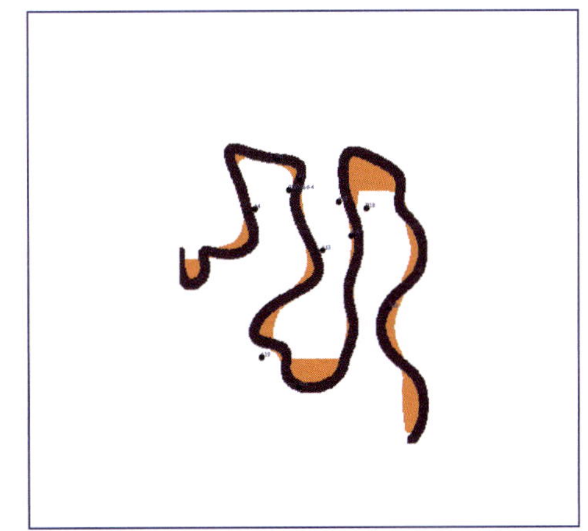

图 5–33 顺着南北方向、大幅度地来回游走

3）非河道井点对河道流向的限制

当存在着若干个非河道（如决口扇、泥岩等），它们对于河道的流向影响是非常大的，因此必须进行考虑。

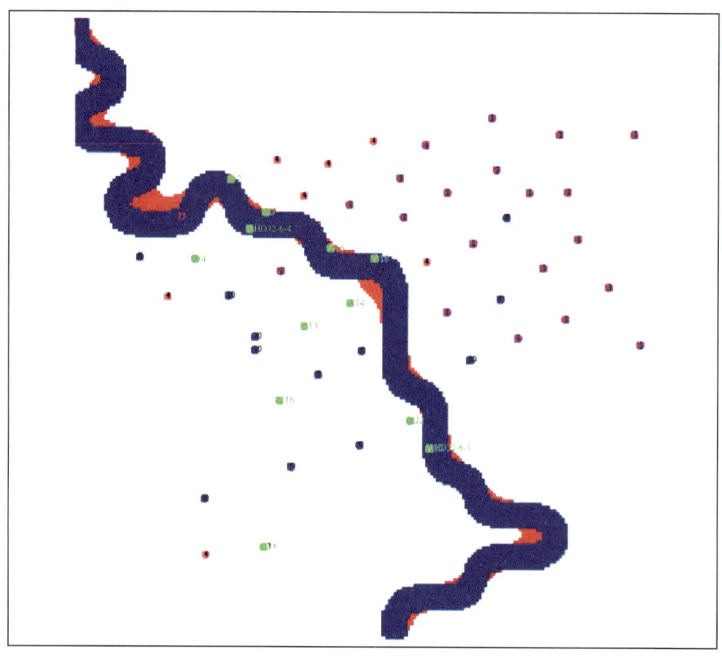

图 5–34　主方向 305°，转角不超过 180°，河宽 100m

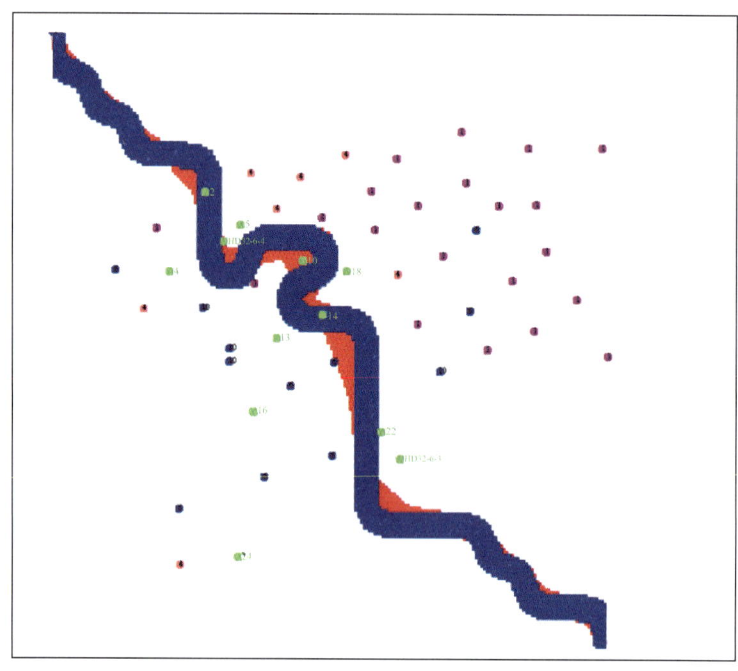

图 5–35　主方向 305°，转角不超过 270°，河宽 100m

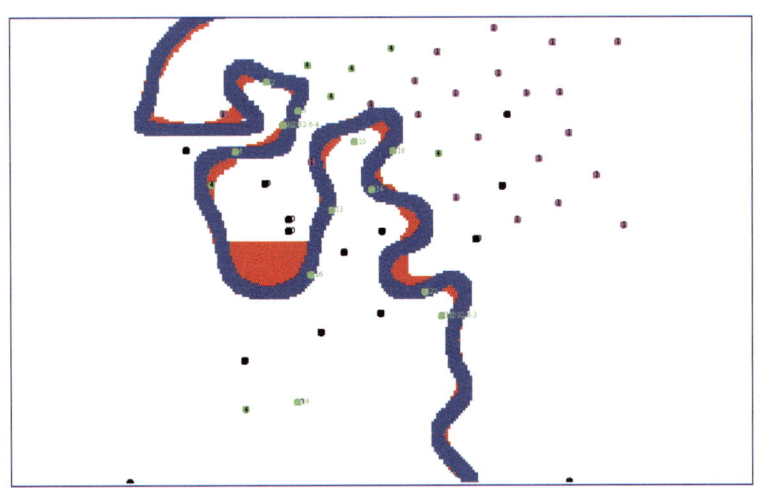

图 5–36　主方向 270°，转角不超过 270°，河宽 100m

如图 5–37 和图 5–38 所示，黑色井点代表非河道的井点。红色代表的是河道井点，但它们可以被通过，也可以不被通过。绿色代表的是样本点，即为河道井点，但必须被通过的。红色代表的和绿色代表的是不同的。

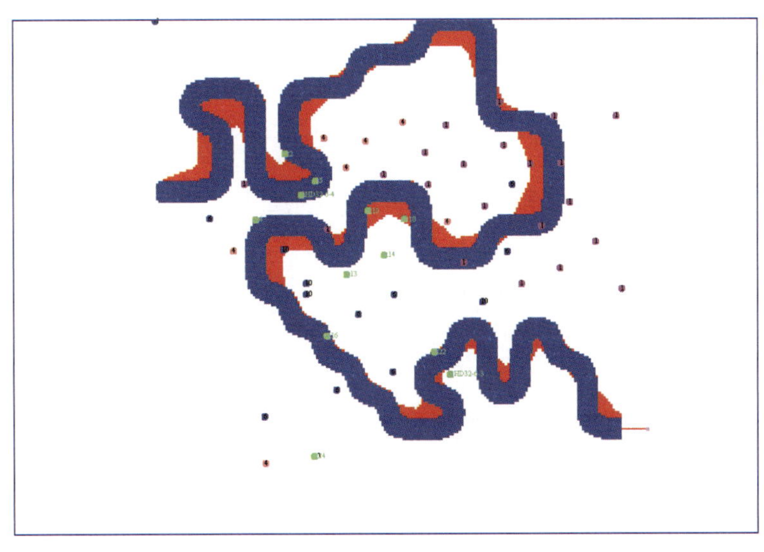

图 5–37　河宽 150m 避让非河道（黑色井点为天然堤）

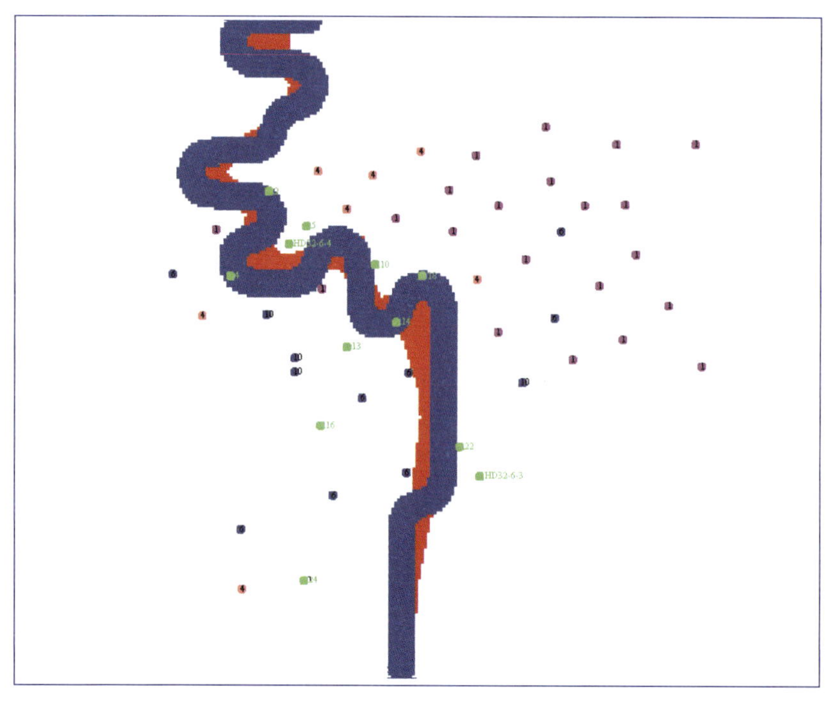

图 5–38　河宽 150m 避让非河道（黑色井点为天然堤）

5.3.3.3　基于网格节点的随机游走筛选算法的建造

利用随机游走形成的河道可以会有很多条。对于所产生的几十万条甚至几千万条河道，需要利用各种约束或各种条件进行筛选，以便获得符合要求的河道。以下讨论已经尝试过的几种筛选算法。

1）游走起始点的筛选

游走起始点的筛选有两种方式：第一是为一个河道指定一个确定的起始点。第二是为一个河道指定一个范围，在其中随机产生一个起始点。

2）河流总长度的筛选

图 5–39 至图 5–42 是河流总长度范围分别为 1000 ～ 9000m，3000 ～ 9000m，5000 ～ 9000m，7000 ～ 9000m 的条件下，模拟的河流形态。

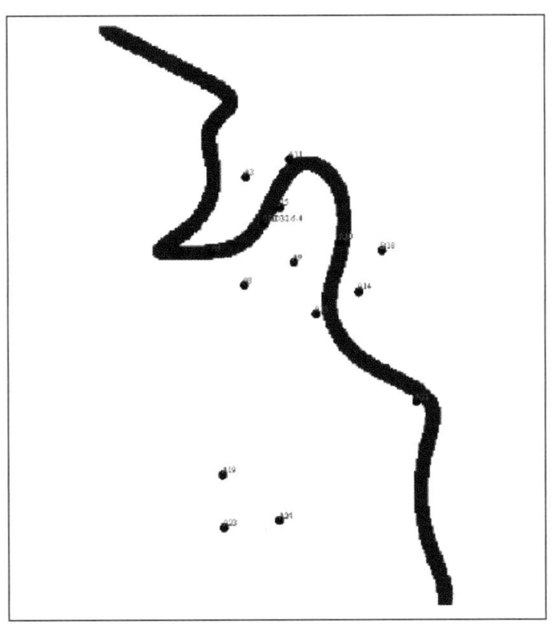

图 5–39 河流总长度范围：1000 ~ 9000m

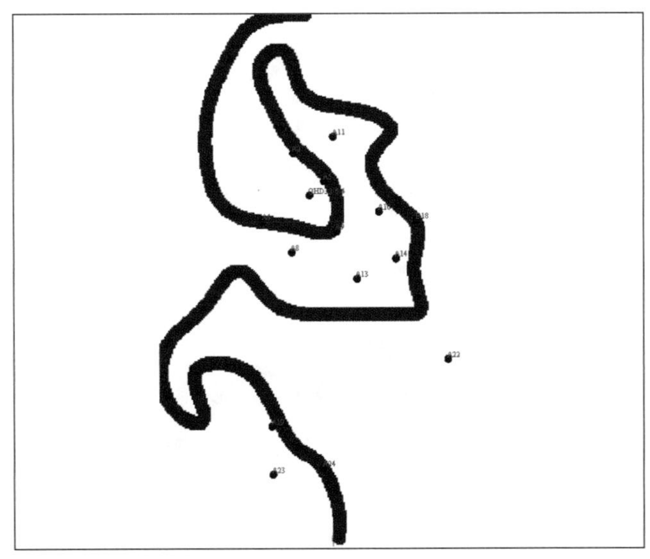

图 5–40 河流总长度范围：3000 ~ 9000m

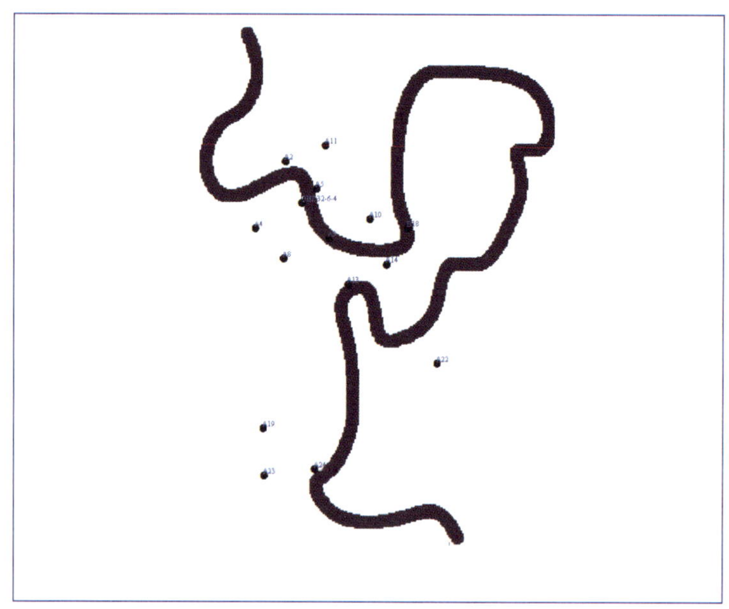

图 5-41　河流总长度范围：5000 ~ 9000m

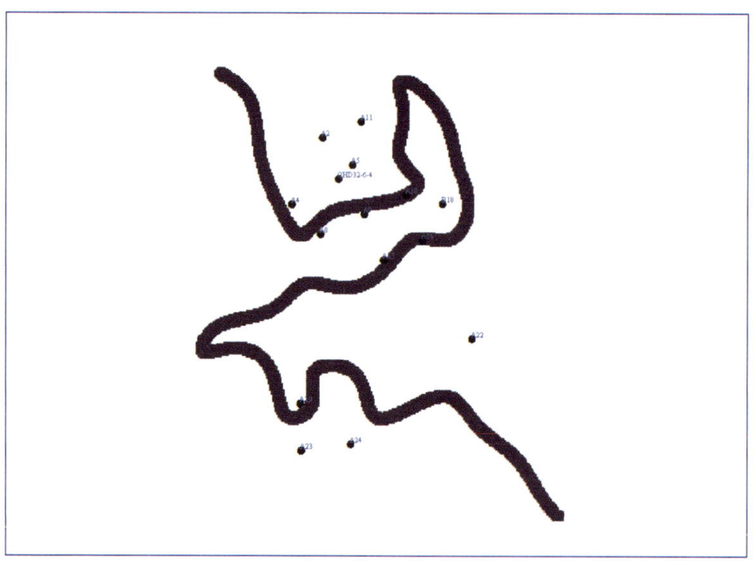

图 5-42　河流总长度范围：7000 ~ 9000m

3）河流总弯曲度的筛选

图 5-43 至图 5-45 是河流总弯曲度范围分别为 1 ~ 1.5，＞1.5 ~ 2.0，＞2.0 ~ 2.5 条件下，模拟的河流形态。

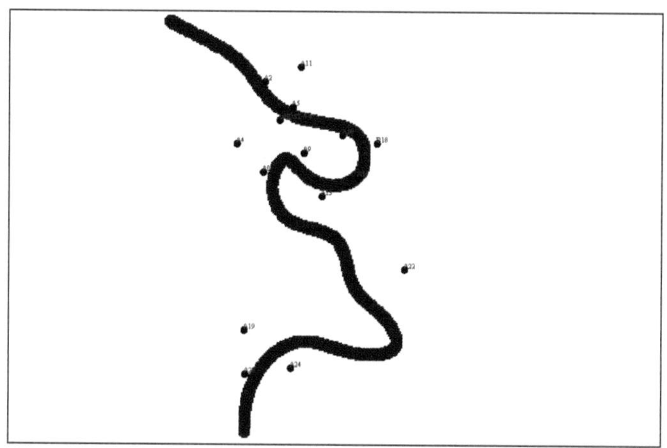

图 5–43　河流总弯曲度：1 ～ 1.5

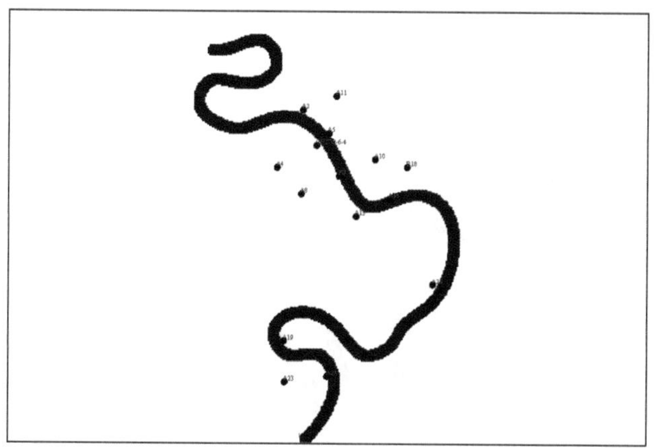

图 5–44　河流总弯曲度：> 1.5 ～ 2.0

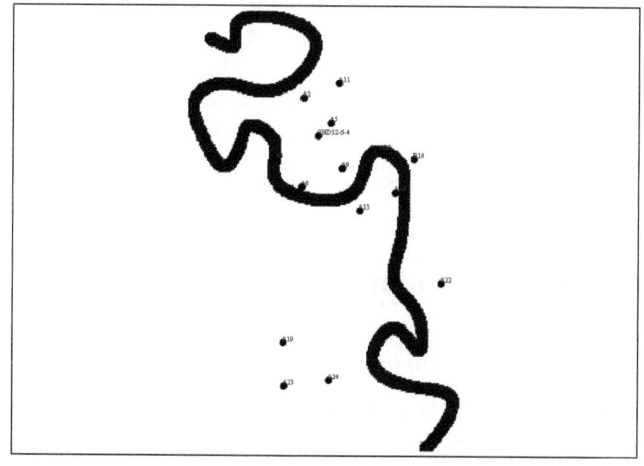

图 5–45　河流总弯曲度：> 2.0 ～ 2.5

对多个条件进行筛选需要耗费大量计算时间，才能筛选出可能的实现。筛选条件有以下 8 个：

（1）过河道相井位点的匹配率。

（2）筛选时间限制。

（3）河道段弦长范围。

（4）河道段弧长范围。

（5）河道段振幅范围。

（6）河道段弯曲度范围。

（7）河道总长范围。

（8）河道总弯曲度范围。

另外，为了筛选出期望的河型，对（3），（4），（5），（6）四个筛选条件又进一步的细化，如设置了描述河道段规模的某个参数在某个范围内的出现的百分比上限来进一步筛选。

比如对于弯曲度的筛选，希望产生的河型总弯曲度的范围在 1.5 ~ 2.5 之间，并且希望河道段弯曲度小于 1.3 的河道段个数不要超过总河道段 20%，此时可以获得如下的河流（如图 5–46 所示）。

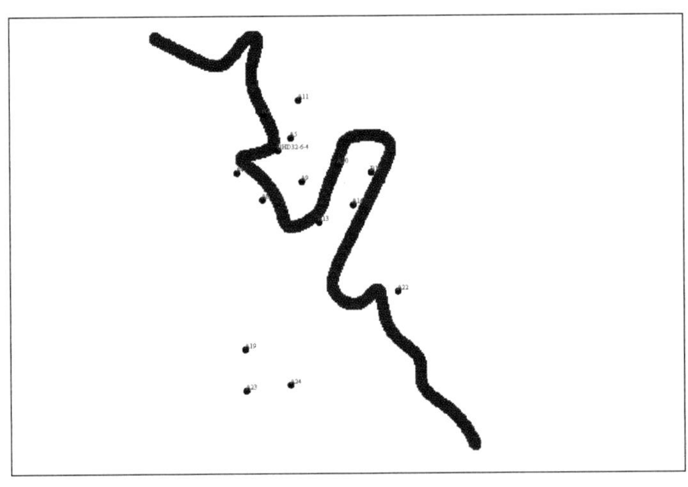

图 5–46　多个约束的筛选

5.3.4　随机游走建模软件系统的界面设计

随机游走建模的相应软件系统可以反映出随机游走建模的具体细节。整个系统包括 6 个模块：随机游走、网格化参数、河道参数、弧段弯曲度设定、筛选条件和复合河道参数。这些模块分别如图 5–47 至图 5–52 所示。下面对其中的主要模块进行必要的叙述。

（1）第 1 个模块如图 5–47 所示，“随机种子”主要用于决定随机种子的方式：“手动”意味着是由操作者决定随机种子，“自动”意味着由系统确定随机种子；“主方向”用于决定河道的方向：即以 X 方向为基础，逆时针旋转的角度；“指定起始点位置”用于确定随机游走的起始点位置：用它的 x 坐标范围和 y 坐标范围确定。“随机游走算法”用于确定使用“普通”的随机游走，“非倒退”的随机游走，还是“自回避”的随机游走。这三者中只能选其中之一。

（2）第 2 个模块是“网格化参数”，如图 5–48 所示，它包含有 3 项选择：“搜索半径”、“设定网格”和“河道参数拟合参数设定”。“搜索半径”在新版本中已经取消。

“设定网格”是指显示网格的设定。设置得越精细，则显示的效果越精细。比如网格数目可设置为 400 × 400。但是设置精细则会花较长的运算时间。

“河道曲线拟合参数设定”是指设定插值步长和样本点采样间隔。插值步长用来确定在每两个采样点之间的插值个数，它可用来控制拟合后的曲线的精细程度：该值越小，则曲线越精细；越大，则曲线越粗糙，粗糙到一定程度曲线甚至看上去就像折线。该值一般为小于河道宽度，且为大于零的实数。“样本点采样间隔”是指曲线拟合时采用原始数据的间隔，如原始数据为 P_1，P_2，P_3，P_4，P_5，P_6，采样间隔为 2h，则拟合时用到的数据为 P_1，P_3，P_5。

在“河道参数”模块中，“RGBA”是表示一种颜色，由红、绿、蓝透明度等四种颜色的数据所决定。与微相的各种“颜色”是对应的。可以手工改写 RGBA 对应的数据来确定一种新的颜色，也可以通过颜色对话框来设置颜色值，两种方式是统一的（图 5–49）。

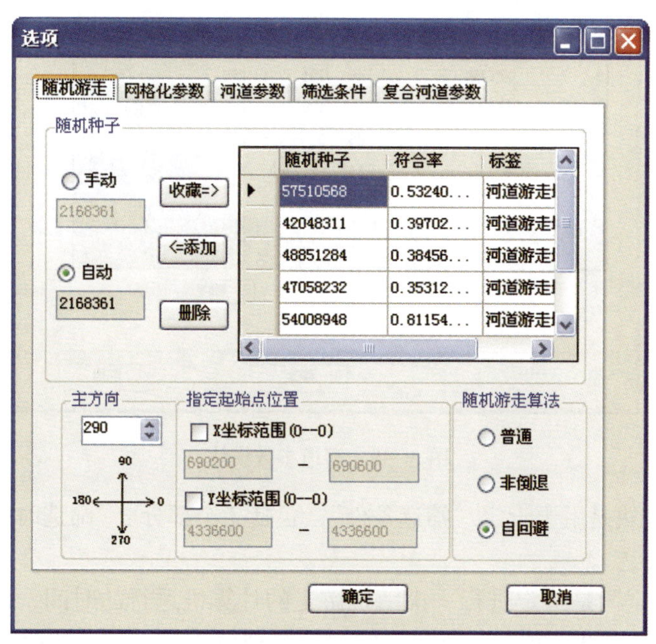

图 5–47　随机游走模块

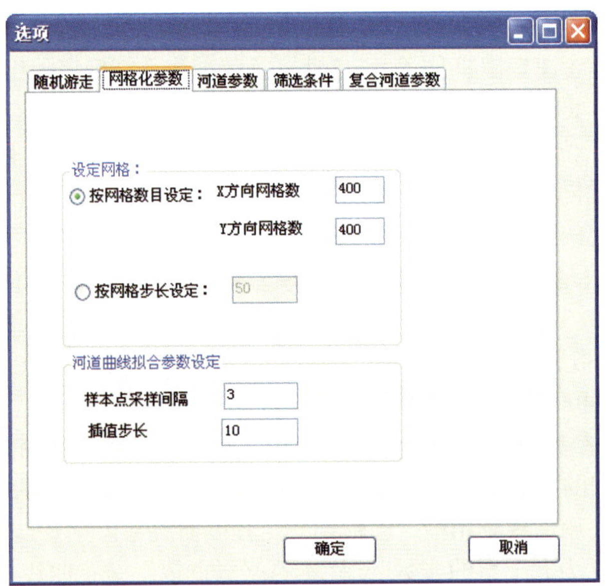

图 5–48　网格化参数模块

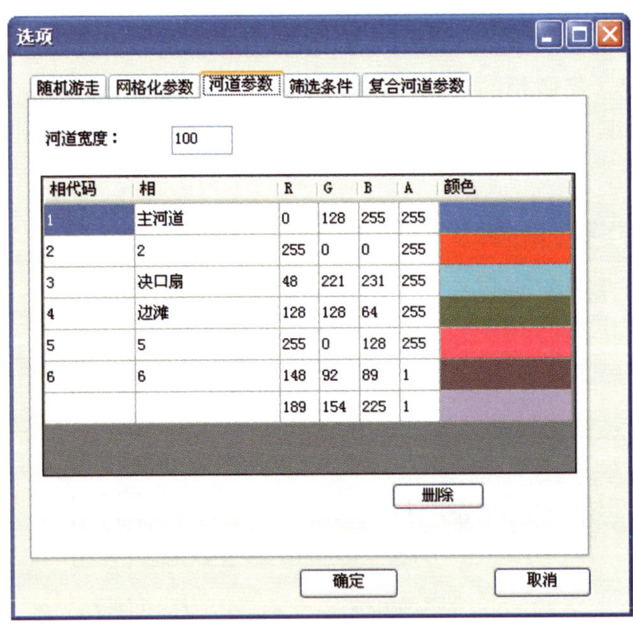

相代码	相	R	G	B	A	颜色
1	主河道	0	128	255	255	
2	2	255	0	0	255	
3	决口扇	48	221	231	255	
4	边滩	128	128	64	255	
5	5	255	0	128	255	
6	6	148	92	89	1	
		189	154	225	1	

图 5–49　河道参数模块

(3) 第 5 个模块是用于设定“筛选条件”，包括 3 个部分：“筛选时间限定”，“地质筛选条件”，“河形筛选”。

“筛选时间限定”是给定进行一次随机游走的计算机运行的时间，比如 28800 秒。这相当于 8h。这个时间设得越长，所得到的河道实现就越多，筛选的范围就越大，筛选出来的结果也就越满意。

“地质筛选条件”则包含了“样本点匹配率”,“各个弧段的弧长范围”,“各个弧段的振幅范围”,“各个弧段弧长范围”,“各个弧段的弯曲度范围”,“河道总弯曲度范围”,“工区范围内河道总长度范围”等选项。其中“样本点匹配率”是指模拟出来的河道需要通过多少个河道相的井点,即模拟河道上的河道相的井点数比全部河道相的井点数。因为要照顾到河形的满意程度,所以目前样本匹配率不能要求过高。这个模块中的 7 个条件,可以根据需要任意选择,如图 5–50 和图 5–51 所示。

“筛选条件模块的下部”有 2 个选项:“曲流河”,和“分叉、合并”。同时,在这个模块中还需要对“各个弧度的弯曲度范围”,和“河道总弯曲度范围”进行确定。

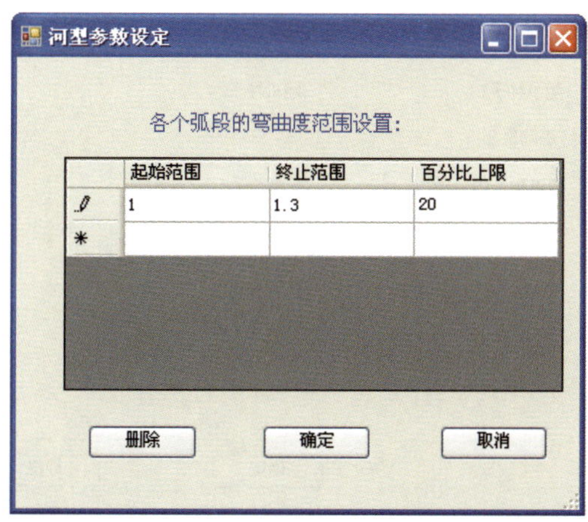

图 5–50　各个弧段的弯曲度设定

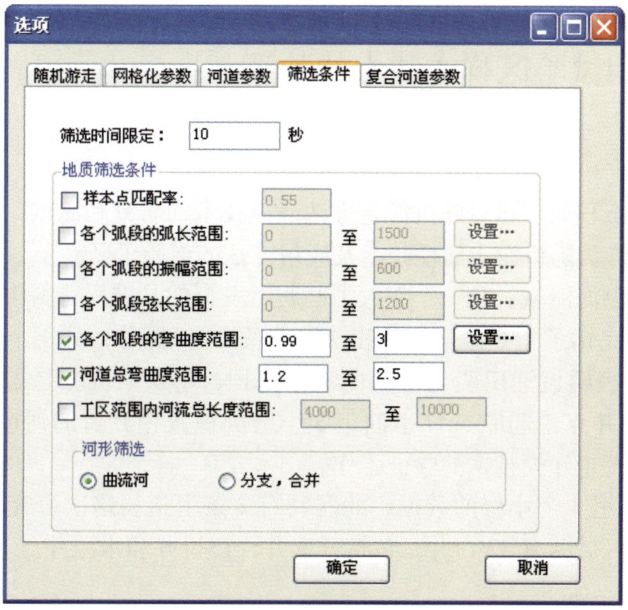

图 5–51　筛选条件模块

(4) 第 6 个模块“复合河道参数”用于模拟复合河道，可显示两条河道的复合效果(图 5−52)。可以自动选择两条河道，或者手动选择两条河道。每条河道通过一个随机种子标识。自动选择是从所搜出来的所有河道中选择两条匹配率最高者；手动则需人工提供两个随机种子。

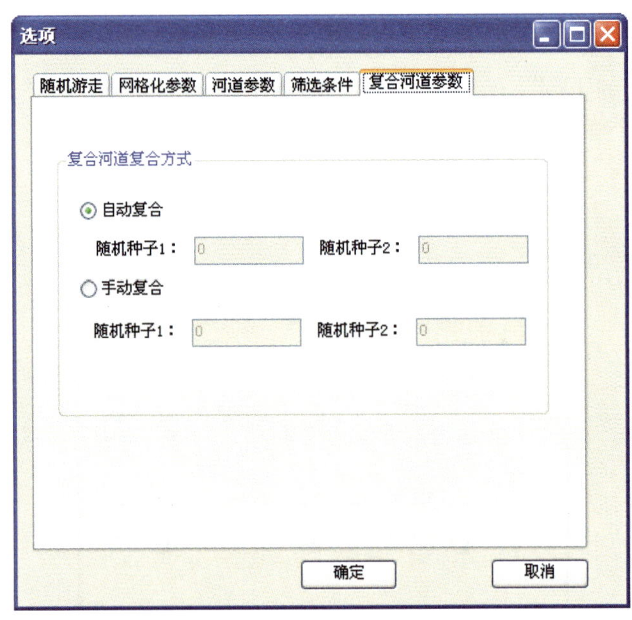

图 5−52　复合河道参数设定

5.3.5　利用试验区样本井点的验证

5.3.5.1　试验区概况

为了对曲流河沉积储层进行随机游走方法建模技术的研究和测试，特选定渤海海域一个油田中一个区块作为随机游走建模技术及应用方法的试验工区。

这个油田位于渤海海域，是一个在大型凸起上发育的具披覆背斜构造特征的河流相砂岩油田。该油田已完钻了 166 口开发井和水源井及 14 口探井，分三个区块进行开发，已投产近 5 年。研究表明该油田明上段为曲流河沉积，本次研究中选取了北区（52 口井）作为研究中的试验井点，选取 Nml Ⅰ油组 3 小层沉积微相分析的河道相作为模拟对象，展开一系列的随机游走建模技术的验证工作。

对于 Nml Ⅰ油组 3 个小层的数据，北区共有 2 条河道。这次研究的是西边的一条河道流经的区域。该区域共有 32 口井，包括开发井，评价井和水源井。

5.3.5.2　抽稀方案

对于每一小层，分别有 7 种抽稀方案，所有的方案都在保留评价井和水源井的前提下排列如下：

（1）全部保留井（32 口）。

（2）同时抽去奇数排、奇数列的井。

（3）同时抽去偶数排、偶数列的井。

（4）抽去奇数排的井。

（5）抽去奇数列的井。

（6）抽去偶数排的井。

（7）抽去偶数列的井。

评价井和水源井的井距大约是 2000m，开发井的井距是 350m。

5.3.5.3 试验结果及分析

首先对于 Nml Ⅰ油组第 1 小层实施各种抽稀方案后，对相应的随机游走河道形态进行研究。图 5–53 与图 5–54 是利用全部 32 口井点样本做出的河道形态。图 5–55 至图 5–59 是利用 28800s（8h），计算出来的五百多万个（5260000 个）河道的实现中，筛选所得的河道。在这些五张图中，图 5–55 至图 5–57 的实现是利用抽掉奇数排井剩下的 18 口井做出的，而图 5–58 与图 5–59 是利用抽掉偶数排井剩下的 21 口井做出的。这两批井除了评价井和水源井，大部分井都是相互不重叠的。可以初步看出，它们是有相当程度的相似性的。

因此可以说，只要自回避随机游走的算法及其相应的筛选算法的设计符合河流的特征，再加上充分多次的实现，是可以期待获得理想河型的。

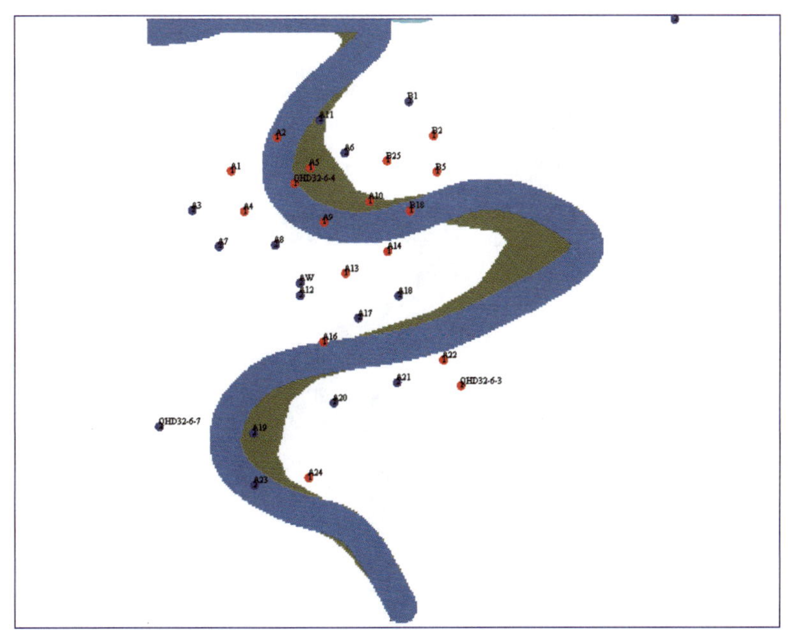

图 5–53 所有 32 口井游走出的河道

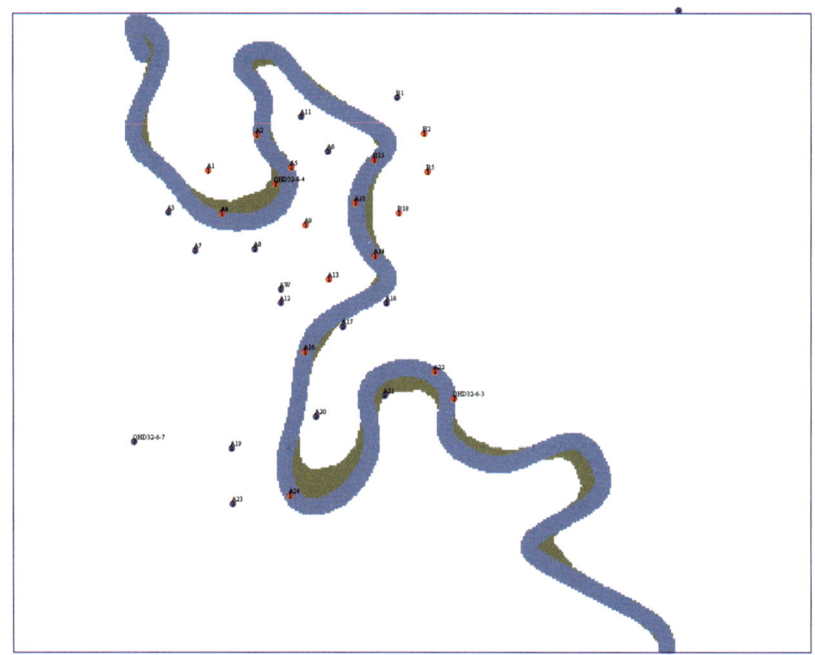

图 5-54　所有 32 口井游走出的河道

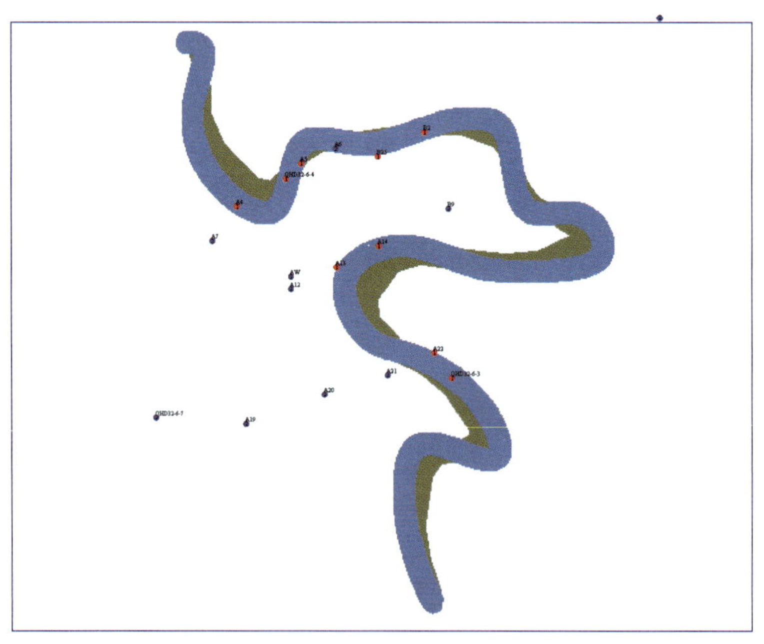

图 5-55　运行时间为 28800s 的 18 口井数据筛选 1

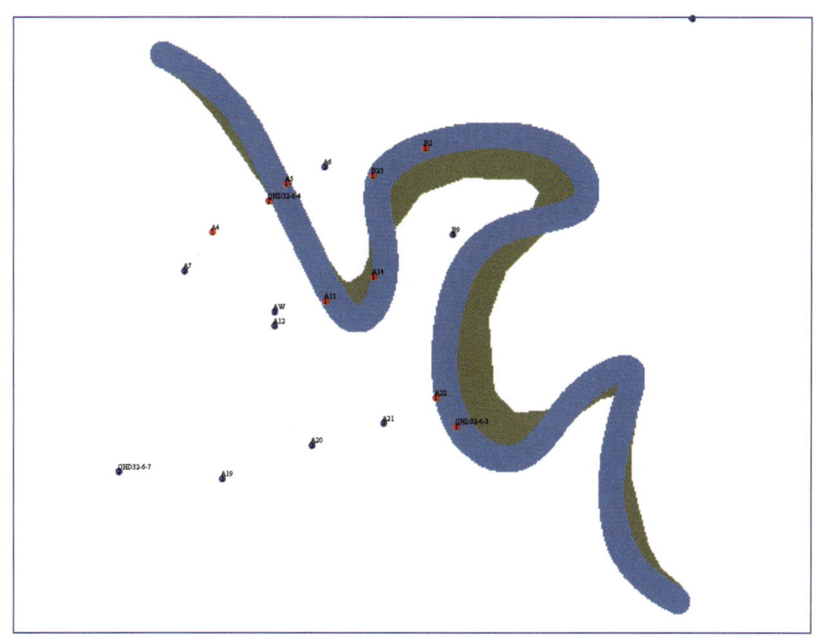

图 5–56 运行时间为 28800s 的 18 口井数据筛选 2

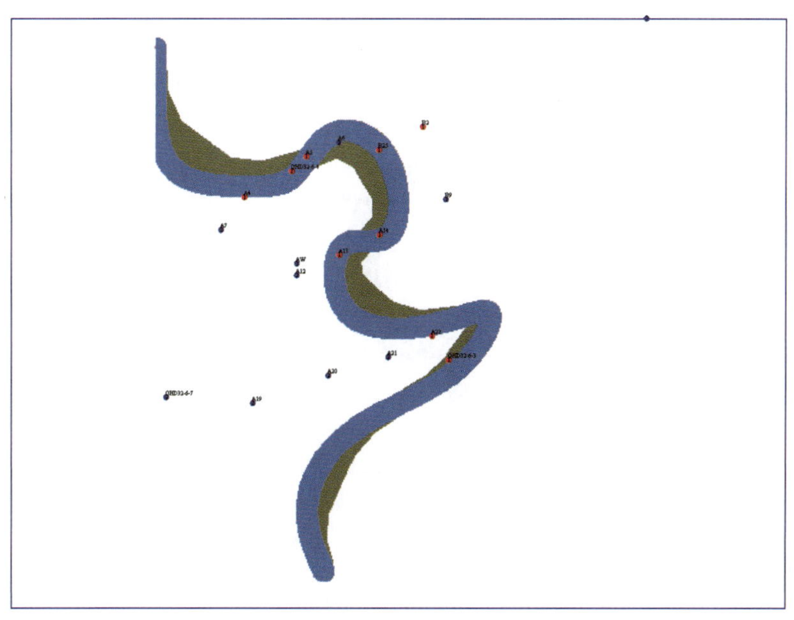

图 5–57 运行时间为 28800s 的 18 口井数据筛选 3

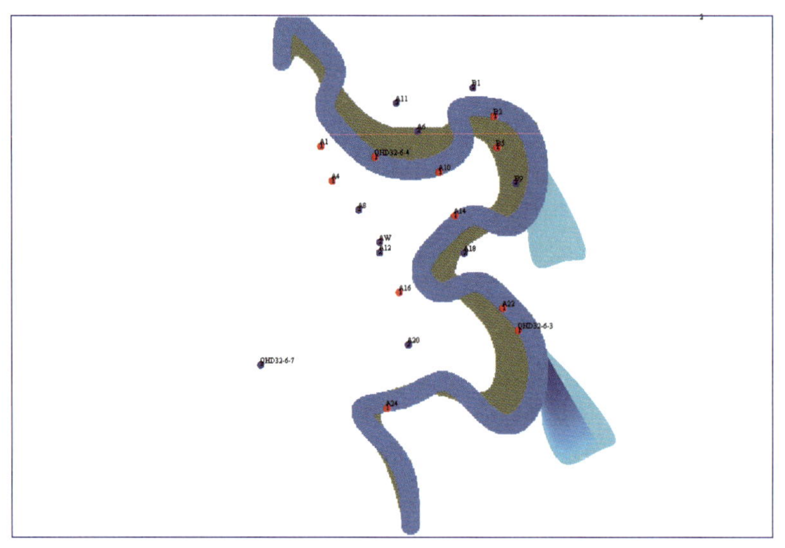

图 5–58 运行时间为 28800s 的 21 口井数据筛选 1

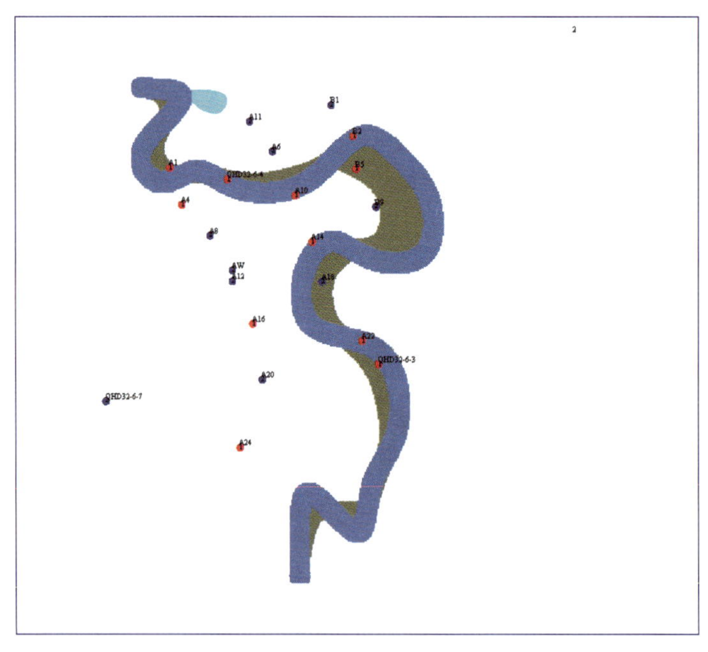

图 5–59 运行时间为 28800s 的 21 口井数据筛选 2

5.3.5.4 随机游走与指示方法的建模结果比较

图 5–60 是利用指示方法用不同的 3 个随机种子做出的河流相分布图（绿色表示河流相，黄色表示非河流相）。图 5–61 则是手工做出的河流相分布图。

沉积相三维分布图

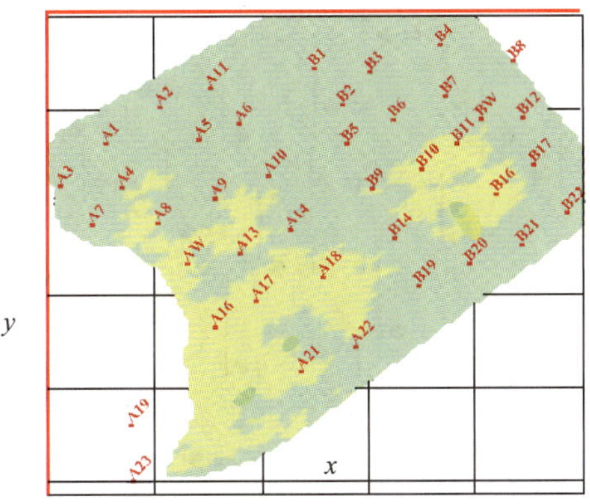

沉积相三维分布图

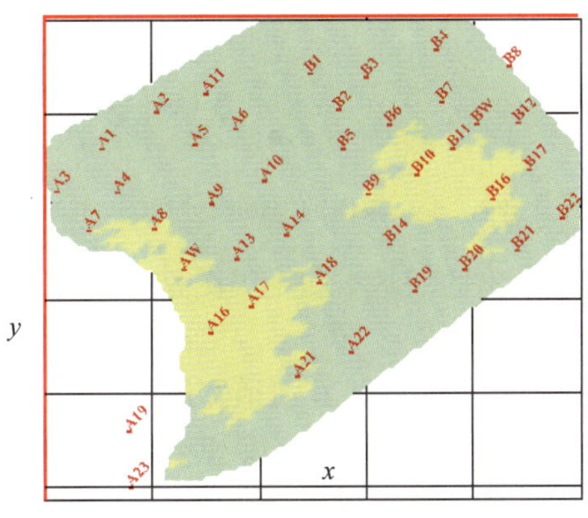

沉积相三维分布图

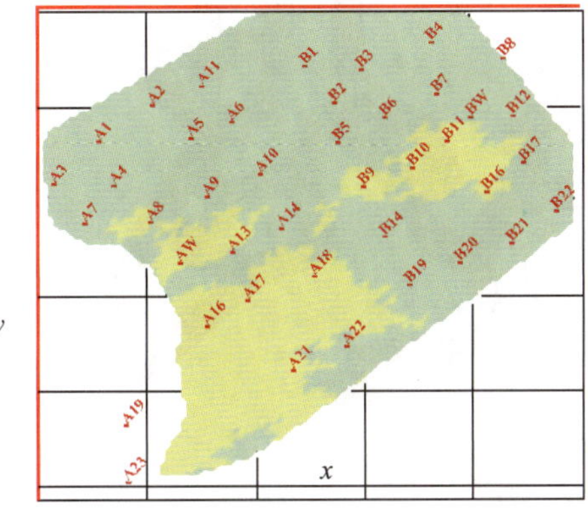

图 5-60　指示方法做出的河流相分布图

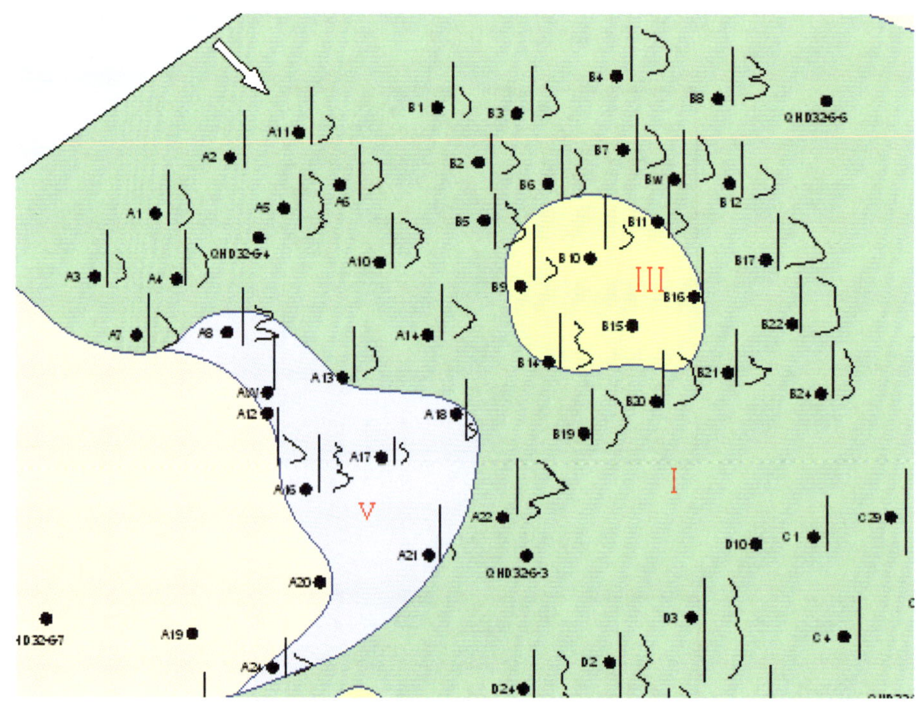

图 5-61　手工做出的河流相分布图

通过对比可以看出指示方法做出的图基本和手工图是一致的。但是，指示方法做出的图显得不直观，基本没有河道的形态。

图 5-62 是利用随机游走方法做出的图，其河道宽度分别为 100m，150m，200m，搜索半径为 800m。三张图分别使用了不同的河道宽度和不同的随机种子。由图可见其河道形态与不同随机种子造成的差异，均比较直观。特别地，对于西面和东面的两个非河道区的显示，是和图 5-60、图 5-61 相一致的。

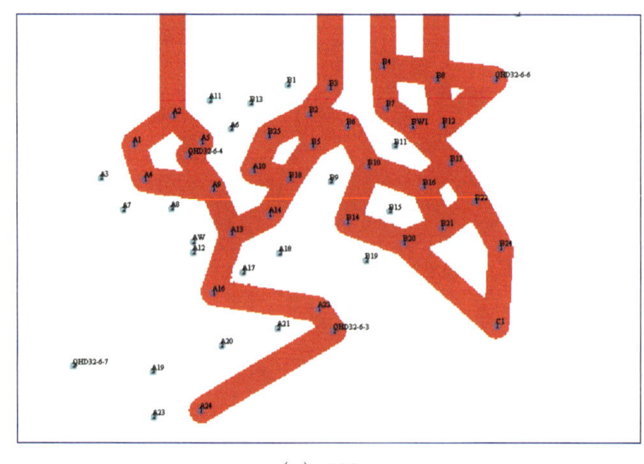

（a）100m

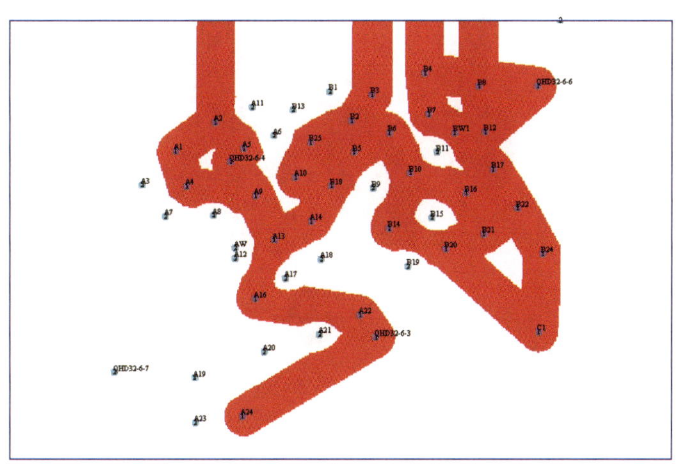

（b）150m

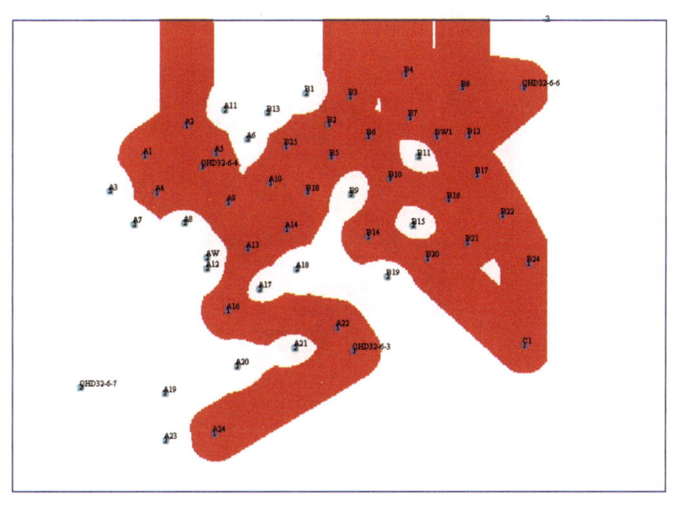

（c）200m

图 5–62 搜索半径为 800m 时，不同河道宽度对应的河道分布图

图 5–63 为搜索半径为 400m、河道宽度为 200m 的河道分布图。由于搜索半径大大减少，因此从一点游走到另外一点的范围就要显著地降低。在东南面的 A16 井与 A24 井就游走不到了。

利用不同的随机种子，对于 200m 河道宽度，800m 搜索半径得到的实现是不一样的。图 5–64 的 2 幅图是分别用 241 和 560 两个种子做出的，它们的南面有两处存在着封口和不封口之区别。图 5–64（a）出现了 A24 井不能够相连的情况，而其右侧的图却出现了 A16 井和 A24 井相连的情况。

另外，对于 QHD326 井区北区位于西部的 1 条河道，可以对比用随机游走方法和指示方法分别做出的河道图。图 5–65 是手工做出的，图 5–66 和图 5–67 分别是利用指示方法和随机游走方法做出的图。初步分析后可以认为，利用这两种不同建模方法基本都显示出了河道的形状，但是其效果各不相同。

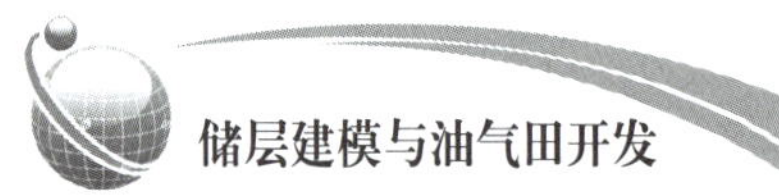

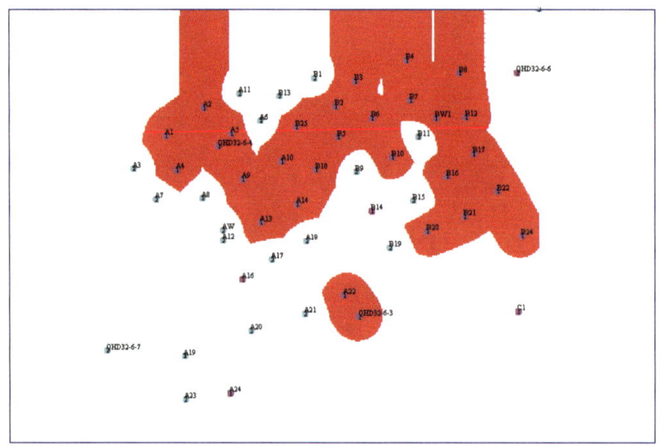

图 5–63　搜索半径为 400m 时，河道宽度为 200m 河道分布图

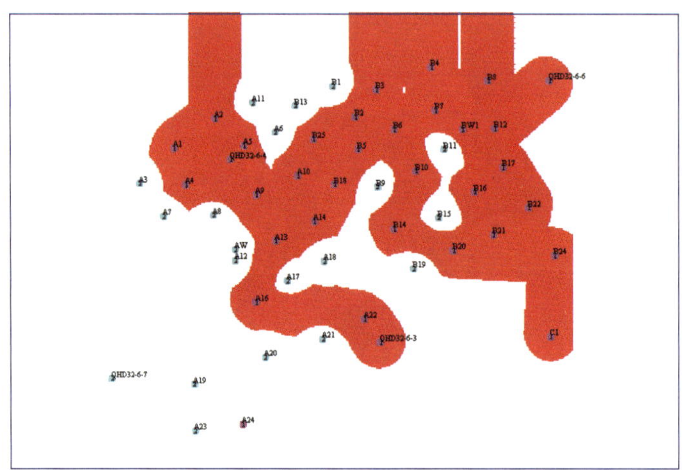

(a) A24 井不相连

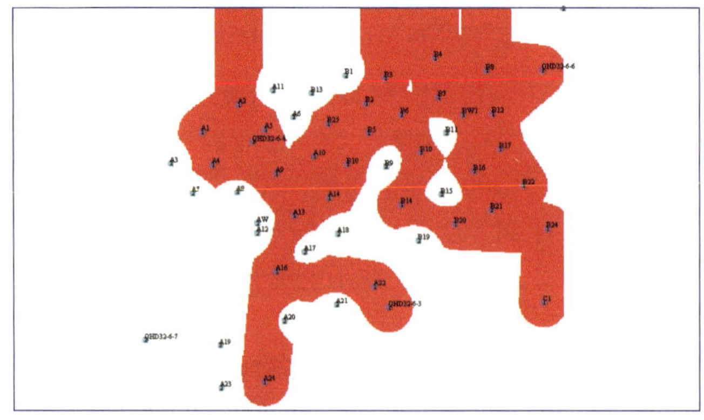

(b) A16 井和 A24 井相连

图 5–64　不同种子（241，560）对应搜索半径为 800m 时，宽度为 200m 的河道

图 5-66 为用指示方法做出的河道，基本上体现了河道的外型，但是其宽度却没有一定的规律，有的地方宽、有的地方窄，有很大的随机性。图 5-67 用随机游走方法做出的河道，很好地呈现了河道的外型，而且和手工做的图（图 5-65）最为接近。

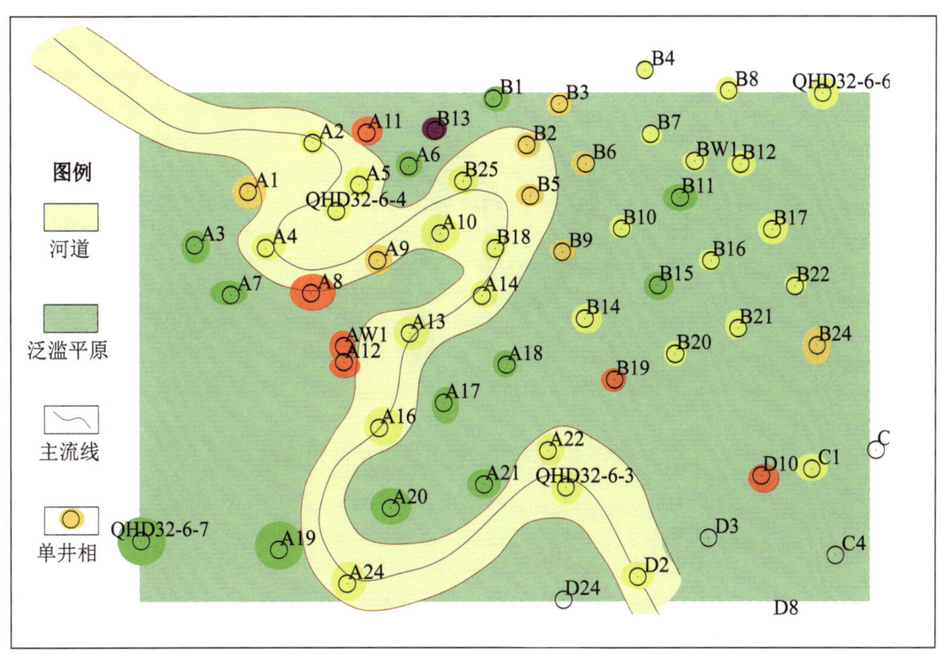

图 5-65 手工做出的北区的的西面的 1 条河道

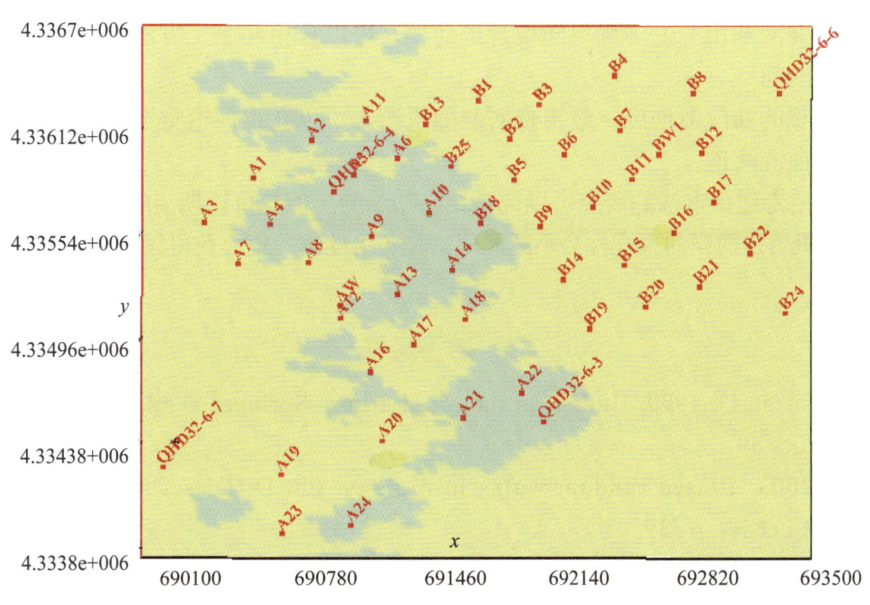

图 5-66 利用指示方法做出的河道图

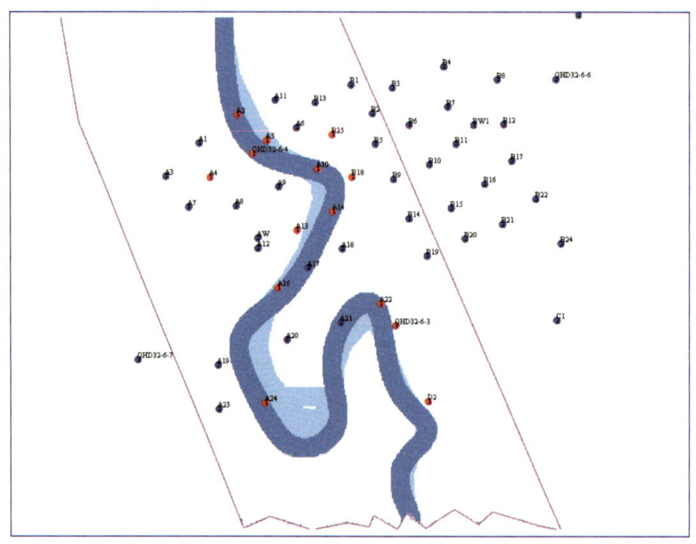

图 5–67　利用随机游走方法做出的河道图

5.4　小结

本章的研究可以得出如下的初步结论：

（1）在密井网油田开发中利用随机游走建模，可以获得和手工方法相似的结果，从而可以大大节约时间。

（2）在井稀的曲流河地区，运用自回避随机游走可以获得河道宽度、弯曲度与形态方面比较合理的曲流河道。

目前随机游走建模方法的研究可以说是相当初步的。但是可以期望的是，随着研究的进一步深入，随机游走建模的直观性会不断显现，其实用性也一定会获得储层地质学家的青睐。

参考文献

Alt W. & Hoffmann G. 1990. Biological motion. Berlin：Springer–Verlag. Lecture Notes in Biomathematics 89.

Codling E.A.2003. Biased random walks in biology. Ph. D. Dissertation. Leeds，UK：University of Leeds：p 339.

Caers，J.，Zhang，T. 2004. Multiple–point geostatistics：a quantitative vehicle for integrating geologic analogs into multiple reservoir models.In：Grammer，M.，Harris，P. M.，Eberli，

G. P.（Eds.），Proceedings of the integration of outcrop and modern analog data in reservoir modeling.American Association of Petroleum Geologists（AAPG）Memoir 80：pp.383—394.

Brown R. 1828. A brief account of microscopical observations made in the months of June，July and August，1827，on the particles contained in the pollen of plants；and the general existence of active molecules in organic and inorganic bodies. Phil. Mag.（new series）4：161—173.

Berg H. C. 1983. Random walks in biology.Princeton，NJ：Princeton University Press：p.170.

Burioni R. and Cassi D.2005. Random walks on graphs：ideas，techniques and results. Journal of Physics A：Mathematical and General 38：p45–p78.

Devroye L.，Sbihi A. 1990. Random walks on highly symmetric graphs. Journal of Theoretical Probability 3：497–514.

Deutsch C.V. and Wang L. 1996. Quantifying object—based stochastic modeling of fluvial reservoirs.Mathematical Geology：827—857.

Dubrule O. 1989. A review of stochastic models for petroleum reservoi：Geostatistics，Vol1.2：493—506.

Einstein A. 1905. Uber die von der molekularkinetischen theorie der W：Arme geforderte bewegung von in ruhenden Fl.ussigkeiten suspendierten Teilchen. Ann. der Physik（4）17：549—560.

Einstein A.1906. Zur Theorie der brownschen Bewegung. Ann. der Physik 19：371—381.

Erbas D.2007.Effect of Sampling strategies on prediction uncertainty estimation.SPE 106229.

Erbas D. and others.2007. Effect of sampling strategies on prediction uncertainty estimation.SPE 106229.

Haldorsen H. and Damsleth E.1990.Stochastic modeling. JPT：404—412.

Harding A.，Strebelle S.，Levy M.，Thorne J.，Xie D.，Leigh S.，Preece，L. 2005. Reservoir facies modeling：new advances in MPS. Leuangthong，O.，Deutsch，C.（Eds.）：Geostatistics Banff Springer.

Inoue K.，Takao Y. and Tanaka T.2009.Application of random walk particle tracking to the delineation of capture zones.Proceedings of the Nineteenth International Offshore and Polar Engineering Conference Osaka，Japan：21—26.

Levin S.A. 1986. Random walk models of movement and their implications. Hallam，T.G. & Levin，S.A.（eds.）Mathematical Ecology：An Introduction. Berlin：Springer—Verlag.

Martzel N.，Aslangul C. 2001. Effect of a forbidden site on a d—dimensional lattice random walk. Journal of Physics A，Mathematicaland General 34：391–401.

McCarthy J.F.1993.Reservoir characterization：efficient random—walk methods for upscaling and image selection. SPE 25334.

McLennan J.A.and other.2005.Ranking Geostatistical realizations by measures of connectivity. SPE/PS—CIM/CHOA 98168.

Murray J.D.1993. Mathematical Biology.Berlin：Springer—Verlag.

Okubo A.1980. Diffusion and ecological problems：Mathematical models.Berlin：Springer—Verlag.

Othmer H.G., Dunbar S.R. & Alt W.1988.Models of dispersal in biological systems. J. Math. Biol. 26：263–298.

Pearson K. 1905. The problem of the random walk. Nature 72：294.

Pólya, G.1921.Uber eine Auigabe der Wahrseheinliehkeitschnung betreffend die Irrfahrt im Straflennetz.Mat.Ann.84：149–160.

Ren H. and Fang Z.1999. Discrete Green's function for lattice random walk. Chinese Journal of Lasers 8：525–530.

Rudnick J., Gasoari G. 2004. Elements of the random walk：An introduction for advanced students and researchers. Cambridge, UK：Cambridge University Press：p 346.

Shrestha K.R.and others.2002. Stochastic seismic inversion for reservoir modeling. SEG Int'l Exposition and 72nd Annual Meeting, Salt Lake City, Utah, October：6–11.

Skellam J.G.1951. Random dispersal in theoretical populations. Biometrika 38.

Skellam, J.G.1973. The formulation and interpretation of mathematical models of diffusionary processes in population biology. In：Bartlett, M.S. & Hiorns, R.W. (eds.) The mathematical theory of the dynamics of biological populations. New York：Academic Press.

Stalgorova E. and other.2011. Field scale modeling of tracer injection in naturally fractured reservoirs using the random–walk simulation. SPE 144547.

Sumer M.and Cheng N.S.1999. A random–walk model for pore pressure accumulation in marine soils. I–99–079 ISOPE.

Tyler J., Tarald Saves and Henriquez A. 1994. Heterogeneity modeling used for production simulation of lunar reservoir.SPE 25002.

Victoria M.and others.2001. Lateral and vertical discrimination of thin–bed fluvial reservoirs：geostatistical inversion of a 3D seismic data set. SPE 69485.

Wang, J, and MacDonald A.1998.Modeling channel architecture in a densely drilled oilfield in east china.SPE 38678.

Wang J., Zhang T., Huang C.1997. The simulation of braided channels in two dimensions with random walk model. Proceedings of the Thirtieth International Geological Congress, vol. 25. Beijing：p 115–124.

Weiss G.H. 1994.Aspects and applications of the random walk. Amsterdam, The Netherlands：North–Holland Press：p.361.

Weiss G.H., Havlin S., Bunde A. 1985. On the survival probability of a random walk in a finite lattice with a single trap. Journal of Statistical Physics 40：191–199.

Wietzerbin L. J. and Mallet, J.L.1994. Parameterization of complex 3D heterogeneities：A new CAD approach. SPE 26423.

Yi T. and other.1994.Analysis of interwell tracer flow behaviour in transient two–phase heterogeneous reservoirs using mixed finite element methods and the random walk approach. SPE 28901.

6 逐步形变法和概率扰动法：地质统计学历史拟合

作为静态数据的储层地质建模结果若能够和油藏动态数据相互结合，那么对油田开发一定会带来积极意义。同时，从不同学科数据的结合来看，这种动静数据的结合，也一定会给储层地质建模的方法和应用带来实质性的发展。

本章研究的逐步形变法和概率扰动法是两个独立提出的不同方法。它们都从储层地质建模的结果出发，以油田开发的生产数据等动态数据为约束，实现油藏数值模拟的历史拟合。从地质建模的角度出发，这两种方法的共同特点就是能够利用储层地质建模的众多结果，以动态的生产数据为约束，通过修改这些结果，从而拟合这些生产数据，所获得的建模结果也可以因此减少其不确定性。从油田开发的角度来看，这两种方法会使得储层地质统计学模型成为经过历史拟合的模型，无疑会使得油藏模拟结果的可信度和有效性明显增强，从而有力地促进油田开发。

油藏数值模拟是储层地质建模和油田开发之间的一座桥梁。油藏数值模拟是油田开发中具有重要意义且应用广泛的一项技术，它对于油田高产、稳产具有直接作用。储层地质建模的最大应用领域就是油藏数值模拟，它可以为油藏数值模拟提供物性参数的三维空间分布，以获得流体流动的规律，为制定油田开发方案和各项生产措施提供重要根据。

在油藏数值模拟中，为了使动态预测尽可能接近实际情况，通常要进行历史拟合，根据所观测到的实际油藏动态来反求和修正油藏参数。因此，在储层地质建模提供孔、渗、饱等物性参数的基础上，寻求实现稳健、快速的自动历史拟合方法，是油田开发中出现的迫切要求（闫霞等，2010）。国内学者为此提出了大规模角点网格计算机辅助油藏模拟的历史拟合方法（叶继根等，2007）。

6.1 逐步形变法的原理

逐步形变法最早是由旅美中国学者胡林颖博士（Dr.Hu Linying）等于 1998 年在 SPE

年会上提出的。他和其他两位学者共同发表了以《用于历史拟合的连续地质统计模型的逐步形变法》为题的论文（Roggero F.，and Hu L.–Y.，1998）。随后，他在理论上完善了逐步形变法，并发表了一系列论文（Hu L. Y.，2000a；Hu L. Y.，2000b；Hu L.Y.，2002c；Hu L. Y.，and Blanc G.，1998；Hu L. Y. and Le Ravalec–Dupin M.，2004）。逐步形变法发表后，在理论上不断完善，在应用方面不断扩展。其他学者接受了这种方法，在各自的研究领域内先后提出了局部逐步形变法、逐步形变法与粗化技术的结合、与油藏模拟的流线模型结合、与地震正演的结合、以及与自适应响应曲面方法结合等多种方法，大大拓展了逐步形变法的应用范围。

胡林颖（2002）根据 1984 年以后发表的多篇文献，分析了 1984 年以后在动静态数据结合过程方面的成果，全面地总结了已经发表的各种方法的优缺点。这些方法包括交换一个实现在其任意两个点的数值以产生一个新的实现，或者是被称为领航点处值的修改，或者把一个实现在空间中移动一个距离等。在这篇文献中，胡林颖全面论证了他提出的逐步形变法存在的意义。

逐步形变法的基本原理是利用建模所得到的多个实现，产生一系列新的实现。这里，“实现”借用了蒙特卡罗随机模拟的名词，是指储层建模产生的结果。“逐步（gradual)”的含义是就是指在产生一个新实现的过程中，所产生的实现和以往的实现之间的变化都是渐进的、光滑的，不是突然的。而“形变”的含义是指，在储层建模的这个区域中，一个实现呈现出一定的三维空间中的形状，并在这个逐步形变方法实施的过程中不断地发生着变化。为了说明逐步形变法的原理，这里可以假设建模结果是一个连续函数，例如孔隙度、渗透率和含油饱和度等。

6.1.1 逐步形变的基本原理

式（6–1）是逐步形变法的一个主要公式。在下面这个式子中，x 表示三维空间中的一个节点，也可以说是三维空间网格系统中的一个网格块。$Z_1(x)$，和 $Z_2(x)$ 是建模产生的任意两个实现，它们是定义在储层建模所在三维空间中的一个区域中的。这个式子利用两个实现的线性组合定义了一个新产生的三维空间上的一个实现。同时，可以假设 $Z_1(x)$ 和 $Z_2(x)$ 是一个高斯随机函数的两个独立的实现，那么一个新的实现 $Z(x)$ 可以表示为式（6–1）：

$$Z(x)=\cos(\rho\pi)Z_1(x)+\sin(\rho\pi)Z_2(x) \tag{6–1}$$

这里，线性组合的系数 ρ 在这个逐步形变的过程中是可变化的，但是不随 x 的不同而改变。ρ 的变化范围是 [−1，1]。显然，$Z(x)$ 也是定义域为储层建模区域的一个高斯随机函数。

独立的实现 Z_1 和 Z_2 需要进行标准化，从而使得它们的均值等于 0，且不受测井数据的约束。对联合后的实现 Z 的约束，可以使得井数据被结合进来。利用一个变量的变换，真实分布的均值必须被叠加到被标准化了的实现 Z。例如，一个对数正态分布能够利用式

（6–2）的变换得到：

$$Y=\exp(\sigma Z+\mu) \tag{6–2}$$

这里 μ 和 σ 是 lnY 的均值和标准离差。

式（6–1）保证了对于 ρ 的任何数值，新获得的实现 $Z(x)$ 的地质统计学参数能够保持不变。这个参数化的过程使得能够连续地控制新模型的产生。当 ρ 在 −1 和 1 之间变化的时候，所得的实现由初始的两个实现 Z_1 和 Z_2 所确定。例如，对于一个特定的 ρ 的值，利用一个初始的实现和另外一个初始的实现，能够如此产生如下的结果。对于 $\rho=-1$，就产生 $-Z_1$；对于 $\rho=-0.5$，就产生 $-Z_2$；对于 $\rho=0$，就产生 Z_1；对于 $\rho=0.5$，就产生 Z_2；对于 $\rho=1$，就产生 $-Z_1$；

不同的 ρ 导致在每一个网格节点，$Z(x)$ 分布的会有一个连续变化。从 ρ 的一个初始值开始，在一个新的实现和一个初始分布之间的相关性，可以被 ρ 在一个范围内的变化所控制。对于一个小的变化，新产生的实现和一个初始的实现能够相关得较好。而当 ρ 等于 0.5 或 −0.5 时，这个新的实现和初始的实现是完全不相关的。

为了增加模型参数的灵活性，以前的求取 $Z(x)$ 的方法可以推广到任何数目的初始实现的线性组合。令 $\{Z_1, Z_2, \cdots, Z_n\}$ 是高斯随机函数的一组独立实现，一个新的实现可以表示成式（6–3）：

$$Z=\sum_{i=1}^{n}\alpha_i Z_i \tag{6–3}$$

这里，$\{\alpha_1, \alpha_2 \cdots, \alpha_n\}$ 是从 −0.5 到 0.5 的 n 个实系数。

各个实现的地质统计学性质，例如变异函数，在式（6–4）的条件之下被保持不变。

$$\sum_{i=1}^{n}\alpha_i^2=1 \tag{6–4}$$

逐步形变法的主要优点是能够提供一种能力，以便在减低维数后的空间中以连续方式修改初始的模型，也即是在参数 ρ 变化的一维空间中修改。如果没有逐步形变法，就需要在一个真正的三维空间中修改初始模型。在形变的过程中，这个算法保持了原来实现的各个地质统计学参数。不难看出，这个方法可以被视为是在各种可能实现的集合内进行移动的一种途径。与利用随机种子产生一个新的实现的方法相对比，逐步形变实现的每一次位移可以被确定性的参数 ρ 连续控制。

6.1.2　受约束的实现的最优选取

逐步形变的第二步是在可能的实现集合中，选取能够最优拟合动态数据的储层模型。可以定义一个目标函数，以完成对于生产数据的拟合。利用如下的最小二乘加权公式，可以对模拟结果和观察数据之间的误差进行定量化，如式（6–5）所示。

$$F=\frac{1}{2}\sum_{i=1}^{n_{\text{ojs}}}w_i(d_{\text{sim}}^i-d_{\text{obs}}^i)^2 \tag{6–5}$$

式中 d_{sim}——被模拟的生产数据；

d_{obs}——测量得到的生产数据；

w——加权系数；

n_{obs}——测量值的总个数。

建模结果实现的逐步形变，使得由流体流动的数值模拟取得的产量数据也发生着逐步演变。所以，以上定义的目标函数关于参数的变化是连续的。

关于参数变化的目标函数的光滑性质，将在如图 6–1 所示的图件中表示。这个模型由 12 层组成，每层包含 27×51 个网格块。油藏顶面构造的不确定性由高斯随机场所描述。在均值的图件之上，添加了高斯误差图形，以便定义真实的顶面深度分布。

这个油藏具有 5 口井。一个人造的生产历史利用一个参考的实现定义：包括地面测得的原油产量预测记录以及井位处的静态压力。

通过两个独立的初始实现 Z_1 和 Z_2，一组实现可以被产生。按式（6–1），参数 ρ 在 [−1，1] 之间取值，并以 0.05 为步长，覆盖整个区间。需要完成数值模拟并对每个模型计算目标函数。

图 6–1 表示了自变量为 ρ 的目标函数的变化过程，和特殊的 ρ 值取得误差图件的几个实现。目标函数值是周期性的，ρ=1，ρ=−1 对应的值是相等的。通过对整个油田的形变进行观察，可知其是一个连续形变。

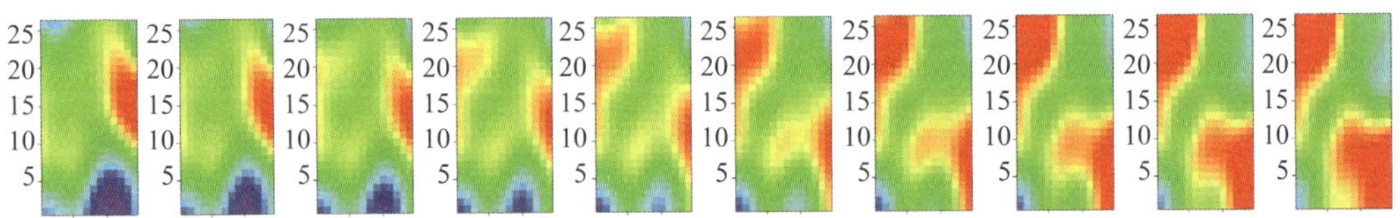

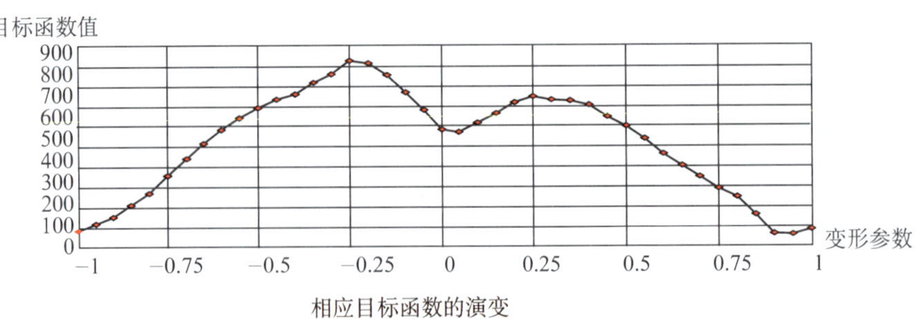

图 6–1 自变量为 ρ 的目标函数的演化（Roggero and Lin，1998）

图 6–1 的最上部的一列图件表示了在逐步形变过程中，采用了不同的 ρ 值通过式

(6–1) 获得的若干个新实现的二维图像。该图下部表示的是由式 (6–5) 所确定的目标函数的数值。

形变的过程也就是对建模结果的实现进行约束的过程。如图 6–2 所示的一种形变模式是最简单的。在图中 Z_1，Z_2，Z_4，Z_6，Z_8 是没有任何条件约束的一系列建模实现，只是所用的随机种子不同。首先，以任意获得的两个实现 Z_1，Z_2 进行逐步形变，获得 Z_3；再利用 Z_3，和 Z_4，以同样的算法获得 Z_5；再重复同样的方法，可获得 Z_9。

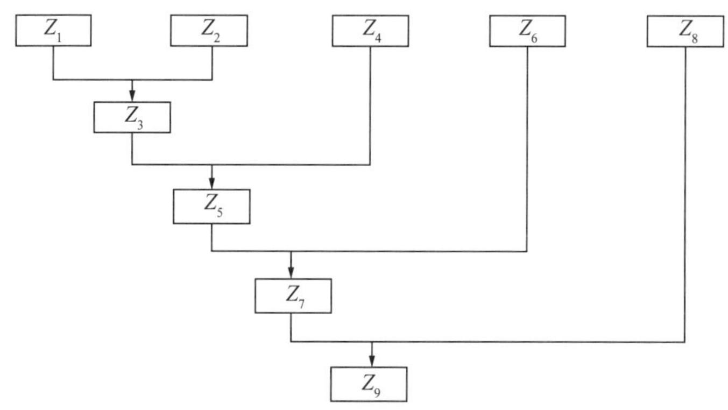

图 6–2 不同的实现进行约束所达到的逐步形变（Roggero，1998）

另外两种形变过程如图 6–3 和图 6–4 所示。

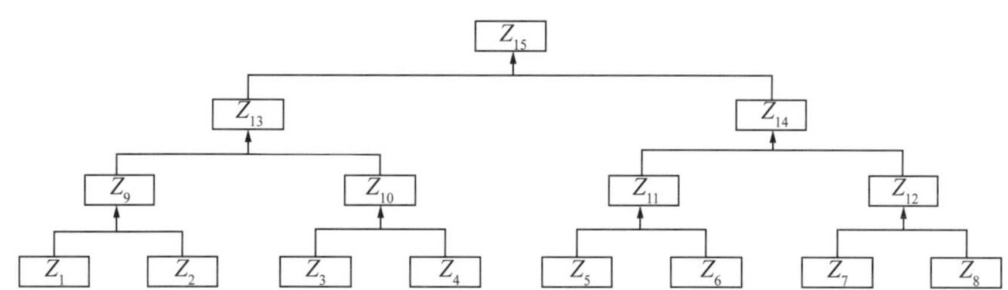

图 6–3 不同的实现进行约束所达到的逐步形变（Roggero，1998）

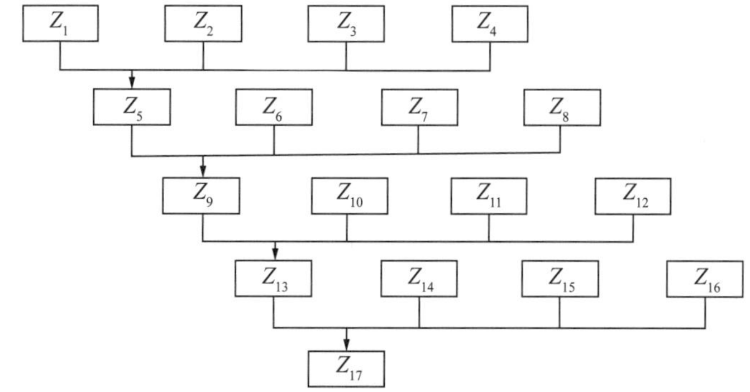

图 6–4 不同的实现进行约束所达到的逐步形变（Roggero，1998）

6.1.3 应用结果分析

在文献（Roggero F.and Hu L.Y.，1998）中，叙述了逐步形变法的在产量预报中应用效果，油藏数值模拟的时间超过了5年。在图6–5中，明显地观察到了各个原始建模实现之间的差别，达到了55%的不确定性。首先，对于水层活性系数（the aquifer activity coefficient）进行历史拟合，取得的预报结果显示在图6–6中。当利用顶部构造进行拟合时，不确定性进一步减少，获得了逐步形变算法的预期目的，模拟的不确定性到达5%（如图6–7所示）。

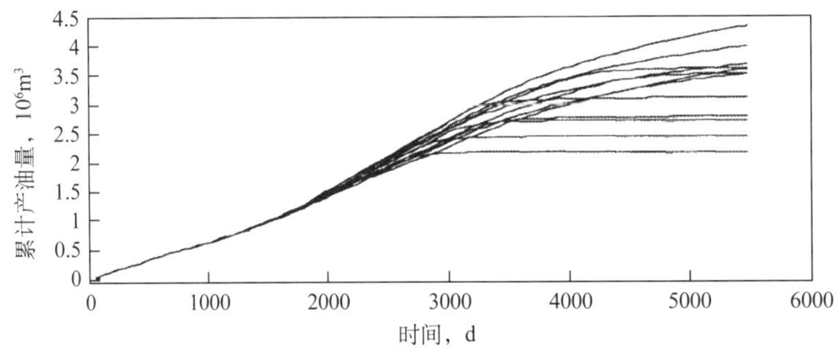

图6–5　利用12口生产井做出的产量预报（Roggero，1998）

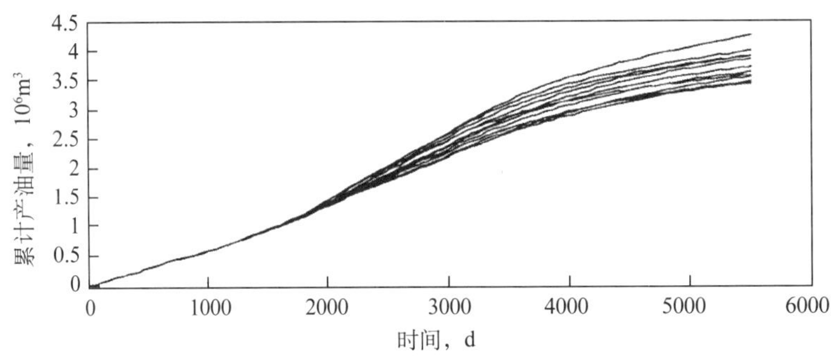

图6–6　利用水层活度系数约束产量数据获得的不确定性的（Roggero，1998）

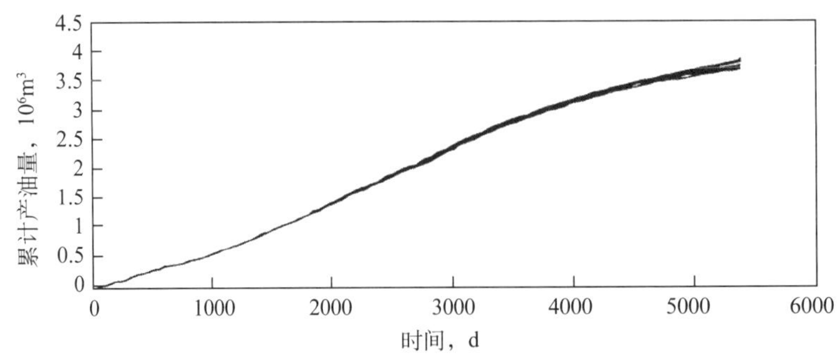

图6–7　利用12个实现获得的产量预报（Roggero，1998）

6.2 概率扰动法的原理

斯坦福大学的 Jef Caers 博士于 2002 年提出概率扰动方法。该方法和胡林颖博士提出的逐步形变法，在数学上可以说都是漂亮的。这两种方法异曲同工，都可以应用于地质统计学历史拟合，对储层建模和油田开发的效果和影响是明显的。

Caers 的概率扰动法巧妙地应用了斯坦福大学的儒耳耐尔（A. G. Journel）教授在 2002 年提出的固定更新比的概念。儒尔耐耳教授于 2002 年在 Sci 源刊物《数学与地球科学》发表论文，《Combining knowledge from diverse Sources：An alternative to traditional data independence hypotheses》（不具有传统独立性的数据的整合方法）。在这篇论文中，儒尔耐耳教授提出的不同数据的整合方法是针对测井数据和地震数据的。然而，Caers 博士把这种数据整合的模型应用于测井数据和生产数据，转换为测井数据和生产动态数据的整合，运用协同 SNESIM 算法（COSNESIM 算法）的概念，形成了概率扰动法。这种方法的出现有力地促进了地质统计学历史拟合的发展。

为了简便，以下针对一个三维空间中的一个双值随机函数 I（x）进行叙述。概率扰动法的原理和逐步形变法不一样，是从测井数据和训练图像建模实现的概率出发，对之进行扰动，达到运用动态生产数据对这些实现的概率进行优化，从而获得对生产数据的拟合。

多点统计建模方法告诉人们，为了求得空间一个网格块处沉积微相的对应数值，第一步是求取这个网格块对应的沉积微相的概率分布，然后再对这个分布进行蒙特卡罗抽样，最后才能求得这个网格块是属于哪一种沉积微相。也就是说，如果求得了每一个网格块处沉积微相的概率分布，就等于求得了各个网格块处沉积微相的对应数值。

和逐步形变法不同，概率扰动法是从各个网格块沉积微相的概率分布出发的。在英文中，perturbation 的一种解释就是“扰动”“微扰”或“小变异”。因此，“概率扰动法”的原意就是通过概率的小变异达到历史拟合的目的。

概率扰动法的原理可以划分为如下三个部分进行叙述。

6.2.1 条件概率 $P(A|B, D)$ 的获取

针对不具有传统独立性的数据整合问题，儒耳耐尔提出了影响比方法，即通过条件概率函数 P（$A|B$，C），可以对一个未知事件 A 进行评估。这里，B 是在井中一个点处的由测井数据确定的沉积微相，C 是由地震数据确定的该点的微相，而 A 则是由测井和地震共同确定的沉积微相空间分布。这个条件概率函数 P（$A|B$，C）中的 B 和 C 来自两个不同的数据源。每一个事件可能对应于许多共同的空间位置。为此，需要假定这两个数据事件满足这样的条件：概率函数 P（$A|B$）和 P（$A|C$）能够被计算出来。那么，这里遇到的难

题是：如何把这两个局部条件概率函数合并成 $P(A|B, C)$ 这样的模式，而且没有必要假定这两个数据事件 B 和 C 是独立的。最后，可以利用概率函数 $P(A|B, C)$ 对事件 A 进行估计或者模拟。

概率扰动法在保留儒耳耐尔上述算法的基础上，保持测井数据 B 的利用，而用生产数据 D 代替作为第二信息的地震数据 C，以求出空间一个网格块处的沉积微相 A 在测井数据和动态生产数据为条件下的条件概率分布。这里，A 代表空间一个网格块处沉积微相的取值，在利用 $P(A|B, D)$ 表示以测井数据 B 和生产数据 D 为条件下，在空间网格块处沉积微相取值的概率时，其结果是：

$$\frac{x}{b}=\frac{d}{a}$$

这里，

$$x=\frac{1-P(A\mid B,D)}{P(A\mid B,D)}$$

和

$$b=\frac{1-P(A\mid B)}{P(A\mid B)},\ d=\frac{1-P(A\mid D)}{P(A\mid D)},\ a=\frac{1-P(A)}{P(A)}$$

利用上面的关系式，可以基于 $P(A|B)$，$P(A|D)$，$P(A)$ 等 3 个值，求得 $P(A|B, D)$。具体的过程是，首先基于 $P(A|B)$，$P(A|D)$，$P(A)$ 等 3 个值求出 a，b，d，再求出 x 的值，最后可以求出 $P(A|B, D)$，如式（6–6）：

$$P(A\mid B,D)=\frac{1}{1+x}=\frac{a}{a+bd} \tag{6–6}$$

6.2.2　概率扰动的模型

以上分析说明，为了求得 $P(A|B, D)$，就需要求得 $P(A|B)$，$P(A)$ 和 $P(A|D)$。第一个概率可以利用多点统计建模在训练图像和测井数据约束下求得。第二个概率则可以利用多点统计建模在训练图像的约束下获取。至于第三个概率 $P(A|D)$ 的获取，则需要给出概率扰动法的模型，这是关键的一步。$P(A|D)$ 可以定义为式（6–7）的形式：

$$P(A\mid D)=(1-r_{\rm D})i^{(0)}(u)+r_{\rm D}P(A)\in\ [0,1] \tag{6–7}$$

式（6–7）的左端 $P(A|D)$ 是为了求取 $P(A|B, D)$ 必须要求得的。扰动参数 $r_{\rm D}$ 是式（6–7）中的一个引入参数。它是在 [0，1] 之间的一个参数，控制着这个模型在多大程

度上受到扰动。$u=(x, y, z)$，是网格块的空间位置，且 $i(u)=1$ 意味中在位置 u，有河道发生，$i(u)=0$ 则表示没有河道发生。这个初始模型中包含着所有的位置 u，称为 $i^{(0)}(u)$。公式（6–7）中的 $i^{(0)}(u)$ 被称为初始实现，它是通过序贯模拟算法（如序贯指示算法，多点统计算法），所获得的。它的地质意义是代表了各个网格点处的微相。

为了更好地理解公式（6–7）中的 r_D 和 $P(A|D)$ 之间的关系，有必要考虑 $r_D=1$ 和 $r_D=0$ 这两种极端情况。

当 $r_D=0$，$P(A|D)=i^{(0)}(u)$，利用文献（Journel，2002）叙述的内容，有 $P(A|B, D)=i^{(0)}(u)$，所以初始实现 $i^{(0)}(u)$ 在整体上保持不变。当 $r_D=1$，就有 $P(A|D)=P(A)$；所以 $P(A|B, D)=P(A|B)$，并且一个新的实现 $i^{(1)}(u)$ 被生产出来，而且和 $i^{(0)}(u)$ 一样是等概率的。所以，参数 r_D 定义了一个扰动，其作用就是把等概率的初始实现 $i^{(0)}(u)$ 转化为另外一个等概率的实现。对于 $r_D=0$，这个实现精确地等于初始实现 $i^{(0)}(u)$，而且当 r_D 的值较小时，这些模型就变得相当相似。当 $r_D=1$ 时，新的实现就会变得和初始实现完全独立，而当 $r_D=0.5$ 时，新的实现展示为初始实现和等概率实现的一个混合体。

6.2.3 扰动参数的优化过程及其迭代

设存在着一个 r_D 的值，使得 $i_{rD}^{(l)}(u)$ 会拟合生产数据，而且其拟合的程度要好于初始实现。找到最优的实现 $i_{r_{Dopt}}^{(l)}(u)$ 是一个有一个参数 r_D 的问题的最优解，找到这个最优实现等价于找到 r_D 的最优值。可以把 r_{Dopt} 定义为式（6–8）所示的优化问题的一个极小值。

$$r_{Dopt}=\min_{r_D}\{\ O(r_D)=\|\ D^S(r_D)-D\ \|\ \} \tag{6–8}$$

这里，$O(r_D)$ 是目标函数，它可以定义为利用地质统计学建模实现进行数值模拟得到的油田生产数据的理论值 $D^S(r_D)$，和观察到的油田生产数据 D 之差的某一种度量。由此可使 $r_{Dopt}(u)$ 的数值以及最优的实现 $i_{r_{Dopt}}^{(1)}(u)$，能够利用一个一维的最优过程而被选择。也即可以利用一个 1 维的搜素，在两个等概率的实现（$r_D=0$ 和 $r_D=1$）之间找到一个最优的实现。

为了找到最优的实现，需要把以上 1 维的优化过程进行细化，例如把区间 [0，1] 分为 11 个等距的节点，其中包括左端点 0 和右端点 1。11 个节点对应于 11 个 r_D 的取值，分别就有 11 个不同的 $P(A|D)$，再算得 11 个概率分布 $i_{rD}^{(l)}(u)$。然后利用蒙特卡罗抽样求得相应的 11 个地质统计学实现。为了和观察或测量得到的动态生产数据进行比较，就需要进行 11 次数值模拟，最后得到 11 个油田生产数据的理论值 $D^S(r_D)$。利用式（6–8）$\|D^S(r_D)-D\|$ 定义的目标函数 $O(r_D)$，11 个不同的 r_D 就产生了 11 个目标函数的数值。从中可以确定一个数值最小的目标函数数值，就对应于 $r_{Dopt}(u)$ 的数值。

对经过优化过程得到的参数 $r_{Dopt}(u)$ 可以获得对应的实现 $i_{rDopt}^{(1)}(u)$后替代公式（6–7）中的 $i^{(0)}(u)$，再重复这个优化过程。这时，就意味着进入了下一次循环中，获得的结果可记为 $i_{rDopt}^{(l)}(u)$。

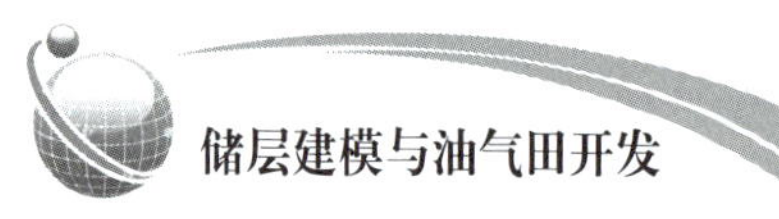

从以上的叙述可知，在进行油藏数值模拟的过程中，所涉及的地质统计学实现应该包括孔隙度、渗透率和含油饱和度的三维空间分布。这些物性参数的空间分布都是由双值的沉积微相的空间分布所决定的。当然，数值模拟所必须的油藏参数也应该相应地给出。

利用如下的方框图可以把以上三个步骤更清晰地表达出来。

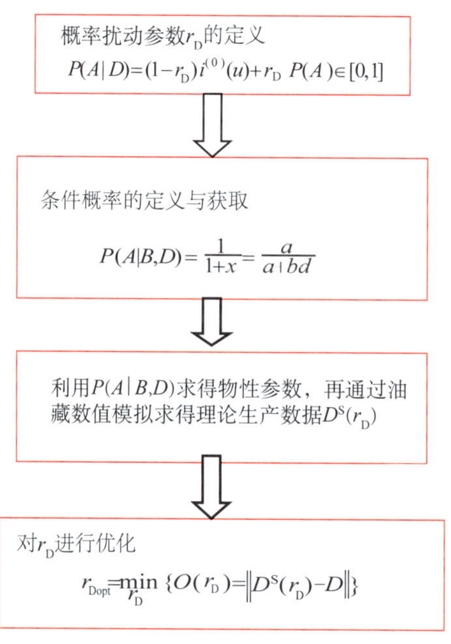

图 6-8　概率扰动法的流程图

6.2.4　小结

作为上述概率扰动法的改进，Hoffman 和 Caers 在 2003 年提出了区域概率扰动方法，使得概率扰动法在实际应用中又迈进一大步（Hoffman and Caers，2003）。

对于本章研究的地质统计学历史拟合的两种方法：逐步形变方法和概率扰动方法，Caers 专门发表了一篇论文（Caers，2007），对它们进行了全面的对比。

在 2018 年，Khani 等学者（2018）发表了一篇有关概率扰动方法在蒸汽辅助重力驱替过程的历史拟合中应用的论文，又在 2017 年发表了一篇区域概率扰动方法进一步改进的论文。这两篇论文的发表说明了概率扰动方法的改进及其实际应用的不断扩大。

参考文献

闫霞，张凯，姚军，李阳.2010. 油藏自动历史拟合方法研究现状与展望 [J]. 油气地质与采收率，第 17 卷第 4 期：69-73.

叶继根，吴向红，朱怡翔，刘合年，罗凯.2007. 大规模角点网格计算机辅助油藏模拟历史

拟合方法研究 [J]. 石油学报，28（2）：83–86.

Busby D.， Feraille M.and Gervais V.2009.Uncertainty reduction by production data assimilation combining gradual deformation with adaptive response surface methodology.SPE 121274.

Caers J.2002. Geostatistical history matching under training–image based geological model constraints. SPE 77429.

Caers，J.，2007，Comparing the gradual deformation with the probability perturbation method. Mathematical Geology，39（1）.

Gautier Y.， Noetinger B.and Roggero F.2001. History matching using a streamline–based approach and gradual deformation.SPE 87821.

Gervais V.， Gautier Y.， Ravalec M. and Roggero F.2007. History matching using local gradual deformation. SPE 107173.

Hoffman， B.Todd and Caers Jef.2003.Geostatistical history matching using a regional probability perturbation method.SPE 84409.

Hu L. Y. 2000a. Gradual deformation and iterative calibration of Gaussian–related stochastic models. Math. Geol.， v. 32， no. 1：p87–108.

Hu L. Y. 2000b. Gradual deformation of non–Gaussian stochastic models.Geostatistics 2000， Vol. 1：p 94–103.

Hu L. Y. 2002c. Combination of dependent realizations within the gradual deformation methos：Math. Geol.， v. 34， no. 8：p953–963.

Hu L. Y. and Blanc G.1998. Constraining a reservoir facies model to dynamic data using a gradual deformation method.Paper B–01. Peebles， Scotland. *in* Proceedings of 6th European Conference on Mathematics of Oil Recovery（ECMOR VI）.

Hu L. Y. and Le Ravalec–Dupin M. 2004. An Improved gradual deformation method for reconciling random and gradient searches in stochastic optimizations. Mathematical Geology， Vol. 36， No. 6.

Journel A.G.2002.Combining knowledge from diverse sources：an alternative to traditional data independence hypotheses.Mathematical Geology， Vol. 34， No. 5：573–596.

Khani， Hojjat and others.2018.Geologically consistent history matching of SAGD process using probability perturbation method.SPE–189770.

Khani， Hojjat and others.2017.An improved regional segmentation for probabiligy perturbation method.79Th EAGE Conference and Exhibition.

Mezghani M. and Roggero F.2001. Combining gradual deformation and upscaling techniques for direct conditioning of fine scale reservoir models to dynamic data.SPE 71334.

Neau A.， Thore P.， de Voogd， B′eatrice.2008. Combining the gradual deformation method with seismic forward modeling to constrain reservoir models. SEG Las Vegas 2008 Annual Meeting.

Roggero F. and L.– Y. Hu.1998. Gradual deformation of continuous geostatistical models for history matching.SPE 49004.

7 决策分析与风险分析的应用

7.1 决策分析与风险分析的产生与发展

决策分析和风险分析是满足不同需求的两种技术，它们之间也存在一些共性。决策分析与风险分析分别具有特定的方法与特定的应用，也有各自专门的模型与软件。在国外分别有决策分析学会与风险分析学会，分别有相应的出版物。

应用于油田开发中的决策分析和风险分析，是在承认石油工程、油藏工程、地质学、地球物理学与储层地质建模的各种分析、解释结果和数据存在程度不同的不确定性前提下，为了提高各种动静态油气藏过程参数的预测精度和合理性并提高油气藏产量，而对各种作业做出合理、科学的选择与正确决策的过程。

由于决策分析和风险分析应用了储层地质建模的结果，而且在应用中可以允许建模结果带有各种不确定性，因此可以把决策分析和风险分析看成是具有不确定性的储层地质建模结果的一种后处理，一种更贴近油田开发的深入分析和应用。

决策分析的明显优点是能够把决策的依据和过程全面地记录下来，以便日后的回顾、反复对比和总结。风险分析的优点是可以根据各种过程与因素的已知情况，利用概率表征各种不确定性，从而得出对未来的科学判断。

决策分析（据：决策分析 –MBA 智库百科）一般指从若干可能的方案中通过决策分析技术，如期望值法或决策树法等，选择其一的决策过程的定量分析方法。决策分析一般分四个步骤：

（1）形成决策问题，包括提出方案和确定目标。

（2）判断自然状态及其概率。

（3）拟定多个可行方案。

（4）评价方案并做出选择。

早在 1738 年，伯努利就已提出决策分析中的效用概念。从 1763 年贝叶斯发表条件概率起就出现统计推断理论的萌芽。1815 年拉普拉斯又将它推向一个新的阶段。统计推断理论实际上是在风险情况下的决策理论。1931 年，拉姆齐基于效用和主观概率两个基本概念来研究决策理论。1944 年 J.Von · 诺伊曼和 O · 莫根施特恩在著名的《竞赛理论与经济行为》一书中，独立地研究了在不确定情况下进行决策所用的近代效用理论。沃尔德在 1950 年提出的统计决策函数是决策理论的又一重要进展。1954 年萨维奇为决策方法提供了公理系统和严格的哲学基础。20 世纪 60 年代初期，美国哈佛商学院开始运用统计决策理论解决商业问题，并定名为应用统计决策理论。1966 年，美国霍华德首先应用决策分析这个名词。后来，决策分析又有许多新的发展，并广泛吸取有关的决策方法，从而形成一个内容广泛、实用性很强的学科分支。现代决策分析的发展动向是研究人们决策行为的思想过程并研制与计算机结合的决策支持系统等（据：决策分析 –MBA 智库百科）。其中，决策树方法是决策分析方法中一种比较基本也比较实用的定量方法（Thakur，1995）。

Grayson，C.J. 的功劳是在 1960 年首先把风险分析引入到工业界（Grayson，1960）。在 1968 年，Paul Newendorp 以钻井投资决策中的风险分析为题，提出了一个方法以评估和描述石油勘探盈余中的不确定性（Newendorp，1967，1968）。随后，又有几篇论文发表，还出版了若干部专著，并出现了许多短期讲习班，以帮助工业界在石油勘探与开发中开展风险分析应用。

“风险（Risk）”在英语中的解释为：遭受灾害、不幸或损失的可能性，而其中文意思则为“可能发生的危险”。两者的解释基本相同，略有差别。油田开发中会经常遇到各种各样的风险。石油企业要进行项目投资，往往具有项目庞大、复杂、周期长、相关单位多等特点，其经济性受多方面因素的制约，故投资者在作出投资决策时存在着风险（严武等，1999），如建设项目投资存在着相当多的不确定因素，存在着可能盈利也可能损失的情况（NieMira M. 和 Klein P．邱东等译，1998）。随着社会的发展，风险的分析变得日益重要，甚至关系到一个企业的存亡，因此要对项目进行风险分析（Smithson and others，1998）。当对建设项目的风险进行识别和评价以后，就要进行风险的处理，即根据评价结果进行决策分析，以回避风险，控制损失，或分离、分散、转移风险，使风险尽可能地得到防范、控制和利用（Howell III and other，2001）。风险分析的方法有很多种，一般分为定性分析和定量分析（Thakur，1995；Davidson，2001）。定性分析就是进行风险因素分析；定量分析是对风险因素的可能性与影响程度进行分析，即概率分析，它是用概率来研究预测不确定因素对开发评估指标的影响（Lundegard P. D. and Garcia G. F.，2001）。

当前，石油工业中的风险分析主要就是指蒙特卡罗模拟方法的应用。

蒙特卡罗模拟方法的主要应用是描述参数值的不确定性，它使用各种统计分布来描述这些参数。例如，对于现金流动可以依据几个关键参数表示：通常为石油产量、石油价格、生产支出、特许开发权和税收等。一些常用的概率分布可以描述参数的不确定性，比如正态分布、对数正态分布、三角形分布与均匀分布。在一般情况下，假设变量之间都是相互独立的，这将大大简化计算。例如，对于净现值（NPV），从每一个参数的概率分布中任意抽取一个值，然后把它们代入求取净现值的方程，可以得到净现值的一个可能的值。这项工作重复成百上千遍，直到给出净现值的一个频率分布曲线图。所以，蒙特卡罗模拟方法实际上是标准的净现值法的一个推广。

本节的目的是在叙述决策分析与风险分析原理的基础上，对决策分析与风险分析在石油工业中的应用进行初步的归纳和总结。

7.1.1 早期应用

石油工业充满着风险与不确定性，是一个公认的需要精确评估各种风险的领域。在对各种数据进行统计的基础上正确地评估风险，已经给石油公司带来了竞争优势。

石油投资风险分为五大类：地质风险、资源量估算风险、工程风险、投资环境风险与经济风险。工程因素包括，开发方式的选择、钻井工程方案、采油工程设计、地面建设工艺流程设计等。经济因素如市场供求关系、价格、利率与汇率变化等。

决策分析与风险分析在石油工业上的应用已得到了飞速发展。在过去的四十年里，有关决策分析与风险分析应用的 SPE 论文的数量几乎呈指数增加。由于高投入、高风险的特点，石油工业已经成为决策分析与风险分析应用最普遍的行业。图 7–1 中所示为发表的石油工程决策分析 SPE 论文数目（Evans，2000）：从 20 世纪 60 年代的不足 10 篇，直到 20 世纪 90 年代的几十篇。而从 2010 年到 2016 年有关决策分析与风险分析在油气田开发中应用的 SPE 论文的数目，已分别达到 1000 篇和 700 篇之多。可见，决策分析和风险分析已在油气田开发中得到了广泛应用且发展得十分迅速。

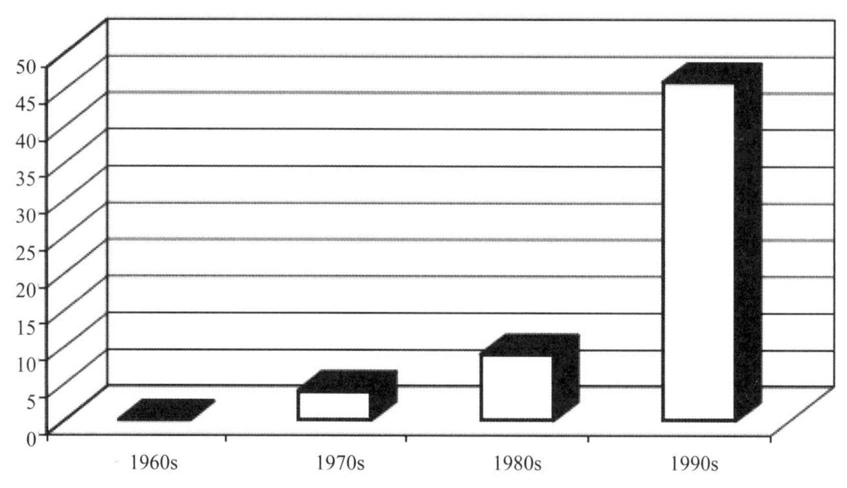

图 7–1 决策分析在石油工程中的应用的文献数目（据 Evans，2000）

当前，决策分析和风险分析除了应用于石油建设项目经济评价外，已经扩展到油藏管理的各个方面。例如，产出水管理、防垢、钻井液选择、侧钻、测井信息的评价、油田综合调整方案的选定、提高采收率、减缓生产下降的计划的制定、成熟油田的评价、补孔、改层、压裂和酸化等增产措施、老区完善井网、提高储量的动用程度、区块综合调整、井网调整、加密井的井位、井别调整、产液结构调整（堵水、化堵、超细水泥封堵、补孔、注水结构调整）等。在这里特别需要指出的是，在油藏描述和油藏数值模拟相互结合的基础上，可以利用风险分析进行油气产能的预报工作。

7.1.2 应用的发展

2005 年以后，决策分析和风险分析的原理及其在油田开发中的应用方面的论文已经被油田开发各个专业越来越多的专家们接受，从而在油田开发中的应用达到了一个新高度。SPE 文献报道显示了两个特点，应用范围明显扩大，应用方法不断完善。决策分析和风险分析的应用范围从初期的石油工程上的应用，扩大到地质不确定性、储层地质建模与油藏数值模拟等油田开发的不同领域。

在 SPE 文献中，关于风险分析与不确定性分析方面的论文题目归纳如下：

（1）油田开发中风险分析技术的对比。

（2）地质模型和动态流动性质的不确定性的风险分析。

（3）对于海上裂缝油藏的风险分析。

（4）地质建模的复杂性包含的经济推论的估计。

（5）油藏的风险和不确定性评价是通往最优决策的一条路径。

（6）应用于油田开发的风险分析效果的改进。

（7）油田评价的内容和目的是从油藏的不确定性出发到取得较好的经济效益。

（8）油田开发中的地质模型的不确定性风险分析和动态流动特性的结合。

（9）基于模型的不确定性分析的应用。

关于决策分析方面的论文题目归纳如下：

（1）地质不确定性对于投资决策的影响。

（2）应用于油田开发和管理的决策分析整合模型。

（3）产量管理决策分析。

（4）作出最好的决策：(投资决策的方法、综合决策、决策质量)。

（5）对于地质导向作业的决策分析方法。

（6）长期和短期产量优化的决策分析。

（7）整合地下模型和商业模型——蒙特卡罗和决策树分析的新观点。

（8）不确定性分析作为在油田开发中的决策工具。

（9）砂体管理——决策中的多学科方法。

（10）北海地区综合钻井作业定价的决策分析方法。

（11）地质导向的决策分析框架。

（12）使用裂缝油田的最优储层模型改善开发决策分析。

（13）地质导向中的协作和决策支持。

（14）决策分析在石油工业中应用的最新发展（产量、考虑地质力学的油田开发、油井费用估计、水淹项目风险分析）。

（15）综合油藏管理中的决策分析。

（16）钻井投资的决策标准。

7.1.2.1　实例 1

Ali 等人的文献（Ali and others，2013）是近年来发表的、在技术上具有代表性的油气藏开发方面风险分析的一篇论文，也提供了有关油气藏开发方面风险分析的一个典型实例。文献主要研究了裂缝气藏开发过程中结合地质建模的多个实现，分析了气田开发的多个参数。该文献涉及了地质统计学建模、历史拟合与油气藏数值模拟等技术领域，可以识别出油气田开发方案中的主要不确定性。

文献研究了风险分析在一个海上裂缝油田开发中的应用，提出了技术框架以及具体的细节。文中全面研究了四十多种的含有不确定性的油田开发的主要参数，有的是关于地质方面的，也有关于油藏工程方面的。它们包括油藏侧向与垂向的连通性、裂缝延展范围、裂缝和骨架的性质、液体性质、岩石液体性质、注气率、注水率及井口压力等。

在该文所做的研究中，将单井产油量、油井的气油比、油井静态压力、井底流动压力等动态历史数据，运用于约束含有不确定性的参数，并用于油藏参数预测。基于离散裂缝网络，风险分析考虑了油藏的不确定性和地质不确定性，采用了构造控制的几个参数，以便对产量平稳时间长度假设和开采因子进行风险分析评价。

本文的风险分析考虑了两种主要开采机理：一种是顶部注入天然气以达到天然气重力泄油，另外一种是边缘底水的注入和毛细流动。文章对表征离散裂缝网络的几个随机实现以及不确定的、具一定概率分布的若干油藏参数进行了研究，多次应用实验设计方法和响应曲面方法对油藏模拟的运行次数最小化进行了研究。

风险分析识别出了油田开发的各个方面的最优指标 P_{10} 和 P_{90}，还可以识别出影响油田开发方案主要的不确定性。为了达到减少主要不确定性的目的，采用风险分析方法，可以缓和生产矛盾，采集和监督生产数据，更合理的生产计划可以被制定出来。

整个风险分析的过程包含了如下三个步骤：

(1) 不确定性识别与评价。从地质、动态、油藏液体和油藏管理等方面能够考虑到的全部不确定性，均被转化为油藏模拟模型中含有不确定性的输入参数。一旦这些不确定性被识别出后，有关表征和检查的进一步分析将被实施，以保证输入数据的整合。这些含有不确定性的参数的变化范围以及有关的概率分布公式在这个阶段中将会被指定。

(2) 生产历史数据约束不确定性。

(3) 风险分析。在第三步风险分析中，确定了采收率、累计原油产量、产量平稳时间的长度以及气窜等响应因子的预测质量。

这些用于预测的参数，实际上是历史拟合参数的一些组合。通过运用这些已经选定的响应因子，可以产生有关空间坐标的若干个多项式，以重新生成在未采样的空间位置处的响应因子的特性，并可以给出这些不确定性参数的相应变化范围。

蒙特卡罗抽样可以取得响应因子的概率分布函数。蒙特卡罗模拟要求的输入数据包括有关模拟器的代理数值和每一个带有不确定性参数的概率密度函数。对于所选定的响应因子，应该进行相关的敏感性分析。对于响应因子最有影响力的那些参数，定量敏感性分析有助于提供识别，并给出这些参数影响这些响应因子的百分数。

基于以上研究的不确定性的类型和质量分析，可以做出相关的决策。最后便可以获得以降低不确定性为目标的不确定性减低计划和应急计划，并进行进一步的评价。

从该项研究中，可以利用风险分析得到关于裂缝油藏开发的如下六个方面的重要认识：

（1）风险分析的一个重要目标就是识别含有不确定性的主要参数，它们对确定产量目标起着重要的作用。

（2）历史数据可以帮助约束那些最有影响力的参数的概率分布。

（3）通过对最影响历史拟合质量的那些参数的分析，可以导出对于模型的最好认识。

（4）大部分可控的不确定性参数可以用于制定出缓解—应急计划。

（5）输出的概率分布函数有助于给定在不确定性域内的基础情况，并可以确定进一步经济分析中的低值情况和高值情况。

（6）对于影响历史拟合的大多数不确定参数可以作进一步分析。

7.1.2.2 实例2

油田评估阶段中的各种不确定性、高投资和重要决策都与风险密切相关。过去总是习惯于基于确定性的模拟模型来作出产量预测，而利用概率方法得到的产量预测允许在油气田开发中，通过几个实际油藏地质模型的数值模拟来量化油藏特性的各种不确定性。

文献（Ligero and others，2003）研究的目的是发展一种方法来改善风险分析的运行质量，尽量用最少的计算量得到尽可能精确的结果。它的主要特点是结合了经济不确定性。

该文研究的内容主要包括：将几种油藏地质模型的动态模拟做为所采用方法的基础；为了简化风险分析技术，需要利用敏感性分析以减少不确定性参数的数量；通过派生树方法（详细参见7.3.1.5派生树分析）选用关键参数来建立油藏模拟模型；选择代表性模型以结合对经济不确定性的分析；对这些模型进行油藏模拟之后，进行统计处理来获得产量预测和净现值的风险曲线。

1）数据和模型的简化

油藏数据模拟应该具备的数据包括由油藏地质建模提供的三维的孔、渗、饱数据，还有油藏数值模拟需要的水平渗透率、垂直渗透率、岩石压实系数、油水相对渗透率曲线、油气相对渗透率曲线等属性数据（见表7–1）。

表7–1 模型中的不确定性参数与概率

属性	级别	概率
孔隙度	Pvo（最可能的）	0.70
	Pvol*1.4	0.15
	Pvol*0.7	0.15
水平渗透率	Kh（最可能的）	0.70
	Kh*1.5	0.15
	Kh*0.67	0.15

续表

属性	级别	概率
垂直渗透率	Kv*（最可能的）	0.70
	Kv*2	0.15
	Kv*0.5	0.15
岩石压缩性	Rcp（最可能的）	0.70
	Rcp*1.2	0.15
	Rcp*0.9	0.15
构造模型	Block1+2（最可能的）	0.50
	Block 1+2+3	0.20
	Block 1	0.30
压力—体积—温度分析	PVT 1（最可能的）	0.40
	PVT 2	0.40
	PVT 3	0.20
油水相对渗透率	Krow 1（最可能的）	0.34
	Krow 2	0.33
	Krow 3	0.33
油气相对渗透率	Krog 1（最可能的）	0.34
	Krog 2	0.33
	Krog 3	0.33

各种模型包括：油藏的地质模型和利用油藏数值模拟获得的油藏动态模型（或称油藏模拟模型）通过对油藏动态模型的统计处理，能够获得储量预测和净现值的风险曲线。代表性模型可通过对经济学不确定性进行综合分析而经过选择得到。

风险分析过程中的主要目标是减少不确定性参数的数目，并随之减少模拟模型数，这就可以明显减少处理时间。

在风险曲线的建造中，关键参数的适当合并对减少不必要的油藏模拟计算量是明显有用的。通过对关键参数的不确定性级别及其影响的分析，表明增加这种级别就相当于增加了油藏模拟模型数，并会对风险量化有显著影响，尤其是那些最关键参数。可以看到，每个参数的不确定性的不同级别和代表性值的选择会对结果产生明显的影响。

此外，生产策略的处理在许多情况下可以简化。生产策略的优化必须应用于那些可能性比较大的油藏模型。优化过程也能应用于代表性模型，不过这要依赖于目标和可用的时间。一个能够加速风险分析的简化处理，也能应用于可能性较大的模型和一些代表性模型的优化处理。

2）经济分析中的代表性模型

风险分析方法能够产生许多模型，但是在经济分析中把所有这些模型都用上是不可行的，原因是处理的工作量太多。因此需要从中挑出一些代表性模型来进行分析。这里采用的挑选模型的方法是，通过净现值—采收率图或通过净现值—累积产量图来进行。在上述两种图中，代表性模型就是最接近乐观百分率、最可能百分率和最悲观的百分率的那些模型。

代表性模型涉及地质参数的不确定性，而不涉及任何经济参数的不确定性，强调这一点是很重要的。在这里，代表性模型可以称为基础经济模型。

代表性模型是通过整个油田的净现值和整个油田的累积产量的关系来确定的，如图7–2所示。那里的圆点就是代表性模型。可以观察到，一共有9个代表性模型，即*P*10，*P*50，*P*90各有三个。该图中横坐标N_p为累计原油产量，单位是百万立方米；纵坐标为***NPV***（Net Present value，净现值），单位是百万美元。

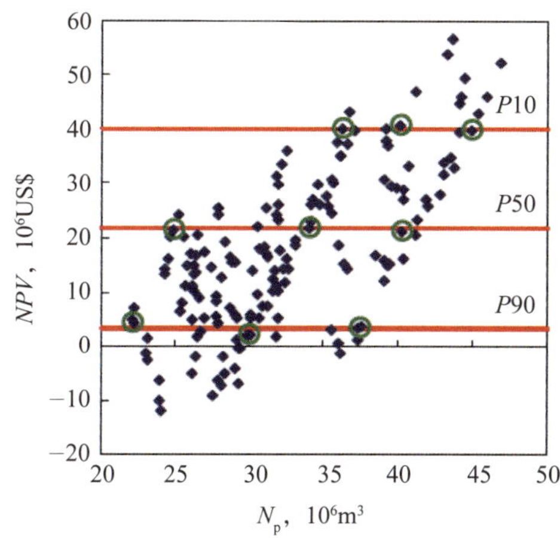

图7–2　作为基础经济模型的代表性模型（Ligero，2003）

3）经济学参数的敏感性分析

经济学参数的敏感性分析针对净现值模型中*P*10，*P*50，*P*90三个百分比分别实施。总体上所考虑的不确定经济参数有油价、投资和费用与内部收益率，见表7–2。

与其他两个经济变量相比，内部收益率对净现值的影响较弱。对这三个模型，影响最大的经济参数是油价，当百分率从*P*10增到*P*90时，这个影响也增加。投资和费用的影响具有相同的情况。然而，三个经济参数的作用几乎不受百分比从*P*10变到*P*90的影响。

表7–2　在经济模型中的不确定性（Ligero，2003）

参数	级别	概率
投资和费用	基值	0.50
	基值 +20%	0.25
	基值 −20%	0.25

续表

参数	级别	概率
油价	基值	0.50
	基值 +30%	0.25
	基值 −30%	0.25
内部收益率	基值	0.50
	基值 +15%	0.25
	基值 −15%	0.25

经济学参数的敏感性分析是在净现值模型中按 $P10$，$P50$，$P90$ 三个百分比分别执行的。其中 $P10$ 相对原油价格、投资及费用与内部收益率等的变化如图 7–3 中所示。从图 7–3 大致可以观察到，总体上同其他两个经济变量相比，内部收益率对净现值的影响较弱。对这三个模型影响最大的经济参数是油价，当百分率从 −30% 增到 +30% 时，这个影响也增加。相对于其他两者而言，油价的变化幅度明显要大。对于 $P50$ 和 $P90$ 而言，敏感性的变化也存在相同的情况。在图 7–3 中，可以看出当油价上涨时，净现值也增加。然而，当投资和费用上涨，或内部收益率（IRR）上涨时，则导致净现值的缩小。这两条都是符合常规的。

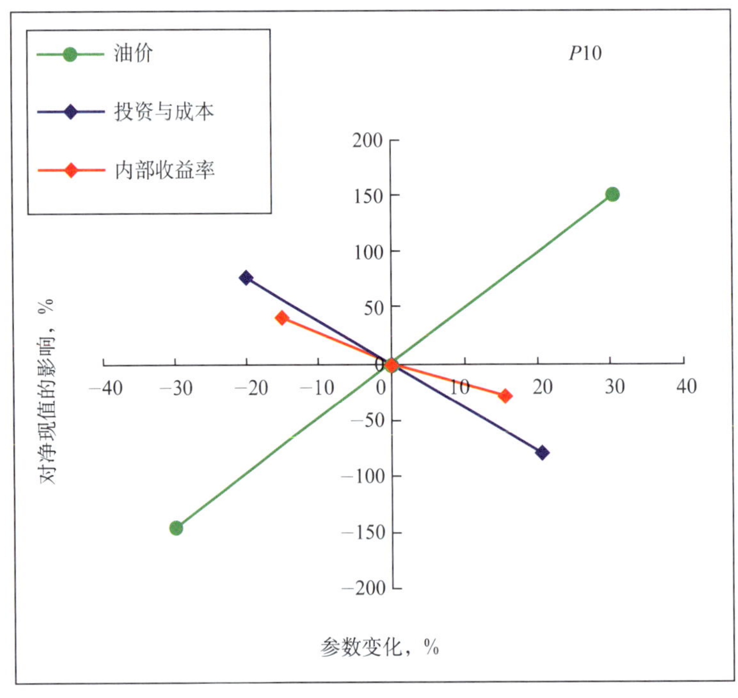

图 7–3　经济模型中的不确定性：对于内部收益率（$P10$）的影响（据 Ligero，2003）

4）风险曲线

经过各种简化直到的所有模型都被模拟后，还需要要对结果进行统计处理以得到目标函数的期望曲线或风险曲线，这里用的目标函数指的是净现值。

许多情况下，经济模型与地质模型的不确定性结合也十分重要。为了避免对所有的地质模型都要进行经济分析计算，可以采用简化方式来加入经济不确定性，即只使用代表性模型，变化范围实际上是相同的。图 7–4 是风险分析的最后计算结果之一，黑线表示的是基础经济模型的风险曲线。该图的横坐标表达的是净现值，单位是百万美元；纵坐标是相应取值的概率。例如，黑色线上的三个方块分别表示 90% 的概率、净现值取值稍大于 0；50% 的概率、净现值取值接近于 25×10^6 美元；10% 的概率、净现值取值接近于 37×10^6 美元。即净现值以 10% 的概率可以达到 37×10^6 美元；净现值以 50% 的概率可以达到 25×10^6 美元；以 90% 的概率，净现值可以达到大于 0，而不会小于 0。

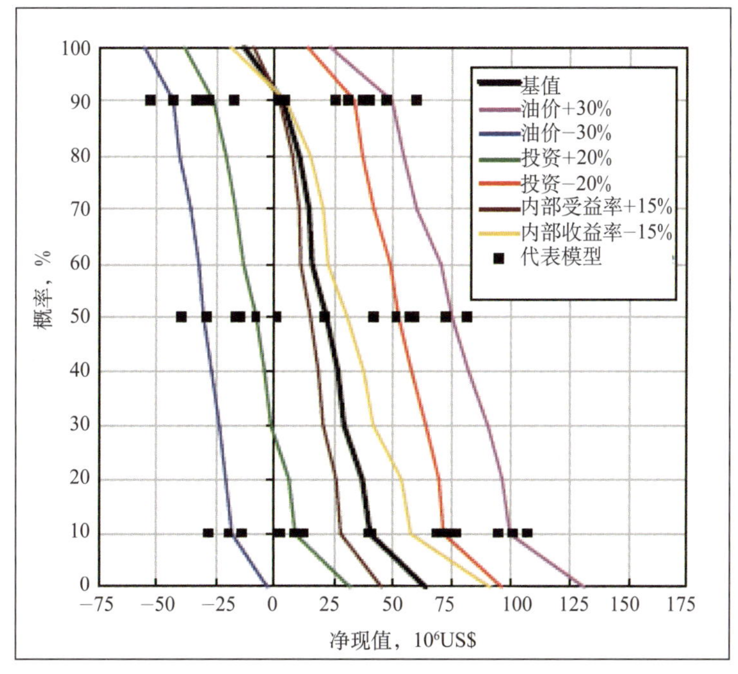

图 7–4 基础经济模型的风险曲线，以及经济不确定性的影响（据 Ligero，2003）

其他线分别代表了原油价格、投资和支出、内部收益率等三个经济不确定性参数的敏感性分析。例如，当原油的价格变动时，获得的净现值就会有相应的变动。其中，紫色的曲线表示的是，当原油价格增加 30% 时，获得的净现值就会增加。这时，净现值以 90% 的概率且达到 50×10^6 美元，或以 50% 的概率达到 75×10^6 美元，或以 10% 的概率达到 100×10^6 美元。也就是说这时石油公司将有不同程度的盈利。

然而当原油价格下降 30% 时，那么获得的净现值就要有明显的下降，也就是有不同程度的亏本。从图 7–4 上可以看出，净现值以 90% 的概率达到 -45×10^6 美元，或以 50% 的概率达到 -30×10^6 美元，或以 10% 的概率达到 -20×10^6 美元。总起来看，当原油价格下降 30% 时净现值都是达到负值，也就是亏本。图 7–4 中，那些黑点是应用于代表性模型的敏感性。

7.2 决策分析原理及其应用

本节研究决策分析的原理及其应用，包括决策树方法原理，在电子表格 EXCEL 中建立决策树模型，以及决策分析系统的流程设计和算法构成。

为了更清楚地阐述决策分析的原理，本节引用了 4 个实例：实例 A，实例 B，实例 C 和实例 D。它们的研究题目分别是化工厂扩大生产能力、光学仪器厂生产照相机的生产方案、录音器材厂扩大生产能力和无线电厂生产收录机的经营目标。引用这些不同实例，可使读者更清楚地认识决策树方法及其应用。

7.2.1 决策树方法原理

7.2.1.1 风险型决策的概述

1）定义

一项决策所产生的后果取决于两方面因素，即除了取决于决策者所选择的行动方案，还取决于决策者无法控制、或无法完全控制的客观因素。前者通常称为决策变量，后者称为自然状态（中国石油天然气总公司计划局，1997）。风险型决策，是决策者根据几种不同自然状态可能发生的概率所进行的决策（李敬松等，1999）。决策者所采用的任何一个行动方案都会遇到一个以上自然状态所引起的不同结果，这些结果出现的机会是用各种自然状态出现的概率来表示的。不论决策者采用何种方案，都要承担一定的风险，所以这种决策属于风险型决策 [15]（Erdogan，M.，et al.，2002）。

决策技术的发展为风险型决策提供了许多行之有效的方法，如期望损益决策法、决策树法、贝叶斯决策法以及马尔科夫决策方法等（郭明亮等，2002）。

2）实例

文献（严武等，1999）叙述了实例 A：有一家化工厂为扩大生产能力，制定了三种扩建方案以供决策：①大型；②中型；③小型。如果采用大型扩建，遇产品销路好可获利 200 万元；销路差可亏损 60 万元。如果采用中型扩建，遇产品销路好可获利 150 万元；销路差可获利 20 万元。如果采用小型扩建，遇产品销路好可获利 100 万元；销路差可获利 60 万元。根据历史资料，预测未来产品销路好状态的概率为 0.7，销路差状态的概率为 0.3。在以上的决策条件之下，试做出最佳扩建方案决策（严武等，1999 年）。该实例的各种决策条件见表 7–3。

表7–3 某化工厂扩建问题决策问题

自然状态 θ		销路好 θ_1		销路差 θ_2	
状态概率 P		0.7	(P_1)	0.3	(P_2)
行动方案	大型扩建 d_1	200	(d_{11})	–60	(d_{12})
	中型扩建 d_2	150	(d_{21})	20	(d_{22})
	小型扩建 d_3	100	(d_{31})	60	(d_{32})

该例是一个典型的风险决策问题。它虽然比较简单，但是说明了各种决策条件和决策结果之间的关系，真实地反映了实践中存在的自然状态、状态概率和行动方案等三者之间的关系。不论选择哪个方案，都要承担一定的风险。在实践中，上述风险决策问题会经常发生。

3）基本要素（郭明亮，2002）

进一步分析上述风险决策问题，可以归纳出下列 5 个基本要素。

（1）存在决策者希望达到的一个（或一个以上）明确的决策目标，如收益较大或损失较小等。

（2）存在着决策者可主动选择的两个以上的行动方案（d_i），即存在两个以上决策变量。

（3）存在两个或两个以上的不以（或不完全以）决策者主观意志为转移的自然状态（θ_j），也即存在着两种以上状态变量。

（4）不同的行动方案在不同的自然状态下的相应损益值 d_{ij}（收益或损失）能够预测出来。

（5）决策者不能肯定在几种不同的自然状态中未来究竟出现那种自然状态。但是各种自然状态出现的可能性（概率 P_j）可以根据有关的资料预先计算或估计出来。概率 P_j 具体可分为主观概率和客观概率。主观概率是由决策者主观判断所确定的某个事件出现的概率。这种概率没有事件的过去或现在的资料作为实证依据，一般是由决策者根据以往的经验，结合当前形势来大致确定的，与决策者的主观意志有密切关系。客观概率是根据事件的过去和现在的资料所确定或计算的某个事件的出现概率。客观概率又分为先验概率和后验概率。前者是根据事件的历史资料来确定的；后者是根据历史资料和现实资料计算获得的。一般来说，主观概率不如客观概率准确可靠，先验概率不如后验概率准确可靠。

7.2.1.2 期望损益决策的基本原理（谢雨平等，1996）

一个决策变量 d 的期望值，就是它在不同自然状态下的损益值（或机会损益值）乘上相对应的发生概率之和，即有式（7–1）：

$$E(d_i)=\sum_{j=1}^{n}p(\theta_j)\cdot d_{ij} \tag{7–1}$$

式中 $E(d_i)$ ——变量 d_i 的期望值；

d_{ij}——变量 d_i 在自然状态 θ_j 下的损益值（或机会损益值）；

$P(\theta_j)$ ——自然状态 θ_j 的发生概率。

决策变量的期望值具体包括如下三类：

(1) 收益期望值，包括利润期望值，产值期望值。

(2) 损失期望值，包括成本期望值，投资期望值等。

(3) 机会期望值，包括机会收益期望值，机会损失期望值等。

每一个行动方案即为一个决策变量，其取值就是每个方案在不同自然状态下的损益值。把每个方案的各损益值和相对应的自然状态概率相乘再求和，得到各方案的期望损益值，然后选择收益期望值最大者，或者损失期望值最小者为最优方案。这种把每个方案的期望值求出来加以比较的方法，即为期望损益值决策准则。

7.2.1.3 决策树方法

对于风险型决策，在整个决策过程中需要做多次决策（Komlosi，2001）。采用决策树法，往往会比其他决策方法更直观、清晰，便于决策人员仔细，缜密、全面地思考问题，相互启发和集体讨论，因而是一种形象化的决策方法，它为科学决策提供了实际可行的一种手段。

决策树法首先要构造决策树模型。在这个过程中，就是把各备选方案及其有关的随机因素（自然状态）有序地、形象地表示成一个树形图（决策树），并利用这一树形结构直观地进行决策分析（Dezen，2001）。多阶段决策一般都可表示成决策树模型，利用决策树模型能够简单明了地将备选方案在不同阶段的情况一步步展开（Begg and other，2001）。

1）决策树结构

树是图论中一种图的形式，因而决策树又叫决策图。它是以方框和圆圈为节点，由直线连接而成的一种树枝形状的结构。具体包括以下几个部分：

(1) 决策节点和方案枝。任何风险型决策，都是决策者从许多备选方案中选择出合理程度最佳的方案。将这一局面用图表示，可绘出如图 7–5 所示形状的决策节点和方案枝。在图中，方框节点叫决策节点，表示在该处必须对行动方案做出选择。由决策点引出若干条直线，每一条直线代表一个备选方案，m 条直线分别表示备选方案 d_1，d_2，…，d_m，称为方案枝。

(2) 状态节点和概率枝。由于在风险型决策中，每一备选方案都有多种可能不同的自然状态，所以也要在图中表示。在各个方案枝的末端画上一个圆圈，叫作状态节点，由状态节点引出若干条直线，每一条代表一种自然状态，几条直线分别表示概率为 P_j（j=1，2，…，n）的几种自然状态，称为概率枝，如图 7–6 所示。

(3) 结束节点。每一概率枝事实上又代表了方案在该状态下的一个结果 d_{ij}。在概率枝末端画个三角，叫结束节点。在结束节点旁边列出不同状态下的收益值或损失值，n 条直线末端分别表示方案在 n 种状态下的损益值，以供决策之用。

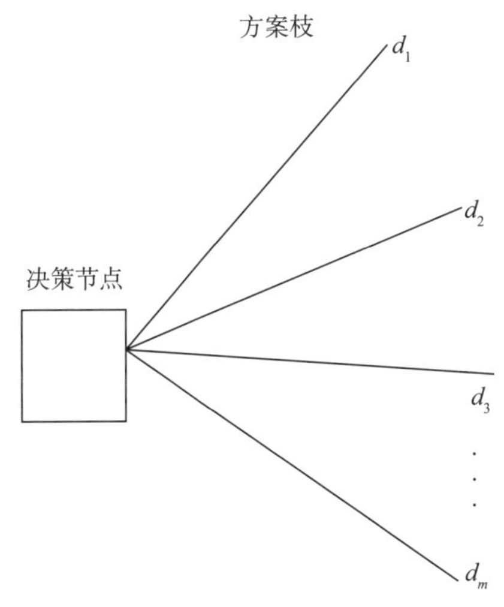

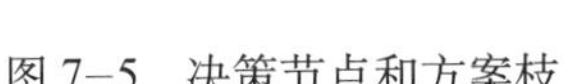
图 7–5　决策节点和方案枝

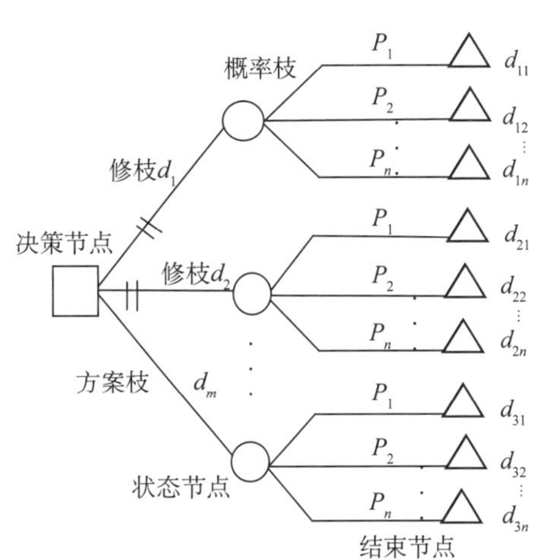

图 7–6　决策树图

一般决策问题具有多个行动方案，每个方案又常常出现多种自然状态，因此决策图形都是由左向右，由简入繁，组成一个树形的网络图（Belke，1995）。

利用决策树进行决策的过程，是由右到左逐步后退进行分析的，称为反推决策树方法（Cruz P. S. and others，1999）。首先根据右端的损益值和概率枝的概率，计算出同一方案不同自然状态下的期望损益值，然后根据不同方案的期望损益值的大小作出选择，选择期望收益值最大（或期望损失值最小）的方案为最佳方案。对落选的方案通常在方案枝上画切割的两道短线“||”，以表示这个方案应当舍弃。最后决策树上只留下一条分枝，即为决策树中的最优方案。

2）单级决策

一个决策问题，如果只需要进行一次决策就可以选出最优方案，达到决策目的，这种决策叫做单级决策。单级决策树是指包括一个决策结点即只包括一级决策的决策树。应用单级决策树模型做决策分析简单迅速，是解决单级决策问题的有效方法之一（Simpson，2002）。下面举例加以说明。

实例 B（严武等，1999）中，某光学仪器厂生产照相机，现有两种生产方案可供选择。一种方案是继续生产原有的全手动型老产品，另一种方案是生产自动曝光型新产品。据分析测算，如果市场需求量大，生产老产品可获利 30 万元，生产新产品则可获利 50 万元。如果市场需求量小，生产老产品人可获利 10 万元，生产新产品则将亏损 5 万元（以上均指一年的情况），如图 7–7 所示。另据市场分析知，市场需求量大的概率为 0.8，需求量小的概率为 0.2。试分析和确定哪一种生产方案可使企业年度获利最多。为此，需要完成如下三个步骤：

（1）画出决策树。

（2）计算各点的期望损益值。期望损益值的计算从右向左进行。

节点②：30×0.8+10×0.2=26（万元）

节点③：50×0.8+（−5）×0.2=39（万元）

决策节点的期望损益值为：max{26，39}=39（万元）。

（3）剪枝。决策节点的剪枝从左向右进行。因为决策节点 1 的期望损益值为 39 万元，为生产新产品方案的期望损益值，因此剪掉生产老产品这一方案分枝，保留生产新产品的方案分枝。由此可知，合理的决策方案为生产新产品。

因此，上述两种生产方案选择的单级决策的过程如图 7−7 所示。

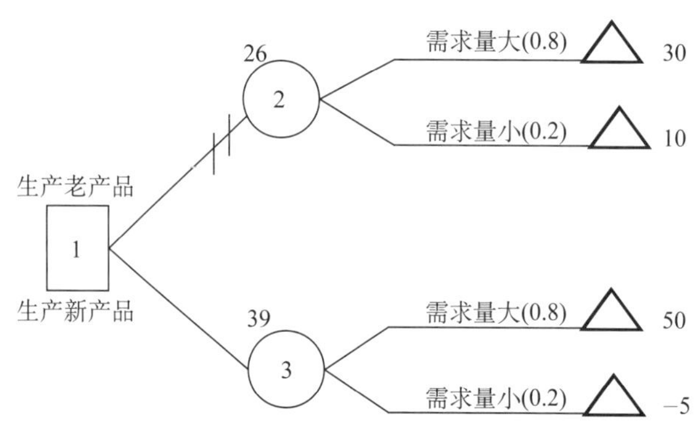

图 7−7　单级决策树图

3）多级决策

对于一个决策问题，如果需要进行两次或两次以上的决策，才能选出最优方案，达到决策目的，这种决策称为多级决策（Fletcher and others，2002）。多级决策树实际上是单级决策的复合，即把第一阶段决策树（单级决策树）的每一个末梢作为下一个决策树（下一单级决策树）的根部，再下一阶段依次类推，从而形成枝繁叶茂的多阶段即多级决策树（Navaganan K.and others，2003）。应用以多级决策树为手段的决策树模型做决策分析，也有画决策树、计算期望损益值和剪枝三个步骤，但不是在第一阶段走完三步之后再进行下一阶段，而是从左到右完成所有的第一步画决策树图之后，从右向左完成所有的期望损益值的计算，最后再从左向右对决策点逐个剪枝。多级决策树模型常用来解决多层次的复杂的决策问题（Coopersmith E. and others，2003）。下面举例加以说明。

实例 C（严武等，1999）中，某录音器材厂为了适应市场的需要，准备扩大生产能力，有两种方案可供选择。第一方案为建大厂，第二方案是先建小厂，后考虑扩建。如建大厂，需要投资 700 万元，在市场销路好时，每年收益 210 万元，销路差时，每年亏损 40 万元。在第二方案中，先建小厂，如销路好，三年后进行扩建。建小厂的投资为 300 万元，在市场销路好时，每年收益 90 万元，销路差时，每年收益 60 万元。如果三年后扩建，扩建投资为 400 万元，收益情况同第一方案一致。未来市场销路好的概率为 0.9，销路差的概率为 0.1。无论选用何种方案，使用期均为 10 年。试做出最佳扩建方案决策。这个过程需要完成如下的三个步骤。

（1）根据已知数据画出决策树图（如图 7−8 所示）。

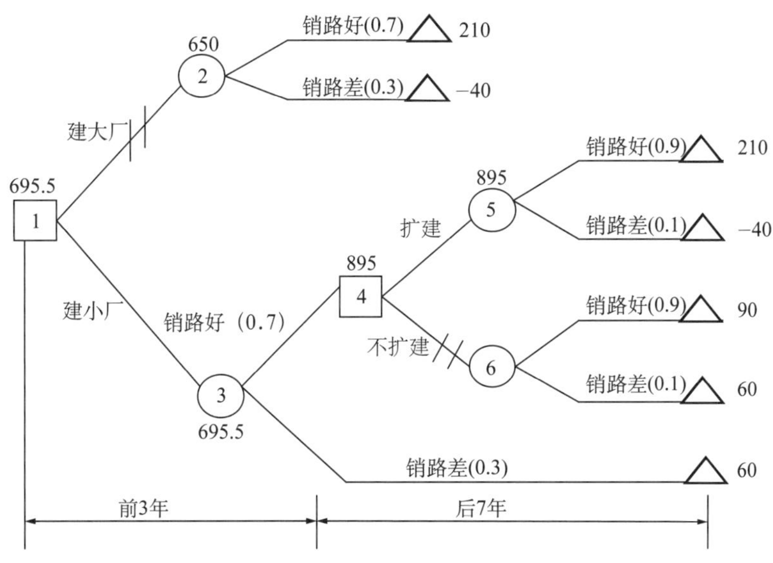

图 7–8　多级决策树

(2) 计算期望损益值。期望损益值的计算从右向左进行。

节点②：0.7×210×10+0.3×（−40）×10−700=650（万元）

节点⑤：0.9×210×10+0.1×（−40）×7−400=895（万元）

节点⑥：0.9×90×7+0.1×60×7=609（万元）

决策节点 4 的期望损益值为：max[895，609]=895（万元）

节点③：0.7×（90×3+895）+0.3×60×10−300=695.5（万元）

决策节点 1 的期望损益值为：max[650，695.5]=695.5（万元）。

(3) 剪枝。各决策结点的剪枝从左向右进行。

决策节点 1 上的期望损益值为 695.5 万元，为建小厂而后扩建方案的期望损益值，因此，剪掉建大厂的方案分枝。于是，可以得出结论：该厂采取第二方案为最佳。

文献（严武等，1999）给出了另外一个例子：实例 D。某无线电厂主要生产收录机，由于工艺水平低、产品成本高、质量差，在市场上没有竞争能力。现在该厂有关人员在编制五年计划时对几项工艺加以改造，使用新工艺以便降低产品成本、提高产品质量、增强竞争能力、获得较多利润。为在未来五年内达到这个经营目标，拟定了两个方案：一是自行研究和改造，这样需要投资 25 万元，成功的可能性是 0.6；二是与生产名牌产品的厂家联合，不仅购买专利，而且购买名牌产品的商标，这样共需投资 650 万元，联合谈判成功的可能性是 0.7。无论自行研究改造成功或谈判成功，产量规模上都将考虑两种方案：一是维持原产量不变；二是增加产量。自行研究改造成功，增加产量另需投资 50 万元；联合成功，增加产量另需投资 100 万元。如果自行研究改造和联合谈判均失败，则近年内只能维持原状，按原工艺原产量生产。

根据市场调查和预测，估计在联合成功的情况下，产品售价高的可能性是 0.8，售价中等可能性是 0.2，售价低可能性是 0；而在其他情况下，产品售价高可能性是 0.4，售价中等可能性是 0.5，售价低的可能性是 0.1。通过测算，得到各方案在不同价格状态下的年度损益值，见表 7–4 和表 7–5。

表7–4　某无线电厂产品的利润或亏损表

自然状态				售价高	售价中等	售价低
状态概率				0.4	0.5	0.1
行动方案	按原工艺原产量生产		损益值，万元	100	0	–100
	自行研究改造成功	产量不变		200	100	–150
		产量增加		400	50	–200

表7–5　某无线电厂收益表

自然状态			售价高	售价中等	售价低
状态概率			0.8	0.2	0.0
（联合成功）行动方案	产量不变	损益值，万元	400	300	200
	产量增加		600	500	400

问：企业采取哪个方案好?

解：（1）根据已知资料，画出决策图如图 7–9 所示。

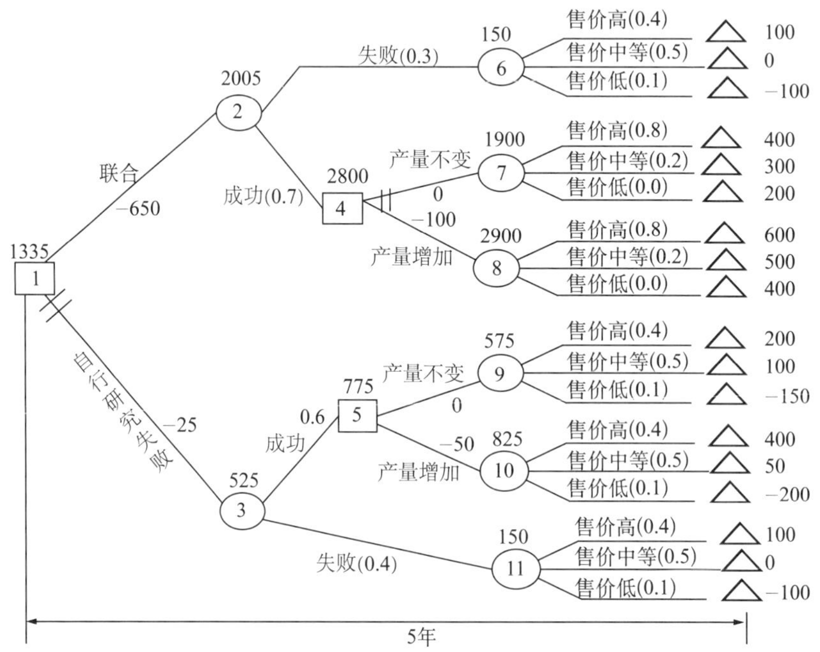

图 7–9　决策树方法

（2）计算期望损益值。

节点⑥：[0.4×100+0.5×0+0.1×（−100）]×5=150（万元）

节点⑦：[0.8×400+0.2×300+0×200]×5=1900（万元）

节点⑧：[0.8×600+0.2×500+0×400]×5=2900（万元）

节点⑨：[0.4×200+0.5×100+0.1×（−150）]×5=575（万元）

节点⑩：[0.4×400+0.5×50+0.1×（−200）]×5=825（万元）

节点⑪：[0.4×100+0.5×0+0.1×（−100）]×5=150（万元）

决策节点[4]：max{（1900−0），（2900−100）}=2800（万元）

决策节点[5]：max{（570−0），（825−50）}=775（万元）

节点 2：0.3×150+0.7×2800=2005（万元）

节点 3：0.6×775+0.4×150=525（万元）

决策节点[1]：max{（2005−650），（525−25）}=1355（万元）

（3）决策。因为决策结点[1]上的期望损益值为 1355 万元，为联合这一方案的期望损益值，所以剪掉自行研究改造这一方案分枝，而且这一方案分枝以后的决策点[5]不再考虑。

在保留的联合这一方案分枝后，有决策节点[4]。因为决策节点[4]上的期望损益值为 2800 万元，为增加产量这一方案分枝的期望损益值，因此剪掉产量不变这一方案分枝。

于是，企业可以决定采取与名牌产品生产厂家联合并且扩大生产规模这一综合方案。

7.2.1.4 敏感性分析

为了能更清楚地讨论敏感性分析的原理和意义，继续举例加以说明。

接着上述实例 A 中的化工厂扩大生产能力的例子继续分析，在表 7−3 中，当产品销路好（θ_1）的概率为 0.7，销路差（θ_2）的概率为 0.3 时，计算各方案的期望收益值：

大型扩建：E（d_1）=0.7×200+0.4×（−60）=122（万元）

中型扩建：E（d_2）=0.7×150+0.4×20=111（万元）

小型扩建：E（d_3）=0.7×100+0.4×60=88（万元）

根据计算结果，最优决策方案应为大型扩建方案 d_1，其期望利润最大为 122 万元。

但如果自然状态的概率发生了变化，最优决策方案是否会随之改变呢？具体又如何变化呢？下面通过实验来测定自然状态概率的变化对最优决策方案选择的影响。

假定销路好（θ_1）的概率为 0.65，销路差（θ_2）的概率为 0.35（见表 7−6），试确定最优决策方案。

计算各方案的期望收益值：

E（d_1）=0.65×200+0.35×（−60）=109（万元）

E（d_2）=0.65×150+0.35×20=104.5（万元）

E（d_3）=0.65×100+0.35×60=86（万元）

由计算可知，在新的自然状态概率值下，大型扩建 d_1 仍是最佳决策方案，其期望收益值为 109 万元。

如果销路好的概率由0.65变化到0.6，销路差的概率由0.35变化到0.4（见表7–7），情况又会怎样呢？

表7–6　某化工厂扩建项目损益值表

自然状态			销路好（θ_1）	销路差（θ_2）
状态概率			0.65	0.35
行动方案	d_1 大型扩建	损益值，万元	200	–60
	d_2 中型扩建		150	20
	d_3 小型扩建		100	60

表7–7　某化工厂扩建问题损益值表

自然状态			销路好（θ_1）	销路差（θ_2）
状态概率			0.6	0.4
行动方案	d_1 大型扩建	损益值，万元	200	–60
	d_2 中型扩建		150	20
	d_3 小型扩建		100	60

计算各方案的期望收益值：

$E(d_1)=0.6\times200+0.4\times(-60)=96$（万元）

$E(d_2)=0.6\times150+0.4\times20=98$（万元）

$E(d_3)=0.6\times100+0.4\times60=84$（万元）

现在，情况发生了变化，在 $P(\theta_1)=0.6$，$P(\theta_2)=0.4$ 的概率条件下，d_2 是最佳决策方案，而 d_1 不再是最佳的决策方案了。这就说明了最佳决策方案与自然状态的概率有关，当自然状态概率渐进到一定程度，原来的最佳方案可能被新的最佳方案所替代。

令 P 代表销路好的概率，则 $(1-P)$ 代表销路差的概率，计算这三个方案的期望收益值：

$E(d_1)=P\times200+(1-P)\times(-60)=260P-60$；

$E(d_2)=P\times150+(1-P)\times20=130P+20$；

$E(d_3)=P\times100+(1-P)\times60=40P+60$。

这样，就将三个决策方案化为以自然状态 θ_1 的概率 P 表示的期望值函数，将其作在坐标图上，得到三条直线（如图7–10所示）。

在直线 $E(d_2)$ 和 $E(d_3)$ 相交处，决策方案 d_2 和 d_3 的期望值相等，因而令 $E(d_2)$ 和 $E(d_3)$ 相等，可求出相交处的 P 值。

由 $130P+20=40P+60$ 得：$90P=40$，所以 $P=0.44$。

观察图7–10可以发现当 $P<0.44$ 时，决策方案 d_3 的期望值最大，因此，d_3 为最佳决

策方案。

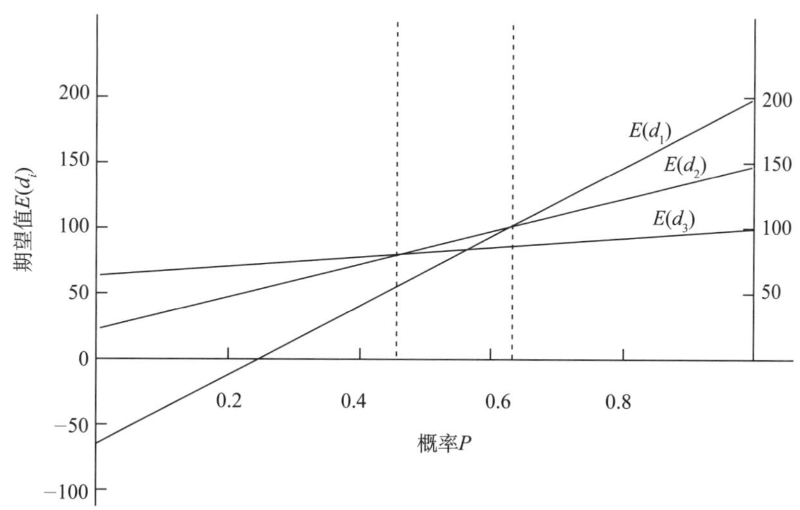

图 7−10　P 为自变量的期望值函数图

令 $E(d_1)$ 等于 $E(d_2)$，可求出直线 $E(d_1)$ 和 $E(d_2)$ 相交处的 P 值。

由 $260P-60=130P+20$　得 $130P=80$　所以，$P=0.62$

观察图 7−10，可知，当 $P>0.62$ 时，决策方案 d_1 的期望值最大，由此，d_1 为最佳决策方案。

综上所述，可得如下结论：

（1）当 $P<0.44$ 时，d_3 为最佳决策方案。

（2）当 $0.44<P<0.62$ 时，d_2 为最佳决策方案。

（3）当 $P>0.62$ 时，d_1 为最佳决策方案。

以上分析了自然状态的概率变化对最优决策或最优方案的选择的影响，这种分析亦即敏感性分析。若最优方案对自然状态概率变动的反应不敏感，这样决策可靠性就大，决策错误的风险就小。因此，在实际工作中，我们需要把概率值、损益值等在可能发生的范围内作若干次不同的变动，重复进行多次计算，借以观察期望损益值是否相差很大，是否影响最佳方案的选择。如果自然状态概率稍加变动，而最优方案保持不变，则这个方案是比较稳定的，决策可靠性大。反之，这个方案就是不稳定的，即灵敏度高，决策可靠性小，需进一步分析，加以改进。

7.2.2　利用 Excel 建立决策树模型

即利用实用的 Excel 系统的计算和分析能力，并在其环境内利用 VBA 语言进行二次开发建立一个决策分析系统。该系统以决策树方法为基础，在人所熟悉的环境下建立直观的决策树模型，使决策人员可以方便地对所面临的决策问题进行分析，找出最优决策。

该决策分析系统主要由 4 个部分构成：决策树图形绘制、决策树数值计算、决策分析、敏感性分析。

7.2.2.1 决策分析系统概述

1）决策分析系统的特点

这里研究的决策分析系统的第一个特点是直观易学。因为建立的决策树模型完全以树的形态呈现给用户。这是因为决策树图形能够按时间顺序详细地描述事件，所以决策分析系统能够让用户很直观地看清各节点之间的关系。

决策分析系统的第二个特点是充分地与电子数据表 Excel 模型结合（王家华，2004）。Excel 是 Office 的重要组件之一，是一个功能强大的中文电子制表软件，主要用于电子表格方面的各种应用。由于它操作方便、功能强大，自从问世以来，微软公司不断地完善其功能，长久以来已经被广大用户所熟悉。在人们熟悉的环境中，利用 VBA 开发出的决策分析系统使用户容易接受，更容易生成报表等。

决策系统的第三个特点是便于操作。决策树的构建过程符合人们的思维过程。用户只要根据实际的备选方案和所面临的自然状态确定分枝的数目，把各备选方案的投入值和各种自然状态的收益或损失值、以及各种自然情况出现的概率输入到决策树的相应位置上，该决策系统就会将各节点的期望值和每条决策路线的损益值和概率计算出来。

决策分析系统的第四个特点是当决策树模型变化时决策分析的结果就自动更新。无论用户对决策树模型作了多么细微地改动，决策分析系统会马上自动地根据新的决策树模型，重新进行计算分析，并立即输出结果。

2）决策系统主要部分的概述

（1）决策树图形的绘制。图形显示部分就是按照使用者输入的参数绘制出决策树模型。该模型完全按照所面临的备选方案和自然状态进行分枝。其中的功能包括用户可增减节点和分枝，修改节点和分支的名字以及填充更改节点的期望值和概率值等。这部分面对是的用户。

（2）决策树数值的计算。这部分的功能主要根据用户建立的决策树模型构建一个与之一一对应的逻辑树，该逻辑树记录节点和分枝的所有信息。系统依据用户对决策树的操作，对逻辑树做相应的操作，包括计算各个结点的期望值，对于结束节点还要计算该结果出现的概率，而对于方案分枝要给出取舍建议。

（3）决策分析部分。决策分析部分的功能是在完成决策模型的构建之后，继续进行深入分析，系统会依据用户的要求，产生剪枝图、统计报表、柱状图、积累图和散点图。剪枝图是系统根据用户的目标（高收益或低风险等）对决策树模型进行修剪，把最佳的决策路径显示出来。提供给用户一个清晰的决策

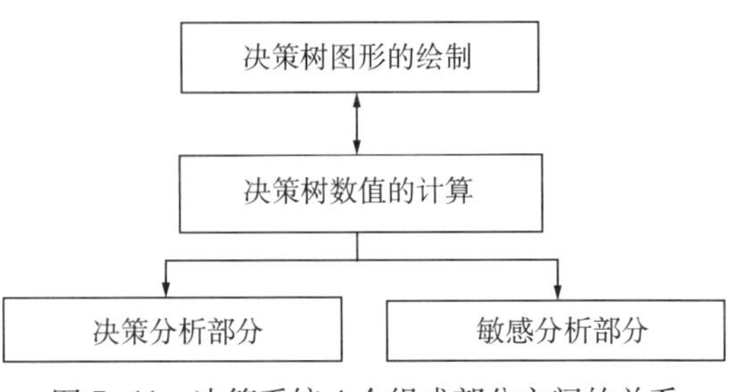

图 7-11 决策系统 4 个组成部分之间的关系

建议。

(4) 敏感分析部分。是对决策方案的进一步研究，观察该决策方案是否稳定。当决策树中的一个变量发生变动时，对最优方案或最优方案的选择影响。这一部分会给出变化变量与观察量之间的关系线图。

上述四个部分之间的关系可用如图 7–11 所示。

7.2.2.2　决策树图形的绘制

以图 7–12 为例，绘制的图形包括节点（方形、圆形和三角形三种）、分枝（两条直线和方框组成）、它们的名称、损益值（分枝下面的黑色数值）、期望值（节点右侧的彩色字迹）等。

下面详述决策分析系统中决策树的各个组成部分。

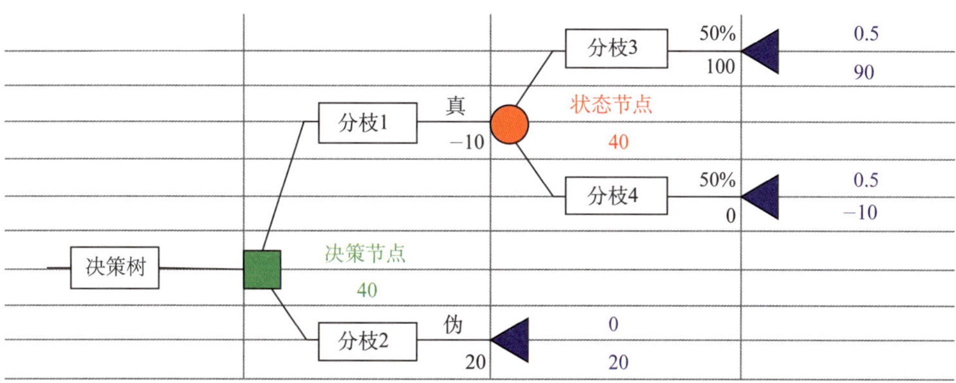

图 7–12　决策系统生成的简单树形图

1）节点

节点分为三种类型：决策节点、状态节点和节束节点。

(1) 决策节点。决策节点表示在该处必须对各行动方案做出决策，在本系统中用一个绿色的方框代表，如图 7–13 (a) 所示。每个决策节点占两个单元格，所占用的上面那个单元格标注着决策的名称，系统会在生成决策节点时给一个默认的名称，用户可自己更改。下面的单元格标注着该决策节点的期望损益值，这个值是系统根据决策节点期望值的计算方法计算出来的，不需要用户填写，系统会根据决策树的改变及时更改这个值。决策节点的期望损益值等于它的子节点中最大的期望值。系统用绿色字迹标注决策节点的名称和期望值。

(2) 状态节点。在风险型决策中，每个备选方案都有多种可能不同的自然状态，就表示为状态节点。在本系统中，用红色的圆圈代表这种节点，如图 7–13 (b)。它也占用两个单元格，上面的单元格标注状态节点的名称，与决策节点一样，节点的名称用户可根据自己的要求更改；下面的单元格标注期望损益值，这个值也是系统计算出来的，不需用户填写。状态节点的期望损益值等于它子节点的期望值与各自出现概率乘积的和。系统用红色字标注状态节点的名称和期望值。

（3）结束节点。这种节点代表了在某个决策方案的某种状态下的一个结果，用蓝色的三角形代表，如图 7-13 所示。它也占用两个单元格，上面单元格标注着这种结果出现的概率，这个值等于它的父概率枝的概率值乘积；下面的单元格是这种结果的最终损益值，它等于该种决策路径投入值和收入值的和。结束节点右侧的两个值不需要用户填写，是系统计算后输出来的。这两个值用蓝色字迹标注。

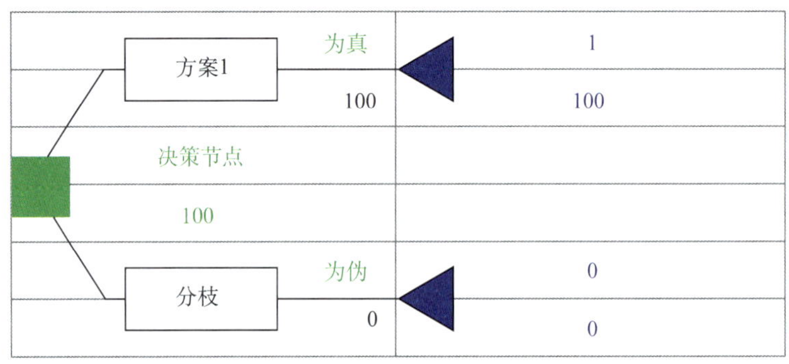

（a）决策节点、方案枝和结束节点

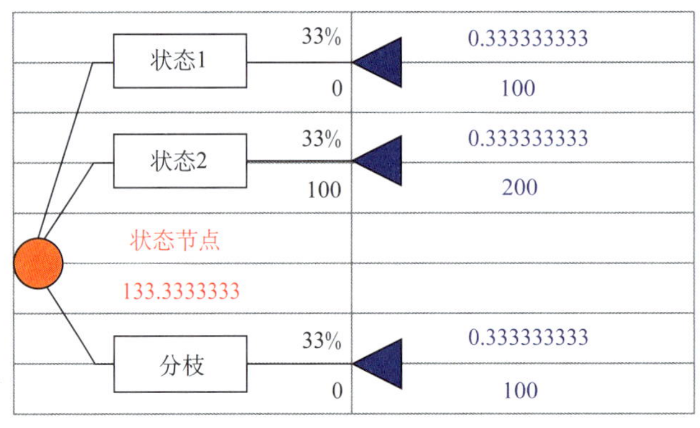

（b）状态节点、概率枝和结束节点

图 7-13　决策分析系统的各种节点

2）决策分析系统中的分枝

决策分析系统中的分枝分为方案枝和概率枝两类。下面分别讲解这两种分枝。

（1）方案枝。是由决策节点引出的若干条直线，每一条直线代表一个备选方案。在本系统中，方案枝的上方单元格用绿色字迹标注着“为真”或“为伪”，表示该方案是否可选。这个值是系统根据用户设定的目标计算出来的，不需要用户填写。在下面的单元格中用黑色字迹标注的数据，代表采用此种方案的投入值，这个值是由用户输入的。方案枝上的标签是这个方案的名称，系统会给出默认的名称，用户可以更改。如图 7-13（a）所示。

（2）概率枝。是由状态节点引出的若干条直线，每一条直线代表一种自然状态。在本系统中，概率枝上面的单元格中的数值用黑色字迹标注，代表此种状态出现的概率，这是根据调查或历史数据由用户输入的；下面单元格中的数据也是用黑色字迹标注的，代表在此种状态下造成的损失值或获得的收益值，这个值是由用户根据实际情况输入的。如图7–13（b）所示。

3）决策树的绘制过程

决策分析系统是按照从左向右逐级生成的顺序绘制决策树的。树的最左端是根节点，最右端是叶子节点。后面的讲述关于节点结构体概念时将会表明，在决策分析系统中是把节点和一条分枝组合在一起的。所以每次绘制完整的节点时，不仅应绘制节点本身，还包括它的分枝。但这条分枝并不是它的下一级分枝，而是它的双亲节点发出的分枝，如图7–14所示。有的分枝末端并不是结束节点，这是在继续绘制下级分枝时，改变这级原来节点的类型后而重新绘制的。

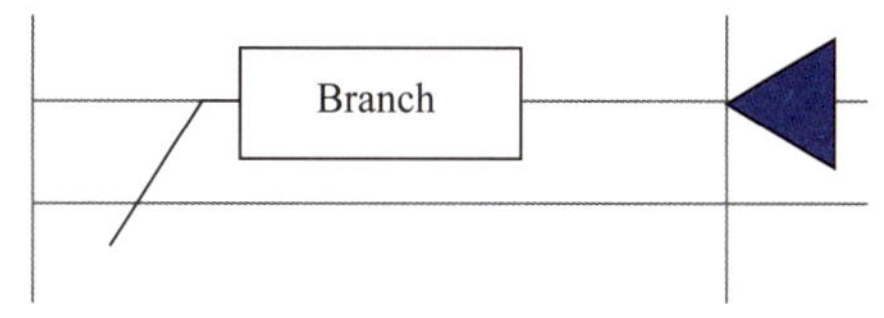

图7–14 每次绘制的完整节点

决策分析系统首先绘制的是根节点。用户点击工具栏上的“开始树”按钮，然后点击工作表的任意位置，就会显示出根节点。系统把根节点的类型设定为结束节点，用户在继续绘制节点时会改变这个节点的类型。根节点左边的标签中是整棵决策树的名称。如图7–15所示。

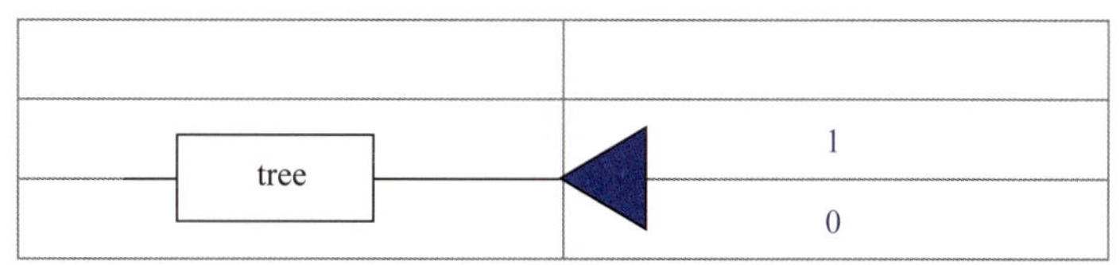

图7–15 根节点

点击根节点左边的标签，会立即弹出对话框，如图7–16所示。这个对话框是用来设置决策树的名称、效用函数等其他参数。在这里是对决策树整体的设置。同时用户还可以在这里删除整棵决策树。

点击根节点，同样会跳出一个对话框如图7–17所示。这个对话框是用来设置节点信息的。在这里可以选择节点类型，更改节点名称，设置下级分枝的数目。设置好参数后，点击确定按钮，会继续向右生成决策树，如图7–18所示。

在图中显示的是单级决策树，有一个决策节点，只需做一次决策就可以选出最优方案。点击图中的任意一个节点，都会弹出如图7–17所示的对话框。如果点击的是图7–18中的“决策节点1”弹出来的对话框，那么用户可以重新选择节点的类型，或更改节点分枝的数目和节点的名称，如图7–19所示。图中显示的决策树是把图7–18中的决策节点

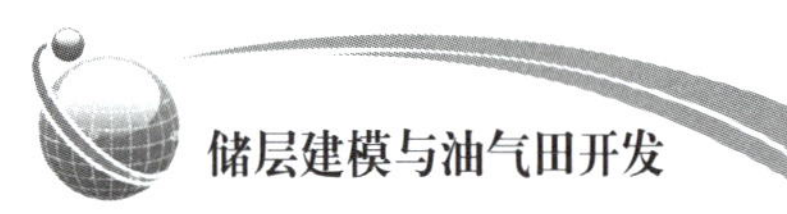

改为机会节点，分枝数增加为 3 条后的决策树图形。用户还可以利用图 7–18 中的对话框进行删除操作。只要不是点击结束节点弹出来的对话框，用户就可以删除该节点的所有子孙节点，而该节点变成结束结点。

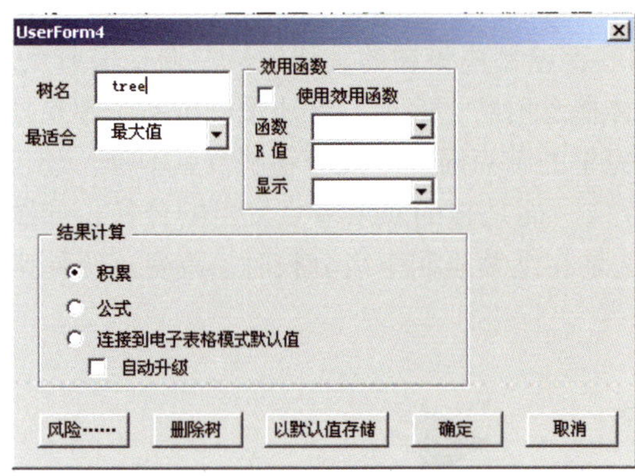

图 7–16　设置决策树的对话框

图 7–17　设置节点的对话框

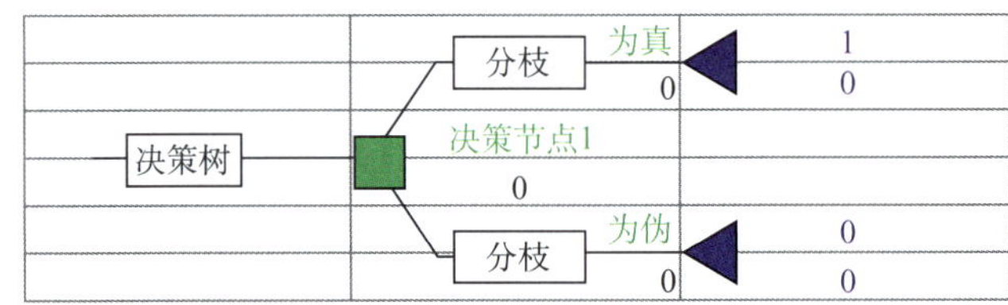

图 7–18　系统生成的单级决策树

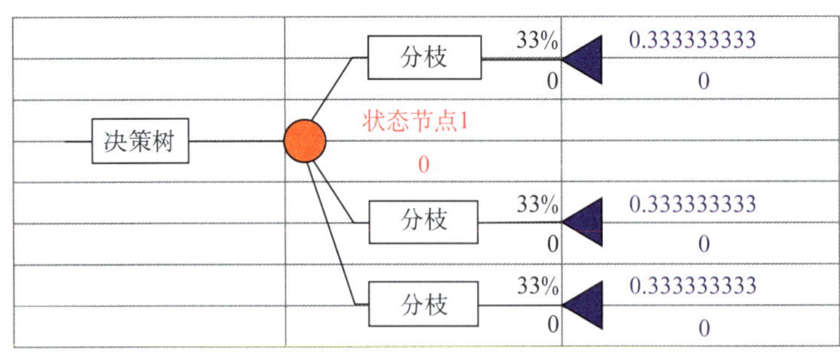

图 7–19　由图 7–18 改变来的决策树

如果点击的是图 7–18 中结束节点后弹出对话框，可以继续设置节点的属性，生成下一级节点，例如可生成如图 7–20 所示的决策树。

点击分枝的任何部位，都会跳出对话框，如图 7–21 所示。该图中的对话框是对决策树的分枝进行设置的。这里可以更改分枝的名称，也可以删除这条分枝和它所有的后继节点。

这样用户就可以根据需要逐级地绘制决策树，直到全部绘制完为止。

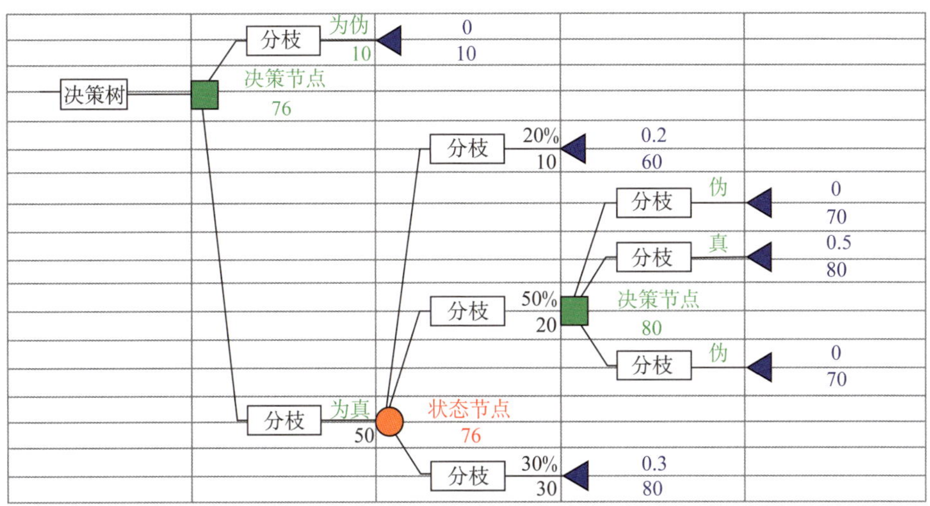

图 7–20 系统生成的单级决策树

图 7–21 设置分枝的对话框

7.2.2.3 决策树的计算部分

这一部分主要是：计算决策节点和状态节点的期望值，计算结束节点的损益值和概率。当用户改变决策树或重新输入值时，系统要马上刷新决策树上各个节点的值。

该决策系统的核心部分就是建立一棵概念逻辑树，这棵逻辑树与所显示的决策树图形是一一对应的关系。用户对决策树图形所作的任何操作都及时地反映在这棵概念逻辑树上，它记录着决策树的全部信息，例如节点与节点的关系、节点与分枝的关系、节点的类型和位置等；而系统在对决策树模型进行计算、分析时，操作的对象是逻辑树，计算分析的节果都显示在决策树上。它们之间的关系可用图 7–22 表示。

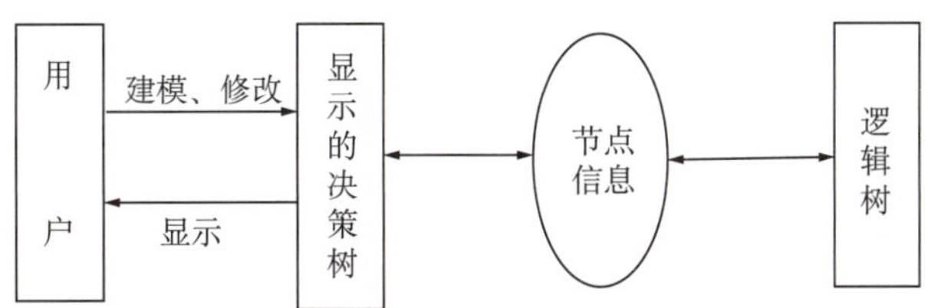

图 7–22 用户、决策树和逻辑树之间的逻辑关系

下面叙述决策树分枝的结构体的定义，并可以看出采用的链式结构来存储并建立节点的自定义结构体。

```
Type branch
    line1 As String                 / 分枝的第一条线段
    line2 As String                 / 分枝的第二条线段
    rect As String                  / 分枝的标签
    nodename As String              / 决策方案或自然状态的名字
End Type
```

下面则是节点的结构体的定义。

```
Type Node
    jdname As String                / 节点在程序中的变量名
    fz As branch                    / 节点所在的分枝
    jdtype As Integer                   / 节点的类型，状态节点类型值为 1，决
                                        / 策节点为 2，结束节点为 3
    row As Integer                  / 节点所在单元格的行号
    column As Integer               / 节点所在单元格的列号
    fznumber As Integer             / 节点的分枝数目，即节点的度
    updata As Variant               / 节点右侧上方的数据
    downdata As Double              / 节点右侧下方的数据
    jdrate As Integer               / 节点的层次
    parent As Integer               / 当前节点的父节点的序号
    children As Integer             / 当前节点的第一个子节点的序号
    brother As Integer              / 当前节点的下一个兄弟节点的序号
    upcell As Variant               / 当前节点左侧上方的数据
    downcell As Variant             / 当前节点左侧下方的数据
End Type
```

用户在绘制决策树的过程中，整个系统也在逐步地建立逻辑树与之对应。逻辑树记录着决策树的所有信息和关系，以供该系统计算和处理时的需要。决策树把逻辑树的内容反映给用户，以供用户观察和操作。

7.2.2.4　决策分析部分

决策分析的一部分功能是用户在完成决策模型的构建之后，再继续进行深入地分析，系统会依据用户的要求，产生剪枝图、统计报表、柱状图、积累图和散点图。

如图 7–20 所示的决策树，点击工具栏上的按钮，则会弹出一个对话框（如图 7–23 所示）用来设置所产生的结果。例如可以选择放置结果的位置（是在新的工作簿中还是当前工作簿中）和结果的类型等（仅考虑最佳决策还是所有的结果）。

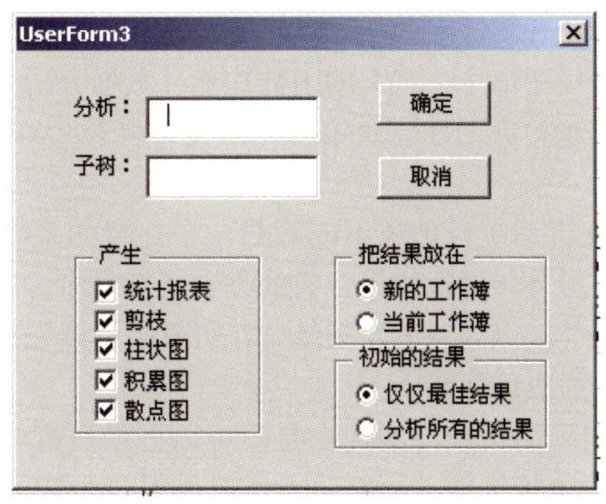

图 7–23 决策分析对话框

针对图 7–20 中的决策树，系统给出的最佳结果的剪枝图，如图 7–24 所示。这个剪枝图就是系统给出的最佳决策方案，系统是根据最大期望值给出这个决策建议的。

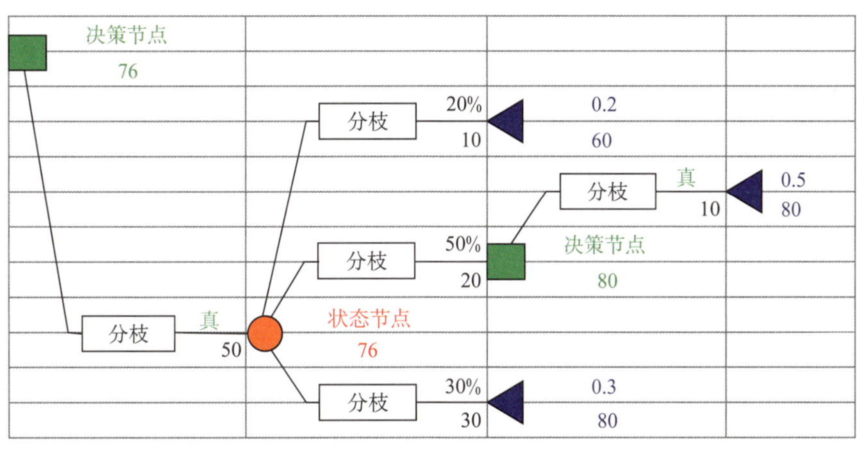

图 7–24 最佳结果的剪枝图

7.2.3 小结

首先，本节系统地阐述了风险型决策理论的基本框架，包括风险型决策的概念、要素和期望损益决策的原理。接着，详细地论述了决策树的基本概念和各个组成部分，并着重讨论了决策树法的优点，同时采用了几个典型的案例阐明决策树分析方法的决策过程和敏感分析的原理、意义。决策树的非线性、有层次的特点符合数据结构中的树型结构。

本节通过国内文献提供的 4 个实例的剖析，可使读者对决策分析方法有一个最基本的了解。从这些非常有限的认识中，不难看出借助决策树的可视化方法所展示的各种决策模型及其相互比较，为人们的决策提供了明确的指示和有益的启发。

本节还阐述了在Excel环境下利用VBA进行二次开发，即结合Excel为用户提供的丰富的表制作工具、菜单程序命令、强大的函数功能、数据分析处理功能，以及漂亮美观的图表制作功能，采用决策树方法建立决策分析系统，利用Excel的工作表进行高级建模和决策分析。

这里所涉及的决策分析系统目前还不能算是一个完善的系统。敏感分析部分尚未完成，有待以后继续开发。另外，进行决策分析的方法还有很多，如贝叶斯决策法、马尔可夫决策法和蒙特卡洛方法等。以这些方法为基础，可以继续开发决策分析系统，使决策分析系统适合分析更多类型的决策问题。

决策树方法的一个明显而又难得的优点是，可以记录决策全过程的各种模型、数据与决策的根据。保留这些决策细节，可对决策实施结果进行相互对照，以提供进一步的经验。

整个决策分析的最为重要的一个环节，就是建立的决策模型应该尽可能地仔细、全面和完善。明显该考虑的决策因素决不能遗漏。这里就存在一个经验多少的问题，这就需要依靠集体智慧和历史沉淀使决策模型尽可能地完美。

7.3 风险分析原理及其应用

7.3.1 风险分析方法的组成

这里研究的风险分析系统的理论基础是蒙特卡罗方法、派生树方法及其敏感性分析。

7.3.1.1 风险概述

1）风险的含义

什么是风险？对于风险含义目前理论界认识上是不一致的。一种认识认为“风险，即不确定性”，“可以认为是投资决策的实际结局可能偏离它的期望结局的程度”。认为投资风险就是“投资未来收益的不确定性”。

多数学者认为，风险与不确定性有所区别。西方微观经济学认为“风险是某一特定行为的所有可能性结果和每一种结果发生的可能性”。

不确定性分析只是对最基础数据的分析，而主要不是对项目总量的分析。其重点是进行临界点或“开关点”分析，即从正向到反向的变化点分析。然而，风险分析则主要是对边际效益项目进行“不被接受的概率分析”。

可以认为对风险认识有两种解释：

(1) 广义地说“不确定性即风险”。不确定性与风险都是对“确定性”相对而言。因此，所有项目都存在风险，风险不存在“有无”，只是大小和程度问题，绝不能把可行性研究简单化和理想化（李玉琦，1998）。

(2) 狭义地说，不确定性是指“不能肯定一定发生某种结果，而其发生概率是未知的”。风险则是指“不能肯定一定发生某种结果，而其发生概率是已知的或被认定的”。所以风险是不确定性的一种，是一个事物随机变量即事物变化的可能性与结果，也即是导致项目遭受损失或失败的可能性。在投资项目中，风险是期望收益率与实际收益率的差距，是造成损失的可能性；是工程现金流量低于期望的可能性；是导致建设部分或完全失败的可能性（李玉琦，1998）。

因此，风险是项目外部“成本”，即项目一种“损失或代价”。风险总是呈“负面”，在进行项目可行性研究时，必须考虑风险的这个特点。

2）风险的特征

归纳起来，风险有如下特征：

(1) 风险来自项目外部，即外部环境与条件，而主要不是内部。

(2) 风险是事前人为无法控制的因素，若能够有效控制或防范，则不在风险分析之列。

(3) 风险具有明显的不确定性，且多数情况下随机变量的分布具有规律。

(4) 风险是可认识的，而不是“不可知论”，随着技术进步，人们的认识逐渐接近客观实际。

(5) 风险是客观的，但是可以加以分散转移、规避和防范。

(6) 风险具有层次性，即存在主要、次要、阶段性、行业性等特点为，具体问题具体分析，不能一概而论。

(7) 风险总是与回报相联系。风险低，回报也低；风险高，回报也高。因此风险有“激励”作用，它激励人们不断克服和战胜风险取得事业的成功；如果一味惧怕风险，畏首畏尾无所作为，将停步不前，一事无成。所以必须识别风险，重视风险，防范风险，科学决策，走向成功。

根据以上风险特征和风险分析项目具体特点，去识别风险因素，并对风险因素进行定性和定量分析，研究概率分布规律，规范风险约束机制，提出加强风险管理的有力措施。这些工作内容构成了风险分析的主体。

人们通常认为，风险是遭至坏结果的可能性。这种理解从一定角度讲是正确可取的。但它并不全面。一个比较全面的定义是：风险是可能出现的结果的任何不确定性。也就是说，即便是好的方向的可能性也可以认为是一种风险（张华，1999）。

风险是指由于一些不确定性因素的存在，导致项目实施后偏离预期结果而造成损失的可能性。风险分析则识别风险因素、描述项目结果的各种可能性以及各个风险因素对结果的影响大小，最终为决策者提供有价值的参考，以及为此形成的各种技术和方法。风险因素识别是风险分析的第一步，只有先把项目风险因素全面提示出来，才能进一步通过风险评估确定风险发生的可能性，判别风险程度，进而找出关键风险因素，提出规避风险对策，降低风险损失。

3）风险因素识别

风险因素的识别应重点考虑以下四方面的内容：

（1）具有不确定性和可能造成损失是风险因素的基本特征，要从这个基本特征入手去识别风险因素。

（2）投资项目的不同阶段存在不同的风险因素，可行性研究阶段的风险分析应针对决策前研究涉及的风险因素进行。

（3）风险因素依项目不同具有特殊性，因此，风险因素的识别要注意针对性，强调具体项目具体分析。

（4）为了将风险因素识别清楚，必须层层剖析，尽可能深入到风险因素的最基本单元，以明确风险的根本来源。

4）风险识别的方法

（1）表格调查法。是识别风险的主要方法，它是以专家为索取信息的主要对象，各专业的专家运用专业理论和丰富的实践经验，找出各种潜在的风险并对其后果做出分析与估算。

（2）故障树分析法。它是利用图解的形式，将大的故障分解成各种小故障，或对各种引起故障的原因进行分析。故障树经常用于实践经验较少的风险辨别。

（3）幕景分析法。是一种能够分析引起关键因素及其影响程度的方法。它可以采用图表或曲线等形式来描述当影响项目的某种因素出现变化时，整个项目情况的变化及其后果。

（4）风险列举法。风险列举法是根据风险主体的各项活动的记录做出流程和其他参考资料，通过这些资料来分析风险主体可能遇到的风险。风险列举法一般包括报表分析法、流程图分析法和环境分析法。

7.3.1.2 风险分析

风险分析就是利用已知信息和合适的方法、措施、手段推测未知信息，确认风险主体和风险客体及其状况、辨识与评估风险因素、明晰风险的状况、寻找消除风险对风险主体的威胁的方法与行为（孙向东，2001）。风险分析的基本任务是帮助决策者发现风险和识别风险。风险分析的一般原则是从引起风险的每一个因素入手，找出产生风险的关键性原因，判断风险的性质。

在风险分析中，对于系统本身固有的随机不确定性的模拟一般采用概率，也即风险率来表征。从主观不确定性的类别和目前对其表征所用的数学方法两方面综合来看，风险率的主观不确定性可分别用概率方法、模糊集理论方法以及灰色系统理论方法加以量化。概率方法是基于风险率的主观不确定性遵从统计意义上的某一概率分布形式的假定。模糊集理论方法是用模糊概率表达风险率的可能性概念。

风险分析是一种定性的和定量的估计方法，用来描述风险对于决策情况的影响。风险分析一般混合了定性和定量两种分析技术。在识别了可能出现的结果和出现的概率后，用风险分析方法来帮助决策者选择最佳方案。

风险分析的目的是减少决策风险损失，提高决策的科学性、安全性和稳定性。具体地说，风险分析应解决如下问题：(1) 决策活动中可能会产生那些风险？(2) 产生风险的因素是什么？(3) 这些风险会导致什么不利结果，出现的概率有多大？(4) 产生风险的因素对风险的影响率即灵敏度是怎样分布的？

风险分析近些年来发展很快，一方面由于社会对风险分析的需要不断增加，另一方面，科学的发展从技术上强有力地支持风险分析的研究：(1) 由于市场经济的不断发展，如何规避风险成为各个企业都必须考虑的问题。(2) 监督测量工具的改进使得更精确地描述众多相关因素的特征成为可能。(3) 信息技术的发展使人们对信息的采集、整理、分析和传输能力大大加强，增强了风险和分析的能力。

7.3.1.3 敏感性分析

1) 敏感性分析的概念

敏感性分析是经济评价中常用的一种研究不确定性的方法，从广义上讲，它研究不确定因素对项目经济效益评价指标值的影响；具体来讲，它是在确定性分析的基础上，重复分析不确定因素的变化对经济效益评价指标的影响程度。敏感性分析的目的，就是找出项目的敏感因素并确定其敏感度以预测项目承担的风险。敏感性分析所涉及的不确定性因素一般有：产品产量、产品售价、主要原材料价格、燃料或动力价格、可变成本、固定资产投资；在国民经济中则包括：建筑期及外汇汇率等。如果不确定因素变动一点，导致目标值（比如：净现值、投资收益率、投资回收期等）的变动很大，就称为强敏感性因素；反之，不确定因素变动较大而目标值变动较小，就称为弱敏感性因素。一般来说，不确定性是风险的根源，但各种不确定性因素给项目带来的风险程度是不一样的，强敏感性因素给项目带来的风险更大些。根据每次变动因素的数目不同，敏感性分析可以分为单因素敏感性分析和多因素的敏感性分析。传统的敏感性分析多是单因素的敏感性分析，故其作图也多是单因素敏感性分析图（李敬松等，2000）。

敏感性分析是经济决策中常用的一种不确定性分析方法。在多方案比较过程中，若某影响因素发生同样变化，结果指标变化较大的方案为敏感性强的方案，结果指标变化较小的方案为敏感性弱的方案。若最优方案对自然状态概率变动的反应不敏感，这样决策可靠性就大，决策错误的风险就小。因此在实际工作中，需要把概率值、损益值等在可能发生的范围内作若干次不同的变动，重复进行多次计算，借以观察期望损益值是否相差很大，是否影响最佳方案的选择。如果自然状态概率稍加变动，而最优方案保持不变，则这个方案是比较稳定的，决策可靠性大；反之，这个方案就是不稳定的，即灵敏度高，决策可靠性小，需进一步分析，加以改进。

2) 敏感性分析的目的

(1) 研究不确定性因素变化将引起结果指标变化的范围。

(2) 找出影响结果指标的最关键因素。这是最敏感因素，需要进一步分析这种因素产生不确定性的原因。

(3) 通过对多个方案敏感性大小的对比。区别敏感性强或敏感性弱的方案，以选取敏感性小的，即风险小的方案与项目规划方案。

(4) 通过可能出现的最有利与最不利的结果范围分析。通过寻找代替方案或对原方案采取某些控制措施的办法，来确定现实的方案组成或实现最佳控制。

3) 敏感性分析的一般步骤

敏感性分析一般包括以下步骤：

(1) 确定敏感性分析的指标，即确定敏感性分析的具体对象。一般说来，项目敏感性分析的对象应该是项目的经济效益，而项目的经济效益是由作为评价标准的技术经济指标加以反映的，如投资回收期、投资效果系数、净现值以及内部收益率等。

(2) 设定不确定因素及其变化幅度。应在调查研究的基础上，根据可能发生的情况和实际需要而定。例如在邮电通信项目中，可能引起项目经济效益发生较大变化的主要因素通常为：邮电资费标准，通信产品需求量，主要设备价格，外汇比值，经营成本和建设周期等。在进行通信项目的敏感性分析时，通常仅需对固定资产投资、收入和经营成本三个因素的变化幅度做出假设。

(3) 分析、计算不确定因素的变化对指标的影响程度。首先假设计算、分析一个不确定因素变化对分析指标的影响时，其他因素不变，而且每个不确定因素变动的概率相等。可根据已知的公式逐一计算各个不确定因素的变化对分析指标影响的具体数值，在此计算的基础上，将结果加以整理，绘制成图表。

(4) 求出敏感因素。项目的敏感因素是指各个不确定因素在相同变化幅度的条件下，影响项目经济效益较大的那个因素。只有充分了解和掌握项目的敏感因素，才能提高项目经济评价的可靠性和实用性。可以在分析指标的表格表示法中，根据指标相对于不确定因素的变化率来判断；或在分析指标的图像表示法中，根据因素曲线的斜率变化来判断。

4) 敏感性分析方法

以下简单描述实际应用中比较常见的九种敏感性分析方法。

(1) 名义范围敏感性分析 (Nomial Range Sensitivity Analysis—NRSA)。它也叫局部敏感性分析或阈值分析。此方法适用于确定性模型。这种方法的原理是，单独改变一个输入的值，在其可能的范围内取值，同时其他所有输入保持基本值不变。输出的变动用于评价模型对于此输入的敏感度。

该法优点是：相对简单，易于应用；当模型是线性模型，并且对于输入的可能的取值范围有一定认识时，此法有较好效果；此方法可以对输入按重要程度排序。

该法缺点是：难以处理输入间的相互作用；对于非线性模型，此方法的结果是否可靠还不清楚。

(2) 概率对数差 (Difference in Log–Odds Ratio—Δ*LOR*)。是名义范围敏感性分析的一种具体应用。当模型输出是概率时可用此法。描述：在条件 c 下，事件 E 发生的概率是 $P(c)$，不发生的概率是 $1-P(c)$，记 $LOR(c)=\log\{P(c)/[1-P(c)]\}$，用 C 代表输入有变化，$\overline{C}$ 代表输入无变化，则 $\Delta LOR=LOR(C)-LOR(\overline{C})$。

该方法优点是：当模型输出是概率时，ΔLOR 是一个有效的敏感度指标。

该方法缺点是：仅当模型输出是概率时才能应用此方法。并且名义范围敏感性分析的缺点此方法也有。

(3) 无亏损分析(Break–Even Analysis)。无亏损分析与其说是一种方法不如说是一种概念。此法的目的是评估当输入改变时决策的健壮性。该法表现为一条无亏损线或无差异曲线，比如等风险曲线。这条线上的每个点代表一种情况，并且它们对于决策者来说没有差别。

该方法优点是：一个输入的不确定范围包含或越接近无亏损点，说明该输入对于决策的意义越大，应该对该输入做进一步的研究。

该方法缺点是：无亏损分析不是一种能够直接应用的方法。尽管它是一种有用的概念，但是当输入增多时，该方法的应用也越来越复杂。并且该方法不能对输入按重要程度排序。

(4) 自动微分技术(Automatic Differentiation Technique—AD)。该法是一种计算大型模型局部敏感性的自动过程。计算机代码自动估计各个输入发生微小变化时，输出的一阶偏导数，以此作为局部敏感性的度量。现存的大多数基于微分的敏感性分析方法，比如数值微分法，有下列一个或多个局限：结果不精确，人力和时间的高耗费，数学公式和实现计算机程序困难。为了克服这些局限性，发展了 AD 方法。AD 本身不是一种新方法，它是一个执行局部敏感性分析的技术。AD 用预编译器来实现，预编译器分析复杂模型的代码，然后加入必要的指令以高效地计算一阶或高阶导数，节省计算时间和降低复杂度。扩充后的结果代码用一个标准编译器来编译，以便代码能估算函数值、输出和导数。Automatic Differentiation in Fortran(ADIFOR)是实现 AD 的一种软件。AD 技术的优点是，不需要对模型的算法实现有详细了解。AD 技术在计算导数的差分近似时表现出众，因其精度高而耗时少。

(5) 回归分析(Regression Analysis–RA)。风险分析研究中，回归分析是一种概率敏感性分析技术。回归分析有三个主要目的：①描述变量间的相关关系。②对于给定的响应变量值控制其预测变量。③基于预测变量来预测响应值。逐步回归方法可以用来自动排除统计学意义不显著的输入。在超出拟合模型所用变量的范围时，模型可能会失效。回归分析用于独立随机样本最合适。输入对输出的影响可用回归系数、回归系数的标准误差与回归系数的显著水平来表示。典型的回归分析涉及对输入和输出间关系的拟合。

回归分析的优点是：能够在考虑其他输入影响的情况下评估单个输入的敏感性；其他回归技术，如基于偏相关系数的，仅能够评估一个输入对模型输出的变动单独作出的贡献。另外，序数回归分析可以找出输入与输出间的单调关系，即使这种关系是非线性的。

回归分析的缺点是：如果关键假设不满足则结果不健壮，必须给出输入和输出间的明确的函数关系以及对分析结果的解释存在潜在的模糊性。

当输入全都相互独立时，回归分析效果很好；最小二乘法回归分析的残差必须相互独立并且服从正态分布。如果这些条件不满足，分析结果就没有严格的定量解释，而只能作为概念的或定性的认识；样本回归分析的结果依赖于所选择的回归模型的函数形式。因此，得到的任何结果都是以所用模型为条件的。回归分析可能产生出无显著统计学意义或违反直觉的结果。缺乏清晰的发现可能是因为输入的变动范围不够大，因此回归结果可能对数据的变动范围敏感，并且不能清楚地揭示实际关系。

（6）方差分析（Analysis of Variance–ANOVA）。方差分析是一种独立于模型的概率性敏感性分析方法，用于确定一个输出和一个或多个输入之间是否有统计联系。方差分析不同于回归分析的地方在于不需要假设函数形式，并且对输入可以分类或成组考虑。

方差分析中将输入称为“因素”，因素的值称为因素水平，输出称为响应变量。单因素方差分析用于研究一个因素对响应变量的作用；多变量方差分析用于多个因素对响应变量的作用及因素与因素间的交互作用。定性因素的各个水平用某些定性的属性来区分，比如病原体的类型或地理区域。定量因素的水平是连续量，比如温度或病原体总量。方差分析是一种非参数方法，用于确定当一个或多个输入值变化时，输出值的变化是否统计学显著。如果输出同输入的变动无显著关联，则输出的变动是随机的。方差分析不能确定输入与输出间的确切关系。

方差分析假定输出服从正态分布，进行诊断检查以确定是否满足这项假定是很重要的。如果有关键假定不满足，可以采取一些矫正措施。即使这些假定有所偏差，F 检验一般也是健壮的，但是如果实质性地远离正态分布，或输出的方差差别很大，也会影响统计检验的结果。输入间存在相关关系时，F 检验的结果不健壮。但是，对成组的相关因素的主成分分析方法能够解决这个问题。

该法优点是：不需假定基本模型的类型，连续量和离散量输入都适用。即使偏离关键假定，结果也健壮，并且能够解决多重共线性的问题。

该法缺点是：当输入很多时计算量会很大。

如果响应变量与正态假定差异较大，结果可能不健壮。源于输入的测量误差的响应变量的误差，可能造成对因素效应的估计出现偏差。如果输入间存在相关关系，将难以估计各个输入对响应变量单独造成的影响，除非采用主成分分析这样的方法。

（7）响应曲面法（Response Surface Method–RSM）。该方法最早由 Box 和 Wilson 提出，它是一项基于统计学分析的综合试验技术，用于处理体系或结构的输入（变量）与输出（响应）间的转换关系问题（林晓松，2016）。

在变量的设计空间内，采用回归分析法对样本点处的响应值或试验值拟合，可得到响应面模型。该模型可以将结构响应与参数间复杂的关系用较简单的数学关系式近似表达，并在进一步的问题分析和求解中，用于替代有限元模型或其他复杂模型进行更有效设计或计算。回归的响应面模型被称为“模型的模型”，在对响应受多个变量影响的问题进行研究时，该模型表现出明显的优越性。响应面模型的建立一般包括 4 个方面：①试验设计。②参数筛选及显著性检验。③响应面函数选择及拟合。④响应面模型验证。其中，响应面函数形式的选择及拟合与试验设计是响应面方法的关键。

RSM 代表一个响应变量和一个或多个解释变量之间的关系。它可用于概率性分析，也可以通过计算高阶效应来确定出响应曲面的曲率。响应曲面一般很复杂，所以只是用在风险分析调查的后期，此时只有少数几个因素需要考虑。

响应曲面可以是线性的或非线性的，一般有一阶的或二阶的。当输入间存在交互作用时一般采用二阶。建立响应曲面所需进行的是输入参数和响应曲面类型的函数。一般应该先用其他敏感性分析方法找出最重要的少数几个输入，响应曲面只包括这些输入。模型必须对所选输入值的不同组合进行训练，以便产生一个数据集用来拟合或校准响应曲面。通常用蒙特卡罗模拟来产生不同的输入值及模型的响应值。

建立响应曲面的一个典型方法是最小平方回归法，根据从原始模型得到的数据拟合出一个标准化的一阶或二阶方程。最小平方回归的关键假设（即残差正态分布）应该基本满足。其他技术比如基于序数的或非参数的方法也可考虑。响应曲面的精度可以通过把它的预测值同原始模型对同一组输入值的响应值进行比较而得到。如果对精度不满意，可以通过对响应曲面的参数值进行迭代而得到更好的拟合。

一旦建立了响应曲面，模型输出对一个或多个选择的输入的敏感性可以这样确定：①观察响应曲面的函数形式。②如果是用回归分析建立的响应曲面则进行统计分析。③把其他敏感性分析方法应用于响应曲面。

响应曲面可以想像成“模型的模型”。其优点是执行时比原始模型更快更简单。因此，计算密集的敏感性分析方法，比如交互信息指数或其他方法，应用于响应曲面比应用于原始模型更容易。响应曲面的另一个关键优点是能够把计算密集的模型简化成较简单的形式，从而运行得更快。因此，与原始模型相比，更容易把迭代数值程序应用于响应曲面，比如优化或蒙特卡罗模拟。另外，响应曲面模型的函数形式及其系数值可以作为有用的敏感性指标。名义范围敏感性分析或其他方法可以应用于响应曲面模型，可加快运行速度。

响应曲面的缺点是：为了建立一个响应曲面，需要用原始模型计算，对于有些模型这可能会需要很多资源。由于响应曲面是同来自原始模型的数据一致，响应曲面的有效应用范围就局限于所用数据的范围。多数响应曲面研究用的输入都比原始模型少，因此响应曲面无法估计所有输入的敏感性。

（8）傅立叶振幅敏感性检验（Fourier Amplitude Sensitivity Test−FAST）。傅立叶振幅敏感性检验（FAST）是一种用于不确定性和敏感性分析的过程。FAST 方法用于估计输出的期望和方差，以及单个输入对输出的方差的贡献。FAST 方法独立于模型的形式，可用于单调的和非单调的模型。单独一个输入的影响或所有输入同时变动的影响都可用 FAST 估计。

FAST 方法的主要特色是一种在输入参数空间里搜索点的模式搜索方法，此法快于蒙特卡罗方法。用一个变换函数来把每个模型输入的值转换成搜索曲线上的点。作为转换的一部分，必须为每个输入确定一个频率。通过傅立叶系数求出输出的方差。每个输入对输出方差的贡献比率和输出方差称为一阶敏感性指数，可用来对输入排序。一阶指数对应于单个输入的贡献而不是输入的交叉项的贡献。为了解决输出方差中源于高阶的或交叉项而未被一阶指数解释的那部分残余方差，要用扩展 FAST 方法。需要在输入参数空间中足够多的点处求出模型的值，以便能够用数值积分来确定傅立叶系数。实现 FAST 所需的最小样本容量大约是所用最大频率的 8 到 10 倍。对于离散输入，如果不能得到足够大的样本，输出可能会有频繁的不连续。在这种情况下，傅立叶系数可能不能正确地估计，因此，结果的可靠性大受影响。

FAST 方法的优点是：FAST 方法优于局部敏感性分析方法，这是因为它能把输出方差分配给各个输入。做一点小改动它也能用于局部敏感性分析。它是模型独立的并且能用于单调的和非单调的模型。另外，它允许输入参数有较大的变动范围，因而能够分析极端事件的影响。能够为每个因素独立地进行敏感性估计。利用分配给各个输入的方差，FAST 方法能够确定敏感性的差异，因此，能够对输入进行排序。

该方法的缺点是：输入很多时，FAST 方法计算很复杂。经典 FAST 方法适用于那些输入间没有重要或有意义的交互作用的模型，但是扩展 FAST 方法能够解决这个问题。对于离散输入，FAST 方法的可靠性可能很差。

(9) 交互信息指数 (Mutual Information Index–MII)。交互信息指数敏感性分析方法的目的是产生特定输入对输出提供的信息的度量。这个敏感性度量在条件概率分析的基础上计算。不同输入的度量可以相比较，以确定哪些输入给输出提供了有用的信息。MII 是一个计算密集型的方法，它考虑了所有输入对输出的联合作用。MII 的典型应用是用于输出有两个可能值的模型，尽管它也能用于连续值的输出。MII 方法一般包括 3 个步骤：①产生输出值的基本的可信度 (confidence)。②得到一个输入的一个给定值的条件可信度。③计算敏感性指数。

输出的基本可信度可以根据输出的累积分布函数估计得到。可信度指感兴趣的结果的概率。例如，如果二项输出是风险是否可接受，那么可信度就是指风险小于等于可接受水平的概率。条件可信度是由固定一个输入的值同时改变其他输入的值而得到的。输出的累积分布函数指出了输出在已知特定的输入值的条件下的可信度。两个随机变量间的交互信息是指一个变量中由另一个变量提供的信息量。每个输入的 MII 是基于输入的分布和输出的基本可信度和条件可信度计算出来的。

该方法的优点是：在估计一个输入的敏感性时，MII 包括了所有输入的联合作用。和其他指标如相关系数相比，交互信息是两个随机变量间的概率关系的一个更直接的度量。例如，两个随机变量的相关系数反映了其线性相关程度。尽管两个线性不相关的变量可能不相互独立，但是两个变量如果其交互信息是零，那么在统计学意义上它们是相互独立的。因此，MII 是一个提供信息更多的方法。其结果可用图形来表示以帮助理解。

该方法的缺点是：用蒙特卡罗技术来计算 MII 有计算复杂度大的问题，使其难以实际应用。

7.3.1.4 派生树分析

派生树分析方法适用于风险变量较多的情况，是对蒙特卡罗模拟方法的一种近似。蒙特卡罗模拟适用于风险变量较少的模型。当风险变量增多时，蒙特卡罗模拟方法为了要得到稳定可用的结果，需要的模拟次数会迅速上升，计算量太大。这时可以对蒙特卡罗模拟模型中的所有连续型分布的变量进行离散化，得到其近似的离散分布，计算出所有组合的结果，并且进一步得出结果的概率分布、敏感度和图形报表等（王家华等，2004）。

1）连续分布离散化

连续分布离散化是指把一个连续分布转换成由若干个离散点组成的离散分布，要求转换后的离散分布能够尽量地反映原来的连续分布所反映的不确定性。转换之后的离散分布对不确定性的描述精度降低，这要求离散分布中的每个点的概率都要有尽可能大的代表性。所谓的代表性是一个模糊的概念，只要合情合理，各种方法都可以用。可以取中位数或期望值，这是统计学中常用的方法，但是这种方法不能任意指定离散分布中每个点的位置，因此不能很好地适应风险分析的要求。另一种方法是对连续分布的积累概率曲线进行拟合，可以按绝对离差最小、方差最小或面积相等等标准进行拟合。下面讨论按面积拟合的实现方法，这种方法能够很好地应用于风险分析。

2）按面积拟合的离散化方法

假设有某连续分布，其概率密度函数为$f(x)$，积累概率函数为$F(x)$，现在要将其离散化。又假设已经合理指定了离散分布的点的个数和位置，分别为x_1，x_2，…，x_n，都在分布的取值范围内。连续分布离散化要求，离散分布的每个点的概率p_1，p_2，…，p_n的分配，能使离散分布最大程度地反映原来的连续分布所反映的不确定性。图7–25是连续分布和离散分布的概率分布的示意图（陈希儒，1996），图中$f(x)$所指向的曲线是连续分布的概率密度曲线，x_1，x_2，…，x_n上方的垂直的直线是离散分布的概率分布，p_1，p_2，…，p_n是每个点的概率。

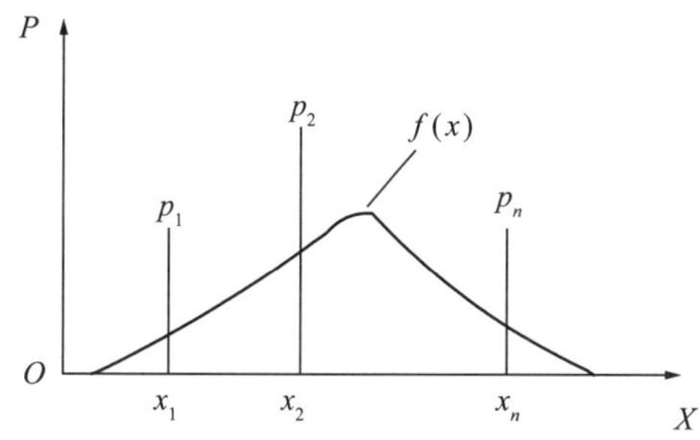

图7–25　连续分布和离散分布的概率分布示意图

离散分布和连续分布的符合程度可以由它们的积累概率曲线的接近程度来度量。接近程度有多种度量标准，本文采用的方法是按面积度量。在图7–26中，连续分布的积累概率曲线$F(x)$和离散分布的积累概率曲线交叉，围成了一些小块，用阴影表示。x_1左右两边的阴影小块分别是L_1和R_1，x_2左右两边的阴影小块分别是L_2和R_2，x_n左右两边的阴影小块分别是L_n和R_n。当x_1，x_2，…，x_n两边的小块面积相等，即L_1和R_1的面积相等，L_2和R_2的面积相等，…，L_n和R_n的面积相等的时候，离散分布和连续分布的积累概率曲线的接近程度最好。

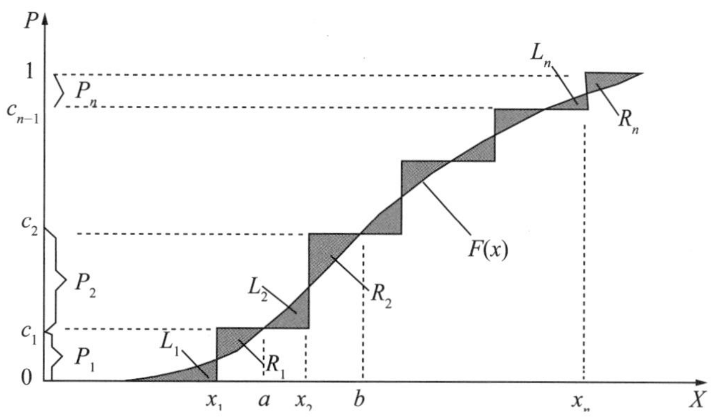

图7–26　连续分布和离散分布的积累概率曲线示意图

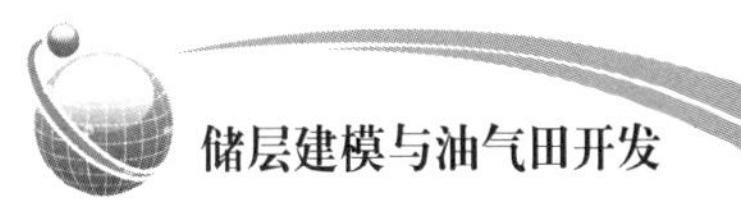

具体计算时并不直接计算小块的面积，而是作了一些转换。在图 7–26 中，$P_1=c_1$，$P_2=c_2-c_1$，…，$P_n=1-c_{n-1}$，算出 c_1，c_2，…，c_{n-1}，就得到了 P_1，P_2，…，P_n。先假设 c_1 和 c_2 在 $F(x)$ 曲线上对应的横坐标值分别是 a 和 b，即 $c_1=F(a)$ 和 $c_2=F(b)$。“L_1 和 R_1 面积相等”的等价条件是：

$$F(a)\times(a-x_1)=\int_{-\infty}^{a}F(t)\mathrm{d}t$$

上式中只有 a 是未知的，求解得到 a 的值，于是得到 $P_1=c_1=F(a)$。同理，“L_2 和 R_2 面积相等”的等价条件是：

$$c_1\times(x_2-x_1)+F(b)\times(b-x_2)=\int_{-\infty}^{b}F(t)\mathrm{d}t$$

上式中只有 b 是未知的，求解得到 b 的值，于是得到 $P_2=c_2-c_1=F(b)-c_1$。P_3，P_4，…，P_n 的值同理可得，不再赘述。

3）派生树在风险分析中的应用

在风险分析中，随着模型变量的增多和计算复杂度的增加，蒙特卡罗模拟方法的计算量也会迅速增长至不能容忍，以至失去可行性。这时一个可行的解决办法是，把连续分布离散化，采用派生树分析方法。在派生树分析方法中，为了适应风险分析的需要，对连续分布的离散化有一些更具体的约束。离散分布一般只取三个点，取值分别为连续分布的上侧 0.9，0.5 和 0.1 分位点（Ligero，Eliana L.and others，2003），记为 x_1，x_2 和 x_3，这三个点的概率分别为 P_1，P_2 和 P_3，并且 $P_1+P_2+P_3=1$（如图 7–27 所示）。

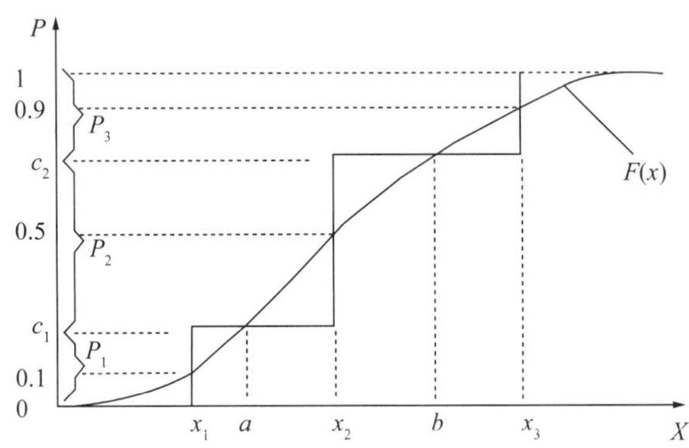

图 7–27　取连续分布的上侧 0.9，0.5 和 0.1 分位点时的积累概率曲线图

根据前面的论述，得到方程组：

$$F(a)\times(a-x_1)=\int_{-\infty}^{a}F(x)\mathrm{d}x$$

$$c_1 \times (x_2 - x_1) + F(b) \times (b - x_2) = \int_{-\infty}^{b} F(t)\mathrm{d}t$$

解出 a 和 b 之后，即得 $P_1=F(a)$，$P_2=F(b)-F(a)$，$P_3=1-F(b)$。要注意的是，对于复杂的 $F(x)$，上述方程组往往不能求得解析解，但是可以求得数值解。

4）派生树的生成

对连续分布进行离散化之后，风险分析模型的所有输入变量都成为了离散型的随机变量，就可以生成派生树了。所谓派生树，实际上就是对离散化之后的风险模型，穷尽其所有的取值组合，每种组合就是派生树的一个叶节点，图 7–28 显示了派生树的一个例子。

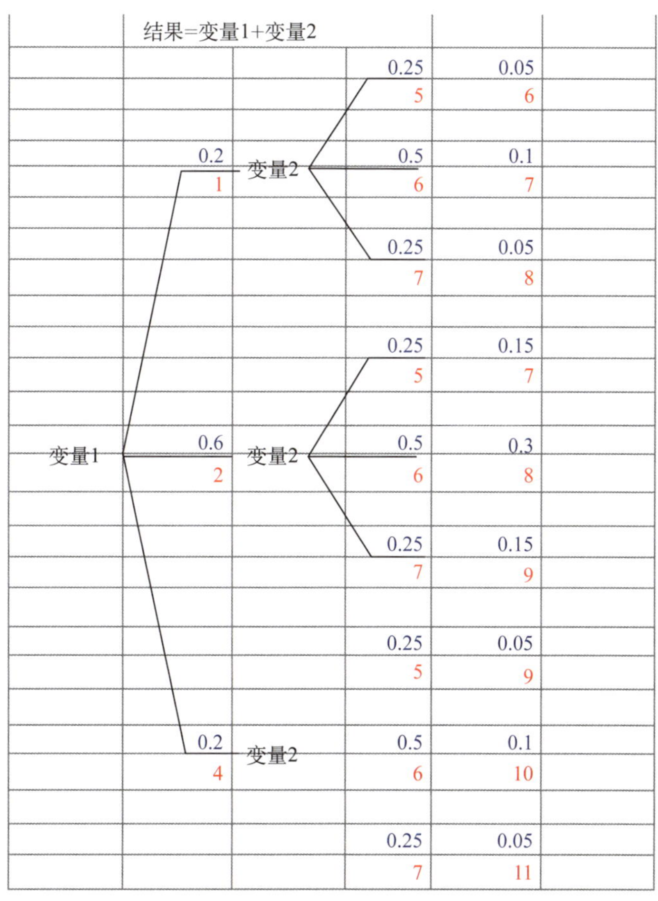

图 7–28　派生树

7.3.1.5　龙卷风图

这是用于表现模型输入变量的敏感性的水平柱状图。对于风险模型的每个风险变量，计算得到正负两个方向的敏感度，把所有变量的敏感度按从大到小排序，并可据此以画出龙卷风图。图 7–29 是龙卷风图的一个示例。

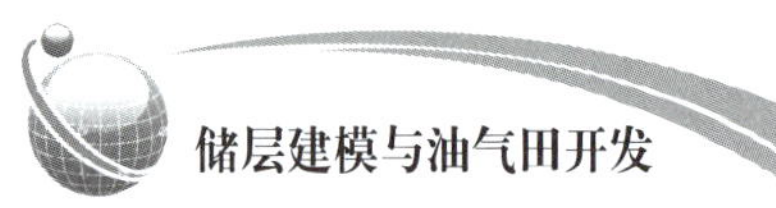

方差分析、回归分析和派生树的敏感性分析计算得到的敏感度，相互之间具有独立性和可比性，常常用龙卷风图来形象地表示出来。

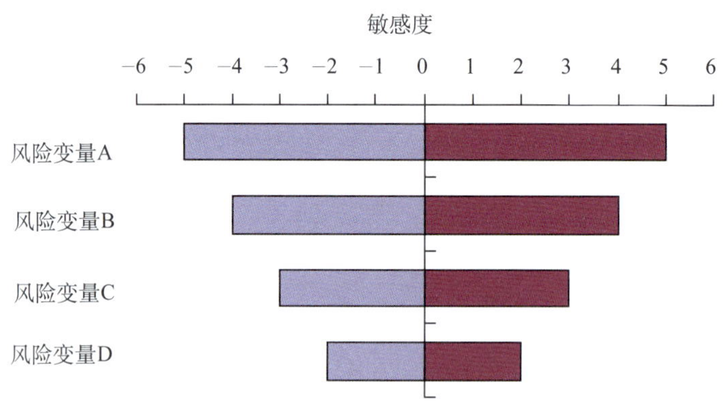

图 7–29　龙卷风图

7.3.2　石油风险分析实例

以下用一个某区块在计算石油可采储量中的实例，演示了从建立模型到计算并生成图形报表的整个过程。

7.3.2.1　石油风险分析模型的建立

在 7.1.2 中，曾叙述了两个油田的风险分析的实例。这里，从风险分析方法过程的角度再进行叙述。

可采储量是指在现代的工业技术基础上，通过人为努力，能从油田探明的原始地质储量中采出的石油总量。可采储量不仅与油藏类型、油层物性、流体性质、驱动类型等自然条件有关，而且与布井方式、注水方式、油井工作制度、油田管理水平以及经济条件等人为因素有关。从计算探明储量开始就要计算可采储量。

预测可采储量有多种方法。这里采用的方法是用采收率来计算，具体公式如下：

$$Q_R = A_O \cdot h \cdot \varphi \cdot S_O \cdot \frac{\rho_O}{B_O} \cdot E_R$$

式中　Q_R——可采储量；

A_O——油田含油面积；

h——油层有效厚度；

φ——油层孔隙度；

S_O——含油饱和度；
ρ_O——原油密度；
B_O——原油体积系数；
E_R——最终采收率。

在该区块已经钻了预探井和评价井若干口，并在该区块获取了三维地震数据。根据这些勘探成果，并结合该地区的其他资料和专家经验，确定公式中各个变量所服从的概率分布如下：油田含油面积（km^2）服从三角分布，最小值 12，最可能值 22.5，最大值 30。油层有效厚度（m）服从均匀分布，最小值 10，最大值 11。油层孔隙度（%）服从三角分布，最小值 2.3，最可能值 15.8，最大值 35.9。含油饱和度（%）服从正态分布，期望 66，标准差 3。原油密度（g/cm^3）服从正态分布，期望 0.848，标准差 0.05。原油体积系数服从正态分布，期望 1.258，标准差 0.1。最终采收率（%）服从三角分布，最小值 18，最可能值 22，最大值 30。用这些不同的模型定义函数列表如下（表 7–8）。

表7–8　风险分析模型

油田含油面积	三角分布（12，22.5，30）	km^2
油层有效厚度	均匀分布（10，11）	m
油层孔隙度	三角分布（2.3，15.8，35.9）	%
含油饱和度	正态分布（66，3）	%
原油密度	正态分布（0.848，0.05）	g/cm^3
原油体积系数	正态分布（1.258，0.1）	
最终采收率	三角分布（18，22，30）	%

7.3.2.2　风险分析的过程

模型定义好之后，依次执行蒙特卡罗模拟，生成输出变量的概率分布图 [图 7–30（a）] 和累积概率分布图 [图 7–30（b）]。并且计算出可采储量的 $P90$ 值是 $188.68 \times 10^8 m^3$，$P50$ 值为 $363.97 \times 10^8 m^3$，$P10$ 值是 $630 \times 10^8 m^3$。

执行派生树分析，生成输出变量的累积概率分布图（如图 7–31 所示）。并且计算出可采储量的 $P90$ 值是 $203.49 \times 10^8 m^3$，$P50$ 值是 $408.915 \times 10^8 m^3$，$P10$ 值是 $668.88 \times 10^8 m^3$。

对比蒙特卡罗模拟和派生树分析的结果，能够看出来派生树分析的结果比较大，但相差不大。综合来看，认为可采储量的最可能值在大概（360 ~ 410）$\times 10^8 m^3$ 左右，主要分布在（180 ~ 670）$\times 10^8 m^3$ 范围内。

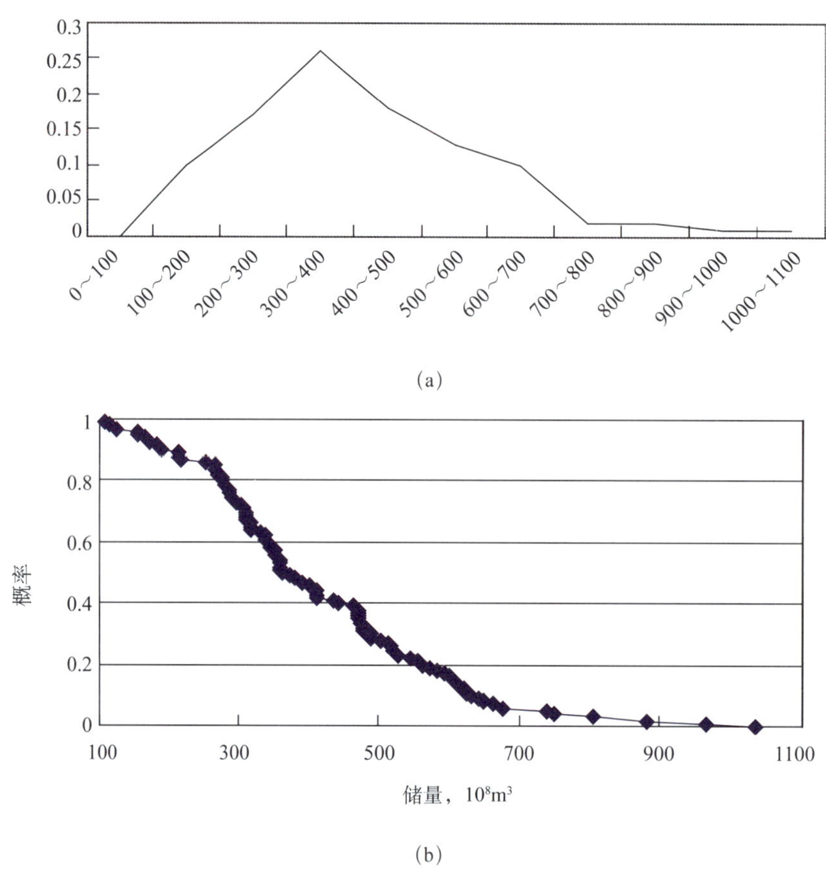

图 7–30　可采储量的概率分布和累积概率分布

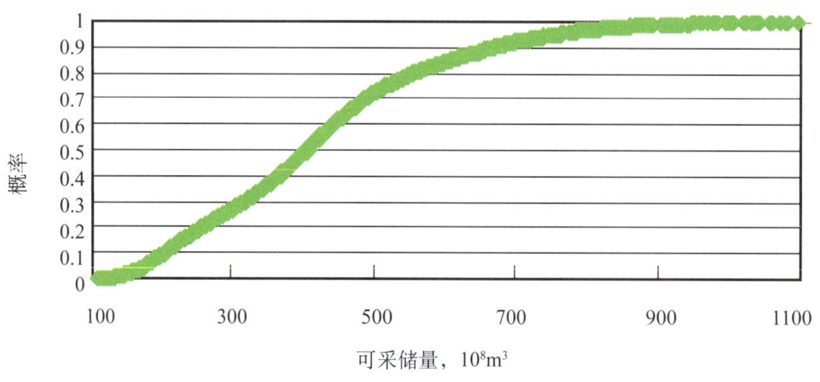

图 7–31　派生树分析生成的累积概率分布图

执行敏感性分析，可分别利用简单偏移法（如图 7–32 所示）、方差分析法（如图 7–33 所示）和散点图法（如图 7–34 所示）进行分析。

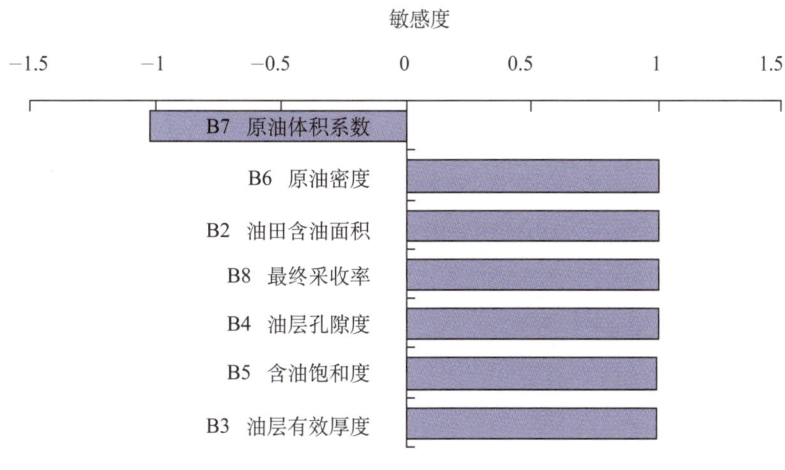

图 7–32 简单偏移法龙卷风图

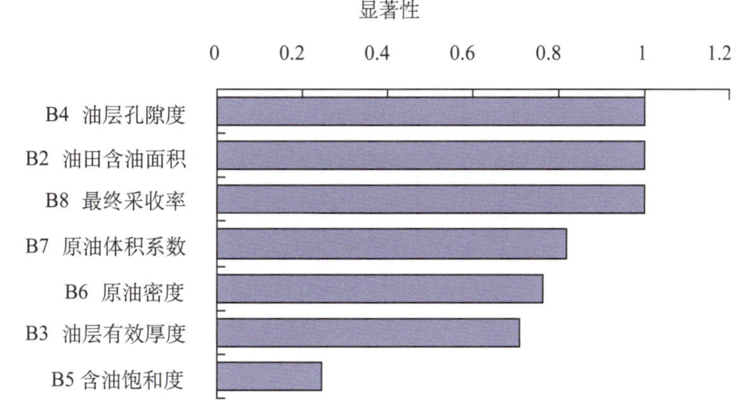

图 7–33 方差分析法龙卷风图

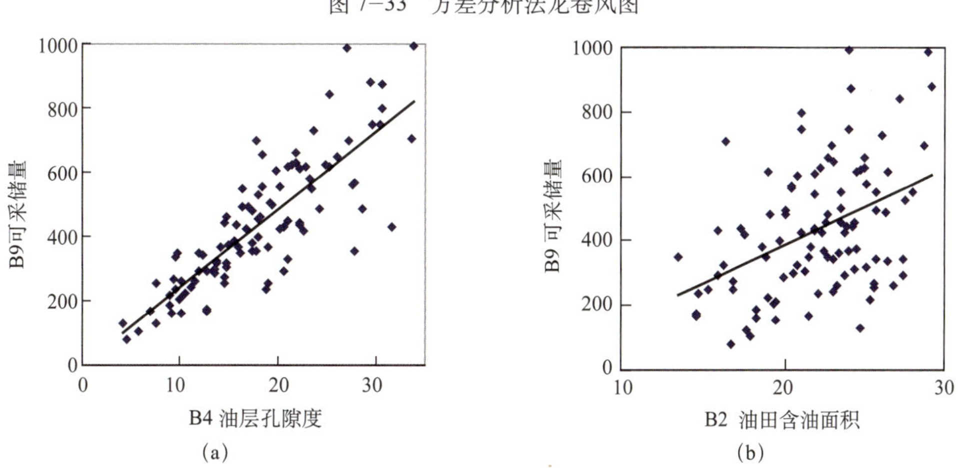

图 7–34 散点图法

执行派生树的敏感性分析（如图 7–35 所示）。

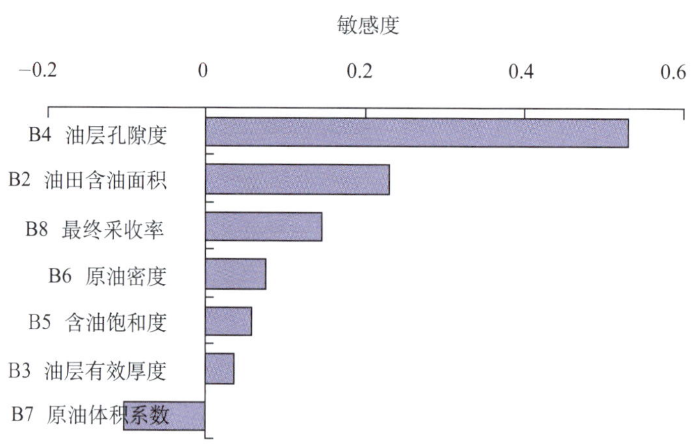

图 7–35 派生树敏感性分析的龙卷风图

上面几种敏感性分析方法的结果，相互之间是吻合的。进行综合研判可以认为，油层孔隙度是敏感度最大的风险因素，它对可采储量的影响最大，其次是油田含油面积和最终采收率，其余几个因素的敏感度都不大。由此可以得出一个参考意见：即为了减小投资风险，为了对可采储量有一个更清楚的认识，就必须要得到关于油层孔隙度、油田含油面积和最终采收率的更多、更准确的信息。这个意见对于该区块的下一步的勘探工作或前期开发工作有一定的参考意义。

7.3.3 小结

本节首先系统地阐述了风险分析系统的理论基础，包括风险和风险分析的概念、蒙特卡罗模拟的原理、敏感性分析的方法研究和派生树的原理等。

蒙特卡罗方法是风险分析方法中一种比较基本也比较实用的方法，而派生树方法是为了减少计算量而提出的改进方法，这两种方法是常用的定量的风险分析方法。本文所提到的石油风险分析系统（PetroRisk）实现了这两种方法及其相应的敏感性分析。

石油风险分析系统（PetroRisk），以蒙特卡罗模拟和派生树分析为理论基础，具有组件化、可视化的特点，并且与 Excel 紧密结合。

该系统在人们熟悉的电子表格 Excel 环境下，利用 VBA 语言进行开发，为用户提供的丰富的表制作工具和菜单程序命令，强大的函数和数据分析处理，以及漂亮美观的图表制作能力。

通过利用一个勘探期间计算可采储量的实例，演示了用石油风险分析系统（PetroRisk）从建立模型到计算并生成图形报表的整个过程。

石油风险分析系统 PetroRisk 目前还不是一个完善的系统。系统的组件化并未真正实现，只是刚刚起步，向组件化的方向努力；该系统的可视化做得还不够好，目前只是在一些比较重要的地方实现了可视化，将来还要进一步丰富系统的可视化功能。在系统的功能方面，输入变量的相关性没有考虑，图形输出部分也有很多地方需要改进。对于本节提到的敏感性分析方法，PetroRisk 只实现了常用且效果比较好三种方法。鉴于定量风险分析的固有困难，为了适应更复杂的情况，还应以线性规划方法、层次分析法（多目标决策）等理论为基础，继续开发 PetroRisk，使其实现更多的敏感性分析方法，适合分析更多类型的风险问题。

7.4 总结

本章在叙述了决策分析和风险分析原理的基础上，论述了它们在油田开发中应用的发展。国外有关决策分析和风险分析在油气田开发的应用文献数目的明显增加及其应用领域的不断扩张，无可争辩地说明了决策分析与风险分析在油田开发的技术领域和管理领域中的广阔应用前景，以及它们各自在石油开发中应用的实现方法和实现细节。

通过本章叙述的内容，可以说明决策分析和风险分析作为实实在在的方法和技术有其各自的原理、方法、软件、理论体系和应用范围，并在油气田开发方面的应用已经取得了很大的成功和发展。这两门技术从 20 世纪 60 年代末产生至今，已过去了五十多年的时间，期间又有了很大发展。

从应用的角度可以认为，决策分析和风险分析的最大优点就是，利用形象化、可视化的形式表述、记录了决策过程和风险分析的全过程中的各种主要的参数、模型和算法，使得以后的管理者与决策者可以对评价结果进行实事求是的核对、验证、总结，以便进一步对之前发生的决策分析过程和风险分析过程进行再认识。

特别地，决策树方法作为决策分析的主体，不仅把决策的各种选项都放在人们面前，还使得人们根据这些选项获得启发，寻找出新的决策选项。

不可能预期做一、二次决策分析与风险分析就会有明显的、立竿见影的结果。当分析、评价的团队完成了若干个项目后，符合实际的结果才能成为预期，决策分析与风险分析的威力才会真正体现。

风险分析的算法实质上是不加遗漏地考虑了各种不确定性因数。从理论上看，利用统计理论的条件概率也可以把各种不确定性的因果关系表达出来，但是风险分析的理论贡献之处在于利用敏感性分析、派生树分析与龙卷风图方法简化了这些统计的因果关系。风险分析方法在油气勘探开发中的应用的另外一个贡献是把油气地质、油气藏工程的不确定性和管理、金融的不确定性联系在一起，最后给出一个管理决策是否可行的回答。

参考文献

陈希孺 . 1996. 概率论与数理统计 [M]. 安徽：中国科学技术大学出版社 .

郭明亮，高彤，李丽虹，等 .2002. 方案风险分析与评价系统的设计与实现 [J]．计算机工程与应用，2002.7．

李敬松，孙义新，熊海灵，等．2000. 油田开发经济评价 [M]．北京：石油工业出版社．

李玉琦．1998. 投资项目风险分析 [J]．石油规划设计，1998 年第 6 期：16–18.

林晓松，黄志斌，郭岩昕 .2016. 响应面方法在建模及模型优化中的应用 [J]. 福建工程学院学报，2016，14（1）：5–9.

NieMira M. 和 Klein P.，邱东等译 .1998. 金融与经济周期预测 [M]．北京：中国统计出版社．

孙向东 .2001. 风险分析的系统理论与技术体系研究及实证分析 [D]. 广西：广西大学信息与系统工程研究所 .

谢雨平，孙山泽．1996. 多阶决策的有效工具决策树——应用决策分析（III）[J]．数理统计与管理，1996，15（6）：55–58.

王家华，刘炳 .2005. 用于风险分析的一种连续概率分布离散化的方法 [J]. 西安石油大学学报（自然科学版），2005 年，20（2）：83–85

王家华，邱晶 .2004. 利用 VBA 在 EXCEL 中建立决策分析系统 [J]. 西安石油大学学报（自然科学版），2004 年，19（2）：80–82.

严武，程振源，李海东．1999. 风险统计与决策分析 [M]．北京：经济管理出版社 .

张华．1999. 金融衍生工具及其风险管理 [M]．上海：立信会计出版社 .

中国石油天然气总公司计划局、中国石油天然气总公司规划设计院．1997. 石油工业建设项目经济评价方法与参数（第二版）[M]．北京：石油工业出版社．

Ali M. A. and others.2013. Risk analysis for a fracture offshore Abu Dhabi reservoir. SPE 165978.

Begg S. H. and Bratvold R. B.2001. Improving Investment Decisions Using a Stochastic Integrated Asset Model[J].SPE 71414，Annual Technical Conference and Exhibition，New Orleans，Louisiana.

Belke D.1995.Sequential decision analysis and risk analysis for Antarctic offshore petroleum development[J].SPE 30690.

Coopersmith E and others.2003.Decision mapping—A Practical decision analysis approach to appraisal & development strategy evaluations.SPE 82033.

Cruz P. S and others.1999.The quality map：A tool for reservoir uncertainty quantification and decision making.SPE 56578.

Davidson L. B.2001.Practical issues in using risk–Based decision analysis[J].SPE 71417. Annual Technical Coference and Exhibition，New Orleans.

Dezen F. and Morooka C.2001. Field development decision making under uncertainty：A real option valuation approach[J].SPE 69595, Latin American and Caribbean Petroleum Engineering Conference, Buenos Aires, Argentina.

Evans R.2000. Decision analysis for integrated reservoir management.SPE 65148.

Fletcher A and others.2002.Decision–making with incomplete evidence[J].SPE 77914.

Grayson C.J.1960.Decisions under uncertainty: Drilling decisions by oil and gas operations. Harvard Univ., Div. of Research, Graduate School of Business Administration (1960), 402.

Howell III, John I and Tyler Peter A.2001.Using portfolio analysis to develop corporate strategy[J].SPE 68576, Hydrocarbon Economics and Evaluation Symposium, Dallas.

Komlosi, Zsolt P.2001. Application: Monte Carlo simulation in risk evaluation of E&P projects[J].SPE 68578, Hydrocarbon Economics and Evaluation Symposium, Dallas.

Ligero, Eliana L. and others.2003. Improving the Performance of Risk Analysis Applied to Petroleum Field Development.SPE 81162.

Lundegard P. D. and Garcia G. F.2001. Evolving state of ecological risk assessment at the former guadalupe oil field, California[J].SPE 68341, Exploration and Production Environmental Conference, San Antonio, Texas.

Navaganan K and others.2003.Better field development decisions from multi–scenario, interdependent reservoir, well, and facility simulations.[J].SPE 79703.

Newendorp P. D. and others.1967. Risk analysis in drilling investment decisions.SPE 1932.

Newendorp P. D. and others.1968. A Decision criterion for drilling investments. SPE 2219.

Simpson G.S.2002.The potential for state–of–the–art decision and risk analysis to contribute to strategies for portfolio management[J].SPE 77663.

Smithson, Charles W. 1998.Managing financial risk[M].New York: McGraw–Hill: 78 ~ 95.

Thakur G.C.1995.The role of technoogy and decision analysisin reservoir management[J]. SPE 29775.

后记

本书从井间砂体预测、地震约束建模、地质统计学历史拟合和决策分析与风险分析等四个方面切入，初步叙述了储层建模在油气田开发中的应用。本书叙述的内容包括了国家重大科研项目的成果、国家 863 重点项目以及国家自然科学基金项目的成果，也包括了油气田现场协作项目的成果。

本书包括了“十二五”国家科技重大专项的任务“委内瑞拉 MPE3 区块超重油油藏多点地质统计学建模方法研究”（2011ZX05032−001−006）的相关成果。该项目在中国石油勘探开发研究院和西安石油大学的各级领导和有关技术人员、管理人员的积极支持、关怀、指导下，经过双方科研人员整整五个年头深入细致的努力攻关，顺利完成了课题的各项任务。在这里要特别感谢中国石油勘探开发研究院与该院美洲研究所为本书所做的重要贡献。同时，要衷心感谢西安石油大学和该校计算机学院、石油工程学院以及地球科学与工程学院对本书的出版做出的重要贡献。

在这些项目的成功实施过程中，体现了各协作单位人员的亲密无间的合作。他们各自发挥长处，相互促进，相互学习，以精湛的学识克服了一个又一个的技术难题。在这里，要衷心感谢中国海洋石油总公司研究总院开发研究院院长胡光义教授级高级工程师、中国石油长庆油田分公司勘探开发研究院副院长卢涛教授、中国石化胜利分公司油田物探研究院夏吉庄高级工程师、中国石油大庆油分公司勘探开发研究院张永庆高级工程师与中国石油大庆油田分公司采油四厂沈忠山高级工程师，他们对本书的编写做出了重要贡献。

与油气田开发的众多需要相比较，本书内容如同冰山一角。本书只是初步地叙述了储层建模和油气田开发的关系，仅仅起了一个抛砖引玉的作用。期望储层建模能够在油气田开发中全面发挥更大作用，显然还需要做出更多艰苦努力。

本书所阐述的成果启发人们：吸引从事油气田开发的各种专业人员的参与，加强油气田开发中地质和工程不同学科之间的交流，是扩展储层建模在油气田开发中的各种应用的一个有效途径。利用一句现代话语，就是要以应用为导向，将油气田开发应用作为储层建模发展的方向。这是因为油气田开发的发展，在地质、数值模拟、采油工程、开发动态监测、开发分析和调整、提高采收率以及油藏管理等方面产生了众多的新问题与新课题，它们无疑为储层建模的应用提供了各种可能。

本书成果中包含着许多硕士研究生的辛勤工作。他们抱着科学的探索精神，以极大的工作热情，完成了各项分析、计算、编程，以及有关的归纳、总结工作，有些成果达到了相当高的水平。

曾经在一起工作的国外同事们，在本书的酝酿与写作过程中，多次进行面对面的解疑释惑，送来了国外的先进理论和先进方法。

我们不会忘记众多的专业技术人员和管理人员对我们的极大帮助和指导。在这里谨向他们表示深深的谢意。

编著者
jhwang_1@163.com
2018 年 3 月